OneOS 嵌入式应用开发实践

主　编◎于晓波　钟　丽　窦　瑶
副主编◎韩　艳　肖冠南　李　玲　罗　悦

西南交通大学出版社
·成　都·

图书在版编目（CIP）数据

OneOS 嵌入式应用开发实践 / 于晓波，钟丽，窦瑶主编. -- 成都：西南交通大学出版社，2023.11
ISBN 978-7-5643-9608-4

Ⅰ. ①O… Ⅱ. ①于… ②钟… ③窦… Ⅲ. ①物联网－操作系统 Ⅳ. ①TP393.4②TP18

中国国家版本馆 CIP 数据核字（2023）第 223404 号

OneOS Qianrushi Yingyong Kaifa Shijian
OneOS 嵌入式应用开发实践

主　编 / 于晓波　钟　丽　窦　瑶

策划编辑 / 李芳芳　李华宇　余崇波
责任编辑 / 余崇波
封面设计 / GT 工作室

西南交通大学出版社出版发行
（四川省成都市金牛区二环路北一段 111 号西南交通大学创新大厦 21 楼　610031）
营销部电话：028-87600564　028-87600533
网址：http://www.xnjdcbs.com
印刷：四川玖艺呈现印刷有限公司

成品尺寸　185 mm × 260 mm
印张　20.25　　字数　501 千
版次　2023 年 11 月第 1 版　　印次　2023 年 11 月第 1 次

书号　ISBN 978-7-5643-9608-4
定价　58.00 元

课件咨询电话：028-81435775
图书如有印装质量问题　本社负责退换

前言

PREFACE

长期以来，我国始终将物联网发展置于重要战略地位。在今年2月，中共中央、国务院印发的《数字中国建设整体布局规划》(以下简称《规划》)指出，建设数字中国是数字时代推进中国式现代化的重要引擎，是构筑国家竞争新优势的有力支撑。《规划》中特别提到了要夯实数字中国建设基础，强调要打通数字基础设施大动脉，包括加快5G网络与千兆光网协同建设，深入推进IPv6规模部署和应用，推进移动物联网全面发展，大力推进北斗规模应用。随着《规划》的进一步落细落实，数字化革命的进程势必进一步加速，必将为物联网相关产业带来更多发展机会，并促进物联网各层级涉及的新型基础设施建设。云平台作为其中不可缺少的部分，发展越来越迅速，以阿里巴巴、腾讯以及三大运营商为代表的国内“巨头”们都在这一领域有着重点部署。在物联网领域，云平台的应用越来越广，除智能家居、智慧农业、智慧交通等传统应用领域，工业领域的物联网需求也越来越大。通过云平台对生产数据和能耗进行远程监测、控制等，不仅可以优化生产，还可以更好地实现个性化定制，是智能制造的发展趋势。

本书以学生能够自主选择协议、理解协议参数并熟练进行代码移植为教学目标，通过项目化教学模式，助力学生深入领会HTTP协议、EDP协议、MQTT协议以及TCP透传协议。借助模拟器调试、代码移植以及底层硬件接入等教学环节，由浅入深、循序渐进，最终使学生能够运用不同协议独立搭建简易物联网项目，达成底层硬件与云平台的信息交互。在教学内容编排方面，本书划分为两篇。第1篇聚焦于OneOS实验箱开发环境搭建；第2篇围绕OneOS实验箱综合项目实训展开，包含工业电机自动控制、环境监测以及智能健康穿戴这3个典型的育训一体化场景，依序推进项目化教学，实现对物联网云平台应用相关知识、技能与素养的全方位综合培育。始终秉持立德树人根本理念，高度注重学思融合、知行合一，着力提升学生勇于探索的创新意识与善于解决问题的实践能力。

本书由成都职业技术学院于晓波、钟丽、窦瑶担任主编，韩艳、肖冠南、李玲、罗悦担任副主编。在本书编写及项目化电子资源整理期间，承蒙成都卓物科技有限公司敬勇、李红军的鼎力相助，在此致以诚挚谢忱。鉴于作者团队能力局限，书中或有瑕疵疏漏之处，恳请广大读者不吝赐教，以便我们及时予以修正完善。

编　者

2023 年 9 月

扫一扫获取数字资源

目录

CONTENTS

第 1 篇　OneOS 实验箱开发环境搭建

第 2 篇　OneOS 实验箱综合项目实训

第1篇　OneOS实验箱开发环境搭建

模块 1　硬件环境搭建

本书全程使用中国移动 OneOS 实验箱作为硬件实验平台，如图 1.1.1 所示，该平台由三部分组成，分别为主控制器模块、实验箱底板和功能模块。

图 1.1.1　中国移动 OneOS 实验箱

1.1　主控制器模块

嵌入式主控制器如图 1.1.2 所示。

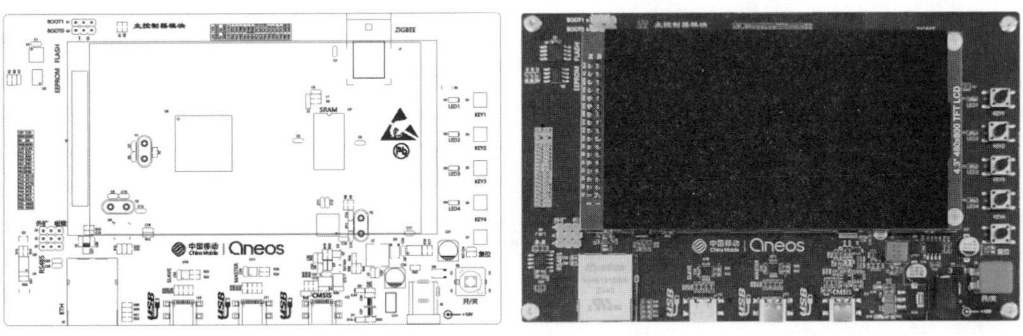

图 1.1.2　OneOS 主控制器

（1）主控芯片：CortexM4 内核 STM32F407ZGT6（144 PIN），主频 168 MHz，自带 1 024 KB FLASH 和 192 KB SRAM。

（2）显示：板载 4.3 inch 480 × 800 触摸液晶显示。

（3）WSN：板载低功耗 ZigBee 协调器模块，支持 AT 命令集。

（4）调试：板载 DAP CMSIS 程序下载、调试、仿真电路。

（5）串口：板载 2 路 USB 转串口输出（TypeC）。

（6）RS485：板载 RS485 驱动电路。

（7）以太网：板载 1 路 RJ45 以太网接口。

（8）按键：板载 4 路功能按键。

（9）LED：板载 4 路 LED 指示灯。

（10）电源：板载 DC 12 V 电源供电电路。

（11）扩展：板载 2 组 1.27 mm、40 P 简易牛角座扩展接口，可直接接入到实验箱底板。

1.2　实验箱底板

底板将主控制器模块引脚全部引出，支持同时插拔连接 10 个不同的模块（见图 1.1.3）。当模块插上后，支持使用主控制器模块从 USART（串口）与模块直接通信。

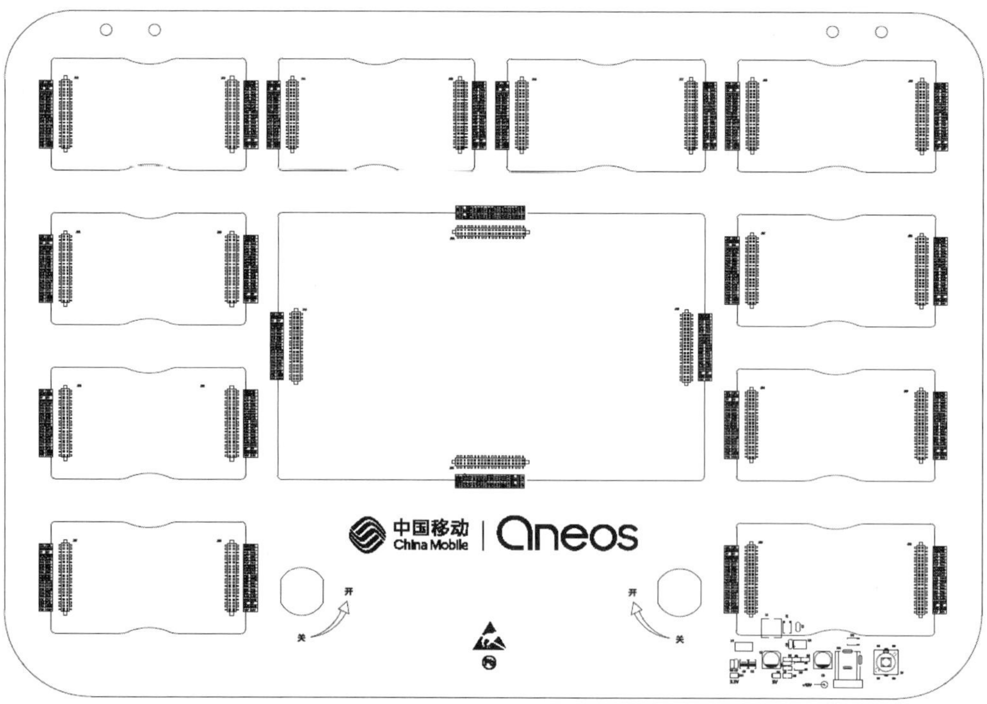

图 1.1.3　底板

1.3 功能模块

功能模块主要包含三类：检测（传感器）模块、执行模块、通信模块，常用模块如图 1.1.4 和图 1.1.5 所示。使用模块化设计保证了实验平台模块间组合的多样性，极大方便了用户的学习和使用。

无线温湿度传感器模块	继电器模块	电机测速模块	脉搏传感器模块
无线光照度传感器模块	小风扇模块	GPS&北斗模块	烟雾传感器模块
可调亮度 LED 模块	Wi-Fi 模块	可燃气体模块	数码管显示模块
4G 模块（CAT1）	NB-IoT 模块	人体红外模块	传感器扩展模块
震动传感器模块	蓝牙模块	引脚扩展模块	蜂鸣报警器模块

图 1.1.4　常用模块名称

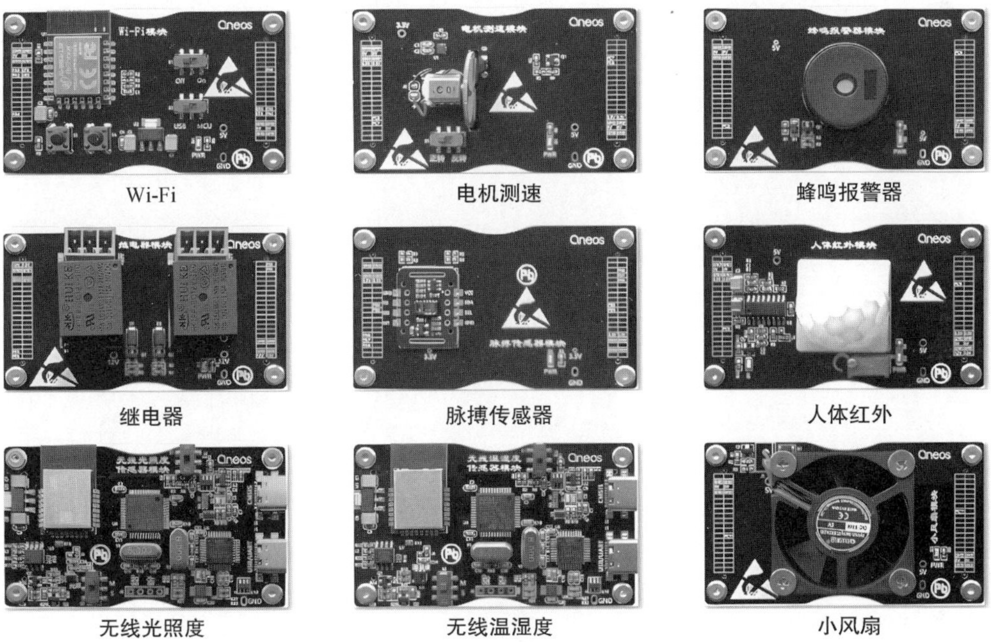

图 1.1.5　常用模块图示

1.4 硬件连接

OneOS 实验箱使用 DC 12 V 电源连接主控制器模块 DC 接口进行电源输入，使用 TypeC 转 USB 连接主控制器模块 CMSIS 接口与电脑，该接口用于向主控制器模块 CPU 下载调试程序（见图 1.1.6）。

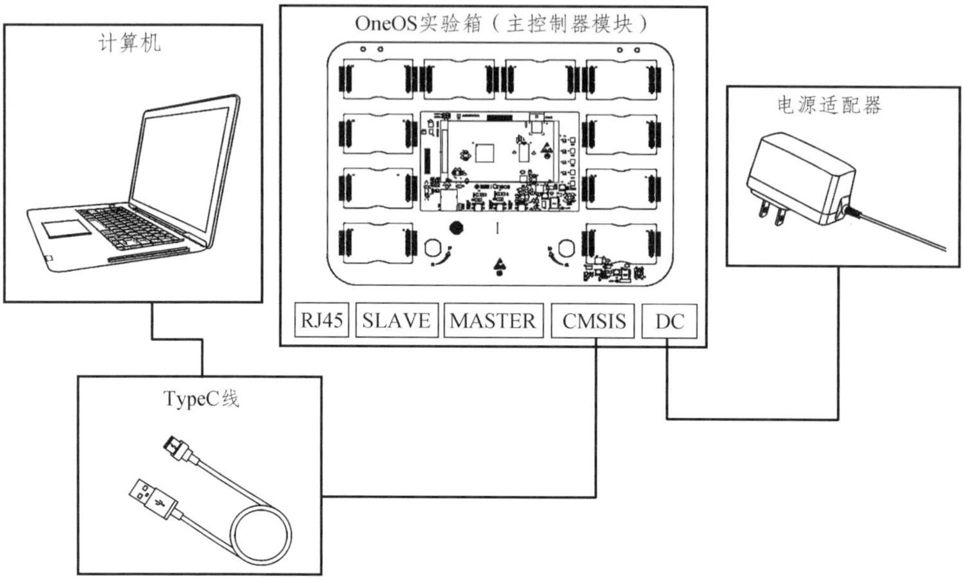

图 1.1.6　硬件连接

另外，可将需要使用的模块插入连接到实验箱底板的任一 40 P 座子。

模块 2　嵌入式软件开发环境搭建

2.1　软件下载

浏览器打开 keil 官网：www.keil.com，如图 1.2.1 所示，选择下载 MDK-Arm。

图 1.2.1　软件下载 1

然后按照要求填写信息并单击提交，如图 1.2.2 所示。最后单击下载即可，如图 1.2.3 所示。

图 1.2.2　软件下载 2

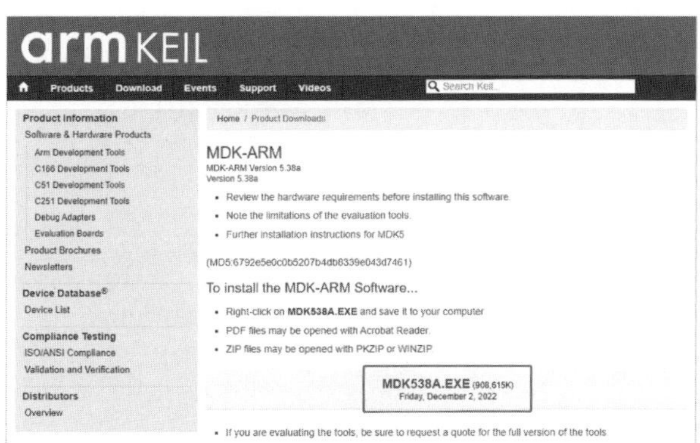

图 1.2.3　软件下载 3

2.2 软件安装

双击打开下载好的软件，如图 1.2.4 所示，按照提示进行安装。

图 1.2.4　软件安装

如图 1.2.5 所示，勾选许可协议，并单击“Next”。

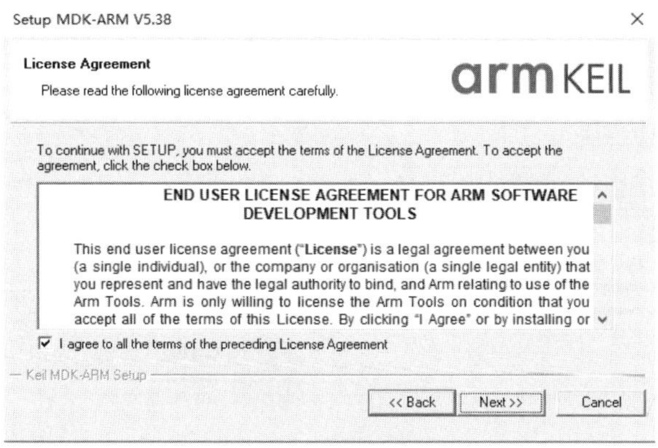

图 1.2.5　用户协议

如图 1.2.6 所示，选择安装路径，并单击“Next”。

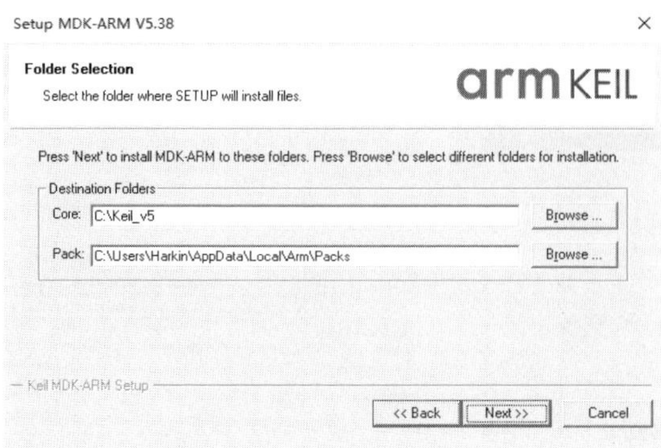

图 1.2.6　安装路径

如图 1.2.7 所示，填写用户信息，并单击“Next”。

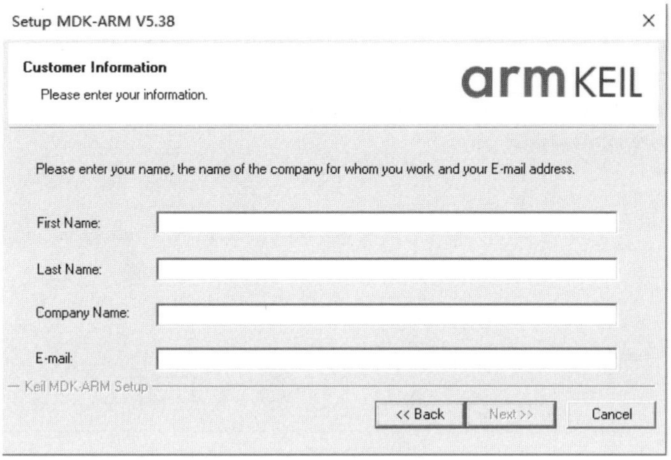

图 1.2.7　用户信息

如图 1.2.8 所示，等待安装完成。

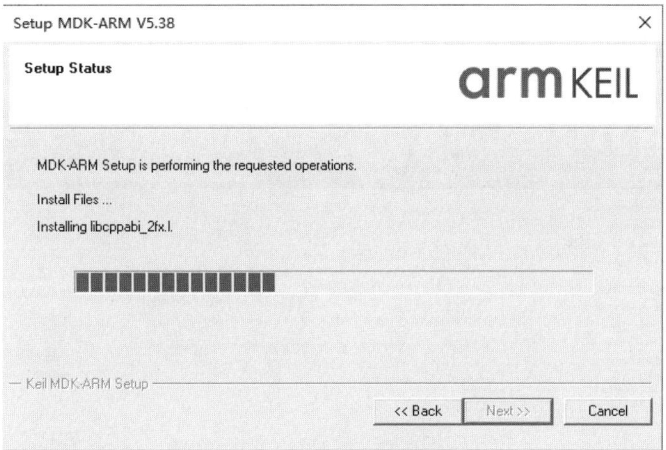

图 1.2.8　安装进程

如图 1.2.9 所示，首次安装时，会提示安装软件设备驱动，选择并单击“安装”即可。

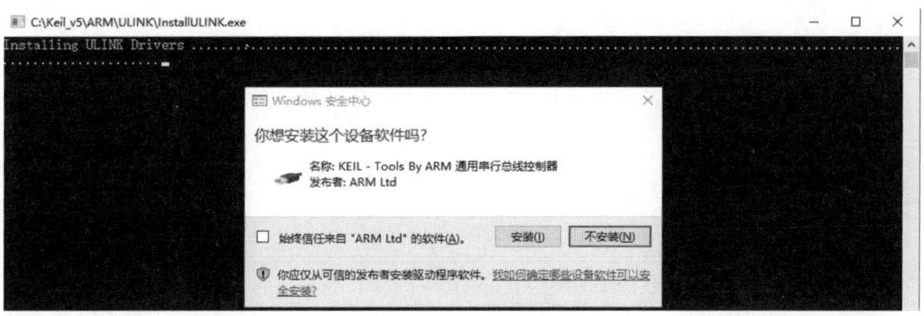

图 1.2.9　安装驱动

如图 1.2.10 所示，安装完成。

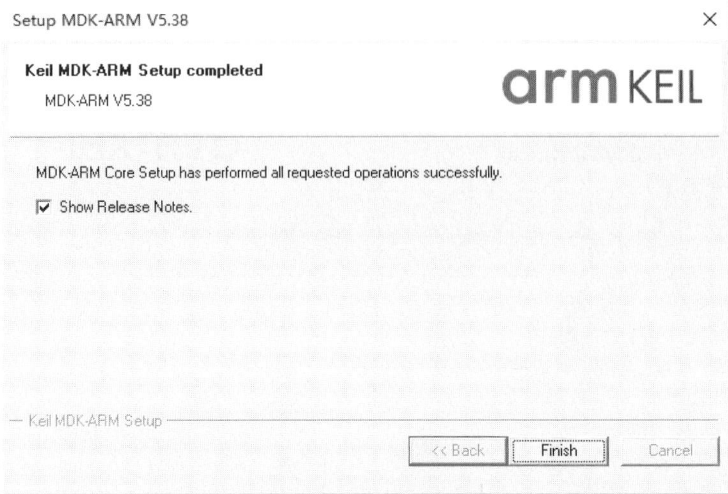

图 1.2.10　安装完成

在 MDK-Arm 软件安装完成后，还需要安装芯片支持包。采用的芯片为 STM32F407xx 系列，因此需要安装 Keil.STM32F4xx_DFP 芯片支持包。

浏览器打开链接 https://www.keil.com/dd2/pack/。如图 1.2.11 所示，下拉选择 STM32F4 Series Device Support；如图 1.2.12 所示，单击“Download”即可下载。

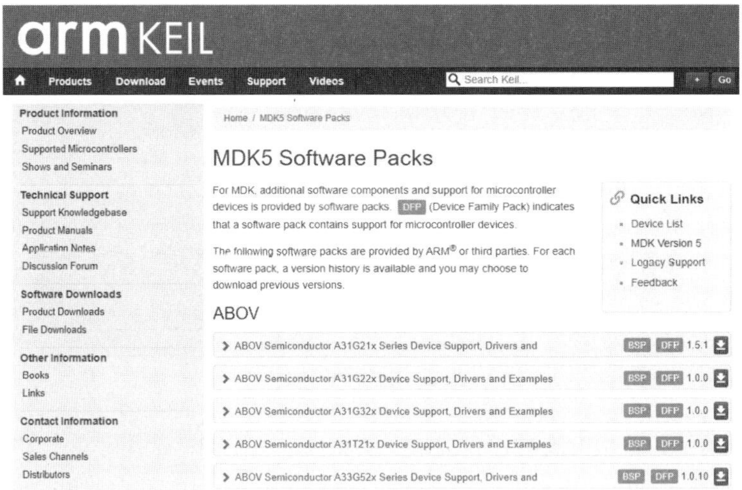

图 1.2.11　芯片支持包下载

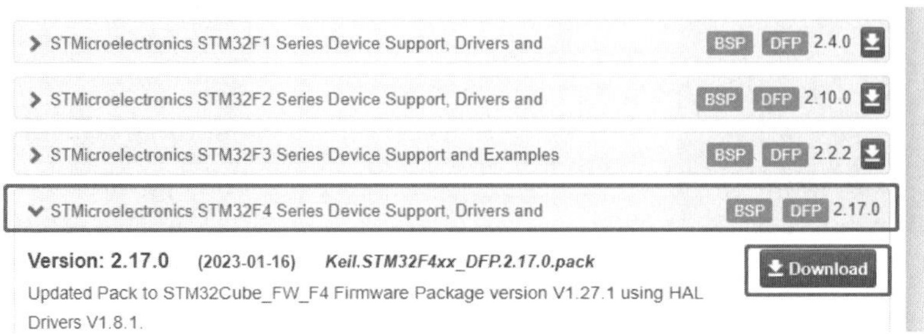

图 1.2.12　STM32F4 系列支持包下载

下载完成后，双击打开即可安装，如图 1.2.13 和图 1.2.14 所示。

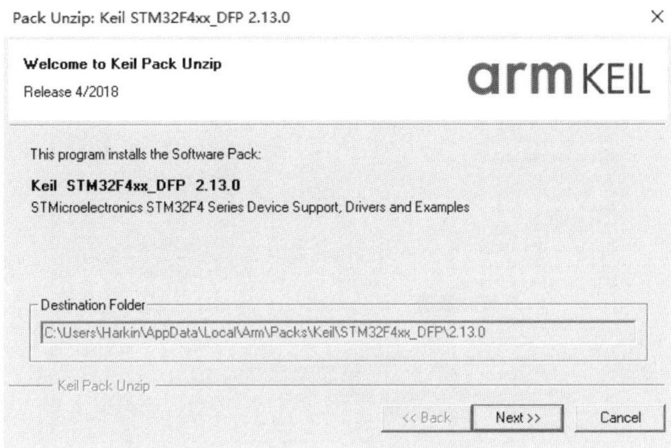

图 1.2.13　支持包安装

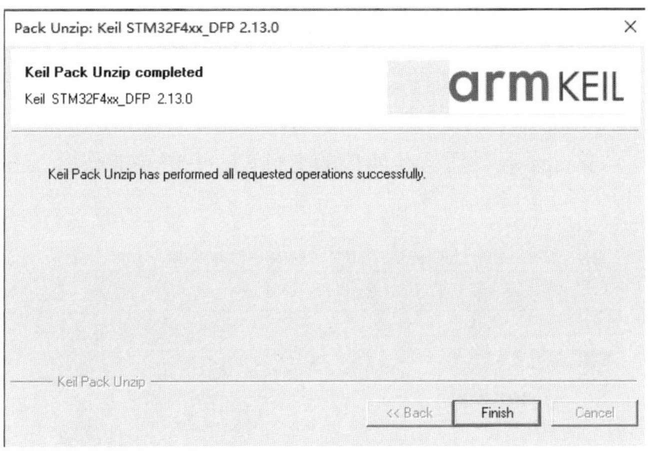

图 1.2.14　安装完成

2.3　软件运行

MDK-Arm 软件安装完成后，双击打开软件，如图 1.2.15 所示，选择“Project”下的“New µVision Project”新建工程。

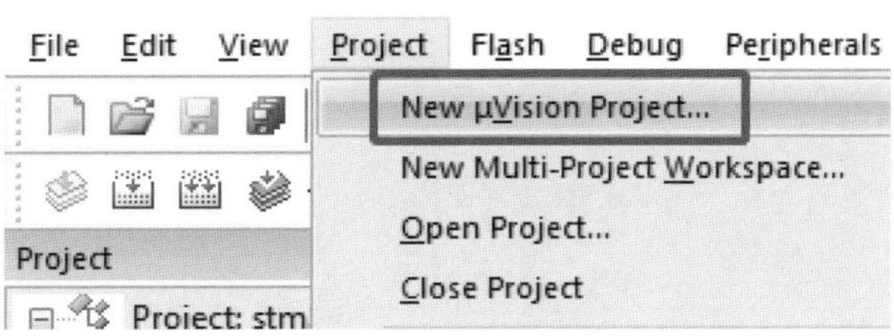

图 1.2.15　新建工程

然后选择芯片设备，此处按照实际使用的芯片型号进行选择，如图 1.2.16 所示，此处选择“STM32F407ZGTx”。

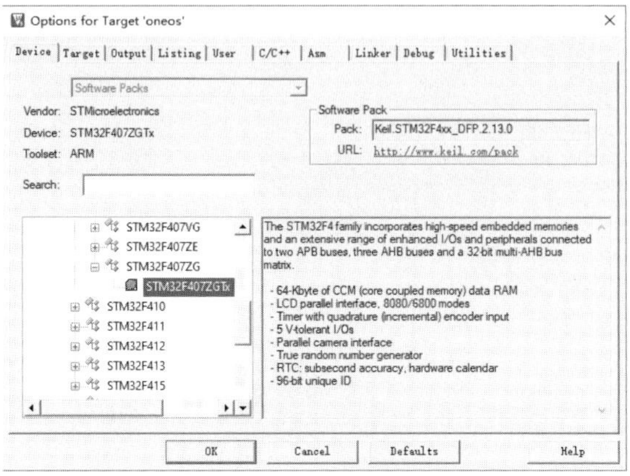

图 1.2.16　选择设备芯片

单击图 1.2.17 中的“Manage Project Item”命令图标加载工程文件。工程文件可以是已有的.c 头文件，也可以是新建的.c 头文件。弹出的 Manage Project Item 界面如图 1.2.18 所示，在界面中选择或新建 Groups，然后单击“Add Files”选择要加载的文件。最后单击“OK”，就可以在工程中对应 Groups 下看到已经加载的文件。.c 头文件加载后，还需要确保.h 头文件路径已经加载。

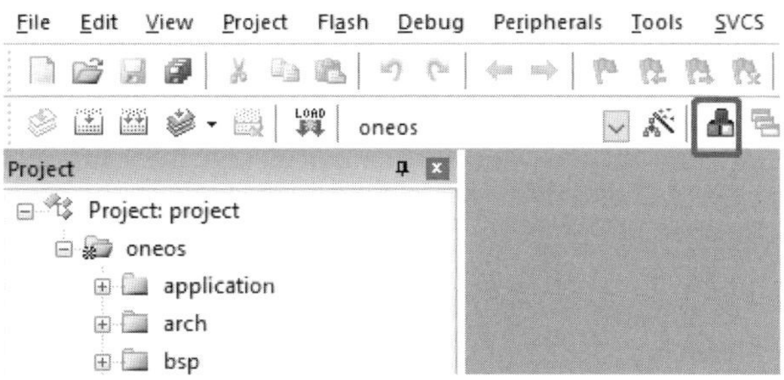

图 1.2.17　Manage Project Item 命令

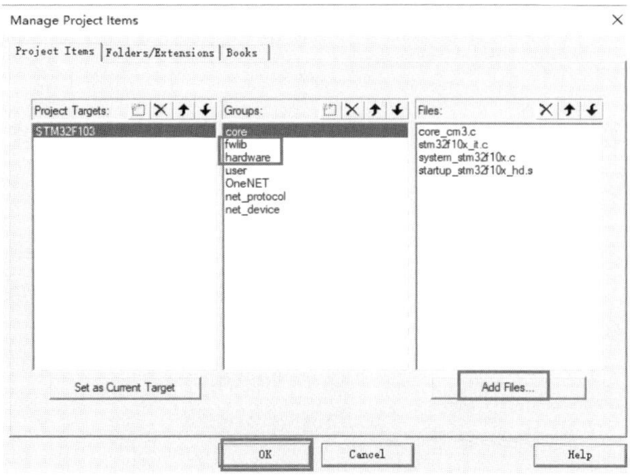

图 1.2.18　Manage Project Item 界面

单击图 1.2.19 中的“Option for Target”图标，弹出如图 1.2.20 所示界面。在“C/C++”菜单中，单击“Include Paths”右侧的按钮弹出头文件路径加载界面，如图 1.2.21 所示。若加载文件的头文件路径已经加载了，则不用修改，不然需要新建头文件路径，并对应到头文件所在位置。

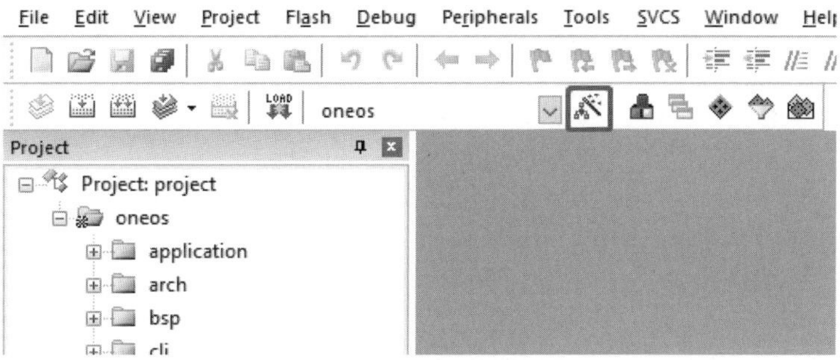

图 1.2.19　Option for Target 命令

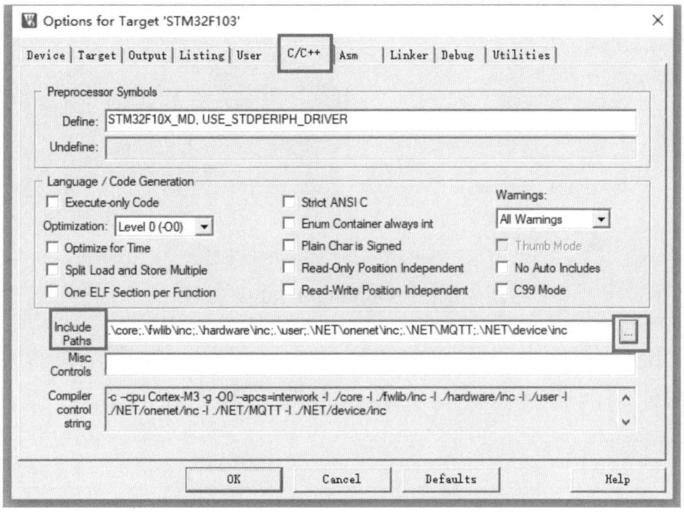

图 1.2.20　Option for Target 界面

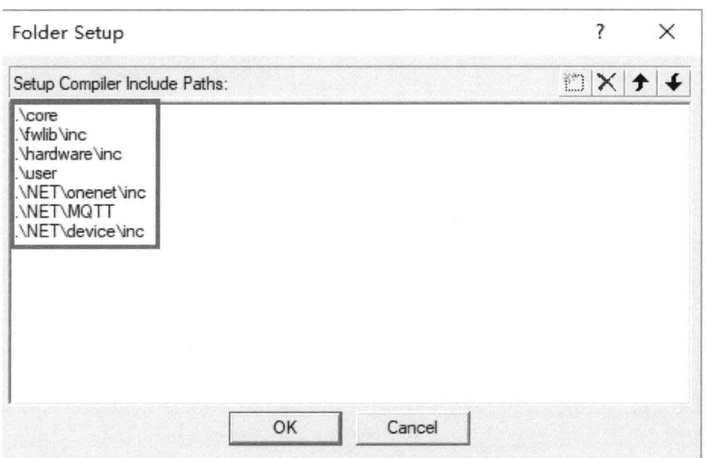

图 1.2.21　头文件路径加载界面

2.4 程序下载

当工程程序全部编写完成后，单击如图 1.2.22 所示按钮，编译工程。

图 1.2.22 编译

单击如图 1.2.23 所示按钮，进入 Option for Target 界面。

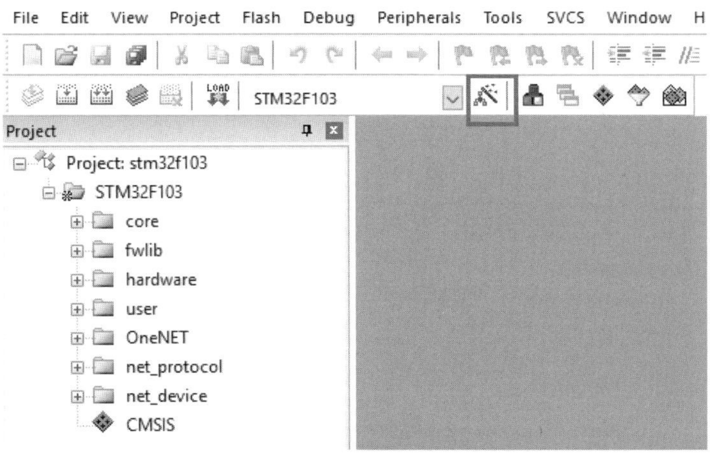

图 1.2.23 Option for Target 按钮

在 Option for Target 界面中选择“Debug”标签，如图 1.2.24 所示，然后选择调试器。此处应当按照实际使用的调试器进行选择，本例采用 CMSIS-DAP 调试器，因此选择“CMSIS-DAP Debugger”。

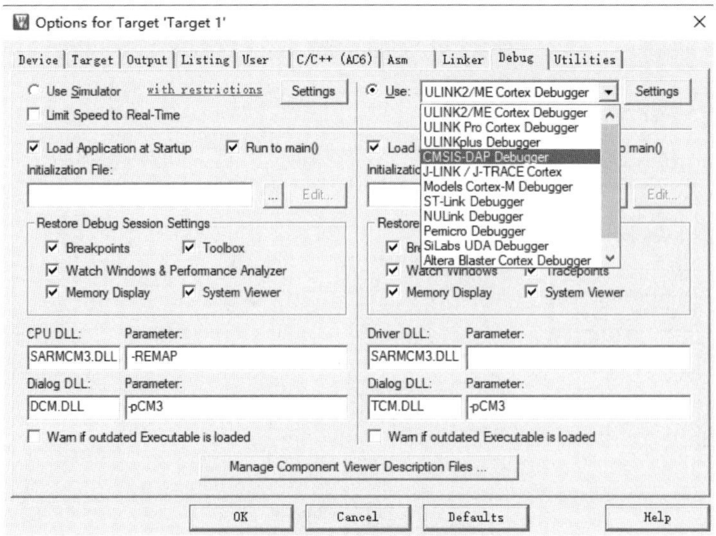

图 1.2.24 选择调试器

最后，单击“LOAD”命令图标，下载程序，如图 1.2.25 所示。

图 1.2.25　工程下载命令

模块 3　OneOS 操作系统开发环境搭建

3.1　OneOS 简介

3.1.1　什么是 OneOS

OneOS 是中国移动针对物联网领域推出的轻量级操作系统，具有可裁剪、跨平台、低功耗、高安全等特点，支持 ARM Cortex-A 和 Cortex-M、MIPS、RISC-V 等主流芯片架构，兼容 POSIX、CMSIS 等标准接口，支持 MicroPython 语言开发，提供图形化开发工具，能够有效提升开发效率并降低开发成本，帮助用户开发稳定可靠、安全易用的物联网应用。

OneOS 总体架构采用分层设计，其主体由驱动、内核、组件、安全管理框架等组成，采用一个轻量级内核加多个系统组件的模式，加上海量硬件的适配支持，使 OneOS 具备极高的可伸缩性与易用性。操作系统整体架构如图 1.3.1 所示。

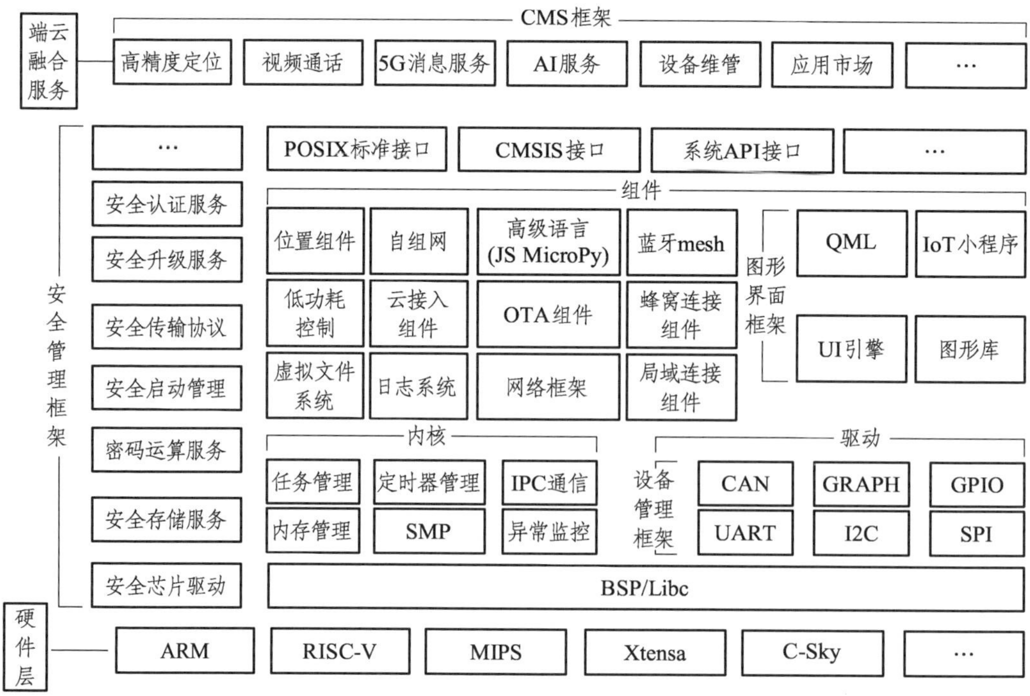

图 1.3.1　OneOS 系统架构

3.1.1.1 内核简介

内核是操作系统最核心、最重要的部分。OneOS 内核总体采用可抢占式的实时的轻量级内核的方式设计，主要包含任务管理和调度、任务同步和通信、内存管理、定时器、时钟管理、工作多队列等模块。图 1.3.2 展示了 OneOS 内核在软件架构中的位置和基本架构。可见，内核处于组件层之下，HAL 层之上。

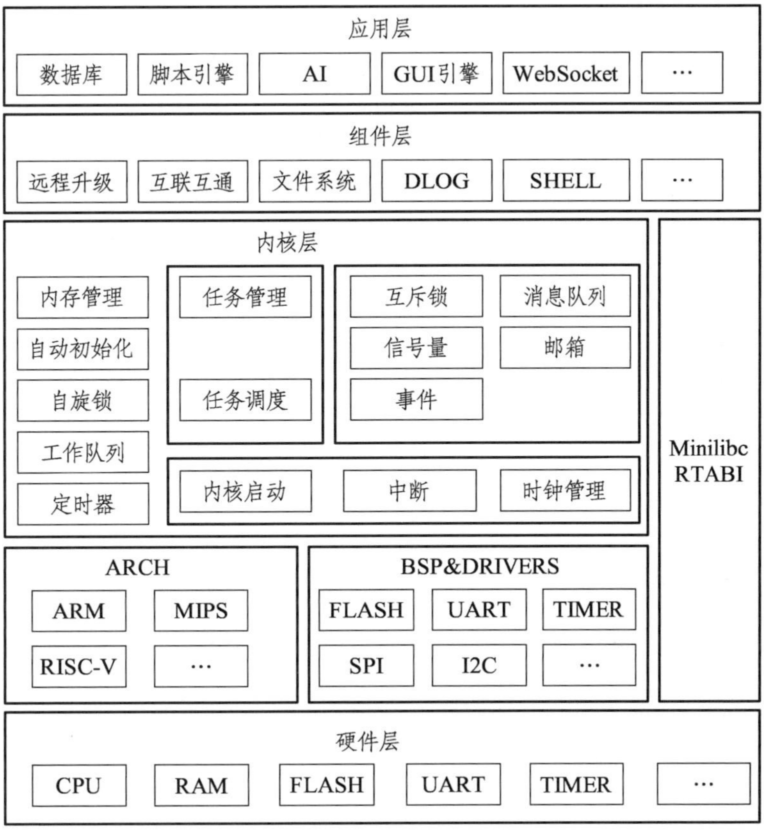

图 1.3.2　OneOS 软件架构

1. 任务管理及调度模块

任务是软件系统中运行实体的基本单位，也是内核管理和调度的最小单位。

任务管理模块实现了对任务的创建、销毁、阻塞、睡眠、挂起、唤醒、状态迁移、资源回收等基本功能。这些功能通过队列的方式实现，涉及的队列有任务资源队列、任务资源回收队列、就绪队列、睡眠队列、阻塞队列。常见任务有：基于任务资源队列管理创建成功还未被销毁的任务，基于就绪队列管理处于就绪状态可以投入运行的任务，基于阻塞队列管理正在等待某种资源（如信号量）的任务，等等。任务数量理论上只受限于硬件本身的 RAM 资源。

任务调度模块实现了如何选取任务投入运行的策略，主要支持 2 种调度方式：第 1 种是基于优先级的抢占式调度，即当有优先级更高的任务就绪时，就会抢占当前任务并运行更高优先级任务，且优先级数值越小，优先级级别越高；第 2 种是相同优先级任务的时间片轮转调度，即当任务时间片耗尽时，就会退出当前任务并选取另一个相同优先级的任务投入运行。

2. 任务同步与通信模块

任务同步与通信是内核的基本功能。

任务同步模块实现了任务间的协同交替运行。同步机制包括信号量、互斥锁、事件 3 种方式，都可以选择按优先级方式等待和先进先出顺序方式等待，但是也有不同的应用场景。信号量主要用于任务间的同步，而且可以实现任务和中断之间的同步；互斥锁主要用于对共享资源的保护，并且可以解决优先级翻转问题；事件可以支持任务等待多个事件场景，而且也可以实现任务和中断之间的同步。

任务通信模块实现了任务间的数据传递。通信机制包括邮箱和消息队列，都可以选择按优先级方式等待和先进先出顺序方式等待，但是也有各自的特点。邮箱传递数据的大小固定，消息队列传递数据大小不固定，邮箱效率更高。

3. 内存管理模块

内存管理模块实现了内存的分配和释放，在任务需要内存时调用分配接口得到内存，在使用完内存后，调用释放接口把内存返还给系统，提高了系统内存的利用率。内存管理有内存池和内存堆 2 种方式。内存池分配的内存大小固定，分配效率高，碎片少，但是无法按需分配。内存堆可以按需分配，但是分配效率比内存池低，碎片更多。内存堆还支持添加内存区域，并且至少要添加一个内存区域才能分配。内存堆也支持选择指定的管理算法，目前有 Firstfit 和 Buddy 两种算法。

4. 时钟管理模块

时钟节拍是操作系统的心跳，任何操作系统都需要时钟节拍。时钟节拍是基于硬件定时器实现的，当定时器的周期性中断到来时，就会处理一些和时间有关的事情，比如系统时钟计数、任务睡眠时间处理、任务的时间片轮转调度、定时器处理等。

5. 定时器

定时器提供了延迟一段时间执行某个用户操作的接口，分为 2 种：第 1 种是单次性定时器，即触发一次后停止；第 2 种是周期性定时器，即周期性地循环触发，需要手动停止。目前 OneOS 内核只提供软件定时器，回调函数运行在任务上下文，不支持硬件定时器，如果要使用硬件定时器，需要调用 BSP（板级支持包）相关接口。

6. 工作队列模块

工作队列模块提供了执行某个用户工作的接口，如果用户想执行某个工作，可以向工作队列提交工作，并且可以设置延时执行和不延时执行。如果想执行某个简单的或者不需要循环处理的操作，选择工作队列比较合适，不需要创建单独的任务。内核提供的工作队列有两种接口：对于第一种接口，用户可以创建自己的工作队列，自行决定栈大小和任务优先级，然后把需要的工作项提交到工作队列上；对于另一种接口，用户不用创建工作队列，而是直接把工作项提交到系统创建的工作队列上。

3.1.1.2 驱 动

驱动提供丰富的 BSP 板级支撑，适配超千款 MCU，支持 ARM、RISC-V、MIPS、Xtensa、C-Sky 等主流架构，通过抽象设计，将所有外设以设备方式进行管理，极大提升了应用开发的便利性。

3.1.1.3 组 件

组件提供包括网络协议、云平台接入、远程升级、文件系统、日志系统、测试框架、调试工具等众多通用服务能力，也包括高精度定位等专业应用领域的完整解决方案。由于采用了模块化的设计，因此各个组件相互独立，耦合性低，易于灵活裁剪。

3.1.1.4 安全管理框架

终端侧基于信任根实现轻量级的主动检测和可信度量，提供轻量级的密码算法库及轻量级密钥管理与密钥协商机制，实现端到端安全通信。平台侧基于大数据态势感知技术，帮助用户建立端侧安全画像，根据应用场景制定不同的安全管理策略。

3.1.2 为什么选择 OneOS

市面上的操作系统种类繁多，如 UCOS Ⅱ/UCOS Ⅲ、FreeRTOS 等，它们具有相同的特征，包括手动移植、在 xx_config.h 文件配置剪裁等。对于这类型的操作系统，必须了解其原理才能移植成功，不然在移植过程中将出现很多难以解决的问题，大大消耗开发者的时间。而 OneOS 为了方便开发者，避免移植带来的诸多因素，在工程环境搭建使用 OneOS-Cube 软件、选择主控芯片等配置，最后自动生成工程。注意：OneOS-Cube 是独立于 OneOS 源码之外的为 OneOS 服务的开发套件。

OneOS、UCOS Ⅲ、FreeRTOS 之间的特性比较如表 1.3.1 所示。

表 1.3.1 特性比较

特性	OneOS	UCOS Ⅲ	FreeRTOS
源代码	√	√	√
可剥夺型任务调度	√	√	√
最大任务数目	无限制	无限制	无限制
优先级相同的任务数目	无限制	无限制	无限制
时间片轮转调度	√	√	√
信号量	√	√	√
互斥锁	√	√	√
事件	√	√	√
消息邮箱	√	×	×
消息队列	√	√	√
原子操作	√	×	×
定时器	√	√	√

续表

特性	OneOS	UCOSⅢ	FreeRTOS
剪裁文件配置	OneOS-Cube 配置	手动配置	手动配置
环境搭建	OneOS-Cube 生成	手动移植	手动移植
组件搭建	OneOS-Cube 配置	手动移植	手动移植

从上表可知，OneOS 系统配置、编译以及生成工程都离不开 OneOS-Cube 软件。OneOS 虽然依赖于 OneOS-Cube 软件配置，但不存在路径依赖，即：OneOS-Cube 软件可以放到其他路径保存，并不需要放置在 OneOS 工程路径中。注意：OneOS-Cube 和 OneOS 源码路径中不允许存在中文字符。

3.1.3 OneOS 特点

OneOS 是一个可裁剪的小型 RTOS 系统，不但性能强大，而且移植的内存需求小，其特点如图 1.3.3 所示。

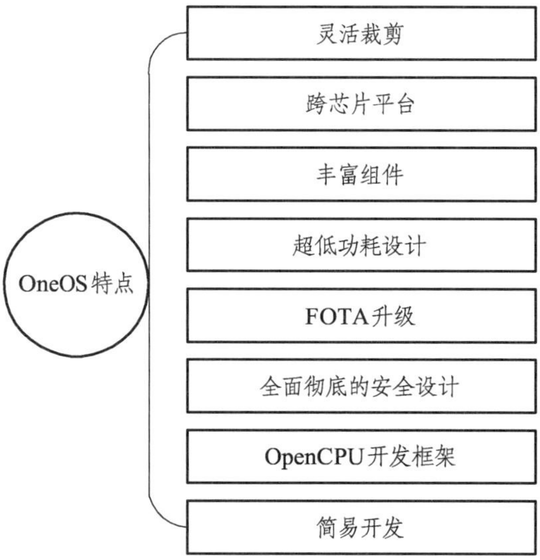

图 1.3.3 OneOS 特点

1. 灵活裁剪

OneOS 抢占式的实时多任务 RTOS 内核，支持多任务处理、软件定时器、信号量、互斥锁、消息队列、邮箱和实时调度等特性，其 RAM 和 ROM 资源占用极小。OneOS 可灵活裁剪，搭配丰富组件，可适应不同客户的需求。

2. 跨芯片平台

OneOS 应用程序可无缝移植，大幅提高软件复用率；支持的主流芯片架构有 ARM Cortex-A 和 Cortex-M、MIPS、RISC-V 等；支持几乎所有的 MCU 和主流的 NB-IoT、4G、Wi-Fi、蓝牙通信芯片。

3. 丰富组件

OneOS 提供丰富的组件功能，如互联互通、端云融合、远程升级、室内外定位、低功耗控制等，同时提供开放的第三方组件管理工具，支持添加各类第三方组件，以便扩展系统功能。

4. 超低功耗设计

OneOS 支持 MCU 和外围设备的功耗管理,用户可以根据业务场景选择相应低功耗方案。系统也会自动采用相应功耗控制策略，进行休眠和调频调压，以有效降低设备整体功耗。

5. FOTA 升级

OneOS 提供免费的 FOTA（固件空中升级）升级服务。支持加密、防篡改、断点续传等功能，同时支持智能还原和回溯机制，拥有完善的版本管理和灵活的升级策略配置机制。

6. 全面彻底的安全设计

OneOS 针对物联网设备资源受限、海量连接、网络异构等特点，参考等保 2.0 标准及《GB/T 36951—2018 信息安全技术 物联网感知终端应用安全技术要求》等规范，在系统安全、通信安全、数据安全等方面提供多维度安全防护能力。

7. OpenCPU 开发框架

OneOS 支持通信 SoC 芯片 OpenCPU 开发模式，为开发者带来屏蔽复杂通信芯片差异的高效开发方式，提供统一开发体验。同时，在同样的业务功能下，减少了设备额外 MCU 开销和存储器的使用，大幅降低设备成本。

8. 简易开发

一站式开发工具 OneOS Studio 可用于对内核和组件的功能进行配置，支持组件自由裁剪，让系统按需进行积木式构建，同时可帮助用户跟踪调试，快速定位问题。

3.2 OneOS 源码介绍

3.2.1 OneOS 源码与工具下载

OneOS 依靠 OneOS-Cube 软件完成工程生成、系统配置和工程编译等操作，因此需要下载 OneOS 源码和 OneOS-Cube 软件，下载地址为 https://os.iot.10086.cn/download/tool，如图 1.3.4 所示。

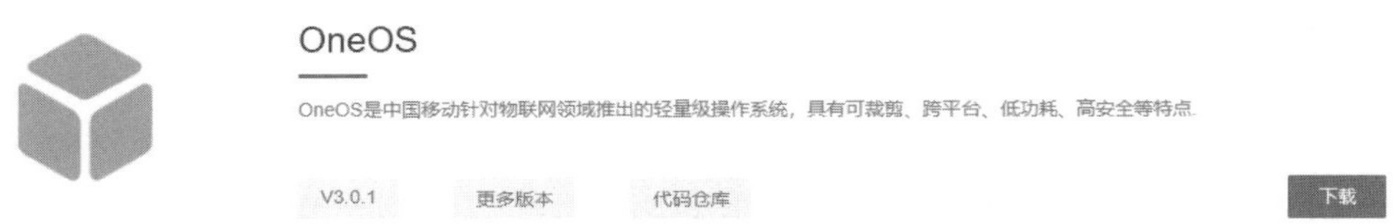

（a）OneOS 软件下载

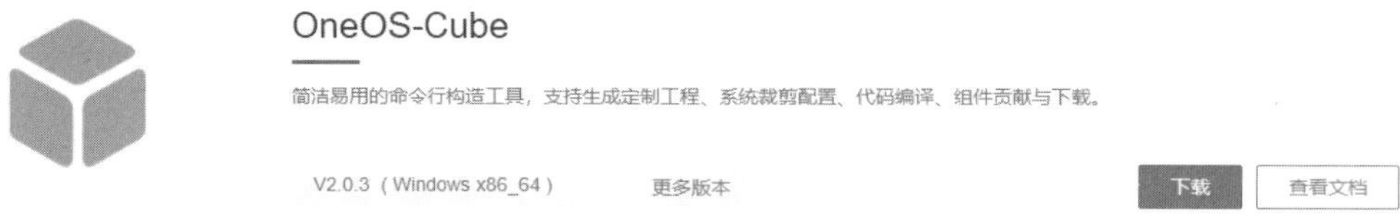

（b）OneOS-Cube 软件下载

图 1.3.4　下载界面

3.2.2　OneOS 文件结构

将 OnseOS 源码包解压并进入到 OneOS 操作系统代码根目录下，可以看到有多个文件夹和文件，如图 1.3.5 所示。

图 1.3.5　OneOS 代码根目录

图中各个文件夹作用为：

（1）arch 文件夹：主要存放 MCU 等各种主控芯片架构相关代码。

（2）commom 文件夹：主要存放一些通用的没有具体业务指向的程序代码，所有模块都可以使用，不通过编译选项控制是否编译，采用默认编译进工程的方式。

（3）components 文件夹：主要存放组件代码，根据 OneOS-Cube 对组件裁剪。

（4）docs 文件夹：存放 OneOS 官方文档和代码规范以及编程指南。

（5）drivers 文件夹：主要存放驱动的抽象层代码和具体外设的驱动代码。

（6）kernel 文件夹：用于存放内核代码，如任务管理及调度、任务间同步以及通信、内存管理等代码。

（7）libc 文件夹：用于存放 Libc 库部分硬件相关接口的底层适配。

（8）osal 文件夹：是 OneOS 操作系统接口抽象层，支持 Posix 接口、CMSIS 接口、RT-Thread 接口等。

（9）projects 文件夹：用于存放 OneOS-Cube 生成的工程。

（10）scripts 文件夹：用于存放 OneOS-Cube 工具在编译构造时所需要的脚本文件。

（11）templates 文件夹：用于存入各种开发板的示例工程。

3.3 OneOS 开发环境搭建

3.3.1 OneOS-Cube 工具简介

OneOS-Cube 是针对物联网操作系统 OneOS 开发的一套 Windows 辅助开发环境。它以开源编译构造工具为基础构建，以简单易用为设计宗旨，尽可能地缩短普通用户的工具学习时间。通过简单的几条命令，用户即可完成系统配置、代码编译、第三方集成开发环境（如 KEIL 等）工程生成等任务。

OneOS-Cube 具备如下特点：

1. 去环境依赖

用户只需要下载完整的工具包，解压后即可直接使用，而不需要对本机环境进行特殊配置。

2. 使用简单

OneOS-Cube 将各个开源资源有机整合，使用户简单输入指令即可完成系统配置、编译、项目构造等任务，而不需要费时了解各个组件的内部实现。

3. 风格通用

在命令设计与操作习惯上尽量保持与开源社区常用的风格一致。

4. 易于维护

OneOS-Cube 充分利用已有的开源资源进行搭建，实现简单，也方便后期的升级维护。

OneOS-Cube 是独立于 OneOS 源码之外的，为 OneOS 服务的开发套件。它独立于 OneOS 的源码管理，二者之间不存在路径依赖关系。

3.3.2 OneOS-Cube 常用指令

OneOS-Cube 常用的用户指令非常简单，常用指令简单介绍如表 1.3.2 和表 1.3.3 所示。

表 1.3.2　在 OneOS 3.0 及以上版本使用指令

指令	说明
oos project	创建工程命令，提供菜单交互环境创建工程
oos config	系统配置命令，提供菜单交互环境对系统功能宏进行控制，宏配置结果自动保存到 oneos_config.h 文件中
oos build	代码编译命令，将根据编译配置文件的描述进行代码编译
oos clean	清理工程命令，对前期编译生成的中间文件和二进制结果文件进行删除
oos init -i×××	生成 IDE 工程命令，其中“×××”代表目标 IDE 环境，具体支持的 IDE 参考 oos help init 命令说明。例如生成 Keil 工程：oos init -i keil
oos pack	第三方组件操作命令，能够进行组件的上传、下载、搜索等
oos	查看 oos 命令选项说明

表 1.3.3　在 OneOS 2.4 及以下版本使用指令

指令	说明
project	创建工程命令，提供菜单交互环境创建工程
menuconfig	系统配置命令，提供菜单交互环境对系统功能宏进行控制，宏配置结果自动保存到 oneos_config.h 文件中
scons	代码编译命令，将根据 SConstruct、SConscript 脚本的描述进行代码编译
Scons--ide=×××	制作 IDE 工程命令，其中“×××”代表目标 IDE 环境，具体支持的 IDE 参考 scons --help 命令说明。例如生成 Keil 工程：scons --ide=MDK
scons--help	查看 scons 命令扩展选项说明

3.3.3　OneOS-Cube 环境搭建

下载 OneOS-Cube 工具并安装，安装路径不支持含有中文和空格字符，如图 1.3.6 所示。

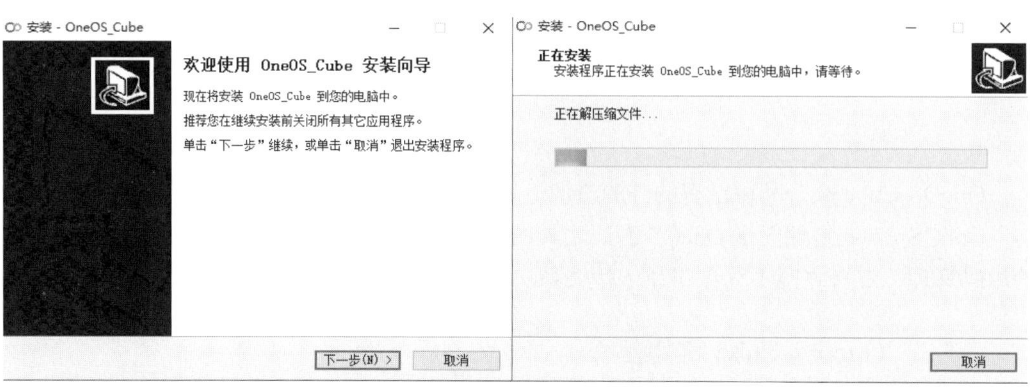

图 1.3.6　OneOS-Cube 安装界面

3.3.4　OneOS-Cube 工具使用

1. 打开 OneOS-Cube 控制台

进入到 OneOS 源代码的 projects 文件夹下，在文件夹空白处单击鼠标右键，弹出菜单栏，选择“OneOS_Cube”，进入 OneOS-Cube 控制台，如图 1.3.7 所示。

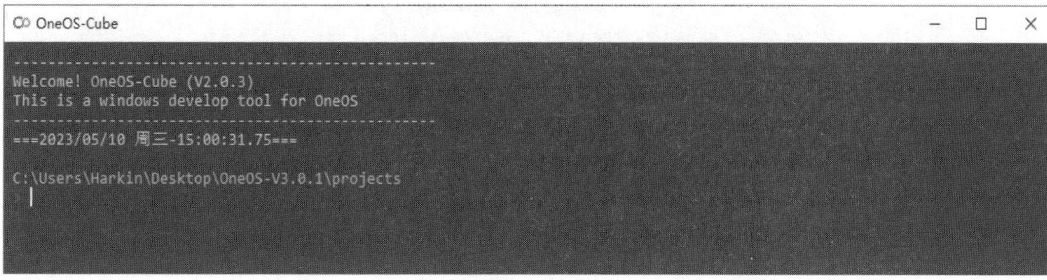

图 1.3.7　控制台

2. 根据芯片构建工程

在控制台中输入“oos project”命令并回车，在出现的界面中根据实际芯片选择对应的芯片厂商、芯片系列、芯片型号、芯片子型号，并使用“Esc”或“Q”键进行保存或退出，如图 1.3.8 所示。

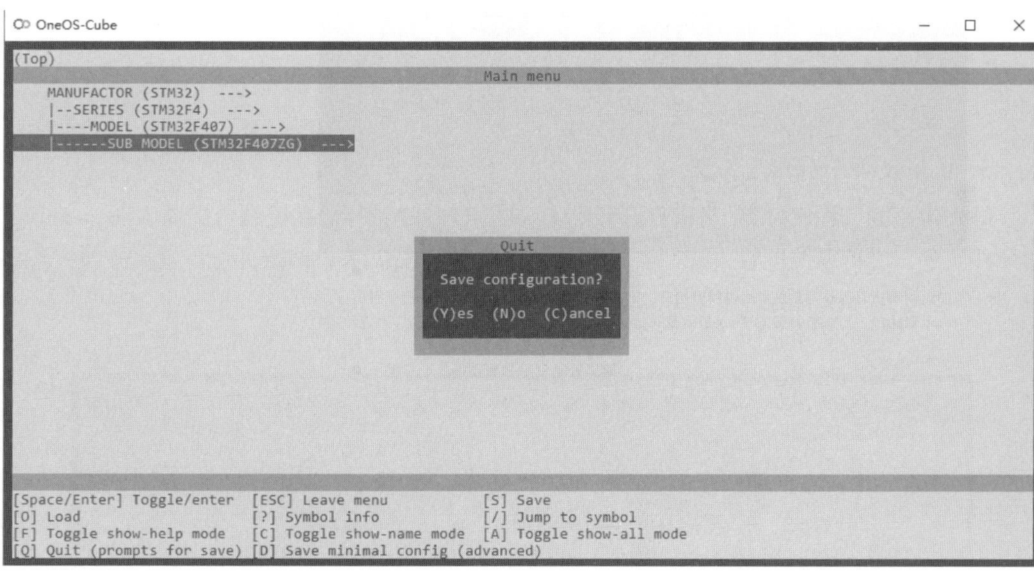

图 1.3.8　构建工程

OneOS-Cube 软件会自动生成配置文件和工程，如图 1.3.9 所示。

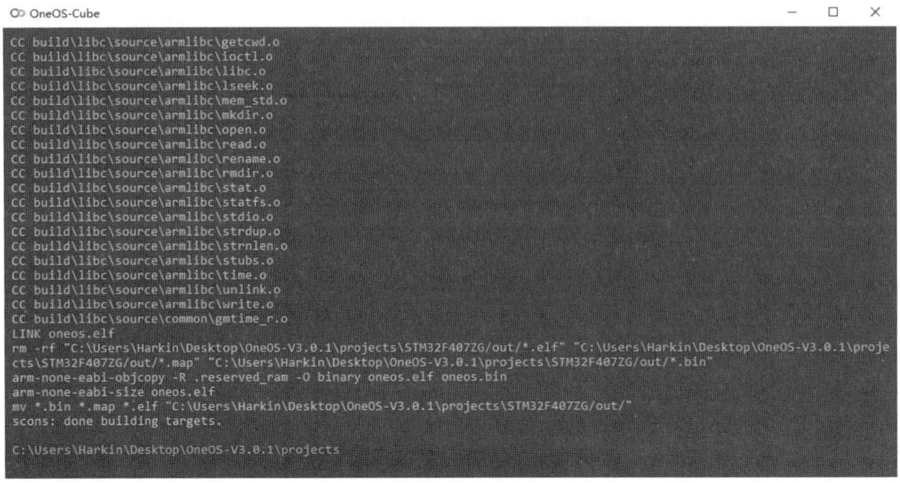

图 1.3.9　自动生成配置和工程

等待工程构建，当出现“scons：done building targets.”时，表示工程构建完成，此时在 projects 文件夹下会出现该工程，如图 1.3.10 所示。

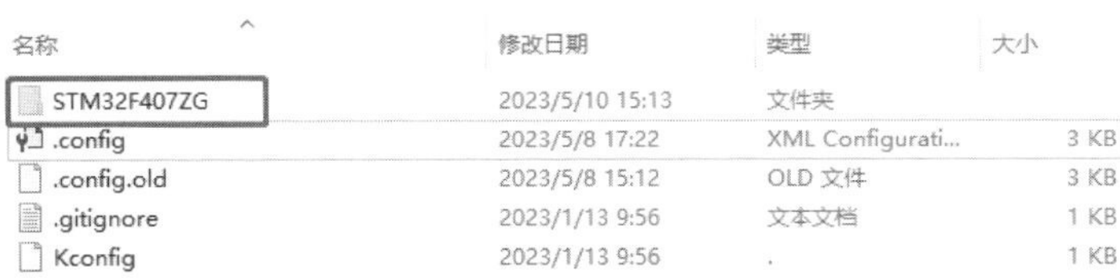

图 1.3.10　工程文件夹

3. 根据硬件平台配置工程

进入构建的工程文件夹，右键打开新的 OneOS-Cube 控制台，在控制台中输入“oos config”命令并回车，进行系统配置，按照实际的硬件平台和产品需求，修改部分设置，并按“Esc”或“Q”进行保存或退出，如图 1.3.11 所示。

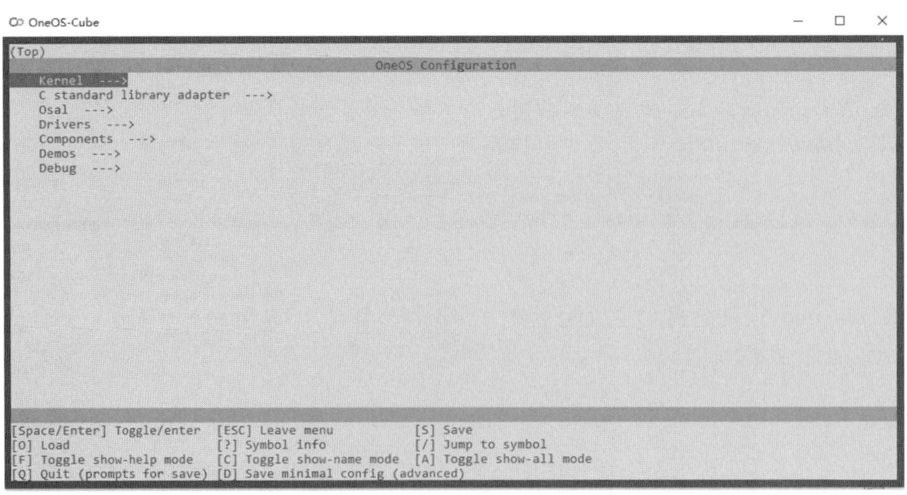

图 1.3.11　配置工程

例如当工程项目没有烧写 Boot 时，应当在 Drivers→Boot→CORTEX-M Boot→Board Boot configure 路径下修改 “text section addr” 项为 0x08000000，否则工程不能正常启动。若按默认的 Boot 偏移制作并烧录了 “bootloader”，则可忽略该项。

需要注意的是，在修改并保存完设置之后，这些设置并未对工程产生影响，依旧需要在 OneOS-Cube 窗口运行一条编译命令 “oos init -i keil”，OneOS-Cube 会根据新的工程设置，重新生成 Keil 工程，只有重新生成工程之后，上面步骤的更改才能生效，如图 1.3.12 所示。

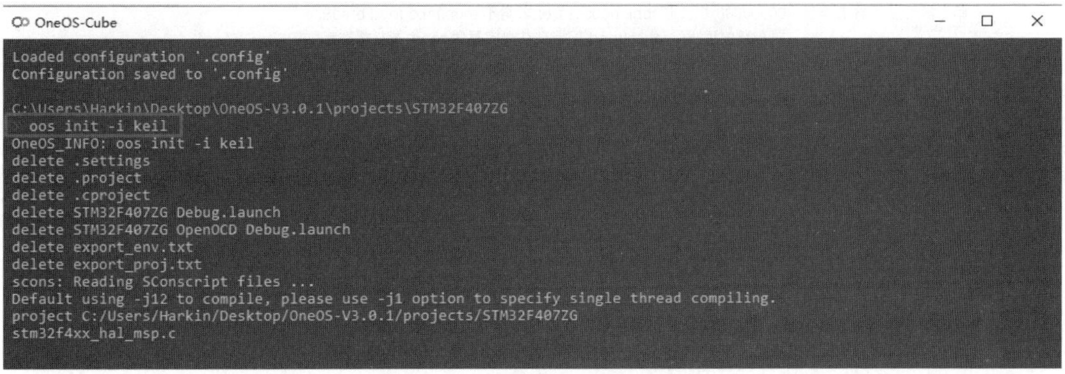

图 1.3.12　重新生成 Keil 工程

当出现 “scons：done building targets.” 时表示工程重新构建完成。

注意：要更改工程的设置，必须在工程目录下运行 OneOS-Cube 才行，如在 OneOS\projects\STM32F407ZG 目录下单击右键，运行 OneOS-Cube（见图 1.3.13）。

图 1.3.13　运行工程

4. 使用 MDK 软件构建应用程序

使用 MDK 软件打开工程目录下的 "project.uvprojx"，打开工程，如图 1.3.14 所示。到此，我们就完成了 OneOS 开发的全部环境搭建。

图 1.3.14　打开工程

3.3.5　常用命令工作机制

3.3.5.1　Menuconfig 工作机制

Menuconfig 命令的工作机制如图 1.3.15 所示。

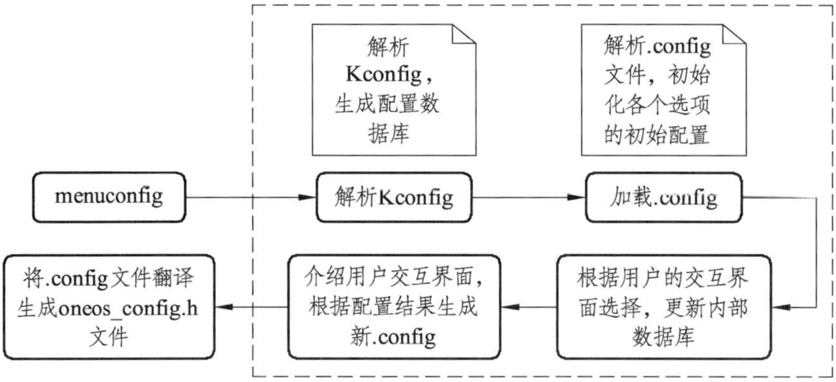

图 1.3.15　工作机制

（1）Menuconfig 命令启动后默认到当前目录下寻找 Kconfig 文件，并解析。Kconfig 中可以通过 Source 指定加载子 Kconfig 文件，这样根据 Kconfig 文件的内部调用结构，Menuconfig 命令依次解析所有被引用的 Kconfig 文件，生成内部的配置选项数据库。

（2）解析.config 文件，根据上一次的配置结果初始化各个配置选项的初值。

（3）给用户展示配置界面，并根据用户的选择更新内部数据库。

（4）用户退出交互界面并保存配置，menuconfig 命令根据内部数据库内容，生成新的.config 文件。

（5）将.config 文件翻译成 C 语言能够识别的 oneos_config.h 文件，位于当前工作目录下。

（6）通过上面的步骤，menuconfig 命令根据用户的配置，最终生成了 oneos_config.h 文件，用户便可以直接引用 oneos_config.h 文件来使用系统宏。

3.3.5.2 Menuconfig 使用

1. *启动* menuconfig

Menuconfig 默认会到当前工作路径下去寻找 Kconfig 文件作为入口配置文件并解析，因此必须在顶层 Kconfig 文件所在路径下运行该命令，否则将无法找到 Kconfig 文件或造成配置项加载不完全的问题。

启动 OneOS-Cube 命令行，进入顶层 Kconfig 文件所在路径（一般是具体硬件型号对应的 project 目录），直接输入“oos config”或“menuconfig”即可启动系统配置命令，如图 1.3.16 所示。

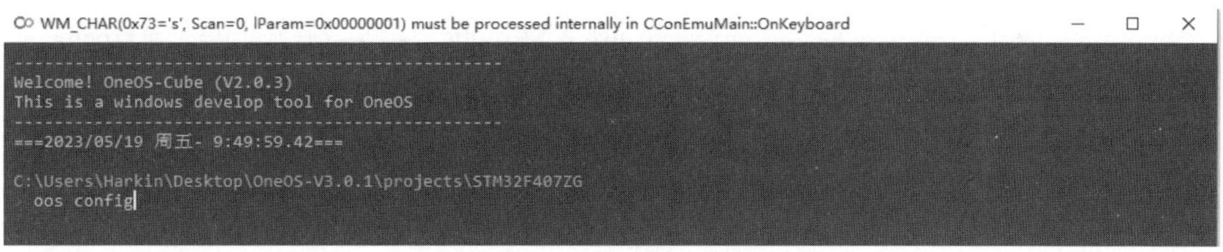

图 1.3.16　启动系统配置命令

2. *修改配置*

正常启动 menuconfig 后，即进入基于菜单选项的可视化配置环境，如图 1.3.17 所示。

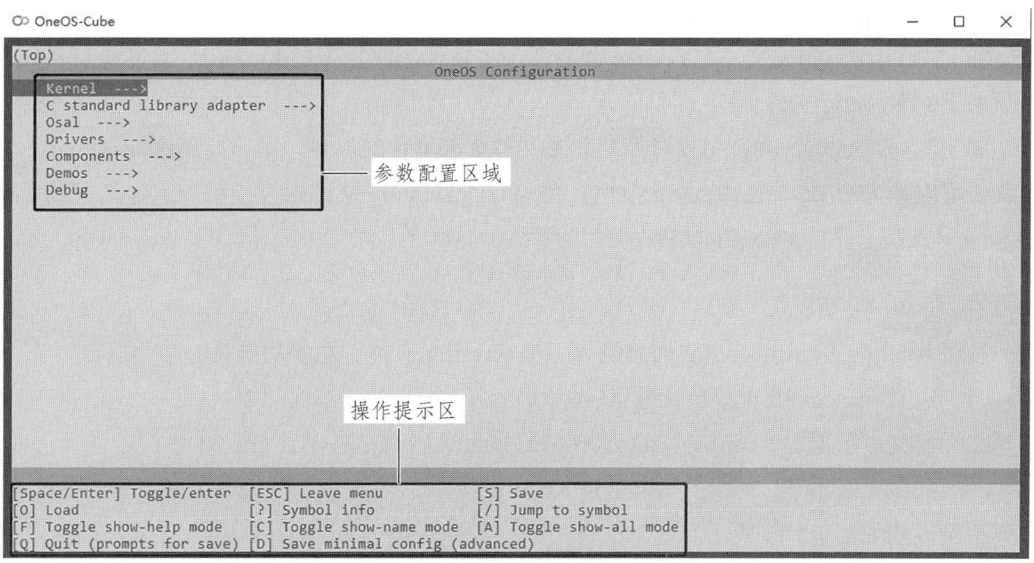

图 1.3.17　配置环境

配置菜单由上下两个区域组成：参数配置区域和操作说明区域。

Menuconfig 的操作风格与 Linux 的 menuconfig 配置操作风格是基本一致的。常用的基本操作有：

① 通过“上”“下”键切换同级菜单；

② 通过“左”“右”键退出与进入子菜单；

③ 通过“Y”与“N”键来使能或取消具体配置项；

④ 通过“?”键查看配置项说明；

⑤ 通过“/”进行快速的宏查找。

Menuconfig 非常灵活，这里不一一列举，可以参考提示区说明。

3.3.5.3 Kconfig 编写

1. OneOS 的 Kconfig 结构

OneOS 的 Kconfig 文件是按照图 1.3.18 所示的逻辑结构进行组织的。

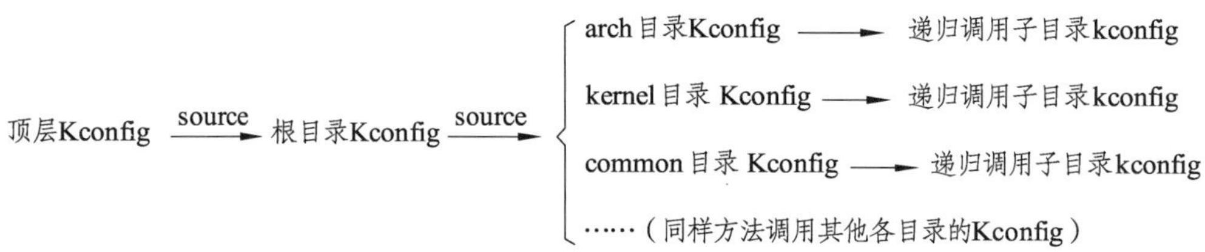

图 1.3.18　Kconfig 结构

（1）Menuconfig 首先会在当前目录下寻找入口 Kconfig 文件，即顶层 Kconfig 文件，并解析。

（2）顶层 Kconfig 会 Source 调用 OneOS 源码的根目录下的 Kconfig 文件。

（3）根目录 Kconfig 文件会 Source 调用各个主要代码路径下的 Kconfig，通过递归 Source 子目录下的 Kconfig 文件。

如上流程，menuconfig 完成对系统配置文件 Kconfig 的加载。用户要新添加 Kconfig 宏定义，可以参考 OneOS 的 Kconfig 结构，在相应的 Kconfig 文件中直接添加宏定义，或者通过 Source 加载自己的 Kconfig 文件。

2. 顶层 Kconfig

顶层 Kconfig 是 menuconfig 加载的第一个 Kconfig 文件，主要功能是：

（1）定义 menconfig 主菜单标题；

（2）定义表示顶层 Kconfig 与 OneOS 源码根目录的相对路径宏 OS_ROOT；

（3）加载子 Kconfig 文件，如根目录 Kconfig 等。

举例说明如图 1.3.19 所示。

定义顶层 Kconfig 文件与源码根目录的相对路径宏 OS_ROOT 是为了方便用户调整自己的顶层 Kconfig 位置。

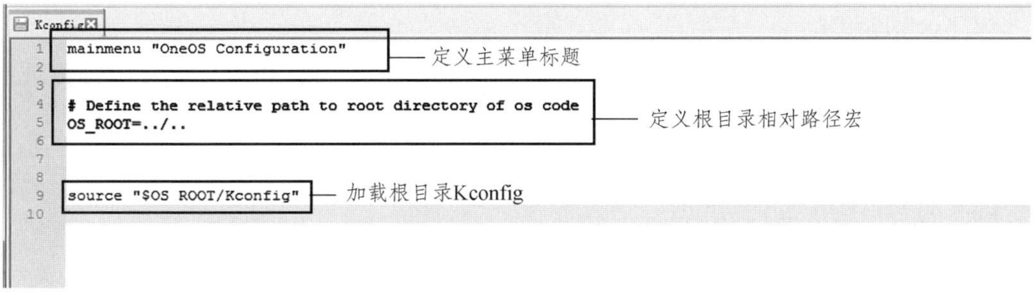

图 1.3.19　顶层 Kconfig

举例说明：OneOS 源码路径是“E:\OneOS”，而用户自己的工程顶层 Kconfig 位于“E:\OneOS\project\myproject”中，这种情况下顶层 Kconfig 所在目录回退两级目录即可进入源码根目录，因此应该定义为“OS_ROOT=../..”。如果用户自己的顶层 Kconfig 位于“E:\OneOS\myproject”中，则相应的需要定义相对路径宏为“OS_ROOT=../”。

3. 根目录 Kconfig

根目录 Kconfig 的主要功能是指定需要加载的各个模块目录下的 Kconfig，如图 1.3.20 所示。

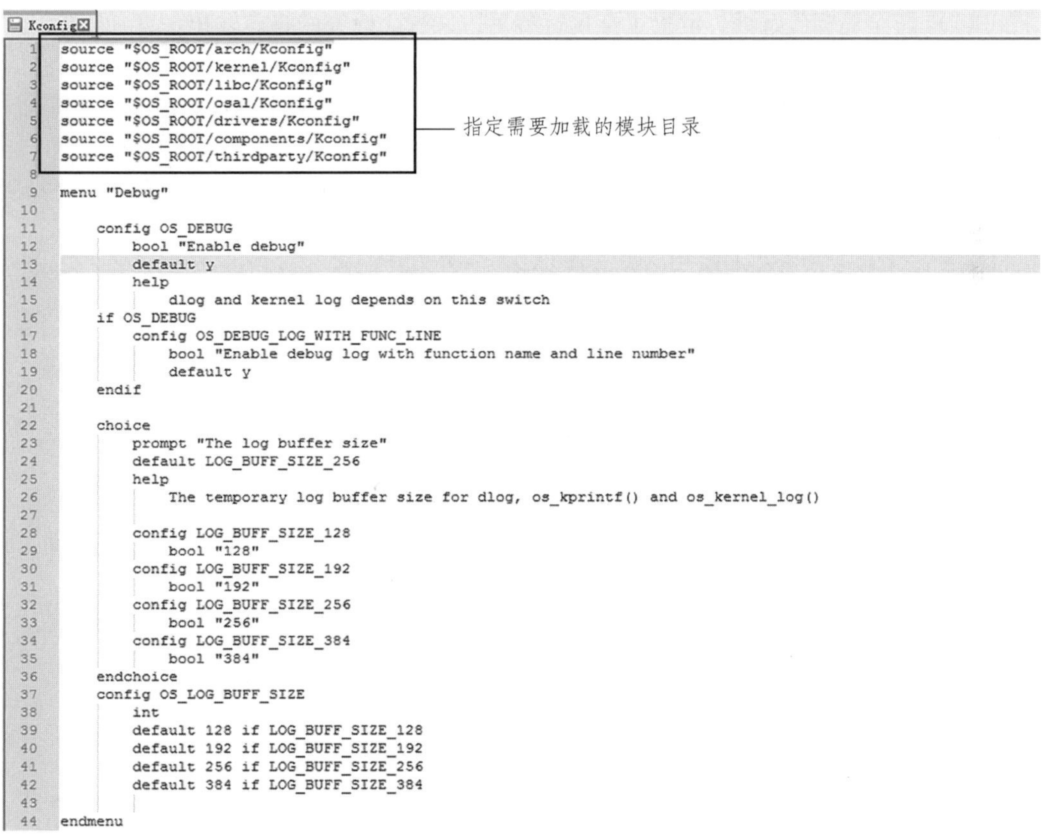

图 1.3.20　根目录 Kconfig

4. Kconfig 语法

OneOS 的 Kconfig 语法与开源的 Linux Kconfig 语法完全一致，可以自行网上查询，或参考 Linux 官方文档。

3.3.5.4　Dlog 组件使用

日志（Log）是对发生某个事件的记录，并进行显示或者保存到文件。

Dlog 日志系统主要有以下特性：

（1）默认支持输出到串口终端，支持添加后端实现多路日志，可支持串口、网络、文件、闪存等后端形式。

（2）输出被设计为任务线程安全的方式，并支持异步输出模式。

（3）支持在中断等复杂上下文环境下使用。

（4）支持浮点数格式。

（5）支持 4 个等级，优先级由高到低为 DLOG_ERROR、DLOG_WARNING、DLOG_INFO、DLOG_DEBUG。

（6）支持按等级进行全局过滤，高于配置等级的将输出日志。

（7）支持标签方式过滤，添加标签过滤器后，高于标签过滤器等级的标签相关日志将输出。使用了标签过滤器，全局过滤将不再对此标签起作用，直到删除标签过滤器。

（8）支持全局标签过滤，设置了全局标签后，只有此标签的日志输出，直到删除全局标签。

（9）支持全局关键字过滤，设置了全局关键字后，只有含关键字的日志输出，直到删除全局关键字。

（10）支持全部编译和部分编译两种使用方式，在部分编译方式下，可以有效降低产品版本发布时对 ROM 空间的占用。

（11）输出格式可进行配置，配置项包含时间、任务、函数名称、文件行号、颜色等。

（12）配置支持 Shell 操作，简单易用。

Dlog 日志系统整体框架如图 1.3.21 所示。

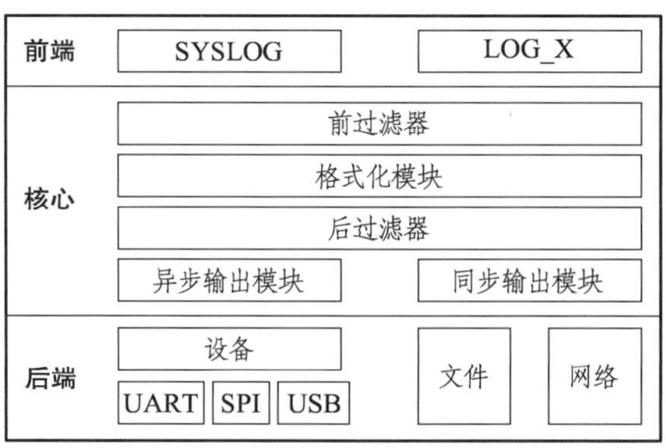

图 1.3.21　Dlog 日志系统整体框架

OneOS 在使用 Dlog 时提供了一些功能选项和裁剪的配置，具体配置如图 1.3.22 所示。

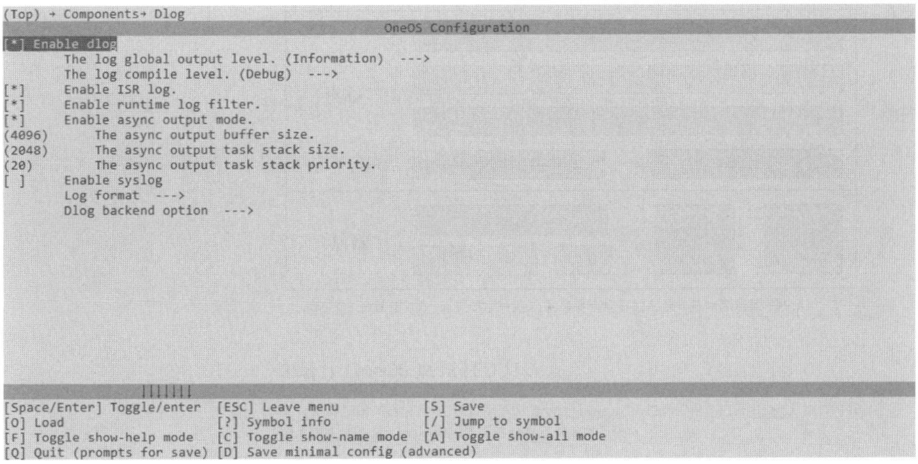

```
(Top) → Components→ Dlog
                                    OneOS Configuration
[*] Enable dlog
        The log global output level. (Information)  --->
        The log compile level. (Debug)  --->
[*]     Enable ISR log.
[*]     Enable runtime log filter.
[*]     Enable async output mode.
(4096)      The async output buffer size.
(2048)      The async output task stack size.
(20)        The async output task stack priority.
[ ]     Enable syslog
        Log format  --->
        Dlog backend option  --->

[Space/Enter] Toggle/enter  [ESC] Leave menu           [S] Save
[O] Load                    [?] Symbol info            [/] Jump to symbol
[F] Toggle show-help mode   [C] Toggle show-name mode  [A] Toggle show-all mode
[Q] Quit (prompts for save) [D] Save minimal config (advanced)
```

图 1.3.22　Dlog 配置

Dlog 对于我们后续的程序调试有着巨大的帮助作用，我们能够从输出的日志文件和串口工具界面中打印的 Dlog 信息，清晰明了地查看程序运行情况。

3.3.5.5　Shell 控制台组件

在我们程序的调试和运行过程中，经常需要了解程序运行的情况，并需要知晓当前 OS 运行的任务、系统占用情况等，有时还需要向 OS 发送一些指令，此时就需要用到 Shell 调试工具。

Shell 命令行工具提供了一套供用户在命令行调用的操作接口，主要用于调试或查看系统信息。在控制终端输入命令后，控制终端通过某个通道（如串口）将命令传给设备里的 Shell；Shell 会读取设备输入命令，解析并自动扫描内部函数表，寻找对应函数名，执行函数后输出回应，回应通过原路返回；将结果显示在控制终端上

SHELL 模块系统结构包含 3 个数据区和 6 个逻辑处理单元。3 个数据区分别为符号表只读数据区、当前命令数据区、历史命令数据区；6 个逻辑处理单元分别为字符接收、SHELL 认证、字符处理、命令补齐、命令执行、历史命令翻阅，如图 1.3.23 所示。

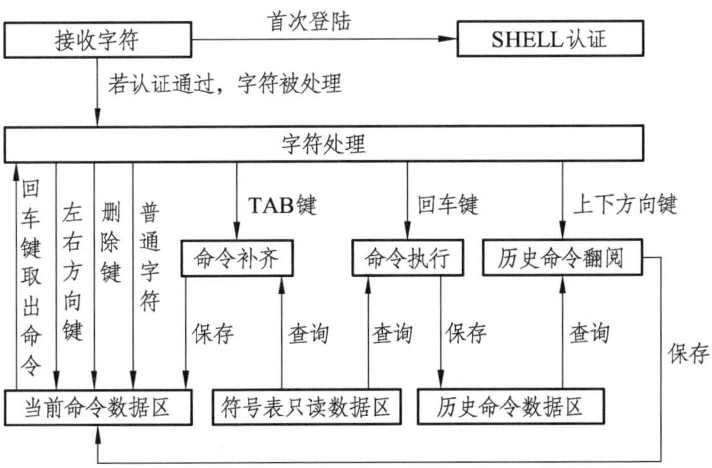

图 1.3.23　SHELL 模块

字符处理模块收到字符后，根据字符的类型，会执行不同的操作，即：若是非控制字符，进行保存，并回显；若是控制字符，进行不同的操作。

OneOS 在使用 Shell 时提供了功能和裁剪的配置，具体配置如图 1.3.24 所示。

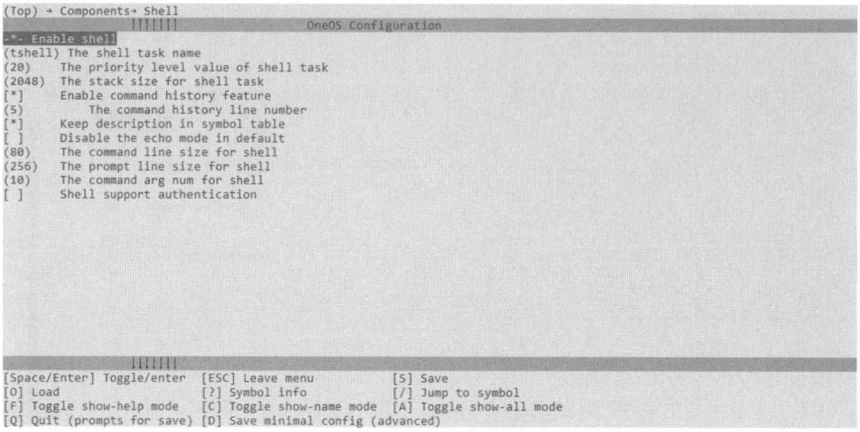

图 1.3.24　Shell 配置

（1）Enable shell：使能 Shell 功能，如果不使能该功能，Shell 相关的源代码就不会编译，默认使能

（2）The shell task name：Shell 任务名字。

（3）The priority level value of shell task：Shell 任务优先级，默认为 20。

（4）The stack size for shell task：Shell 任务栈大小，默认为 2048。

（5）Enable command history feature：使能 Shell 命令缓存功能，默认使能。

（6）The command line size for shell：Shell 命令的最大长度，默认 80。

（7）The command arg num for shell：Shell 命令的最大参数个数，默认 10。

注意，Shell 控制台工具依赖于串口实现，因此我们还需要配置串口来支持 Shell 工具，OneOS 默认配置了串口 1 来支持 Shell 工具。因此无须我们再进行串口 1 的引脚相关配置和参数配置，如图 1.3.25 所示。若需要使用其他串口作为 Shell 控制台交互端口，可先在 STM32CubeMX 中配置使能相关串口并配置参数，并在 OneOS-Cube 工具（Top）→Drivers →CONSOLE 路径下配置指定该串口为 Shell 交互端口（见图 1.3.26 和图 1.3.27）。

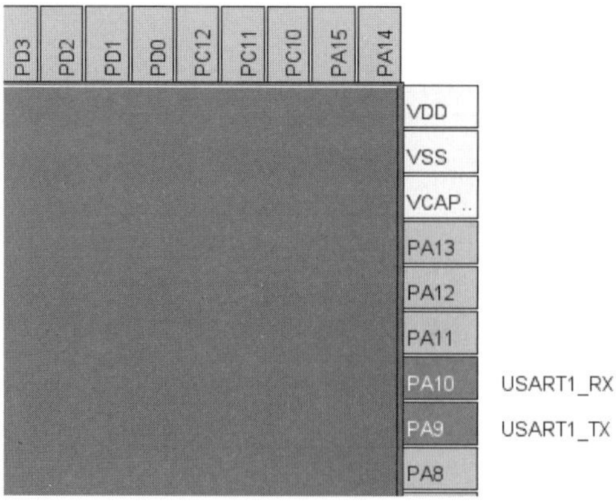

图 1.3.25　串口引脚配置

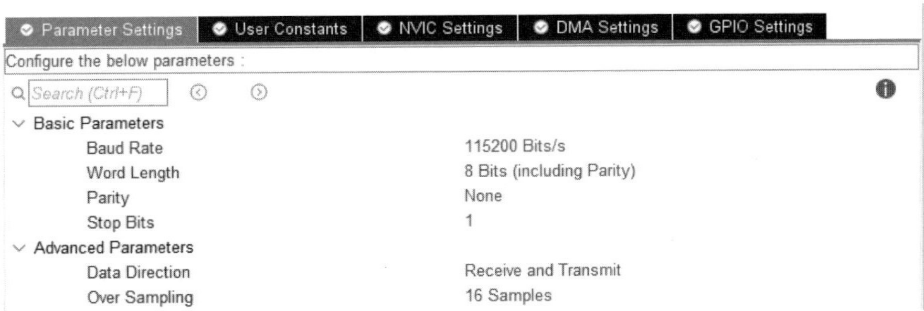

图 1.3.26　串口配置路径

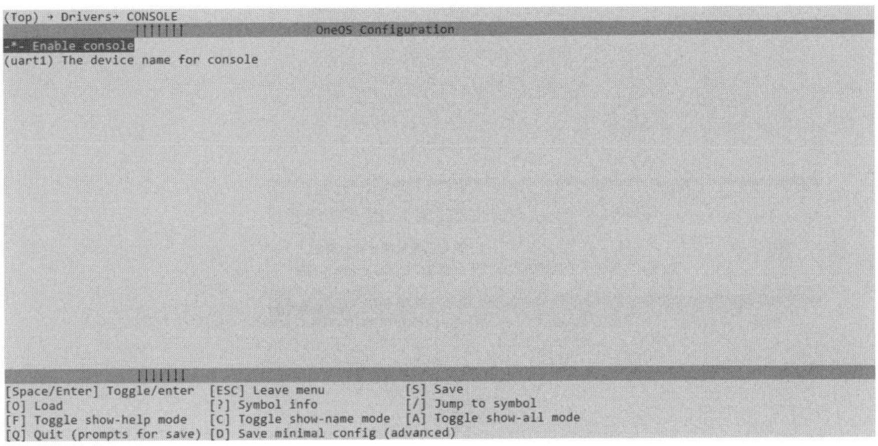

图 1.3.27　串口配置

本书使用 Xshell 软件来支持 OneOS 的 Shell 工具，可自行选择其他趁手的工具。

在 https: //www.xshell.com/zh/xshell/上下载适合自己电脑版本的 Xshell 软件。

打开 Xshell 软件，并新建会话，如图 1.3.28 所示，在弹出的窗口中，输入会话名称，并选择协议为 SERIAL，单击左侧的“串口”选项，配置串口参数。

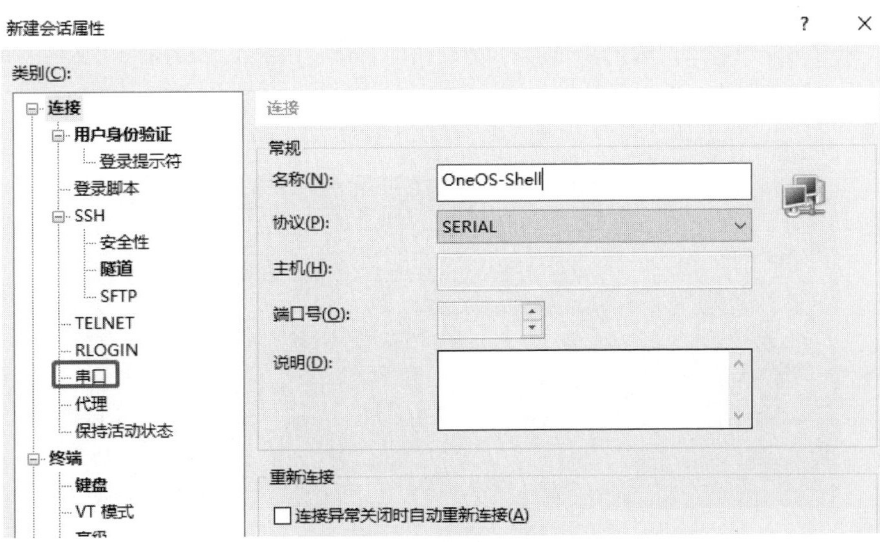

图 1.3.28　Xshell 软件设置

选择连接主控制器模块的串口号，其他参数默认即可（见图 1.3.29）。

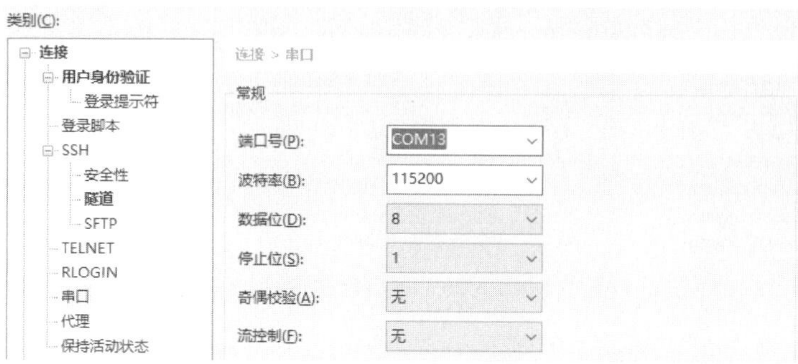

图 1.3.29　选择串口号

新建好后，选择这个会话并连接，如图 1.3.30 所示。

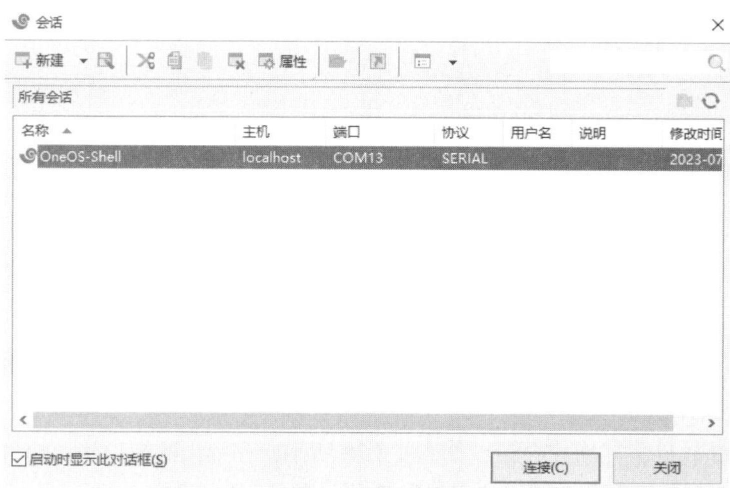

图 1.3.30　连接

按下主控制器模块复位键，此时 Xshell 界面即会打印当前主控制器模块运行 OneOS 的版本信息（见图 1.3.31）。

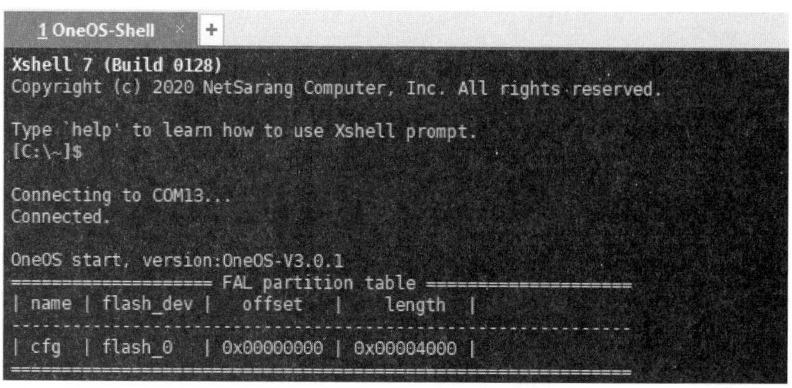

图 1.3.31　打印当前版本信息

输入“help”，可以看到更多指令（见图 1.3.32）。

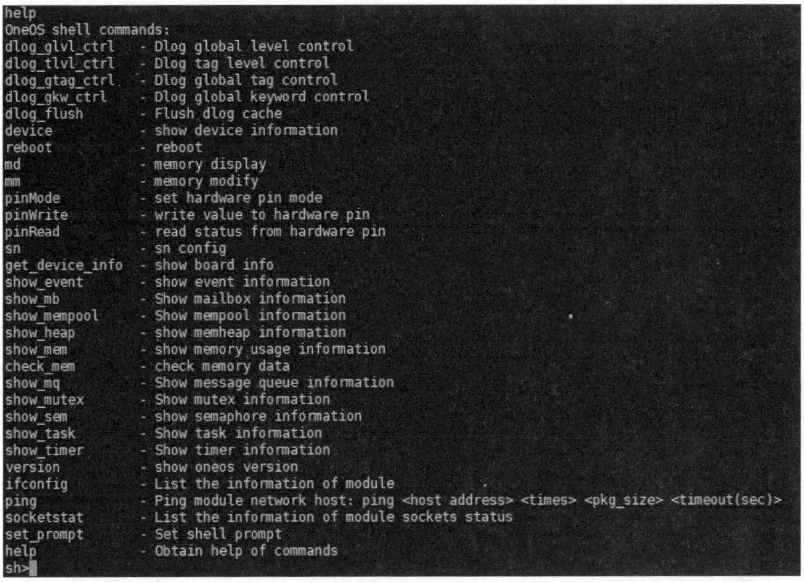

图 1.3.32　更多指令

3.4　运行 OneOS 点亮 LED 灯

使用 MDK 软件打开工程目录下的 project.uvprojx，打开工程，打开 board.c 文件，按照原理图修改 led_table 结构体中的 LED 引脚编号。

```
#ifdef OS_USING_LED
const led_t led_table[] = {
    {GET_PIN(F, 9)，PIN_LOW},
};
```

打开 application\main.c 文件，主函数 main()的内容是一段演示代码，向开发者演示如何创建一个线程。线程的功能函数 user_task()，在这个函数中可以看到每隔 200 ms 翻转 1 次 LED 灯的状态，也就是通过这段代码实现了 LED 流水灯的功能。代码如下：

```
static void user_task(void *parameter)
{
    int i = 0;

    for (i = 0; i < led_table_size; i++)
    {
        os_pin_mode(led_table[i].pin, PIN_MODE_OUTPUT);
```

```
        }

        while (1)
        {
            for (i = 0; i < led_table_size; i++)
            {
                os_pin_write(led_table[i].pin, led_table[i].active_level);
                os_task_msleep(200);

                os_pin_write(led_table[i].pin, !led_table[i].active_level);
                os_task_msleep(200);
            }
        }
    }

    int main(void)
    {
        os_task_id task;

        task = os_task_create(OS_NULL, OS_NULL, 512, "user", user_task, OS_NULL, 3);
        OS_ASSERT(task);
        os_task_startup(task);

        return 0;
    }
```

单击 MDK5 的“Options for target oneos”，修改下载的选项，找到“Debug”→“settings”，并根据下载器类型和硬件下载口类型，选择合适的设置，如图 1.3.33 所示：

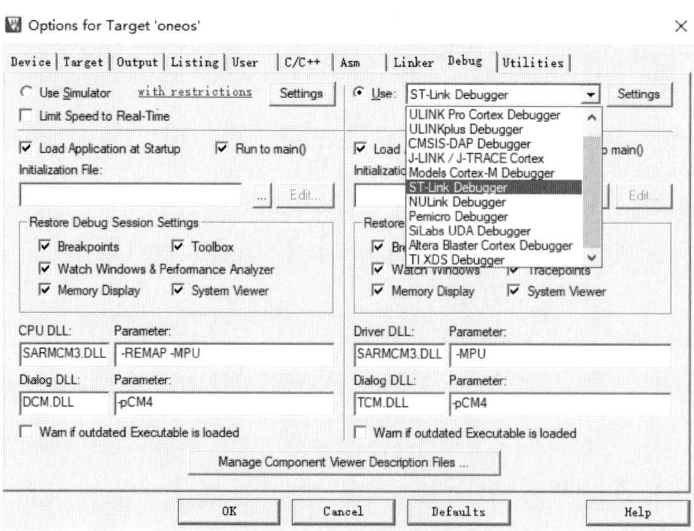

图 1.3.33　MDK 设置

确定好下载选项之后，将程序编译并下载到开发板中，下载完成如图 1.3.34 所示。

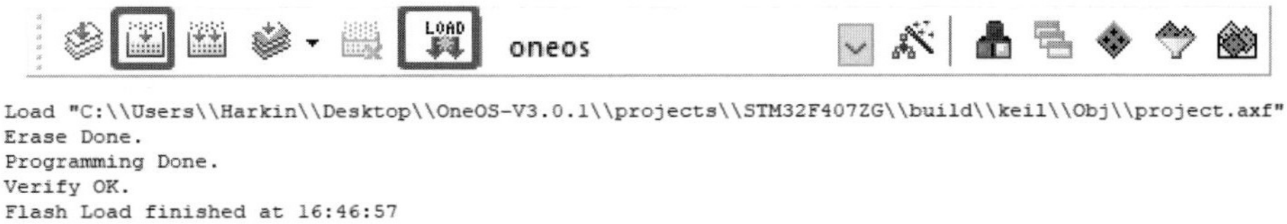

图 1.3.34　下载到开发板

下载完成后，按下开发板的复位按键，程序开始在开发板上运行，此时可以看到开发板上对应的 LED 灯闪烁。

第2篇　OneOS实验箱综合项目实训

项目 1　工业电机自动控制项目实训

任务 1　电机驱动及调速控制

任务目标

驱动直流电机测速模块上的直流电机运转，并能通过修改特定的变量实现直流电机调速的目的。

任务资讯

1.1.1　直流有刷电机简介

直流有刷电机是内含电刷装置的将直流电能转换成机械能（直流电动机）或将机械能转换成直流电能（直流发电机）的旋转电机（见图 2.1.1）。电刷装置是用来引入或引出直流电压和直流电流的。直流有刷电机是所有电机的基础，具有启动快、制动及时、可在大范围内平滑地调速、控制电路相对简单等特点。

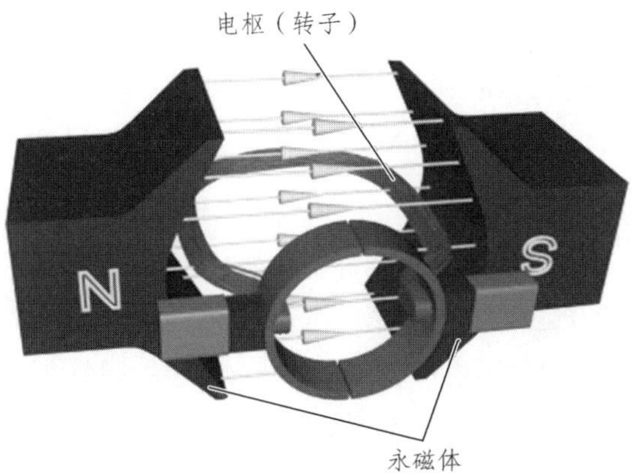

图 2.1.1　直流有刷电机原理图

直流有刷电机的基本构造组件包括定子、转子、电刷和换向器。定子和转子磁场相互作用驱动电机旋转。

直流有刷电机具有良好的启动和调速性能，常应用于对启动和调速有较高要求的场合，如大型可逆式轧钢机、矿井卷扬机、宾馆高速电梯、龙门刨床、电力机车、内燃机车、城市电车、地铁列车、电动自行车、造纸和印刷机械、船舶机械、大型精密机床和大型起重机等机械设备中。

1.1.2　STM32F407 定时器 PWM 简介

脉冲宽度调制（Pulse Width Modulation，PWM）技术是利用微处理器的数字输出来对模拟电路进行控制的一种非常有效的技术。简单来说 PWM 就是对脉冲宽度的控制，在单片机上通过控制引脚电平的周期性通断，来产生规律的矩形波，并且周期和脉冲的宽度都是可调的。占空比是指在一个脉冲循环内，通电时间相对于总时间所占的比例（即高电平时间/一个周期的时间），占空比就是对脉冲宽度的描述。

ARR 控制频率，CRR 控制占空比。如图 2.1.2 所示用定时器模拟脉冲，CNT 为计数器，设置为匀速向上递增，ARR 为自增的最大限制，达到即清零 CNT，这样就模拟了一个锯齿状的脉冲。用一个 CRR 寄存器设置一个数在 0 到 Max 之间的界限，小于时输出 0，大于时输出 1，这样最后就能输出一个固定占空比的脉冲信号。

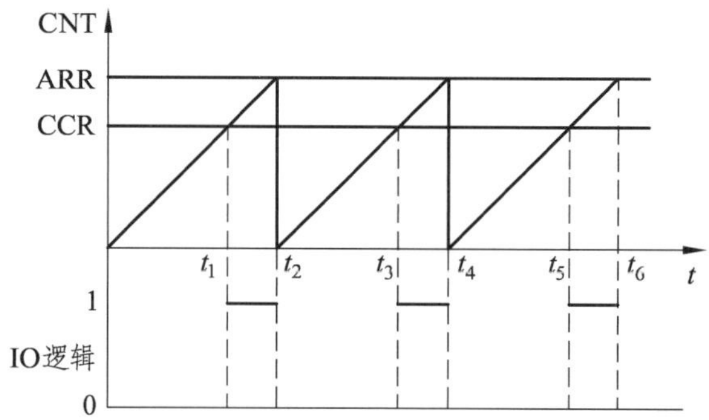

图 2.1.2　定时器原理

STM32F4 的定时器除了 TIM6 和 TIM7，都可以用来产生 PWM 输出，其中高级定时器 TIM1 和 TIM8 可以同时产生 7 路的 PWM 输出，而通用定时器能同时产生 4 路的 PWM 输出。

1.1.3　直流电机转速控制

直流电动机转速 n 的表达式为：$n = (U - IR) / K\Phi$。

由上式可得，直流电动机的转速控制方法可分为两类：调节励磁磁通的励磁控制方法和调节电枢电压的电枢控制方法。其中励磁控制方法在低速时受磁极饱和的限制，在高速时受换向火花和换向器结构强度的限制，并且励磁线圈电感较大，动态响应较差，所以这种控制方法用得很少。现在，大多数应用场合使用电枢控制方法。

对电动机的驱动离不开半导体功率器件。在对直流电动机电枢电压的控制和驱动中，对半导体器件的使用上又可分为两种方式：线性放大驱动方式和开关驱动方式。线性放大驱动方式是使半导体功率器件工作在线性区。这种方式的优点是：控制原理简单，输出波动小，线性好，对邻近电路干扰小。但是功率器件在线性区工作时由于产生热量会消耗大部分电功率，效率和散热问题严重，因此这种方式只用于微小功率直流电动机的驱动。绝大多数直流电动机采用开关驱动方式。开关驱动方式是使半导体器件工作在开关状态，通过脉宽调制PWM 来控制电动机电枢电压，实现调速。

在 PWM 调速时，占空比 a 是个重要参数。以下 3 种方法都可以改变占空比的值。

（1）定宽调频法：这种方法是保持 t_1 不变，只改变 t_2，这样使周期 T（或频率）也随之改变。

（2）调频调宽法：这种方法是保持 t_2 不变，只改变 t_1，这样使周期 T（或频率）也随之改变。

（3）定频调宽法：这种方法是使周期 T（或频率）保持不变，而同时改变 t_1 和 t_2。

前两种方法由于在调速时改变了控制脉冲的周期（或频率），当控制脉冲的频率与系统的固有频率接近时，将会引起振荡，因此这两种方法用得很少。目前，在直流电动机的控制中，主要使用定频调宽法。

PWM 控制电机的时候，电源并非连续地向电机供电，而是在一个特定的频率下以方波脉冲的形式提供电能。不同占空比的方波信号能对电机起到调速作用，这是因为电机实际上是一个大电感，它有阻碍输入电流和电压突变的能力，因此脉冲输入信号被平均分配到作用时间上，这样，改变输入方波的占空比就能改变加在电机两端的电压大小，从而改变了转速。

任务实施

1.1.4 硬件连接

本任务中，使用直流电机测速模块进行实验，将直流电机测速模块插接在实验箱底板上即可完成硬件连接，并给主板连接上 DC 12 V 头子进行供电；使用 TypeC 数据线连接主板MASTER 串口，以便串口打印输出和使用 Shell 工具；使用 TypeC 数据线连接主板 CMSIS接口，用于给主板 STM32F407 主芯片下载程序。查看原理图（见图 2.1.3）可知，直流电机的 PWM 控制输入引脚为 PC7，对应 TIM3 的 CH2。

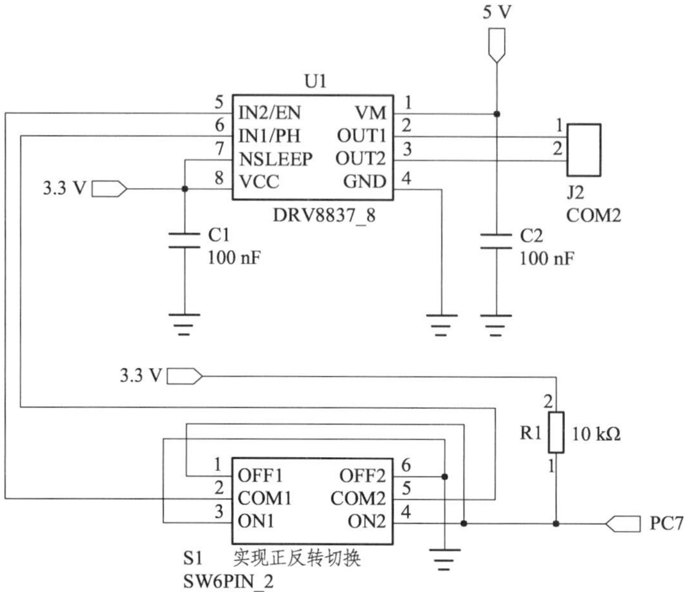

图 2.1.3 任务原理图

1.1.5 STM32CubeMX 配置

打开 OneOS-V3.0.1\projects\STM32F407ZG\board\CubeMX_Config 路径下的 CubeMX_Config.ioc，进入 STM32CubeMX 配置。

在 Timers 选项卡中选择“TIM3”，进入 TIM3 配置（见图 2.1.4）。

图 2.1.4 选择“TIM3”

配置时钟来源为“Internal Clock”，配置通道 2 为“PWM Generation CH2”（见图 2.1.5）。

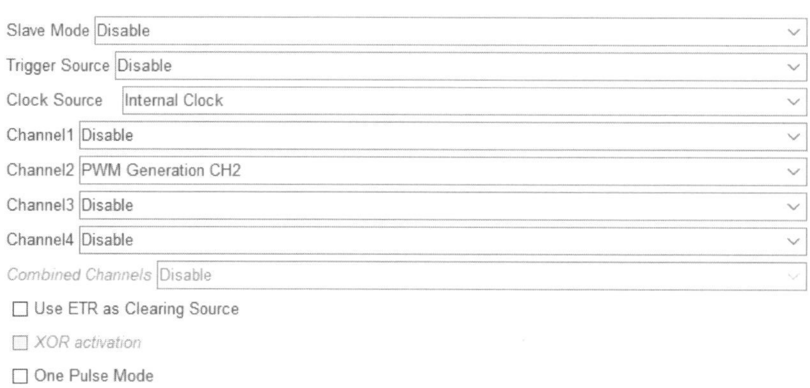

图 2.1.5 TIM3 配置

并在引脚配置中选择 PC7，配置为定时器 3 通道 2，如图 2.1.6 所示。

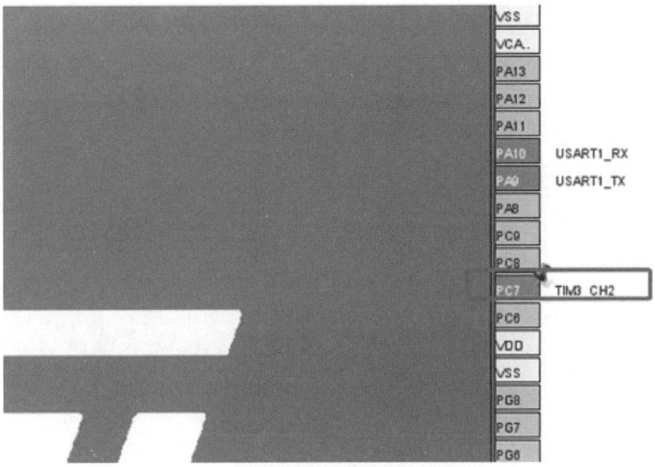

图 2.1.6　引脚配置

配置定时器 3 的基本参数，本任务设置为“PSC” = 840^{-1}，即定时器 3 的计数频率为 100 kHz，“PER” = 10000^{-1}，即定时器 3 的溢出更新频率为 10 Hz。配置页面如图 2.1.7 所示。

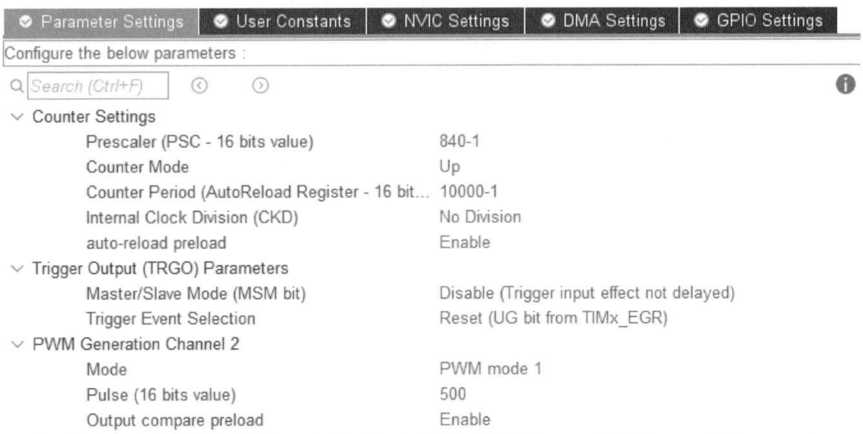

图 2.1.7　配置定时器 3 的基本参数

配置完成后单击“GENERATE CODE”，生成工程代码，如图 2.1.8 所示。

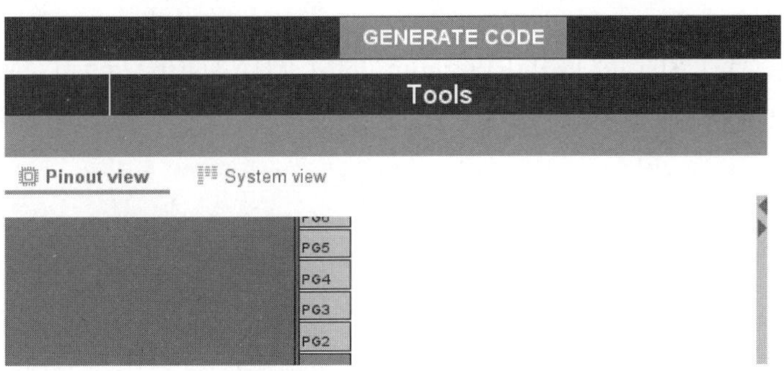

图 2.1.8　生成工程代码

1.1.6 OneOS-Cube 生成工程

在 OneOS-V3.0.1\projects\STM32F407ZG 目录下右键打开 OneOS-Cube，输入“oos init -i keil”生成 Keil 工程代码，如图 2.1.9 所示。

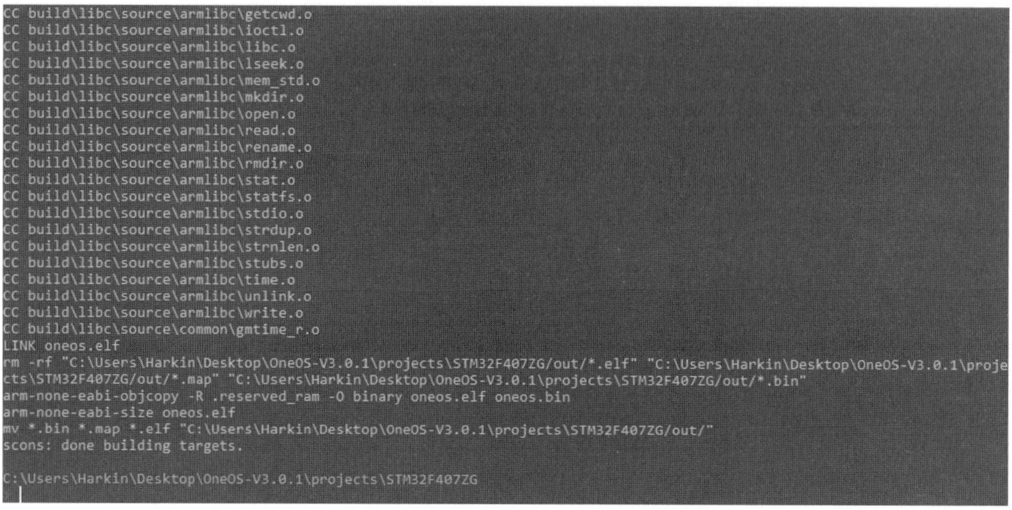

图 2.1.9 生成 Keil 工程代码

1.1.7 Keil 工程配置与代码增删

打开 OneOS-V3.0.1\projects\STM32F407ZG 目录下的 project.uvprojx 工程文件，在 main.c 文件中创建任务函数。并在主函数中开启该任务。代码如下：

```
// 10HZ
extern TIM_HandleTypeDef htim3;
static void motor_task(void *parameter)
{

    unsigned int pwm_num = 0;
    pwm_num = 2000; // 20%duty
    HAL_TIM_PWM_Start(&htim3,TIM_CHANNEL_2);//使能 PWM

    __HAL_TIM_SET_COMPARE(&htim3,TIM_CHANNEL_2,pwm_num);
 //设置 pwm 函数
}

int main(void)
{
    os_task_id task;

    task = os_task_create(OS_NULL, OS_NULL, 512, "user", user_task, OS_NULL, 3);
```

```
        OS_ASSERT(task);
        os_task_startup(task);

    os_task_id motor_control_task;

        motor_control_task = os_task_create(OS_NULL, OS_NULL, 512, "motor_task", motor_task, OS_NULL, 6);
        OS_ASSERT(motor_control_task);
        os_task_startup(motor_control_task);
        return 0;
    }
```

1.1.8 编译下载验证

单击编译确保工程没有报错后，将程序下载到开发板中，观察实验现象。使用示波器检测 PC7 引脚输出波形，如图 2.1.10 可以看到输出的 PWM 波形频率为 10 Hz、占空比为 20%，且直流电机运转。

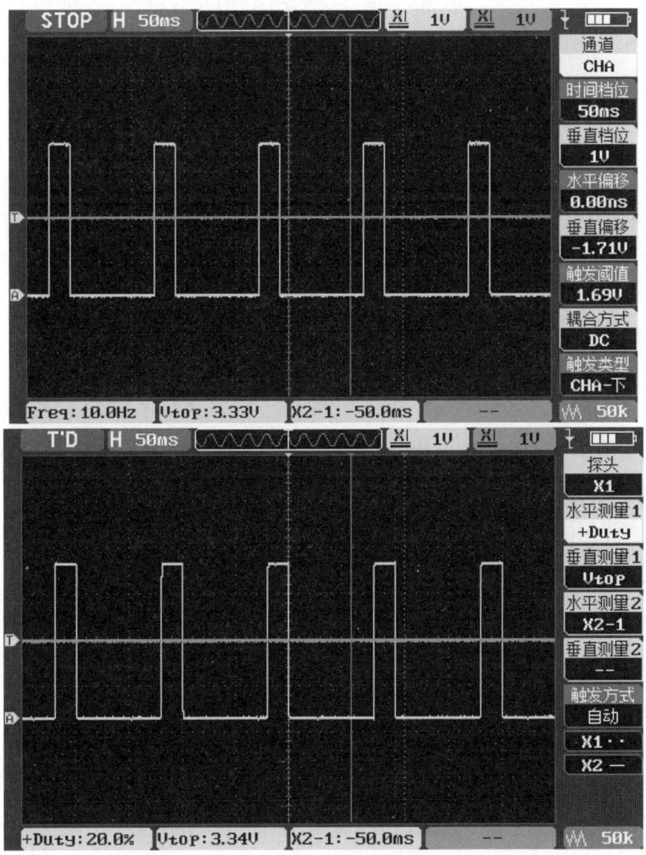

图 2.1.10　输出波形

修改 motor_task 函数中 pwm_num 的值可以改变电机的运行速度。

任务 2　测速传感器驱动及数据采集

任务目标

通过直流电机测速模块上的霍尔元件和编码转盘，测量当前电机的运行速度，并打印在 Xshell 串口工具中。

任务资讯

1.2.1　霍尔元件测速原理

霍尔效应是指磁场作用于载流金属导体、半导体中的载流子时，产生横向电位差的物理现象。当电流通过金属箔片时，若在垂直于电流的方向施加磁场，则金属箔片两侧面会出现横向电位差。

转速的测量方法很多，根据脉冲计数来实现转速测量的方法主要有 M 法（测频法）、T 法（测周期法）和 MPT 法（频率周期法）。本系统采用了 M 法（测频法）。转速是以单位时间内转数来衡量，在变换过程中多数是有规律的重复运动。根据霍尔效应原理，将一块永久磁钢固定在电机转轴上的转盘边沿，转盘随测轴旋转，磁钢也将跟着同步旋转，在转盘下方安装一个霍尔器件，转盘随轴旋转时，受磁钢所产生的磁场影响，霍尔器件输出脉冲信号，其频率和转速成正比。

脉冲信号的周期与电机的转速有以下关系：$n = 60/(PT)$，式中：n 为电机转速；P 为电机转一圈的脉冲数；T 为输出方波信号周期。根据公式即可计算出直流电机的转速。

1.2.2　STM32F407 定时器输入捕获

STM32F407 定时器输入捕获工作过程：通过检测 TIMx_CHx 上的边沿信号，在边沿信号发生跳变（比如上升沿/下降沿）的时候，将当前定时器的值（TIMx_CNT）存放到对应的捕获/比较寄存器（TIMxCCRx）里面，完成一次捕获。

输入捕获模式可以用来测量脉冲宽度或者测量频率。STM32 的定时器除了 TIM6、TIM7 都有输入捕获的功能。

下面以一个简单的脉冲输入为例，简单地讲述输入捕获用于测量脉冲宽度的工作原理：

先设置输入捕获为上升沿检测，记录发生上升沿时 TIMx_CNT 的值；然后配置捕获信号为下降沿捕获，当下降沿到来的时候发生捕获，并记录此时的 TIMx_CNT 的值；这样，前后两次 TIMx_CNT 的值之差就是高电平的脉宽；同时根据 TIM 的计数频率，我们就能知道高电平脉宽的准确时间。

本任务中，要求对电机转动速度进行检测，即在一定时间内获取霍尔传感器输出的脉冲数量，因此只需设置输入捕获为上升沿或下降沿检测，每当输入捕获到一次上升沿（或下降沿）时，表示捕获到一次脉冲，即电机旋转一圈，将指定的变量值进行自增，一段时间后，读取该变量值，即可计算得出电机的转动速度。

任务实施

1.2.3 硬件连接

将直流电机测速模块插接在实验箱底板上即可完成硬件连接；并给主板连接上 DC 12 V 头子进行供电；使用 TypeC 数据线连接主板 MASTER 串口，以便串口打印输出和使用 Shell 工具；使用 TypeC 数据线连接主板 CMSIS 接口，用于给主板 STM32F407 主芯片下载程序。

如图 2.1.11 所示原理图，本任务中，霍尔元件输出脉冲信号对应 STM32F407 引脚为 PC8，对应 TIM3 的 CH3。

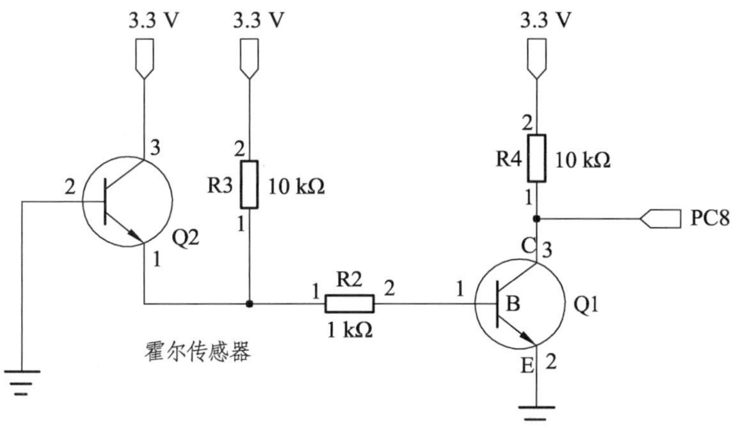

图 2.1.11　任务原理图

1.2.4 STM32CubeMX 配置

打开 OneOS-V3.0.1\projects\STM32F407ZG\board\CubeMX_Config 路径下的 CubeMX_Config.ioc，进入 STM32CubeMX 配置。

如图 2.1.12 所示，依然是对 TIM3 进行配置，将定时器 3 的通道 3 配置为输入捕获。

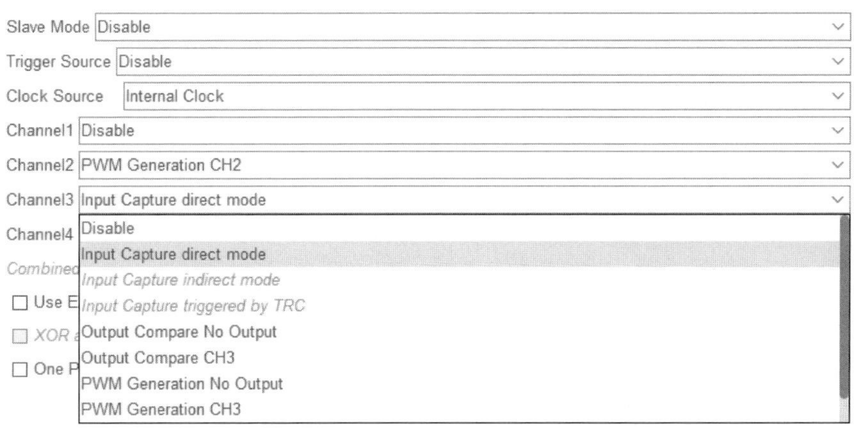

图 2.1.12　TIM3 配置

并在引脚配置界面找到 PC8 引脚，如图 2.1.13 所示，将其配置为定时器 3 的通道 3。

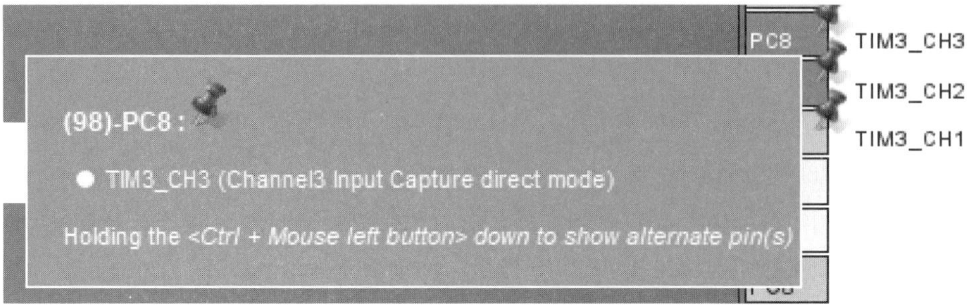

图 2.1.13　PC8 引脚配置

我们需要在输入捕获中断时进行计数，因此需要使能定时器 3 中断如图 2.1.14 所示。

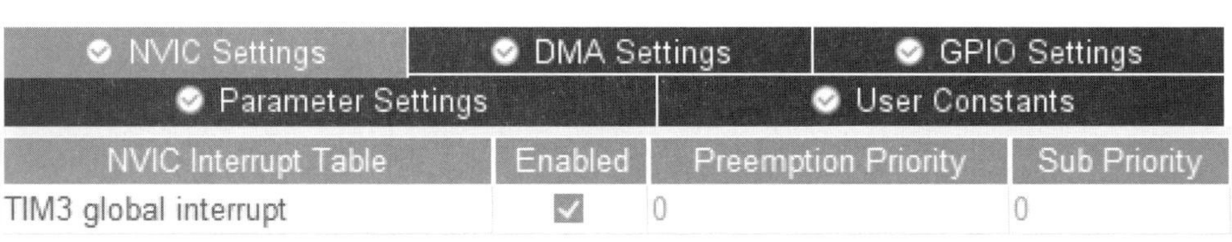

图 2.1.14　使能定时器 3 中断

配置完成后单击“GENERATE CODE”，生成工程代码，如图 2.1.15 所示。

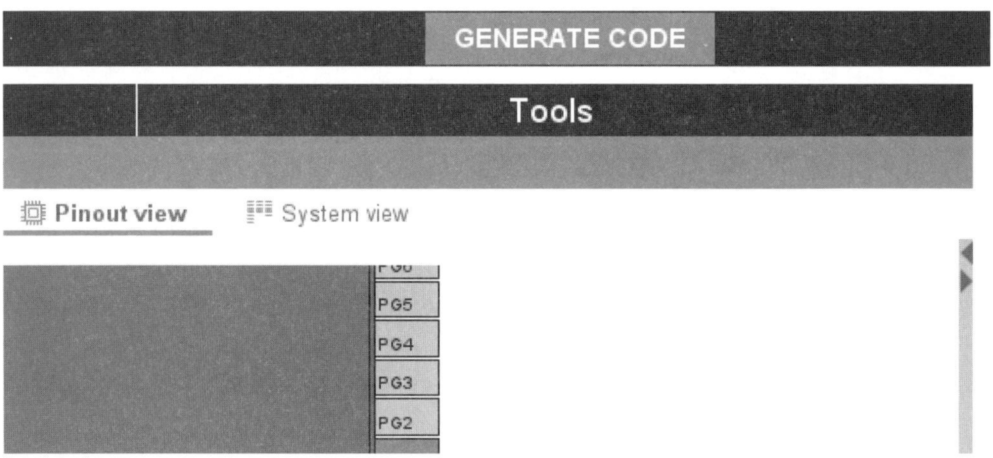

图 2.1.15　生成工程代码

1.2.5　OneOS-Cube 生成工程

在 OneOS-V3.0.1\projects\STM32F407ZG 目录下右键打开 OneOS-Cube，输入“oos init -i keil”生成 Keil 工程代码，如图 2.1.16 所示。

```
CC build\libc\source\armlibc\getcwd.o
CC build\libc\source\armlibc\ioctl.o
CC build\libc\source\armlibc\libc.o
CC build\libc\source\armlibc\lseek.o
CC build\libc\source\armlibc\mem_std.o
CC build\libc\source\armlibc\mkdir.o
CC build\libc\source\armlibc\open.o
CC build\libc\source\armlibc\read.o
CC build\libc\source\armlibc\rename.o
CC build\libc\source\armlibc\rmdir.o
CC build\libc\source\armlibc\stat.o
CC build\libc\source\armlibc\statfs.o
CC build\libc\source\armlibc\stdio.o
CC build\libc\source\armlibc\strdup.o
CC build\libc\source\armlibc\strnlen.o
CC build\libc\source\armlibc\stubs.o
CC build\libc\source\armlibc\time.o
CC build\libc\source\armlibc\unlink.o
CC build\libc\source\armlibc\write.o
CC build\libc\source\common\gmtime_r.o
LINK oneos.elf
rm -rf "C:\Users\Harkin\Desktop\OneOS-V3.0.1\projects\STM32F407ZG/out/*.elf" "C:\Users\Harkin\Desktop\OneOS-V3.0.1\proje
cts\STM32F407ZG/out/*.map" "C:\Users\Harkin\Desktop\OneOS-V3.0.1\projects\STM32F407ZG/out/*.bin"
arm-none-eabi-objcopy -R .reserved_ram -O binary oneos.elf oneos.bin
arm-none-eabi-size oneos.elf
mv *.bin *.map *.elf "C:\Users\Harkin\Desktop\OneOS-V3.0.1\projects\STM32F407ZG/out/"
scons: done building targets.

C:\Users\Harkin\Desktop\OneOS-V3.0.1\projects\STM32F407ZG
```

图 2.1.16　生成 Keil 工程代码

1.2.6　Keil 工程配置与代码增删

打开 OneOS-V3.0.1\projects\STM32F407ZG 目录下的 project.uvprojx 工程文件，在 motor_task 函数中增加输入捕获的相关代码。

```
//10HZ
extern TIM_HandleTypeDef htim3;
static void motor_task(void *parameter)
{
 unsigned int pwm_num = 0;
 pwm_num = 2000; // 20% duty
 HAL_TIM_PWM_Start(&htim3, TIM_CHANNEL_2); //使能 PWM

 __HAL_TIM_SET_COMPARE(&htim3, TIM_CHANNEL_2, pwm_num); //设置 pwm 函数

 HAL_TIM_IC_Start_IT(&htim3, TIM_CHANNEL_3); //开启 TIM3 的捕获通道 3
 __HAL_TIM_ENABLE_IT(&htim3, TIM_IT_UPDATE); //使能更新中断
}
```

并添加定时器输入捕获中断处理回调函数，如下：

```
// 定时器输入捕获中断处理回调函数
uint32_t IC_TIMES; // 捕获次数
void HAL_TIM_IC_CaptureCallback(TIM_HandleTypeDef *htim) //捕获中断发生时执行
{
 IC_TIMES++;
}
```

在 drv_hwtimer.c 文件中找到 HAL_TIM_PeriodElapsedCallback 函数，添加代码如下。

```
extern uint32_t IC_TIMES; // 捕获次数
uint32_t times; // 进入溢出中断次数 100ms
void HAL_TIM_PeriodElapsedCallback(TIM_HandleTypeDef *htim)
{
    struct stm32_timer *timer;
```

该段代码表示在定时器 3 溢出时，进入溢出中断，并对溢出中断次数进行计数，当进入溢出中断发生 50 次，即时间为 5 s，此时计算每秒捕获到的脉冲数，乘以 60，即每分钟捕获到的脉冲数，也就是电机的运行速度。

```
times++;
if(times == 50) // 5s
{
 os_kprintf("speed:%d r/min\n", IC_TIMES*60/5);
 IC_TIMES = 0;
 times = 0;
}
```

1.2.7 编译下载验证

编译确保工程没有报错后，将程序下载到开发板中，打开 Xshell，观察实验现象如图 2.1.17 所示。可以在 Xshell 中看到打印出的电机运行速度，当前为 12 r/min。

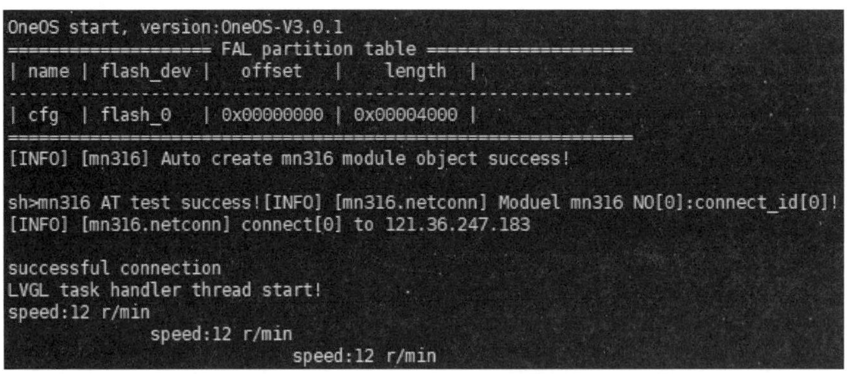

图 2.1.17 打印出的电机运行速度

任务 3 NB-IoT 模块驱动及云平台接入

任务目标

通过 NB-IoT 模块和 LwM2M 协议连接 OneNET 云平台，并实时上传当前电机运转速度及 PWM 占空比。

1.3.1 LwM2 M 协议简介

LwM2M 协议是针对物联网设备进行管理与控制的一种通信协议，全称为 Lightweight M2M。它基于 CoAP 协议，并提供标准的 OTA（Over-The-Air）升级、远程配置和监控等功能。LwM2M 协议可以为 IoT 设备提供简单高效的管理和控制方式，符合设备网络能力受限和跨业务领域应用的特点，适用于管理数量庞大、分布广泛、类型繁多的智能设备和传感器节点。

LwM2M 协议的特点包括：

（1）轻量级：LwM2M 报文头部和数字签名很小，能够在低带宽和低功耗的网络中工作，也适合在内存有限、运算能力较弱的物联网设备上实现。

（2）安全性：LwM2M 通过 DTLS 协议保证通信的安全性，同时支持数字证书、数字签名等安全机制。

（3）灵活性：LwM2M 采用对象（Object）和资源（Resource）组合的设计，能够支持各类不同的设备，并且可以自定义对象和资源，扩展性强。

（4）可靠性：LwM2M 协议支持消息重传、重发机制和队列机制等，以实现可靠的通信。

（5）标准化：LwM2M 是一种面向物联网设备的标准协议，可以在各种不同的平台上实现设备管理和服务支持。

（6）软硬件独立：LwM2 M 协议与具体的操作系统、硬件平台无关，不受限于硬件或操作系统。

LwM2M 协议的架构如图 2.1.18 所示。

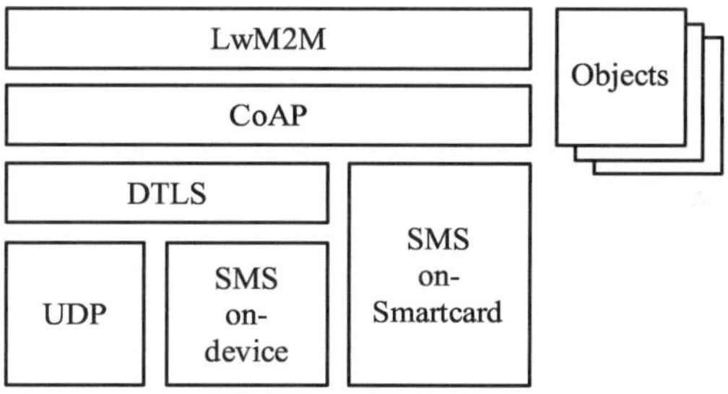

图 2.1.18 LwM2M 协议的架构

LwM2 M 协议底层使用 CoAP 协议传输数据和信令。而在 LwM2 M 协议的架构中，CoAP 协议可以运行在 UDP 或者 SMS（短信）之上，通过 DTLS（数据报传输层安全）来实现数据的安全传输。

LwM2M 协议架构主要包含 3 种实体：LwM2M Bootstrap Server、LwM2M Server 和 LwM2M Client。LwM2M Bootstrap Server 负责引导 LwM2M Client 注册并接入 LwM2M Server，之后 LwM2M Server 和 LwM2M Client 就可以通过协议指定的接口进行交互。

任务实施

1.3.2 使用 OneOS Molink 组件接入 MN316 模组

1.3.2.1 MN316 模组简介

MN316 是一款基于芯翼 XY1100 平台的工业级高性能 NB-IoT 无线通信模组。它采用低功耗技术，深度睡眠模式下的工作电流低至 1 μA，主要应用于低功耗的数据传输业务，满足 3GPP Release 13 标准。

MN316 采用 LCC 封装，共有 40 个引脚，支持 TCP/UDP 等传输协议及扩展命令，如图 2.1.19 所示。

图 2.1.19　MN316

MN316 支持 Band3/Band5/Band8 频段，满足中国移动蜂窝物联网通用模组技术规范，其尺寸仅为 16 mm × 18 mm × 2.2 mm，能够最大限度地满足终端设备对小尺寸模块产品的需求，有效地帮助客户减小产品尺寸并优化产品成本。同时 MN316 采用更易于焊接的 LCC 封装，可通过标准 SMT 设备实现模块的快速生产，为客户提供可靠的连接方式，满足复杂环境下的应用需求。MN316 还支持 2 × 2 mm 贴片 M2M 芯片，并内置 LiteOS 轻量级开源物联网操作系统，能使物联网终端开发更简单、互联更容易、业务更智能、体验更顺畅、数据更安全。另外，MN316 支持 OneNET、CTWing 等主流物联网平台，真正实现无缝对接，快速开发。凭借其紧凑的尺寸、超低的功耗、超宽的温度范围，MN316 可广泛适用于智能抄表、智慧城市、智能家居、智慧农业等行业应用场景，以提供完善的数据传输服务。

MN316 主要性能如表 2.1.1 所示。

表 2.1.1　MN316 主要性能表

特性	说明
供电	VBAT 供电电压范围：3.1 V ~ 4.2 V 推荐供电电压：3.6 V
省电	深度睡眠模式耗流低至 1 μA
频段	Band5/Band8
发射功率	23 dBm ± 2 dB
温度范围	正常工作温度：−35 °C ~ +75 °C 扩展工作温度：−40 °C ~ +85 °C 存储温度：−45 °C ~ +90 °C
SIM 卡接口	支持外置 SIM 卡：1.8/3.0 V 支持内置 SIM 卡：1.8/3.0 V 内外置 SIM 卡不能同时使用
天线接口特征	阻抗：50 Ω
物理特征	尺寸：（16 ± 0.2）mm×（18 ± 0.2）mm×（2.2 ± 0.2）mm 质量：约 1.3 g
固件升级	串口升级（UART1）

1.3.2.2 硬件资源与硬件连接

本任务使用 NB-IoT 模块进行实验，因此需要将 NB-IoT 模块插接在底板上，并给主板连接上 DC 12 V 头子进行供电；使用 TypeC 数据线连接主板 MASTER 串口，以便串口打印输出和使用 Shell 工具；使用 TypeC 数据线连接主板 CMSIS 接口，用于给主板 STM32F407 主芯片下载程序。

NB-IoT 模块顶层图如图 2.1.20 所示，其中，中左矩形部分为 MN316 模组主体部分，J1 接口为 MN316 模组 DEBUG 接口，S1 拨动开关为模块与主板完全脱离开关，S2 拨动开关可以选择 MN316 模组与主板 MCU 连接或是与主板 SLAVE 串口连接。主板 SLAVE 串口单独接出时，可用于单独对模块进行串口调试。D1 为 MN316 模组 WAKEUP 指示灯，点亮状态为模组开机未进入深度睡眠，熄灭状态为模组未开机或者进入深度睡眠。D2 为 MN316 模组 STATE 指示灯：若闪烁周期为 1 s，代表模组未注册上网络，正在搜网；若为常亮状态，代表模组已成功注册上网络；若为熄灭状态，代表模组没有开机或者进入深度睡眠。D3 为 NB-IoT 模块电源指示灯。

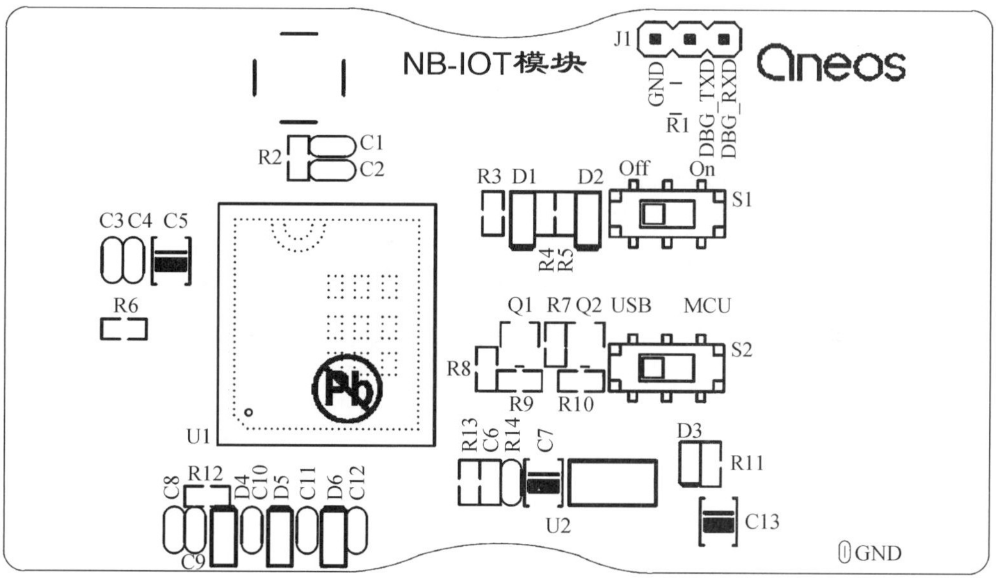

图 2.1.20 NB-IoT 模块

NB-IoT 模块电路原理图如图 2.1.21 所示，此处只介绍向外引出引脚，关于 MN316 模组的驱动电路和指示灯的驱动电路可自行查看电路原理图理解。

由原理图可知，MN316 通信串口与主板 MCU 连接的引脚为 PA3（MCU USART2 RX）和 PA2（MCU USART2 TX），MN316 模组复位引脚与主板 MCU 连接的引脚为 PA4。

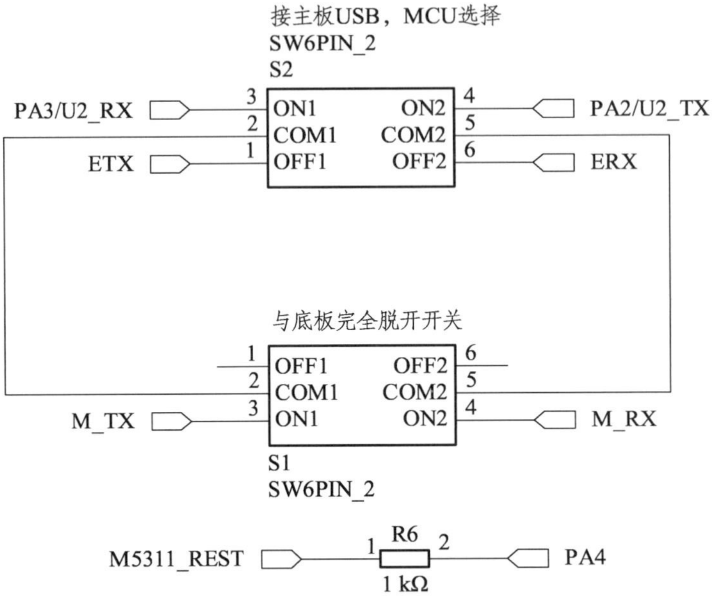

图 2.1.21　NB-IoT 模块电路原理图

1.3.2.3　STM32CubeMX 配置

打开 OneOS-V3.0.1\projects\STM32F407ZG\board\CubeMX_Config 路径下的 CubeMX_Config.ioc，进入 STM32CubeMX 配置。

在引脚配置界面，选择并配置 PA2、PA3 为串口 2 的两个引脚，配置 PA4 为 GPIO 输出，如图 2.1.22 所示。

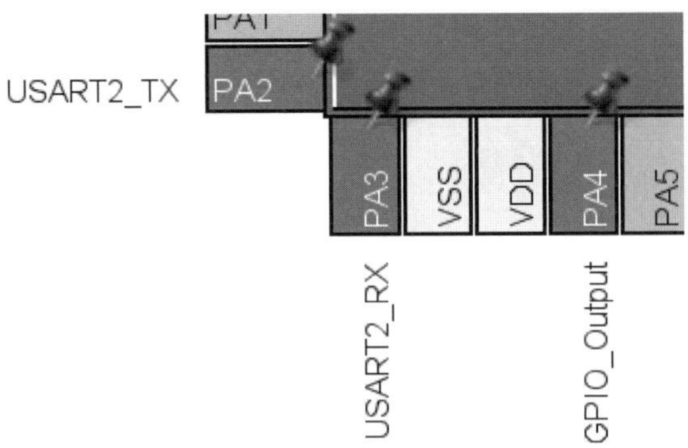

图 2.1.22　引脚配置

然后在左侧的“Categories”选项卡中找到“Connectivity”下的“USART2”选项，对串口 2 参数进行配置（见图 2.1.23）。

图 2.1.23　串口 2 配置

配置模式为异步模式，如图 2.1.24 所示。

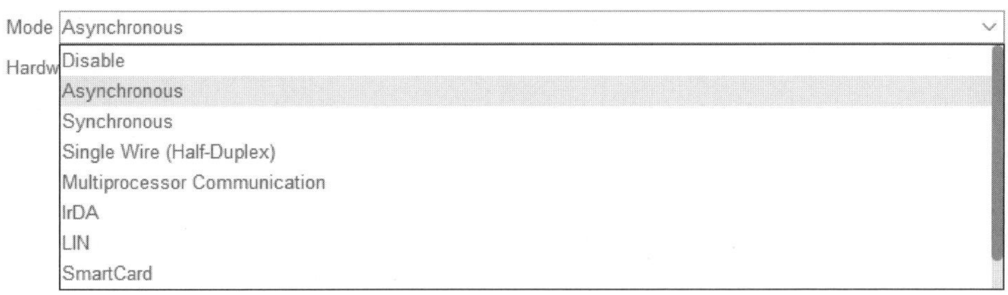

图 2.1.24　配置模式

查看 MN316 硬件设计参考手册可知，MN316 串口通信默认波特率为 9 600 b/s，因此在下方配置串口基本参数，配置波特率为 9 600 Bits/s，8N1 模式，如图 2.1.25 所示。

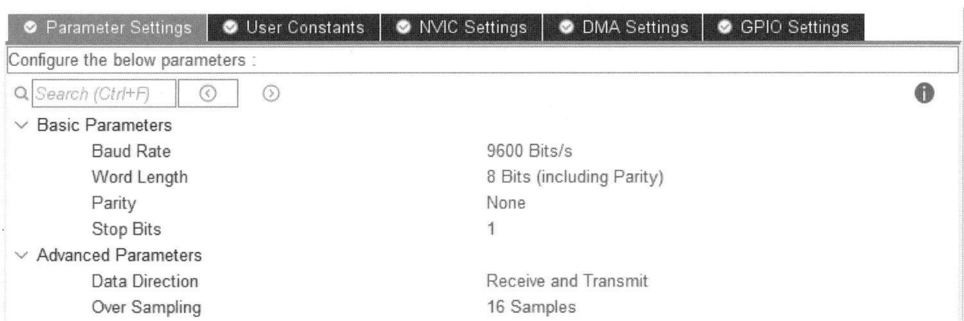

图 2.1.25　配置串口基本参数

配置使能串口中断，如图 2.1.26 所示。

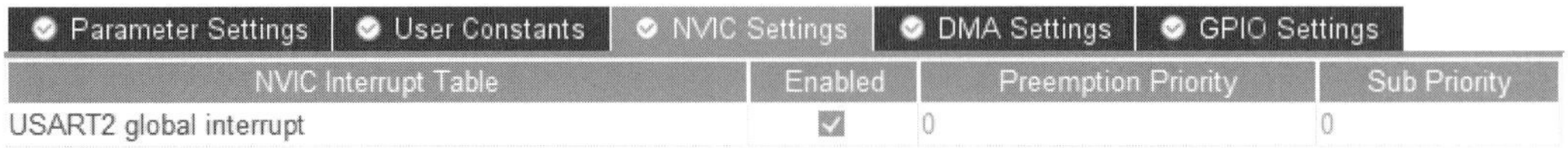

图 2.1.26　配置使能串口断

配置串口 2 接收 DMA，在 DMA Settings 下添加，并将模式配置为 Circular，以保证接收数据的完整性，如图 2.1.27 所示。

图 2.1.27　配置串口 2

然后在左侧的 Categories 选项卡中找到 System Core 下的 GPIO 选项，对 PA4 引脚参数进行配置，如图 2.1.28 所示。PA4 连接的引脚为 MN316 模块的 RST 引脚，根据 MN316 硬件设计参考手册可知，复位脉冲为高电平有效，因此该引脚通常情况下应配置为低电平，即 RST 失能模式，因此将其配置为下拉，如图 2.1.29 所示。

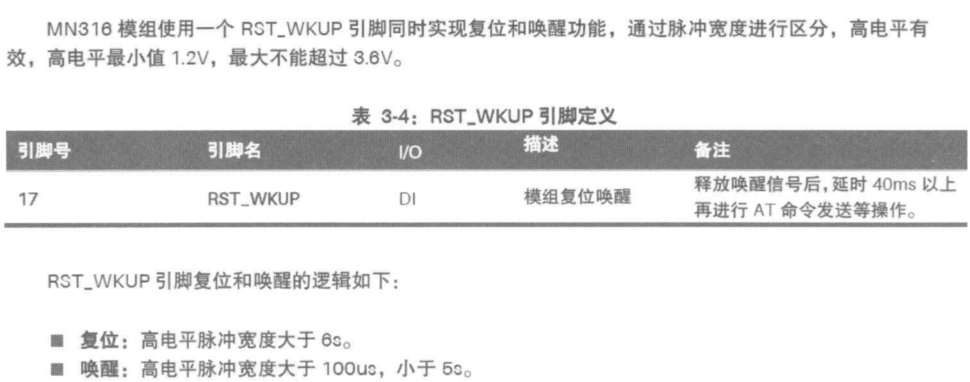

MN316 模组使用一个 RST_WKUP 引脚同时实现复位和唤醒功能，通过脉冲宽度进行区分，高电平有效，高电平最小值 1.2V，最大不能超过 3.6V。

表 3-4：RST_WKUP 引脚定义

引脚号	引脚名	I/O	描述	备注
17	RST_WKUP	DI	模组复位唤醒	释放唤醒信号后，延时 40ms 以上再进行 AT 命令发送等操作。

RST_WKUP 引脚复位和唤醒的逻辑如下：

- **复位**：高电平脉冲宽度大于 6s。
- **唤醒**：高电平脉冲宽度大于 100us，小于 5s。

图 2.1.28　RST 引脚定义

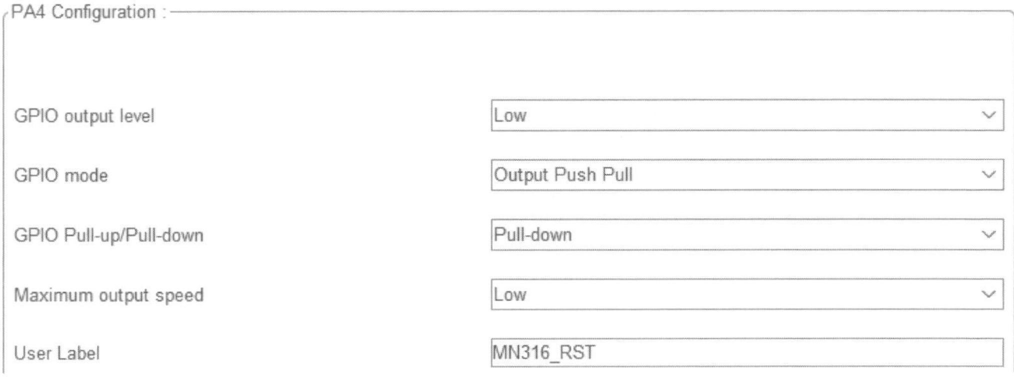

图 2.1.29　引脚配置

本任务还用到了按键来发送数据到服务器，因此还需配置按键引脚，具体配置方法在之前章节已有详细介绍，此处不再赘述。

配置完成后，单击“GENARATE CODE”生成代码，如图 2.1.30 所示。

图 2.1.30　生成代码

1.3.2.4　OneOS-Cube 配置与工程构建

OneOS 尚未支持 MN316 模组的 Molink 驱动，需要在 OneOS-Cube 可视化配置界面中添加 MN316 选项，并链接相关编译代码。

注意，OneOS 配置选项在 Kconfig 文件中进行设置，编译链接文件设置在 weave.yaml 文件中。首先拷贝 MN316 文件夹到路径 OneOS-V3.0.1\components\net\molink\module 下。

打开路径下文件：OneOS-V3.0.1\components\net\molink\module\Kconfig，添加以下代码，表示支持 MN316 Module。

```
    config MOLINK_USING_MN316
        bool "MN316"
        select MOLINK_PLATFORM_MCU
        default n
        if MOLINK_USING_MN316
            Source
"$OS_ROOT/components/net/molink/module/MN316/Kconfig"
        endif
```

打开路径下文件：OneOS-V3.0.1\components\net\molink\module\ weave.yaml，添加以下代码，表示若支持 MN316，则链接到 MN316 文件夹。

```
- MN316 ? {is_define（['MOLINK_USING_MN316']）}
```

打开路径下文件：OneOS-V3.0.1\components\net\molink\module\MN316\Kconfig，添加以下代码，表示设置 MN316 Object 自动创建、配置设备名称、设备参数、网络连接、Socket 支持等选项。

```
menu "MN316 Config"
    config MN316_AUTO_CREATE
        bool "Enable MN316 Module Object Auto Create"
        default n
    if MN316_AUTO_CREATE
        config MN316_DEVICE_NAME
            string "MN316 Interface Device Name"
            default "uart2"
        config MN316_DEVICE_RATE
            int "MN316 Interface Device Rate"
            default 115200
        config MN316_RECV_BUFF_LEN
            int "The maximum length of AT command data accepted"
            default 1500
    endif
    config MN316_USING_GENERAL_OPS
        bool "Enable MN316 Module General Operates"
        select MOLINK_USING_GENERAL_OPS
        default y
    config MN316_USING_NETSERV_OPS
        bool "Enable MN316 Module Network Service Operates"
        select MOLINK_USING_NETSERV_OPS
        default y
    config MN316_USING_PING_OPS
        bool "Enable MN316 Module Ping Operates"
        select MOLINK_USING_PING_OPS
        default y
    config MN316_USING_IFCONFIG_OPS
        bool "Enable MN316 Module Ifconfig Operates"
        select MOLINK_USING_IFCONFIG_OPS
        select MN316_USING_GENERAL_OPS
```

```
        select MN316_USING_NETSERV_OPS
        default y
    config MN316_USING_NETCONN_OPS
        bool "Enable MN316 Module Network TCP/IP Operates"
        select MOLINK_USING_NETCONN_OPS
        default y
    config MN316_USING_SOCKETS_OPS
        bool "Enable MN316 Module BSD Socket Operates"
        select MN316_USING_NETCONN_OPS
        select MOLINK_USING_SOCKETS_OPS
        default n
    config MN316_USING_ONENET_NB_OPS
        bool "Enable MN316 Module Onenet Nb Operates"
        select MOLINK_USING_ONENET_NB_OPS
        default n
endmenu
```

打开路径下文件：OneOS-V3.0.1\components\net\molink\module\MN316\ weave.yaml，添加以下代码，表示编译链接相关源文件。

```
# 组名
group_name：molink
# 依赖宏控
depend_macro：
  - NET_USING_MOLINK
 # 编译选项（支持条件表达式）
build_option：
  cpppath：
    - ./include
# 源码（支持条件表达式）
source_file：
  - ./source/mn316.c
  - source/mn316_general.c? {is_define（['MN316_USING_GENERAL_OPS']）}
  - source/mn316_netserv.c? {is_define（['MN316_USING_NETSERV_OPS']）}
  - source/mn316_ping.c? {is_define（['MN316_USING_PING_OPS']）}
  - source/mn316_ifconfig.c? {is_define（['MN316_USING_IFCONFIG_OPS']）}
  - source/mn316_netconn.c? {is_define（['MN316_USING_NETCONN_OPS']）}
  - source/mn316_onenet_nb.c? {is_define（['MN316_USING_ONENET_NB_OPS']）}
```

完成以上代码编辑和文件添加后，在 OneOS-V3.0.1\projects\STM32F407ZG 目录下右键打开 OneOS-Cube，输入“oos config”进入配置界面。

在对应的 oneos\projects\xxxxx（project 文件夹）目录下打开 OneOS-Cube 工具，在命令行输入“oos config”打开可视化配置界面。

通信模组通过串口发送给系统的数据将会首先缓存在串口数据缓冲区中，因此，如果串口缓冲区大小设置过小则会导致 Molink 无法正确地接收通信模组发送的数据，造成 AT 指令执行超时或数据接收不全等问题。在 OneOS 操作系统中串口缓存区的大小默认为 64 B，如果使用 Molink 组件则建议将串口缓冲区大小设置为略大于通信所需的数据的最大值，例如设置为 1 024 B 或 2 048 B。在（Top）→Drivers→Serial 路径下配置串口发送和接收缓冲区大小，如图 2.1.31 所示。

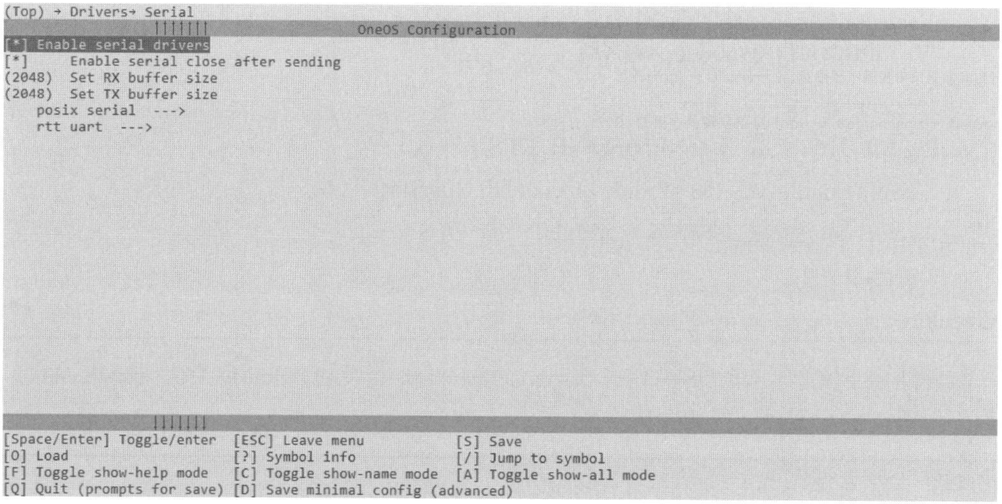

图 2.1.31　配置串口发送和接收缓冲区大小

使用方向键定位到（Top）→ Components→ Network→ Molink，使能“Enable IoT modules support”，如图 2.1.32 所示。

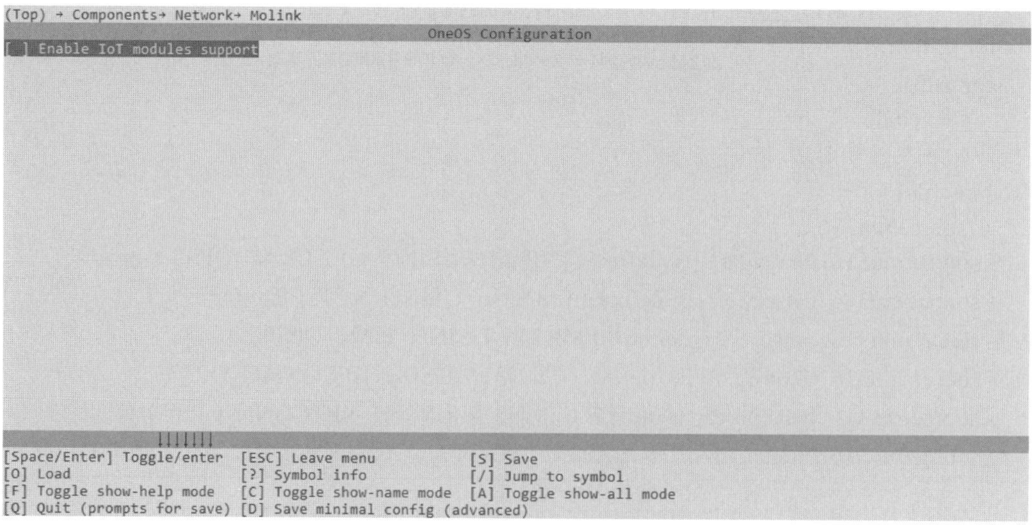

图 2.1.32　使能“Enable IoT modules support”

打开路径（Top）→ Components→ Network→ Molink→ Enable IoT modules support → Module→ NB-IoT Modules Support，使能支持 MN316 设备（见图 2.1.33）。

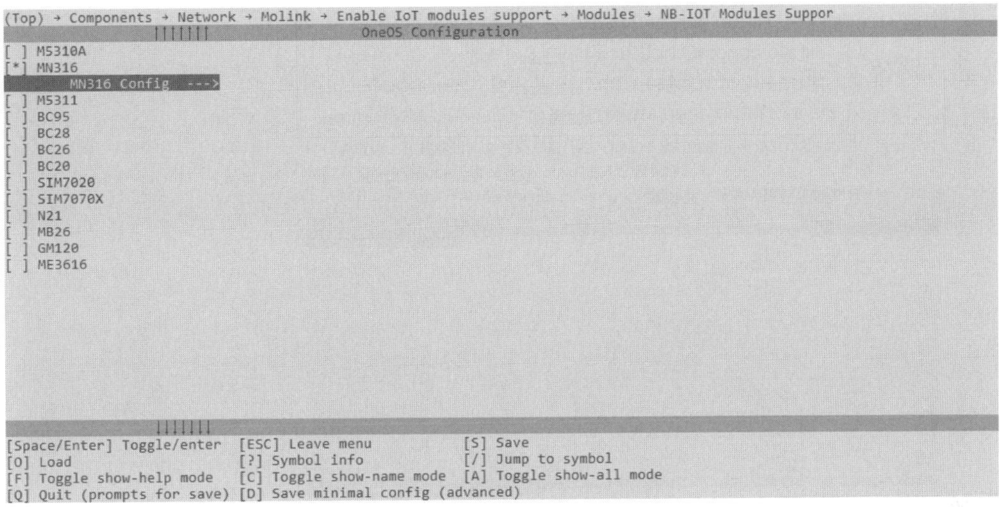

图 2.1.33　使能支持 MN316 设备

打开路径（Top）→Components→Network→Molink → Enable IoT modules support→ Modules→NB-IoT Modules Support→6 Config MN316，配置参数，支持自动创建 Object（见图 2.1.34）。

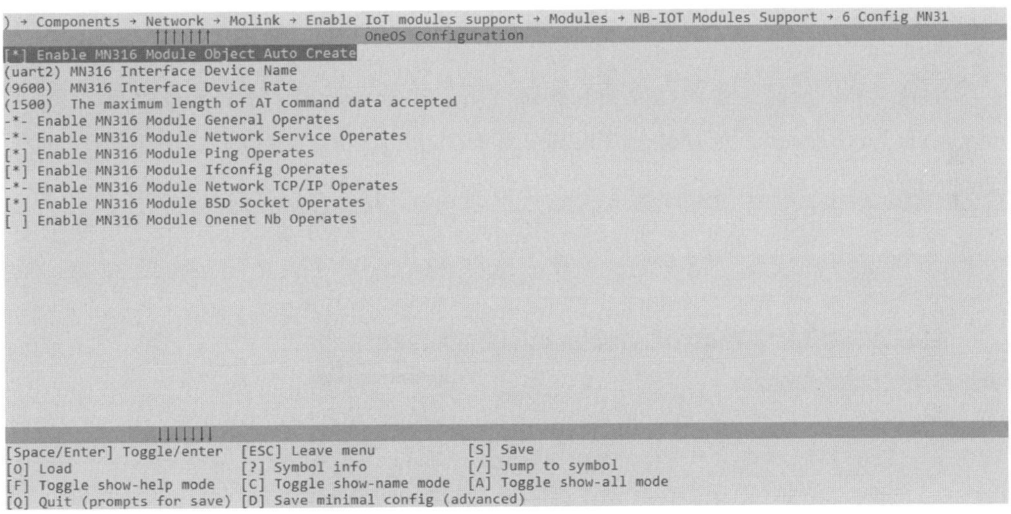

图 2.1.34　配置参数

首先使能“Enable MN316 Module Object Auto Create”，并配置接口名称为“uart2”，波特率为 9 600 Bits/s（MN316 模组默认波特率为 9 600 Bits/s）。

OneOS Socket 组件为用户提供了一套兼容 BSD 的标准接口，用来实现网络连接及数据传输，下层涵盖了以太模块、蜂窝模组和 Wi-Fi 模组等不同制式的通信介质以及不同的通信协议栈。以太模块使用 Lwip 协议栈，蜂窝模组和 Wi-Fi 模组使用 AT 指令进行拨号连接和数据收发。

使用限制：标准 Socket 组件使用 Lwip 和 AT 时只能二选一，在编译配置时决定。

再使能“Enable MN316 Module BSD Socket Operates”，该选项为使能 BSD Socket，所以我们在工程中可以调用 Socket 相关函数。

进入路径（Top）→ Components → Network→ Socket，使能“Enable BSD socket API”（见图 2.1.35）。

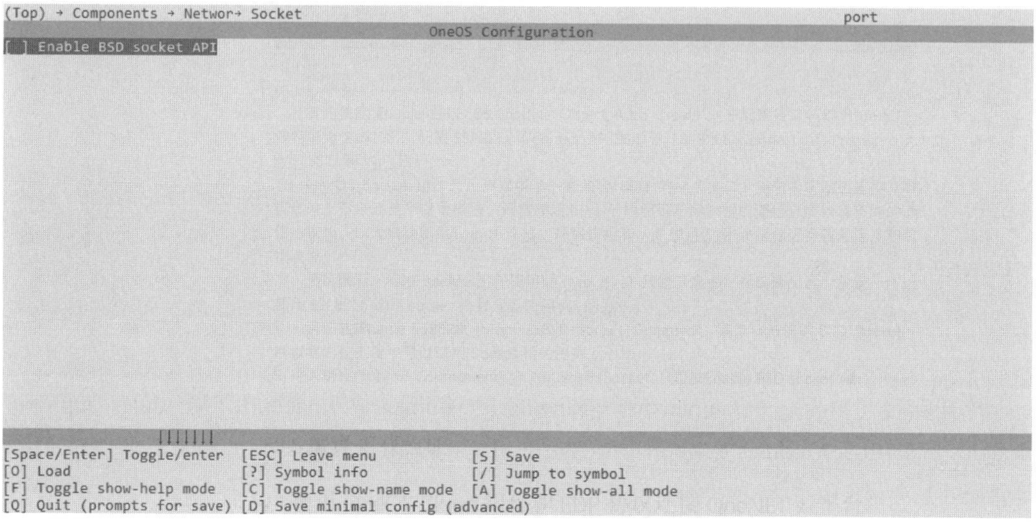

图 2.1.35 使能“Enable BSD socket API”

为了测试 MN316 是否驱动成功和测试网络连接是否正常，还需要在路径（Top）→ Components → Network → Moli→ Enable IoT modules support →Tool 下勾选测试工具（见图 2.1.36）。

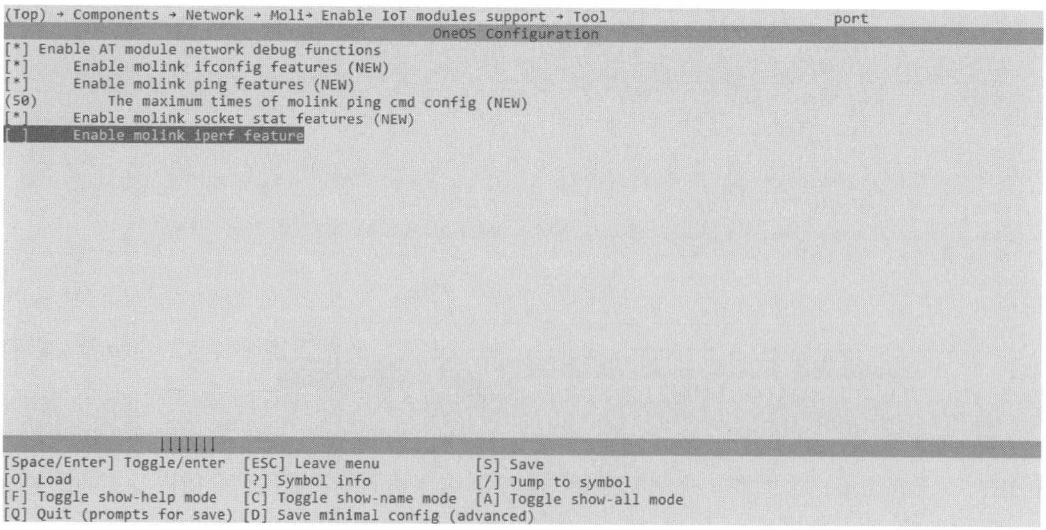

图 2.1.36 勾选测试工具

在路径（Top）→ Drivers→ MISC 下使能按键引脚（见图 2.1.37）。

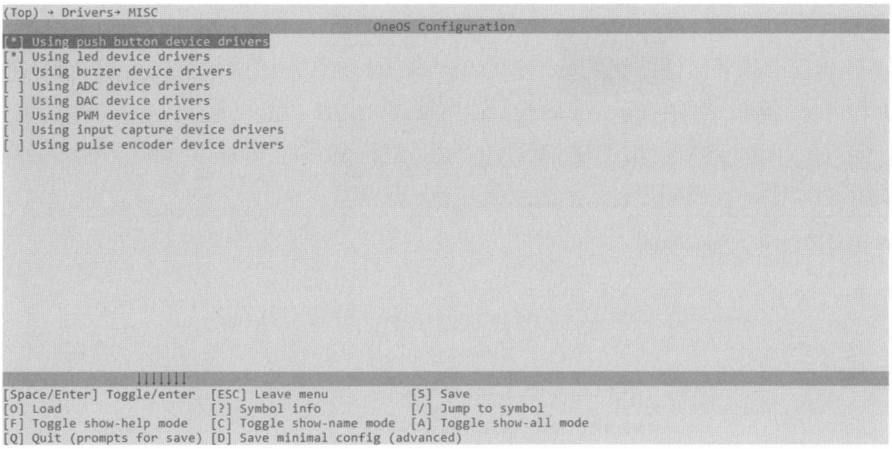

图 2.1.37 使能按键引脚

输入“Q”和“Y”，保存配置并退出（见图 2.1.38）。

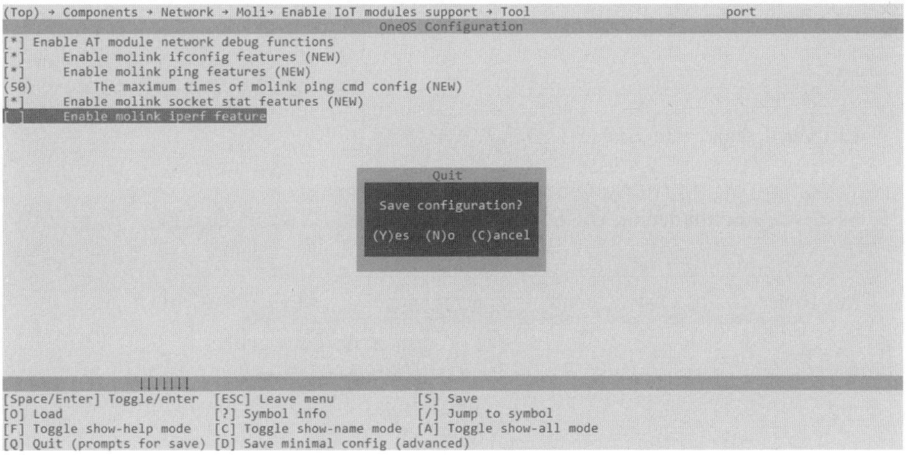

图 2.1.38 保存配置并退出

在 OneOS-Cube 界面中输入“oos init -i keil”，根据前面的设备配置工程（见图 2.1.39）。

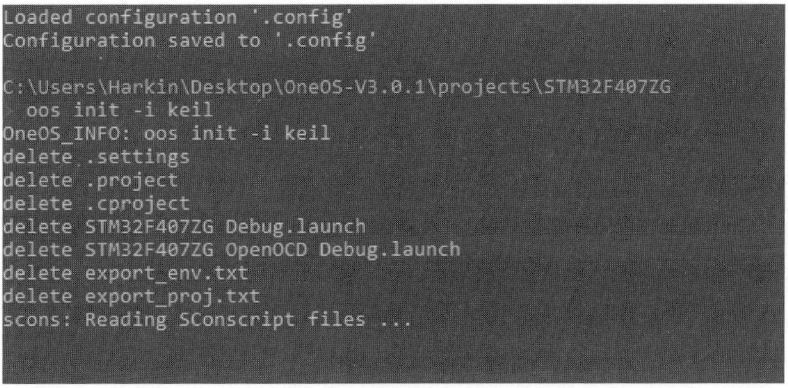

图 2.1.39 配置工程

1.3.2.5 编译下载验证

打开 OneOS-V3.0.1\projects\STM32F407ZG 目录下的 project.uvprojx 工程文件。

（1）打开 mn316.c 文件，找到 mn316_auto_create 函数，该函数首先查找 MN316 模组所使用的串口设备是否存在，然后配置波特率、AT 命令最大长度等参数，调用 module_mn316_create 函数自动创建 MN316 模组设备。最后将 mn316_auto_create 函数加入到自动初始化列表中，代码如下：

```
int mn316_auto_create(void)
{
    os_device_t *device = os_device_find(MN316_DEVICE_NAME);

    if (OS_NULL == device)
    {
        ERROR("Auto create failed, Can not find MN316 interface device %s!", MN316_DEVICE_NAME);
        return OS_FAILURE;
    }

    uart_config.baud_rate = MN316_DEVICE_RATE;

    os_device_control(device, OS_DEVICE_CTRL_CONFIG, &uart_config);

    mo_parser_config_t parser_config = {.parser_name    = MN316_NAME,
                                        .parser_device = device,
                                        .recv_buff_len = MN316_RECV_BUFF_LEN};

    mo_object_t *module = module_mn316_create(MN316_NAME, &parser_config);

    if (OS_NULL == module)
    {
        ERROR("Auto create failed, Can not create %s module object!", MN316_NAME);
        return OS_FAILURE;
    }

    INFO("Auto create %s module object success!", MN316_NAME);
    return OS_SUCCESS;
}
OS_INIT_CALL(mn316_auto_create, OS_INIT_LEVEL_COMPONENT, OS_INIT_SUBLEVEL_MIDDLE);
```

module_mn316_create 函数主要完成 Molink Obeject 的初始化，以及 MN316 AT 指令的初始化，代码如下：

```
mo_object_t *module_mn316_create(const char *name, void *parser_config)
{
    os_err_t      result = OS_SUCCESS;
    mo_mn316_t *module = (mo_mn316_t *)os_calloc(1, sizeof(mo_mn316_t));
    if (OS_NULL == module)
    {
        ERROR("%s-%d:Create module instance failed, no enough memory.", 
__func__, __LINE__);
        return OS_NULL;
    }

    result = mo_object_init(&(module->parent), name, parser_config);
    if (OS_SUCCESS != result)
    {
        os_free(module);
        return OS_NULL;
    }

    result = mn316_at_init(&(module->parent));
    if (result != OS_SUCCESS)
    {
        goto __exit;
}
...
```

（2）编译并下载，代码如下：

```
Load "C:\\Users\\Harkin\\Desktop\\OneOS-V3.0.1\\projects\\STM32F407ZG\\build\\keil\\Obj\\project.axf"
Erase Done.
Programming Done.
Verify OK.
Flash Load finished at 14:52:00
```

（3）打开 Xshell 工具，连接串口，复位开发板，等待 MN316 模组自动创建 Object（见图 2.1.40）。

```
OneOS start, version:OneOS-V3.0.1
==================== FAL partition table ====================
| name | flash_dev |   offset   |   length   |
-------------------------------------------------------------
| cfg  | flash_0   | 0x00000000 | 0x00004000 |
=============================================================
[INFO] [mn316] Auto create mn316 module object success!
```

图 2.1.40　自动创建 Object

（4）输入“ifconfig”，查看 MN316 模组相关信息和当前 IP 地址（见图 2.1.41）。

```
ifconfig

LIST AT MODULE INFORMATION
--------------------------------------------------------------------------------
Module Name    : mn316
IMEI   Number  : 863011064468815
ICCID  Number  : 898604142220C0343351
IMSI   Number  : 460043407703351
Signal Quality : rssi(24), ber(99)
IPv4   Address : 10.106.245.162
--------------------------------------------------------------------------------
```

图 2.1.41　查看 MN316 模组相关信息和当前 IP 地址

（5）输入“ping www.baidu.com”，测试 MN316 模组与互联网连接情况（见图 2.1.42）。

```
sh>ping www.baidu.com
[0] 64 bytes from 120.232.145.185 icmp_seq=0 ttl=52 time=242 ms
[1] 64 bytes from 120.232.145.185 icmp_seq=1 ttl=52 time=413 ms
[2] 64 bytes from 120.232.145.185 icmp_seq=2 ttl=52 time=720 ms
[3] 64 bytes from 120.232.145.185 icmp_seq=3 ttl=52 time=777 ms

Ping statistics for 120.232.145.185 :
Packets: Sent = 4, Received = 4, Lost = 0, Mintime = 242 ms, Maxtime = 777 ms, Avgtime = 538 ms
```

图 2.1.42　测试 MN316 模组与互联网连接情况

可以看到 MN316 模组已经成功获取到 IP 地址，并且能正常连接到互联网，至此，MN316 模组成功驱动。

1.3.3　使用 OneOS Cloud 组件和 LwM2M 协议连接 OneNET 云平台

1.3.3.1　硬件资源与硬件连接

本任务使用 NB-IoT 模块与 OneNET 云平台建立连接，因此需要将 NB-IoT 模块插接在底板上，并给主板连接上 DC 12 V 头子进行供电；使用 TypeC 数据线连接主板 MASTER 串口，以便串口打印输出和使用 Shell 工具；使用 TypeC 数据线连接主板 CMSIS 接口，用于给主板 STM32F407 主芯片下载程序。

关于 NB-IoT 模块相关硬件说明已在上一任务中有详细介绍，此处不再赘述。

1.3.3.2　STM32CubeMX 配置

本任务使用 NB-IoT 模块与 OneNET 云平台建立连接，对于 STM32CubeMX 配置，已在上一任务中进行了说明，此处不做介绍。

1.3.3.3 OneOS-Cube 配置与工程构建

在对应的 oneos\projects（project 文件夹）目录下打开 OneOS-Cube 工具，在命令行输入“oos config”打开可视化配置界面。

定位到（Top）→ Components→Cloud→OneNET→ NB-IoT kit，勾选使能“onenet nbiot-kit”，如图 2.1.43 所示。

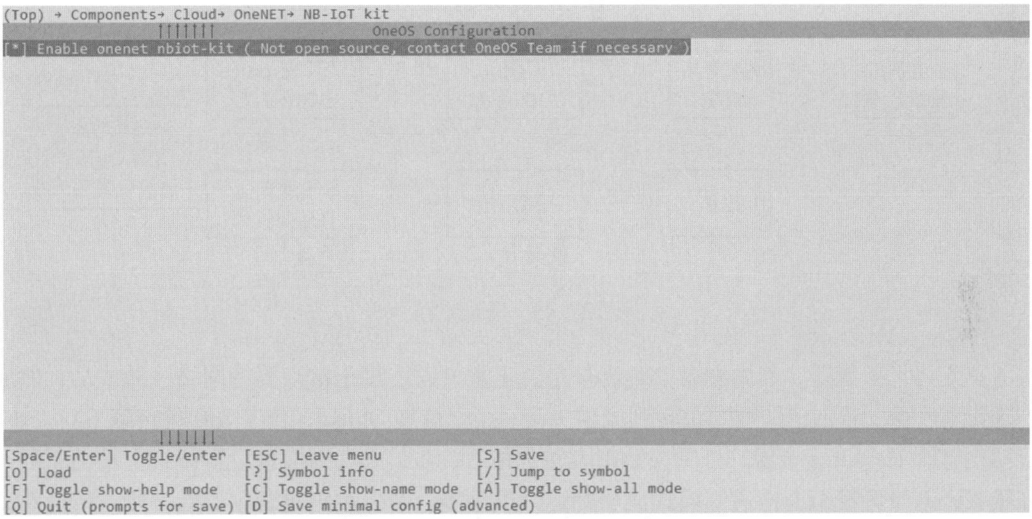

图 2.1.43　勾选使能“onenet nbiot-kit”

输入“Q”并输入“Y”，保存配置退出。

在 OneOS-Cube 界面中输入“oos init -i keil”，根据前面的设备配置工程（见图 2.1.44）。

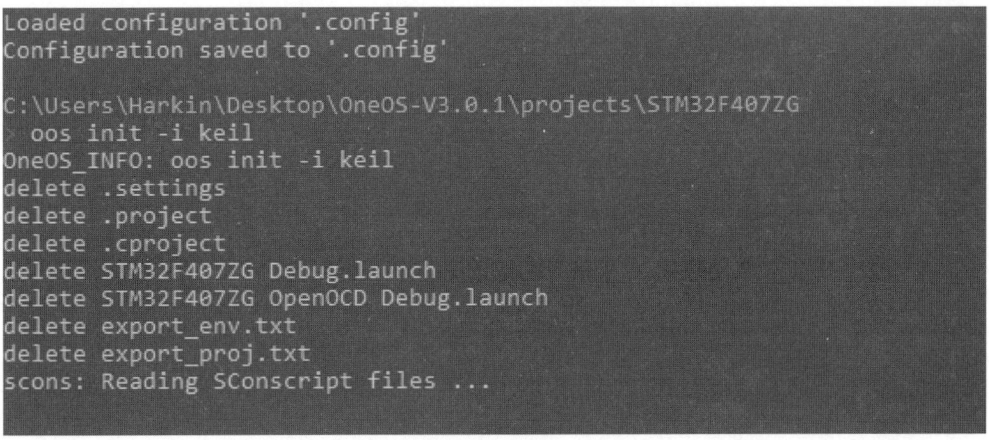

图 2.1.44　配置工程

1.3.3.4 Keil 工程构建与代码增删

在工程目录中，使用 MDK 软件打开工程 project.uvprojx。

新建.c 文件和.h 文件，命名为 nb_onenet.c 和 nb_onenet.h，详见代码 1。并在 nb_onenet.c

中编写以下函数。本节中创建的设备实例 Object ID 为 3 200，Resources ID 为 5750。

对于 nb_device_connct_onenet 函数，主要完成 MN316 模组与 OneNET 云平台建立连接并登录到云平台，登录流程如图 2.1.45 所示。

代码 1

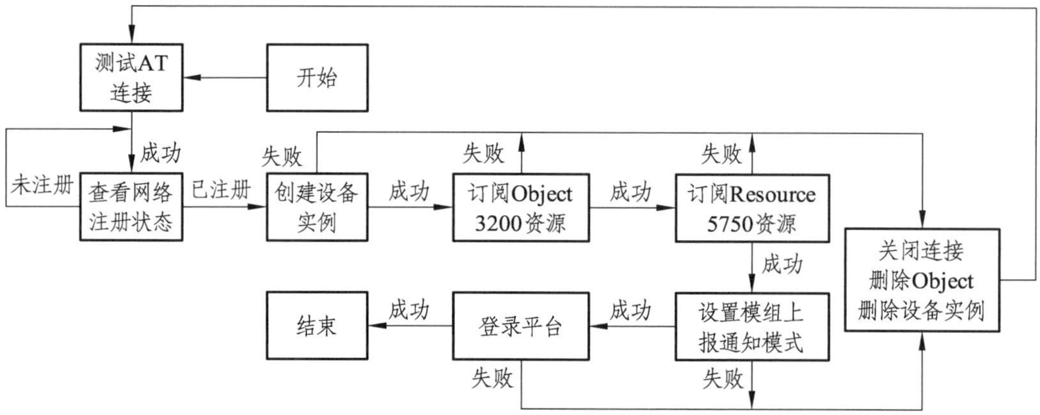

图 2.1.45　登录流程

首先将设备重置，然后测试 AT 连接是否正常，若连接正常则等待网络注册成功，然后创建设备实例，若创建失败则跳转到最后一步；接着订阅 Object，若失败则跳转到最后一步，成功则订阅 Resource 资源；订阅失败则跳转到最后一步，成功则接着设置模组上报消息的通知模式；若设置模组上报通知模式成功则继续下一步，若失败则跳转到最后一步；然后登录平台，若成功则结束，否则跳转到最后一步；最后一步中关闭与云平台的连接，并删除设备实例和 Object 订阅，然后回到第一步继续重复上述过程。在重连的过程中添加了 retry_time 变量来记录重连的次数，当此处超过 5 次时，停止连接并打印连接失败信息。

该函数中调用了许多诸如 mo_onenetnb_delete 的 API 函数，对于具体的函数源码可自行阅读理解，其原理主要是根据给定的参数组建 AT 命令，并调用函数向 MN316 模组发送这些 AT 命令。

对于 nb_device_send_data 函数，该函数首先向 OS 申请了一个字符串指针空间，并使用 sprintf 函数将欲上传的数据打包到这个字符串数组中；随后调用 mo_onenetnb_notify 函数，按照制定的参数格式将数据上传到云平台中；最后将上传的内容打印在串口工具界面中。

对于 nb_onenet.h 文件，有以下代码，主要定义了结构体 NB_MOTOR_DATA 和声明了 nb_device_connct_onenet 函数与 nb_device_send_data 函数。

```
typedef struct
{
    int cmd_motor_duty;// 平台命令
    char *cmd_rcv_buff;
    uint8_t status_connected;// onenet 登录状态
    uint8_t status_onenet_cmd_flag;// 接收到 onenet 命令状态
    int motor_duty_value;// 数据
```

```
    int motor_speed_value;
    int ref_num;// 设备实例 id
    int objectid;// 对象 id
    int resid;// 资源 id
    int msgid;// observe 操作下发的 mid
}NB_MOTOR_DATA;
extern NB_MOTOR_DATA nb_motor_data;
os_err_t nb_device_connct_onenet(void);
os_err_t nb_device_send_data(void);
```

在 main.c 文件中编写两个任务函数，如下所示。

```
static void molink_task(void *parameter)
{
        mo_object_t *temp_module = OS_NULL;
        os_device_t    *uart;
        int              ret;
    /* 按名称获取模块实例 */
    temp_module = mo_get_by_name(MN316_NAME);
    OS_ASSERT(OS_NULL != temp_module);
        uart = os_device_find(MN316_DEVICE_NAME);
        OS_ASSERT(uart);
        os_device_open(uart);// 打开串口设备
        /* uart config */
    struct serial_configure config = OS_SERIAL_CONFIG_DEFAULT;
    config.baud_rate                  = BAUD_RATE_9600;
    ret                               = os_device_control(uart,OS_DEVICE_CTRL_
CONFIG,&config);// 配置串口
    if (ret != 0)
    {
        os_kprintf("serial control fail %d\r\n",ret);
                os_device_close(uart);
    }
        nb_device_connct_onenet();// 登录 onenet
    while (1)
    {
                os_task_msleep(500);
    }
}
static void os_send_task(void *parameter)
{
```

```
    parameter = parameter;
    os_err_t err    = OS_FAILURE;
    uint8_t retry_time = 0;
    while (1)
    {
            if(nb_motor_data.status_connected == 1)
            {
        while (1)
        {
                    err = nb_device_send_data();
                    if (err == OS_FAILURE)
                    {
                        retry_time++;
                        if(retry_time > 5)
                        {
                            os_kprintf("check the network connection
please!\n");
                            nb_motor_data.status_connected = 0;
                            break;
                        }
                    }
                    else if(err == OS_SUCCESS)
                        break;
            os_task_msleep(300);
                }
            }
            os_task_msleep(4000);
    }
}
```

对于 molink_task 任务，首先按照 MN316 名称来获取创建好的模块实例，然后根据 MN316 模组使用的串口名称来查找并打开该串口，按照默认参数来配置参数，注意需要将波特率修改为 9 600 Bits/s，随后调用 nb_device_connct_onenet 函数来让 MN316 模组登录 OneNET 云平台。

对于 os_send_task 任务，首先判断 MN316 模组是否已经成功登录到 OneNET 云平台，判断依据 nb_motor_data.status_connected 变量在 nb_device_connct_onenet 函数中被置位；然后调用 nb_device_send_data 函数上传数据到云平台，若上传成功，则等待 4 s 进行下一次上传。若上传失败，进入重传；使用 retry_time 变量来记录重传次数，当重传次数大于 5 时，结束此次上传。

接下来我们需要设置上传的数据来源，在 motor_task 任务中，添加代码，完整代码如下。

深色部分为添加的代码，上传的数据源为电机的 PWM 占空比、速度。

```
static void motor_task(void *parameter)
{
    uint32_t print_time = 0;// 打印 speed 时间
    HAL_TIM_PWM_Start(&htim3,TIM_CHANNEL_2);//使能 PWM
      HAL_TIM_IC_Start_IT(&htim3,TIM_CHANNEL_3);//开启 TIM3 的捕获通道 3
  __HAL_TIM_ENABLE_IT(&htim3,TIM_IT_UPDATE);//使能更新中断
    while(1)
    {
        __HAL_TIM_SET_COMPARE(&htim3,TIM_CHANNEL_2,pwm_num);// 设 置  pwm
函数
        if(tim3_delay.count_100 ms - print_time >= 50)// 5 s 打印速度
        {
            print_time = tim3_delay.count_100 ms;
            speed = (IC_TIMES)*12;//  读一次速度
            IC_TIMES = 0;     //  脉冲计数清零
            //os_kprintf("speed:%d r/min\r\n",speed);
        }
        // 数据上云
        nb_motor_data.motor_duty_value = pwm_num/100;
        nb_motor_data.motor_speed_value = speed;
        os_task_msleep(100);
    }
}
```

在主函数中创建并调度上述任务。其中 user_task 任务为 LED1 闪烁任务，表示程序运行状态。

```
int main(void)
{
   os_task_id task;
  task = os_task_create(OS_NULL,OS_NULL,512,"user",user_task,OS_NULL,3);
    OS_ASSERT(task);
    os_task_startup(task);
    os_task_id Molink_task;
    Molink_task  =  os_task_create(OS_NULL,OS_NULL,2048,"Molink_task",molink_task,OS_
NULL,4);
    OS_ASSERT(Molink_task);
    os_task_startup(Molink_task);
    os_task_id data_send_task;
    data_send_task = os_task_create(OS_NULL,OS_NULL,2048,"data_send_task",os_send_task,
OS_NULL,5);
```

```
    OS_ASSERT(data_send_task);
    os_task_startup(data_send_task);
    os_task_id motor_control_task;
    motor_control_task = os_task_create(OS_NULL,OS_NULL,512,"motor_task",motor_task,
OS_NULL,10);
    OS_ASSERT(motor_control_task);
    os_task_startup(motor_control_task);
    return 0;
}
```

1.3.3.5　编译下载验证

单击“编译”确保工程没有报错后，将程序下载到开发板中，观察实验现象。

程序自动创建 MN316 模组 Object，随后重置 MN316 并尝试登录 OneNET 云平台。当登陆成功时，可以在串口工具中看到登录成功信息（见图 2.1.46）。

```
==================== FAL partition table ====================
| name | flash_dev |   offset    |    length   |
-------------------------------------------------------------
| cfg  | flash_0   | 0x00000000 | 0x00004000 |
=============================================================
[INFO] [mn316] Auto create mn316 module object success!

sh>mn316 reseting!
speed:12 r/min
mn316 reseted!
mn316 AT test success!
wait network reg
wait network reg
speed:12 r/min
add obj obj:3200, inscount:1, bitmap:1, atts:0, acts:0
discoverrsp obj:3200, result:1, length:4, data:5750
set numi nnmi:0, nsmi:1
open successed!
nb device connct to onenet successed!
```

图 2.1.46　登录成功信息

随后每隔 4 s 上传一次电机状态（见图 2.1.47）。

```
speed:12 r/min
notify mid:0, obj:3200, insid:0, resid:5750, type:1, len: 28, value: motor speed:12,motor duty:20, index:0,
 flag:0, ack_id:4

speed:12 r/min
notify mid:0, obj:3200, insid:0, resid:5750, type:1, len: 28, value: motor speed:12,motor duty:20, index:0,
 flag:0, ack_id:5
```

图 2.1.47　每隔 4 s 上传一次电机状态

然后，登录 OneNET 云平台，在产品开发中找到创建产品。在弹出的创建产品界面，填写相关信息，如图 2.1.48 所示。其中，产品品类应当根据产品所属行业产品分类进行选择，亦可选择默认，不对产品功能造成影响；智能化方式选择设备接入；产品名称和所属城市根据实际情况进行填写，不对产品功能造成影响。

图 2.1.48　创建产品界面 1

接入协议选择 LwM2 M，数据协议选择 IPSO，联网方式选择 NB，自动发现资源选择开启，如图 2.1.49 所示。

图 2.1.49　创建产品界面 2

说明：为了后期方便对产品和设备进行管理，可根据实际情况填写产品厂商、产品型号、品牌名称、产品描述等信息，这些信息为非必填项。

创建完产品后，在对应产品操作中选择设备管理，然后选择添加设备（见图 2.1.50）。

图 2.1.50　选择添加设备

在添加设备时，需要提供 IMEI 和 IMSI 信息，因此打开 Xshell，输入 ifconfig，即可得到上述信息（见图 2.1.51）。

图 2.1.51　IMEI 和 IMSI 信息

然后在添加设备页面中填写相关信息（见图 2.1.52）。

图 2.1.52　填写相关信息

设备添加完成后，可以看到设备在线，单击“详情”。在详情页面中找到设备资源，并点开“实例”，在属性值中即可看见上传的数据（见图 2.1.53）。

图 2.1.53　上传的数据

点开该实例详情，可以看到历史数据，如图 2.1.54 所示。

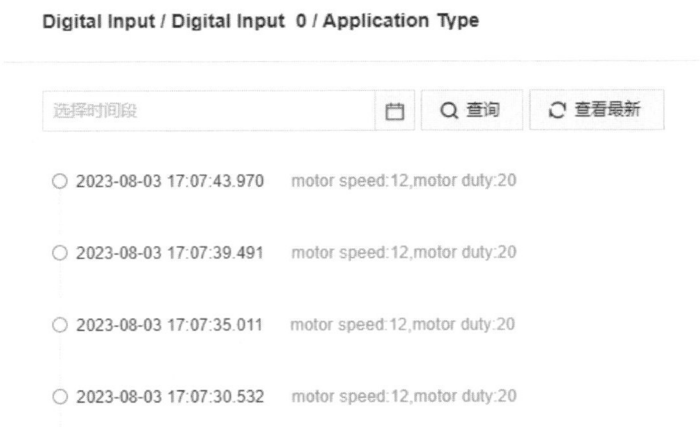

图 2.1.54 历史数据

至此，我们就成功使用 LwM2M 协议和 OneOS Cloud 组件将 NB-IoT 模块连接到 OneNET 云平台，并能上传数据到 OneNET 云平台上显示。

任务 4 远程实时自动控制电机

任务目标

通过 OneNET 云平台下发 PWM 占空比实时控制电机运行速度。

任务实施

1.4.1 硬件资源与硬件连接

本小节使用 NB-IoT 模块与 OneNET 云平台建立连接，因此需要将 NB-IoT 模块插接在底板上，并给主板连接上 DC 12 V 头子进行供电；使用 TypeC 数据线连接主板 MASTER 串口，以便串口打印输出和使用 Shell 工具；使用 TypeC 数据线连接主板 CMSIS 接口，用于给主板 STM32F407 主芯片下载程序。

关于 NB-IoT 模块相关硬件说明已在上一小节中有详细介绍，此处不再赘述。

1.4.2 STM32CubeMX 配置

本任务使用 NB-IoT 模块与 OneNET 云平台建立连接，对于 STM32CubeMX 配置，已在上一任务中进行了说明，此处不做介绍。

1.4.3　OneOS-Cube 配置与工程构建

本任务只需在上一任务基础上修改部分代码即可实现，OneOS-Cube 配置与上一任务一致。

1.4.4　Keil 工程构建与代码增删

在工程目录中，使用 MDK 软件打开工程 project.uvprojx，找到 mn316_onenet_nb.c 文件。

1.4.4.1　读回复

找到 urc_onenetnb_read_func 函数，如下所示。在该函数中，首先根据 OneNET 云平台下发读指令时 MN316 模组上报的消息格式解析得到 ref、msgid 等信息，然后将电机状态信息按照读回复的消息格式进行组包，最后调用 at_parser_send 函数发送到 MN316 模组，这样就完成了读回复。

```
#include <nb_onenet.h>
static void urc_onenetnb_read_func(struct at_parser *parser,const char *data,os_size_t size)
{
    OS_ASSERT(OS_NULL != parser);
    OS_ASSERT(OS_NULL != data);
        char motor_str[50] = {0};
        char sendstr[80] = {0};
        int32_t ref = 0;
    int32_t msgid = 0;
        int32_t objectid = 0;
        int32_t instanceid = 0;
        int32_t resourceid = 0;
        mo_object_t *module = os_container_of(parser,mo_object_t,parser);
        //+MIPLREAD:0,8090,3200,0,5750
    if (0 >= sscanf(data,"+MIPLREAD:%d,%d,%d,%d,%d",&ref,&msgid,&objectid,&instanceid,
&resourceid))
    {
        ERROR("Module %s parser +MIPLREAD failed.",module->name);
        return;
        }
        sprintf(motor_str,"motor speed:%d,motor duty:%d",nb_motor_data.motor_speed_value,
nb_motor_data.motor_duty_value);
```

```
    sprintf(sendstr,"AT+MIPLREADRSP=%d,%d,1,%d,%d,%d,1,%d,\"%s\",0,0\r\n",ref,msgid,objectid,instanceid,resourceid,strlen(motor_str),motor_str);
        if(at_parser_send(parser,sendstr,strlen(sendstr))<= 0)
        {
                os_kprintf("readrsp fail\r\n");
        }
        else
        {
                os_kprintf("readrsp:%s\r\n",sendstr);
        }
    return;
}
```

1.4.4.2　写回复

找到 urc_onenetnb_write_func 函数，如下所示。在该函数中，首先根据 OneNET 云平台下发写指令时 MN316 模组上报的消息格式解析得到 ref、msgid 以及携带的具体数据内容等信息，然后根据写回复的消息格式组包并通过 at_parser_send 函数发送给 MN316 模组。

将得到的数据转换为数值形式，并赋值给 nb_motor_data.cmd_motor_duty 变量待用，并置变量 nb_motor_data.status_onenet_cmd_flag 为 1，表示接收到平台写命令。

```
static void urc_onenetnb_write_func（struct at_parser *parser，const char *data，os_size_t size）
{
    OS_ASSERT（OS_NULL != parser）;
    OS_ASSERT（OS_NULL != data）;
        char sendstr[80] = {0};
        int32_t ref = 0;
    int32_t msgid = 0;
        int32_t rcv_len = 0;
        mo_object_t *module = os_container_of（parser，mo_object_t，parser）;
        nb_motor_data.cmd_rcv_buff = os_malloc（20）;
        //+MIPLWRITE：0，2011，3200，0，5750，1，4，1234，0
    if （0 >= sscanf（data，"+MIPLWRITE：%d，%d，%*d，%*d，%*d，1，%d，%[^\'，']"，&ref，&msgid，&rcv_len，nb_motor_data.cmd_rcv_buff））
    {
        ERROR（"Module %s parser +MIPLWRITE failed."，module->name）;
        return;
        }
```

```
        else
        {
                os_kprintf ( "nb device rcv buff: %s\r\n", nb_motor_data.cmd_rcv_buff );
        }
        sprintf ( sendstr, "AT+MIPLWRITERSP=%d, %d, 2\r\n", ref, msgid );
        if ( at_parser_send ( parser, sendstr, strlen ( sendstr ) ) <= 0 )
        {
                os_kprintf ( "writersp fail\r\n" );
        }
        else
        {
                os_kprintf ( "writersp: %s\r\n", sendstr );
        }
        nb_motor_data.cmd_motor_duty = atoi ( nb_motor_data.cmd_rcv_buff );
        nb_motor_data.status_onenet_cmd_flag = 1;
        os_kprintf ( "rcv buff trans to num: %d\r\n", nb_motor_data.cmd_motor_duty );
        os_free ( nb_motor_data.cmd_rcv_buff );
    return;
}
```

1.4.4.3　根据命令更新电机 PWM 占空比

在 main.c 文件中找到 motor_task 任务函数，增添根据命令更新电机 PWM 占空比代码。完整函数如下所示。深色部分代码为新增。这部分代码表示当接收到平台写命令时，根据解析得到的 nb_motor_data.cmd_motor_duty 变量值，计算得到 pwm_num 的值，随后 __HAL_TIM_SET_COMPARE 函数会根据该 pwm_num 值进行 PWM 占空比的更新。

```
static void motor_task ( void *parameter )
{
        uint32_t print_time = 0; // 打印 speed 时间
        HAL_TIM_PWM_Start ( &htim3, TIM_CHANNEL_2 ); //使能 PWM
      HAL_TIM_IC_Start_IT ( &htim3, TIM_CHANNEL_3 ); //开启 TIM3 的捕获通道 3
  __HAL_TIM_ENABLE_IT ( &htim3, TIM_IT_UPDATE ); //使能更新中断
    while ( 1 )
    {
        if ( nb_motor_data.status_onenet_cmd_flag ) // 接收到平台控制命令
        {
                nb_motor_data.status_onenet_cmd_flag = 0;
                if ( nb_motor_data.cmd_motor_duty >= 100 )
                {
```

```
                    nb_motor_data.cmd_motor_duty = 100;
                }
                else if ( nb_motor_data.cmd_motor_duty <= 0 )
                {
                    nb_motor_data.cmd_motor_duty = 0;
                }
                // 平台命令控制 pwm
                pwm_num = nb_motor_data.cmd_motor_duty*100;
        }

        __HAL_TIM_SET_COMPARE ( &htim3, TIM_CHANNEL_2, pwm_num );
        //设置 pwm 函数
        if ( tim3_delay.count_100 ms - print_time >= 50 ) // 5s  打印速度
        {
            print_time = tim3_delay.count_100 ms;
            speed =  ( IC_TIMES ) *12;  //   读一次速度
            IC_TIMES = 0;          //   脉冲计数清零
            os_kprintf ( "speed: %d r/min\r\n", speed );
        }
        // 数据上云
        nb_motor_data.motor_duty_value = pwm_num/100;
        nb_motor_data.motor_speed_value = speed;
        os_task_msleep ( 100 );
    }
}
```

1.4.5 编译下载验证

单击“编译”确保工程没有报错后，将程序下载到开发板中，观察实验现象。

在 OneNET 云平台上找到设备详情，并单击“读”，当读成功时可以在界面中看到“读资源成功”（见图 2.1.55），并能够在 Xshell 界面中查看具体读回复的内容（见图 2.1.56）。

图 2.1.55　读资源成功

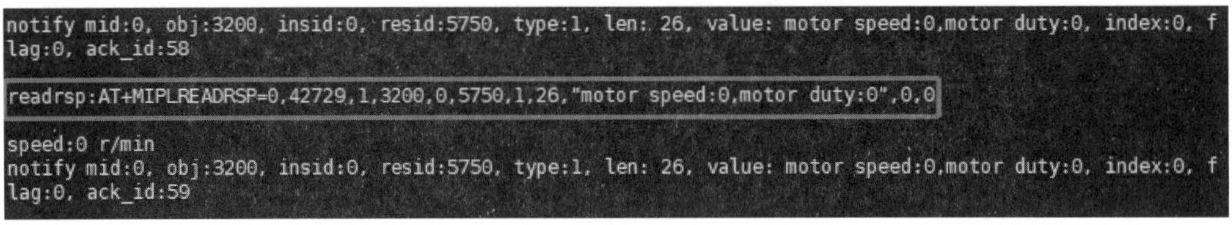

图 2.1.56　具体读回复的内容

单击“写”操作，输入“50”(见图 2.1.57)。

图 2.1.57　输入“50”

当写成功时，可以看到 OneNET 界面中显示“写资源成功”(见图 2.1.58)，并能够在 Xshell 界面中看到下发的数据，且程序根据下发的数据更新了 PWM 占空比，电机运转速度加快，也可看到转速增加，如图 2.1.59 所示。

图 2.1.58　写资源成功

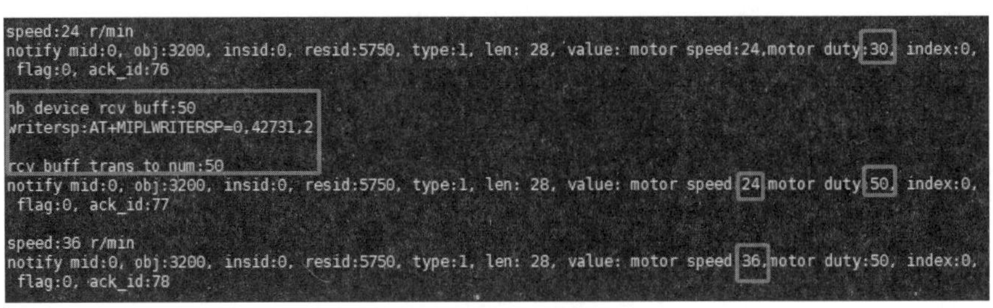

图 2.1.59　下发的数据

至此，我们就完成了远程实时自动控制电机的功能。

任务 5　本地 GUI 功能设计

任务目标

本任务中，需要创建三个按钮，分别为“速度加”“速度减”和“停止”，同时需要创建 2 个标签，用于显示本项目的实验名称和当前电机运行速度。

任务实施

1.5.1　硬件资源与硬件连接

在之前任务基础上，本任务使用 LCD 显示屏进行实验，因此需要连接主板与 LCD 显示屏；并给主板连接上 DC 12 V 头子进行供电；使用 TypeC 数据线连接主板 MASTER 串口，以便串口打印输出和使用 Shell 工具；使用 TypeC 数据线连接主板 CMSIS 接口，用于给主板 STM32F407 主芯片下载程序。其中主板的 LCD 接口硬件原理图如图 2.1.60 所示。

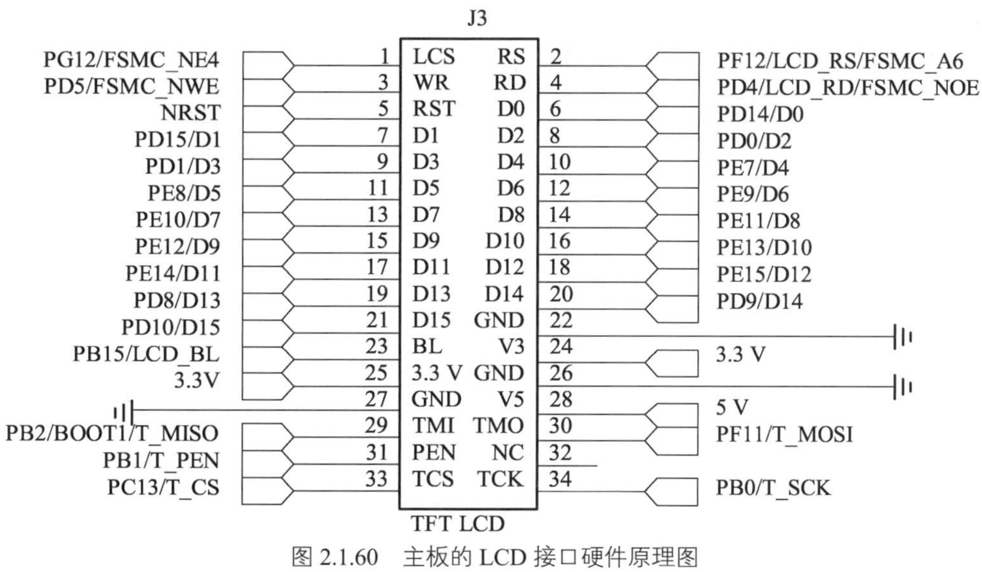

图 2.1.60　主板的 LCD 接口硬件原理图

表 2.1.2 为对应的 IO 分配表。

表 2.1.2 对应的 IO 分配表

LCD 引脚	主芯片引脚	说明
PB15	LCD_BL	TFTLCD 接口背光控制脚
PD0	FSMC_D2	FSMC 总线数据线 D2（LCD/SRAM 共用）
PD1	FSMC_D3	FSMC 总线数据线 D3（LCD/SRAM 共用）
PD4	FSMC_NOE	FSMC 总线 NOE（RD）(LCD/SRAM 共用）
PD5	FSMC_NWE	FSMC 总线 NWE（WR）(LCD/SRAM 共用）
PD8	FSMC_D13	FSMC 总线数据线 D13（LCD/SRAM 共用）
PD9	FSMC_D14	FSMC 总线数据线 D14（LCD/SRAM 共用）
PD10	FSMC_D15	FSMC 总线数据线 D15（LCD/SRAM 共用）
PD14	FSMC_D0	FSMC 总线数据线 D0（LCD/SRAM 共用）
PD15	FSMC_D1	FSMC 总线数据线 D1（LCD/SRAM 共用）
PE7	FSMC_D4	FSMC 总线数据线 D4（LCD/SRAM 共用）
PE8	FSMC_D5	FSMC 总线数据线 D5（LCD/SRAM 共用）
PE9	FSMC_D6	FSMC 总线数据线 D6（LCD/SRAM 共用）
PE10	FSMC_D7	FSMC 总线数据线 D7（LCD/SRAM 共用）
PE11	FSMC_D8	FSMC 总线数据线 D8（LCD/SRAM 共用）
PE12	FSMC_D9	FSMC 总线数据线 D9（LCD/SRAM 共用）
PE13	FSMC_D10	FSMC 总线数据线 D10（LCD/SRAM 共用）
PE14	FSMC_D11	FSMC 总线数据线 D11（LCD/SRAM 共用）
PE15	FSMC_D12	FSMC 总线数据线 D12（LCD/SRAM 共用）
PF12	FSMC_A6	FSMC 总线地址线 A10（SRAM/LCD 共用）
PG12	FSMC_NE4	FSMC 总线的片选信号 4，为 LCD 片选信号
PB0	T_SCK	TFTLCD 接口触摸屏 SCK 信号
PB1	T_PEN	TFTLCD 接口触摸屏 PEN 信号
PF11	T_MOSI	TFTLCD 接口触摸屏 MOSI 信号
PB2	T_MISO	TFTLCD 接口触摸屏 MISO 信号
PC13	T_CS	TFTLCD 接口触摸屏 CS 信号

1.5.2 STM32CubeMX 配置

打开 OneOS-V3.0.1\projects\STM32F407ZG\board\CubeMX_Config 路径下的 CubeMX_Config.ioc，进入 STM32CubeMX 配置。

首先，配置 LCD 显示驱动引脚。在 Connectivity 选项中选择 FSMC 进行配置（见图 2.1.61），选择“NOR Flash/PSRAM/RSAM/ROM/LCD 1”，配置“Chip Select”为“NE4”，“Memory type”配置为“LCD Interface”，“LCD Register Select”配置为“A6”，“Data”配置为 16 Bits/s。

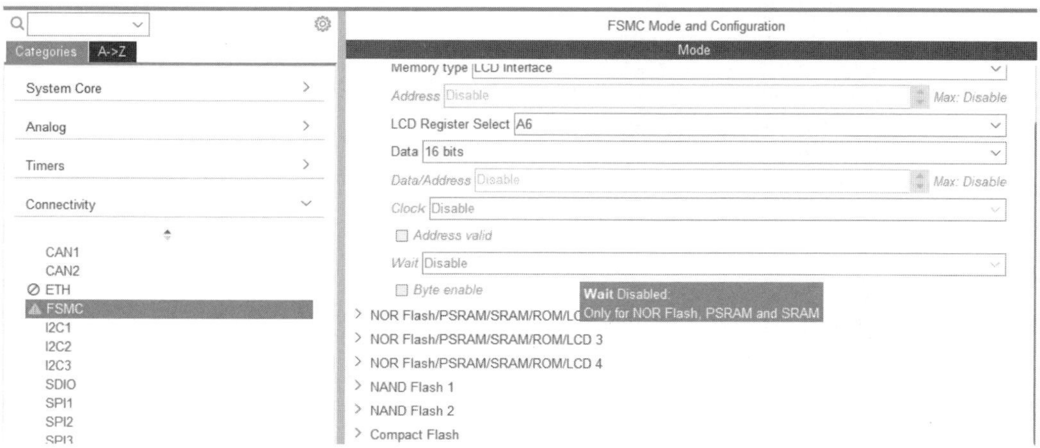

图 2.1.61 配置 LCD 显示驱动引脚

如果 LCD 的驱动芯片支持读写不同的速度，那么可以选择 Extended mode 为“Enabled”，此处配置为“Disabled”。“NOR/PSRAM timing”是读速率有关参数，这几个参数的配置与该驱动芯片的电气特性和对 STM32F407 芯片时钟速率的配置有关，需要查看两个芯片的“datasheet”来决定，此处配置为“1、10 和 1”，如图 2.1.62 所示。

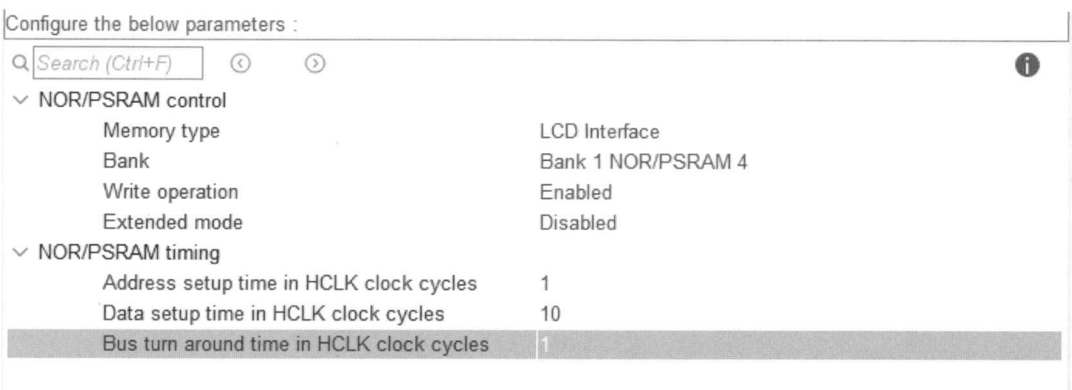

图 2.1.62 芯片引脚配置

在右侧“Pinout view”中找到 PB15 引脚，将其配置为“GPIO_Output”模式，如图 2.1.63 所示，该引脚为 LCD 的背光控制引脚。

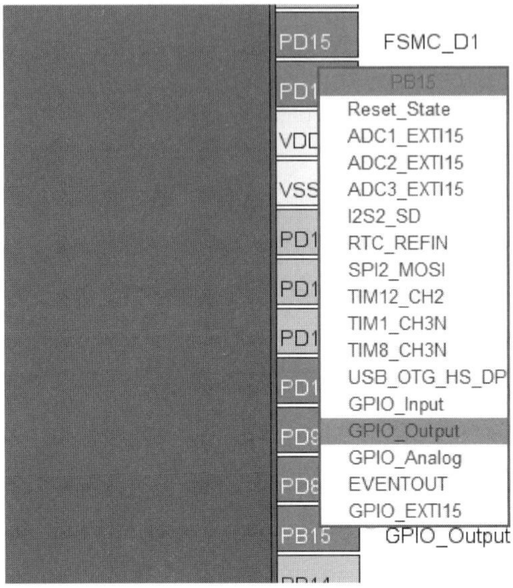

图 2.1.63　PB15 引脚配置

然后配置 LCD 触摸芯片驱动引脚。查看硬件原理图，得知触摸屏的驱动引脚功能，如表 2.1.3 所示。

表 2.1.3　驱动引脚功能

引脚	功能
PB0	SCL
PB1	INT
PC13	RST
PF11	SDA

其中 SCL、SDA 为触摸屏芯片的 IIC 通信引脚，INT 为中断引脚，RST 为复位引脚。

因此，我们需要在 STM32CubeMX 中配置这几个引脚，在工程目录\board\CubeMX_Config 下，打开 STM32CubeMx 工程 CubeMX_Config.ioc。

配置引脚如图 2.1.64 所示。

Pin Name	Signal on Pin	GPIO output...	GPIO mode	GPIO Pull-u...	Maximum o...	User Label	Modified
PB0	n/a	Low	Output Ope...	Pull-up	Medium	SCL	☑
PB1	n/a	n/a	Input mode	Pull-up	n/a	INT	☑
PB15	n/a	Low	Output Pus...	No pull-up a...	Low	BL	☑
PC13-ANTI_...	n/a	Low	Output Pus...	Pull-up	Low	RST	☑
PF11	n/a	Low	Output Ope...	Pull-up	Medium	SDA	☑

图 2.1.64　配置引脚

注意：SCL、RST、SDA 均为输出模式，INT 引脚为输入模式。

配置完成后，单击“GENARATE CODE”生成代码，如图 2.1.65 所示。

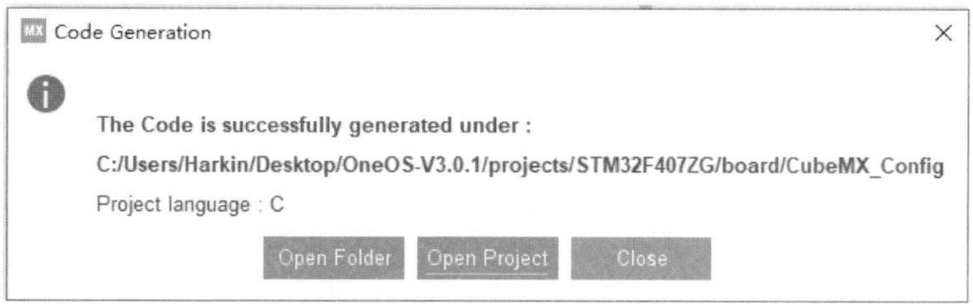

图 2.1.65　生成代码

1.5.3　OneOS-Cube 配置与工程构建

在 OneOS-V3.0.1\projects\STM32F407ZG 目录下右键打开 OneOS-Cube，输入“oos config”进入配置界面。

由于此触摸芯片使用 IIC 进行通信，且 IIC 的引脚不在 STM32F407 芯片的硬件 IIC 引脚上，因此需要使用软件模拟的方式来对触摸芯片连接的 IIC 总线进行控制。

在配置界面中，选择进入（Top）→Drivers→I2C，如图 2.1.66 所示。

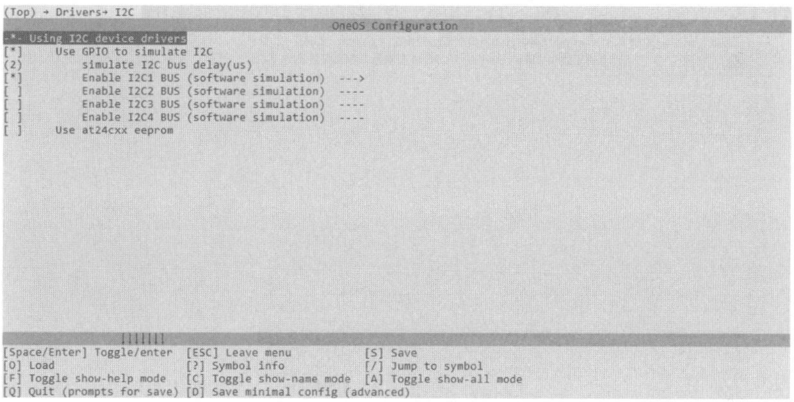

图 2.1.66　配置界面

选择“Use GPIO to simulate I2C”使用 GPIO 模拟 IIC，并配置“simulate I2C bus delay(us)”软 IIC 延时时间为“2 μs”，选择并配置“Enable I2C1 BUS （software simulation）”使能 I2C 总线（软件模拟方式），配置 SDA 和 SCL 引脚编号，如图 2.1.67 所示。

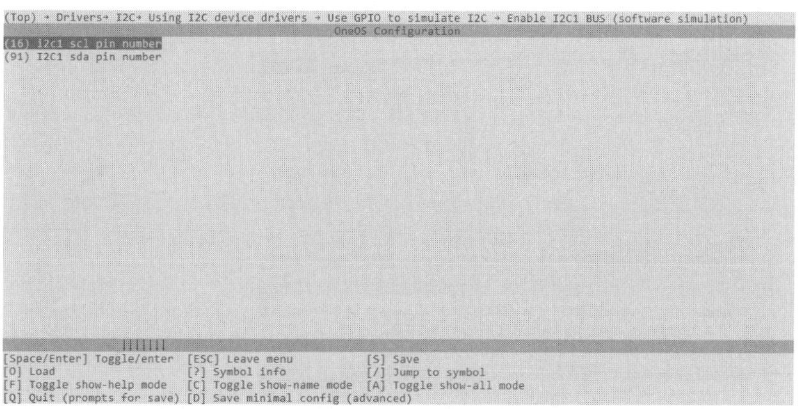

图 2.1.67　配置 SDA 和 SCL 引脚编号

选择（Top）→Drivers→Touch，配置触摸选项，使能“Using Touch device drivers”，本任务使用的触摸芯片为 GT911，因此勾选“Enable gt9x”选项，如图 2.1.68 所示。

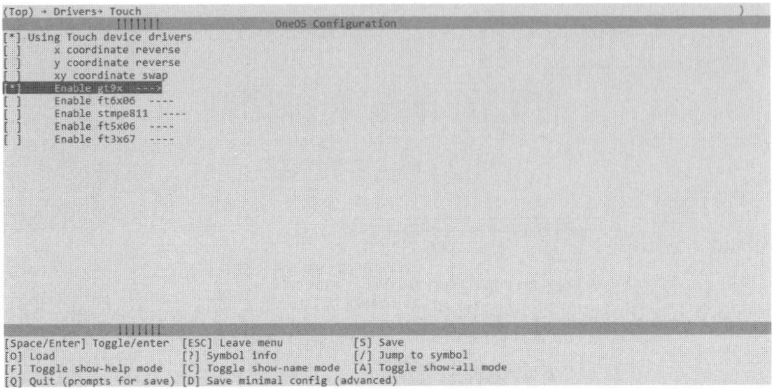

图 2.1.68　勾选“Enable gt9x”选项

进入“Enable gt9x”选项，配置 IIC 总线中器件地址，并选择使用“soft i2c1”，即前面配置好的软件 IIC 名字，配置“rst”和“irq”引脚编号，如图 2.1.69 所示。

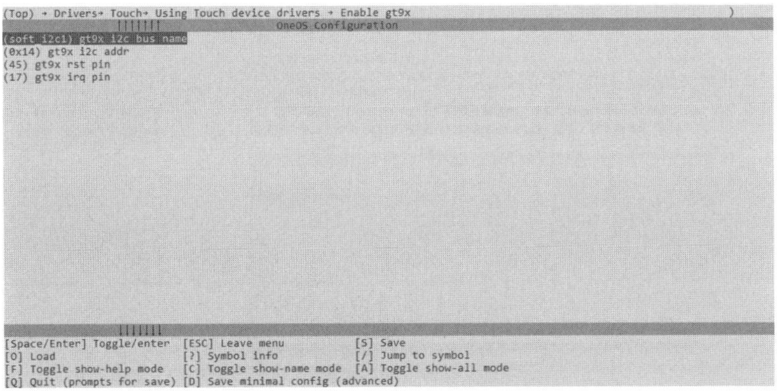

图 2.1.69　配置 IIC 总线中器件地址

进入（Top）→ Drivers→ Graphic，配置 LCD，使能“Using graphic devices”选项，并配置分辨率为 480×800，并使能“Enable draw functions”选项，选择 LCD 芯片为“Use otm8009a”，如图 2.1.70 所示。

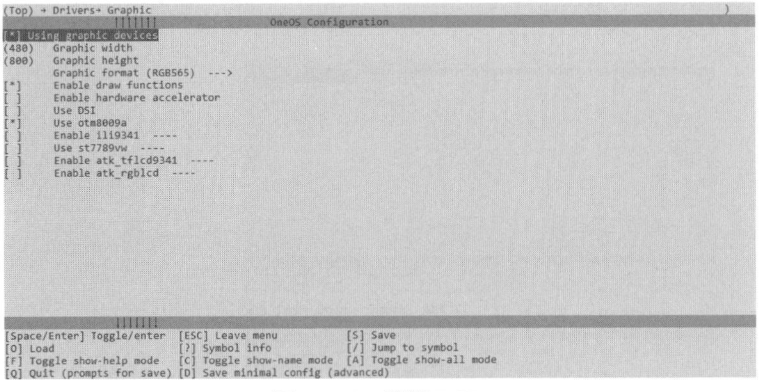

图 2.1.70　配置 LCD

进入（Top）→ Components→GUI 选项，配置 GUI，注意此处的“GUI display dev name”和“GUI input dev name”应与 LCD 和触摸屏设备注册的名称一致。选择使能 LVGL，如图 2.1.71 所示。“touch”和“lcd”是“GUI”的输入输出设备，选中“Enable LVGL”即可。目前支持的版本为 LVGL7.9 和 LVGL8.2。

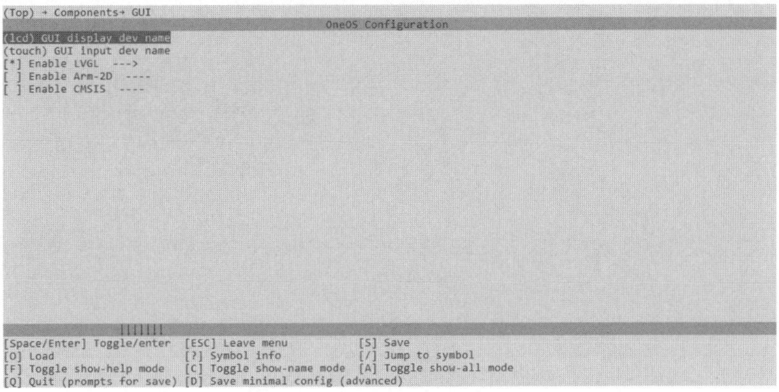

图 2.1.71　使能 LVGL

选择 LVGL 的版本，如图 2.1.72 所示。

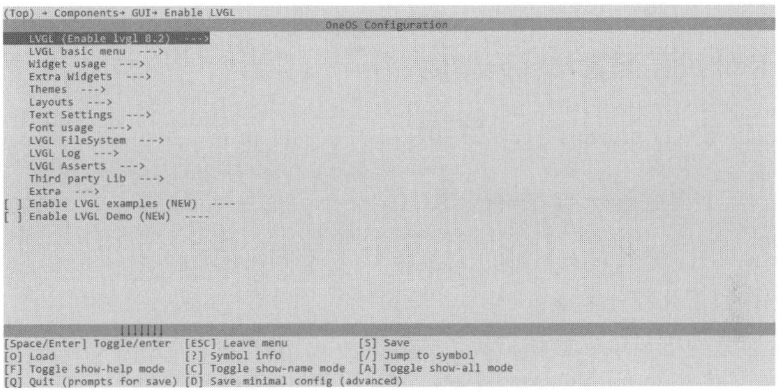

图 2.1.72　选择 LVGL 的版本

进入(Top)→Components→GUI→Enable LVGL→LVGL basic menu 选项卡，此处配置 LVGL 的相关基础配置。按照实际芯片的处理能力修改此处的参数，建议参数如图 2.1.73 所示。

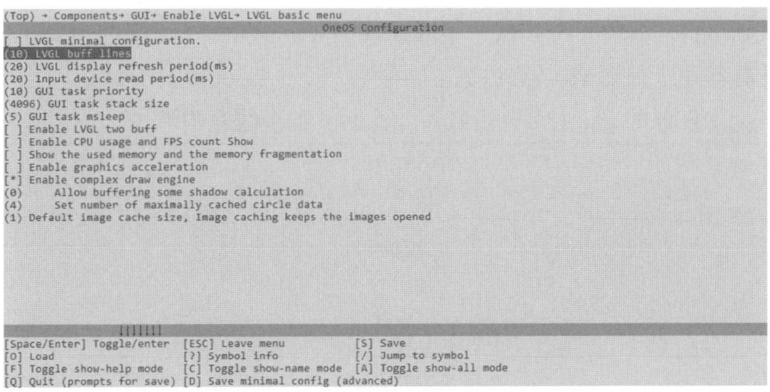

图 2.1.73　LVGL 的相关基础配置

配置完成后，输入“Q”，并输入“Y”，保存配置并退出。

在 OneOS-V3.0.1\projects\STM32F407ZG 目录下右键打开 OneOS-Cube，输入“oos init -i keil”生成 Keil 工程代码，如图 2.1.74 所示。

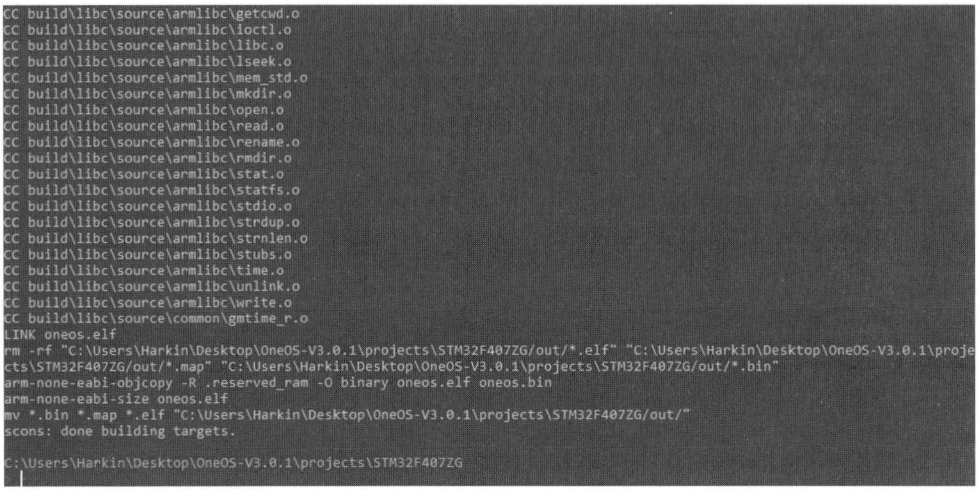

图 2.1.74　生成 Keil 工程代码

1.5.4　Keil 工程配置与代码增删

打开 OneOS-V3.0.1\projects\STM32F407ZG 目录下的 project.uvprojx 工程文件。

1.5.4.1　GUI 界面设计与事件逻辑

新建一个.c 文件，命名为 motor_gui.c，然后在.c 文件中添加 gui 代码。这些代码由以下几部分组成：

代码 2

代码 3

代码 2 为创建速度显示标签和实验名称标签，并创建了一个定时器用于实时刷新并显示当前的电机运行速度值 speed，刷新周期为 250 ms。btn_event_cb 为按钮事件的回调函数，当发生按钮事件时，根据按钮来确定 pwm_num 的值的增加或减少，并对 pwm_num 值做了限幅处理。

代码 3 为创建三个按钮，其中设置了按钮的大小、位置、样式等，并设置对应的按钮事件。另外，由于按钮不能在其中直接设置文字，因此需要在按钮的中心位置设置额外的标签用于提示该按钮的功能。

以下代码为本任务的 gui 主接口函数，应在 lvgl 的主线程中调用。

```
/**
  * @brief   LVGL 演示
  * @param   无
  * @return  无
  */
void lv_mainstart(void)
```

```
{
      lv_example_label();                   /* 速度提示标签 */
      lv_example_btn_up();                   /* 加速按钮 */
      lv_example_btn_down();                /* 减速按钮 */
      lv_example_btn_stop();                /* 急停按钮 */
lv_speed_lable_update();              /* 速度刷新显示 */
}
```

1.5.4.2　GUI 相关函数和关联变量调用

打开 main.c 文件，修改 motor_task 函数。该函数首先使能 PWM 输出用于电机驱动；再开启 TIM3 的捕获通道 3，用于电机霍尔传感器脉冲输出捕获；并使能定时器 3 的更新中断；然后进入 while 死循环，在循环中，根据 pwm_num 的值设置 PWM 的占空比输出；再每 2 s 计算一次电机运行速度，并调用 os_kprintf 函数打印电机运行速度。

```
static void motor_task(void *parameter)
{
    uint32_t print_time = 0;// 打印 speed 时间
    HAL_TIM_PWM_Start(&htim3,TIM_CHANNEL_2);//使能 PWM

     HAL_TIM_IC_Start_IT(&htim3,TIM_CHANNEL_3);//开启 TIM3 的捕获通道 3
         __HAL_TIM_ENABLE_IT(&htim3,TIM_IT_UPDATE);//使能更新中断

    while(1)
    {
         __HAL_TIM_SET_COMPARE(&htim3,TIM_CHANNEL_2,pwm_num);
//设置 pwm 函数
         if(tim3_delay.count_100 ms - print_time >= 20)// 2s 打印速度
         {
              print_time = tim3_delay.count_100 ms;

              speed = (IC_TIMES)/2*60;//  读一次速度
              IC_TIMES = 0;       //  脉冲计数清零

              os_kprintf("speed:%d r/min\n",speed);
         }
    }
}
```

其中，tim3_delay.count_100 ms 变量在 drv_hwtimer.c 文件的 HAL_TIM_ PeriodElapsed Callback 溢出中断回调函数中产生变化，由于 TIM3 溢出时间配置为 100 ms，因此每 100 ms 变量 tim3_delay.count_100 ms 自增 1。部分核心代码如下。

```
void HAL_TIM_PeriodElapsedCallback(TIM_HandleTypeDef *htim)
{
        struct stm32_timer *timer;
         if(htim->Instance == htim3.Instance)
            {
                tim3_delay.count_100 ms ++;
                if(tim3_delay.count_100 ms > 4294967295UL)
                        tim3_delay.count_100 ms = 0;
            }
… …
```

main 主函数调用 motor_control_task 函数并开始调度。

```
    int main(void)
    {
        os_task_id task;

        task = os_task_create(OS_NULL, OS_NULL, 512, "user", user_task, OS_NULL, 3);
        OS_ASSERT(task);
        os_task_startup(task);

        motor_control_task = os_task_create(OS_NULL, OS_NULL, 512, "motor_task",
motor_task, OS_NULL, 10);
        OS_ASSERT(motor_control_task);
    os_task_startup(motor_control_task);
...
```

另外，还需要在 lv_port_init.c 文件中的 gui_thread 函数中调用写好的电机速度调试及速度显示 gui 主接口函数 lv_mainstart。部分核心代码如下：

```
static void gui_thread(void *parameter)
{
        lcd_display_dir(1);// 横屏
        lcd_clear(WHITE);//清屏
    lcd_color_fill_ex((OS_GRAPHIC_LCD_HEIGHT-LOGO_W)/2,(OS_GRAPHIC_LCD_
WIDTH-LOGO_H)/2, LOGO_W+((OS_GRAPHIC_LCD_HEIGHT - LOGO_W)/2) - 1, LOGO_H+
((OS_GRAPHIC_LCD_WIDTH - LOGO_H)/2) - 1,(void*)oneoslogo);
        os_task_msleep(3000);
        lcd_clear(WHITE);    //清屏
        lcd_display_dir(0);    //竖屏
        lv_mainstart();/* 测试的 demo */
```

1.5.5 编译下载验证

单击“编译”确保工程没有报错后，将程序下载到开发板中，观察实验现象。

电机初始化驱动 PWM 占空比为 20%，可在 LCD 显示屏上观察到电机运行速度。单击“速度加”按钮，可观察到电机运行速度加快，对应显示在 LCD 上的速度变快；点击“速度减”按钮，可观察到电机运行速度变慢，且 LCD 上显示的电机运行速度变低；点击“停止”按钮，可发现电机停止运行，且 LCD 显示电机速度为 0。

LCD 显示器界面如图 2.1.75 所示。

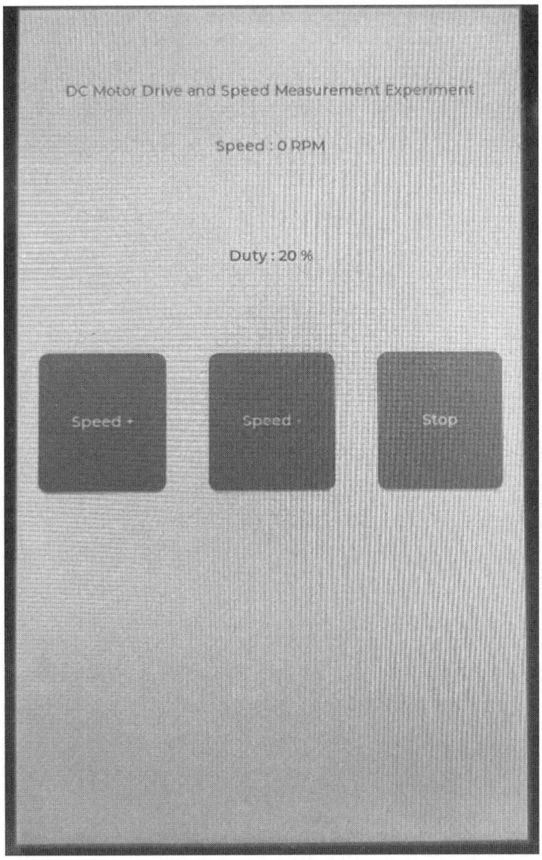

图 2.1.75　LCD 显示器界面

项目 2 环境监测项目实训

任务 1 ZigBee 模组驱动及网络搭建

任务目标

驱动主板、无线温湿度传感器模块和无线光照度传感器模块的 ZigBee 模组，搭建 ZigBee 模组网络，实现主板、无线温湿度传感器模块、无线光照度传感器模块三者的数据透传。

任务资讯

2.1.1 ZigBee 网络的拓扑结构

ZigBee 网络拓扑结构分为星形、树形和网状三种。

1. 星形拓扑

星形是最简单的一种拓扑形式，如图 2.2.1 所示。它包含一个 Coordinator（协调器）节点和一系列的 End Device（终端）节点。每一个终端节点只能和协调器节点进行通信。如果需要在两个终端节点之间进行通信必须通过协调器节点进行信息的转发。

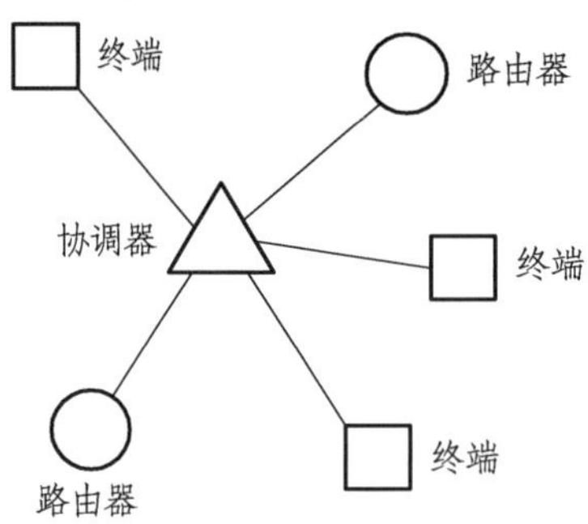

图 2.2.1 星形拓扑

星形拓扑结构的缺点是节点之间的数据路由只有唯一的路径。协调器有可能成为整个网络的瓶颈。实现星形网络拓扑不需要使用 ZigBee 的网络层协议，因为本身 IEEE 802.15.4 的协议层就已经实现了星形拓扑形式，但这需要开发者在应用层做更多的工作，例如自行处理信息的转发。

2. 树形拓扑

树形拓扑包括一个协调器以及一系列的路由器和终端节点。协调器连接一系列的路由器和终端，其子节点的路由器也可以连接一系列的路由器和终端。这样可以重复多个层级。树形拓扑的结构如图 2.2.2 所示。

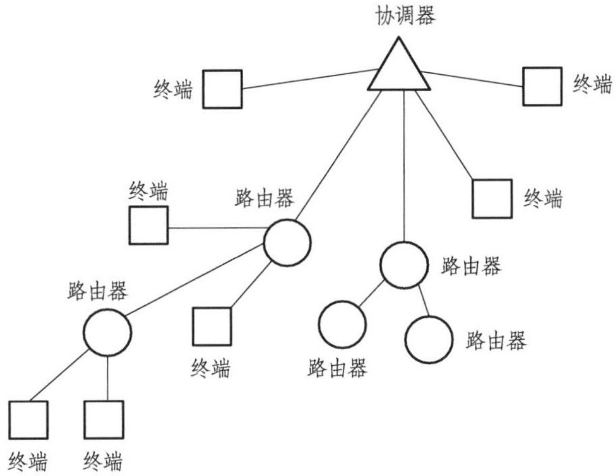

图 2.2.2　树形拓扑

需要注意的是：

① 协调器和路由节点可以包含自己的子节点；

② 终端不能有自己的子节点。

树形拓扑中的通信规则为每一个节点都只能和它的父节点和子节点之间通信。

3. 网状拓扑

Mesh（网状）拓扑包含一个协调器和一系列的路由和终端，如图 2.2.3 所示。这种网络拓扑形式和树形拓扑相同，但是，网状网络拓扑具有更灵活的信息路由规则，在可能的情况下，路由节点之间可以直接进行通信。这种路由机制使得信息的通信变得更有效率，也意味着一旦某个路由的路径出现了问题，信息可以自动地沿着其他的路由路径进行传输。

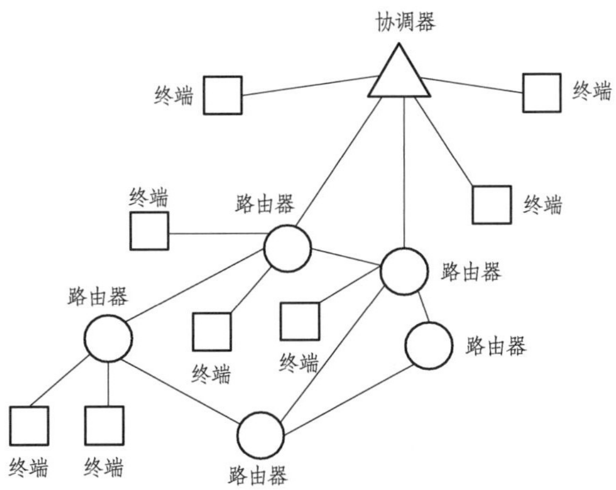

图 2.2.3　网状拓扑

通常在支持网状网络的实现上，网络层会提供相应的路由探索功能，这一特性使得网络层可以找到信息传输的最优路径。需要注意的是，以上所提到的特性都是由网络层来实现，应用层不进行任何参与。

2.1.2 ZigBee 数据传输

ZigBee 有两种数据传输方法：

（1）透明传输（不会改变数据，模块之间相当于串口线）：Coordinator 从串口收到的数据，会原封不动地发送到所有的 Router，并从 Router 串口输出；Router 从串口收到的数据，会原封不动地发送到 Coordinator，并从 Coordinator 串口输出。

（2）点对点传输：可在一个 ZigBee 网络内点对点发送到任何节点；可使用短地址作为目标地址；可使用自定义地址作为目标地址；或在 ZigBee 网络内广播发送到所有节点。

注意：本任务中采用星形拓扑结构，组成“主板”“无线温湿度传感器模块”“无线光照度传感器”ZigBee 网络，同时，采用透明传输的方式进行数据传输。

任务实施

2.1.3 无线温湿度传感器模块 ZigBee 配置

该 ZigBee 需要配置的参数：设备类型路由器、信道 11。

ZigBee 连接的是主芯片 STM32L431 的串口 2，复位引脚 PA1，低电平有效，原理图如图 2.2.4 所示。

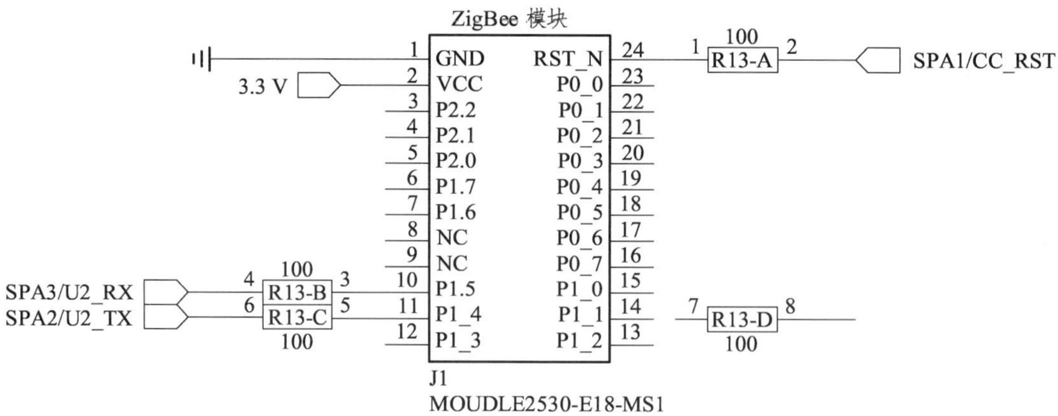

图 2.2.4　原理图

2.1.3.1 STM32L431 ZigBee 模块配置工程

（1）打开 STM32CubeMX，配置串口 1、串口 2 引脚，其中，串口 1 为调试打印输出串口，串口 2 为 ZigBee 参数配置及数据收发串口，如图 2.2.5 所示。

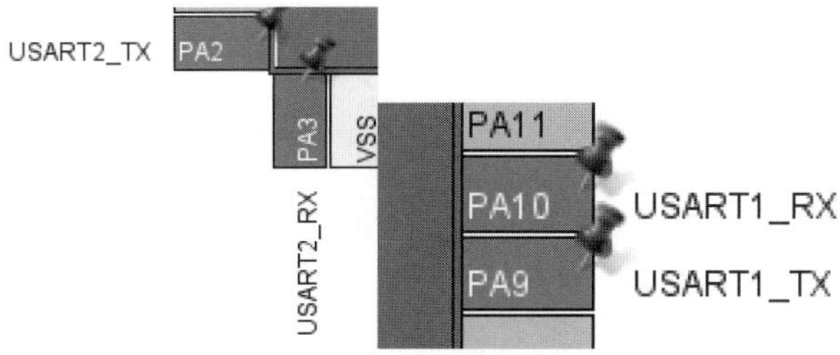

图 2.2.5　配置引脚

（2）在左侧“Categories”选项中找到“Connectivity”下的 USART1 和 USART2 进行串口 1 和串口 2 参数配置，将其配置为异步通信，通信波特率为 115 200 Bits/s，通信格式为 8N1，并打开两个串口的中断使能，如图 2.2.6 所示。

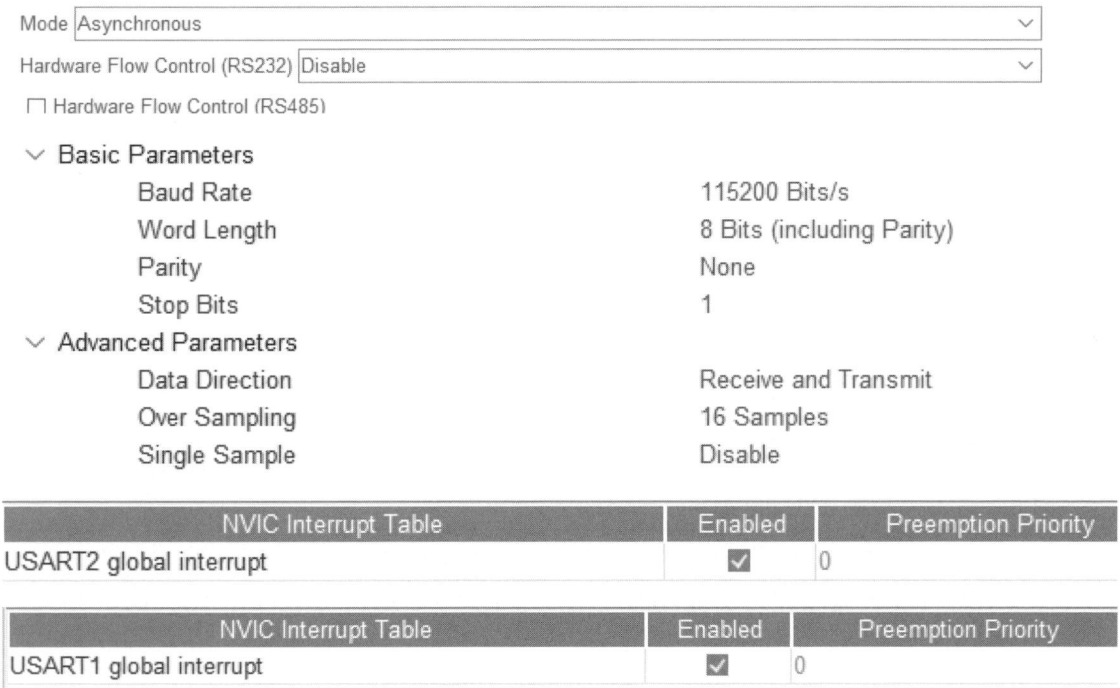

图 2.2.6　串口参数配置

（3）在右侧引脚配置界面中找到 PA1 引脚，该引脚连接 ZigBee 模块的 RST 引脚，将其配置为通用端口输出模式，如图 2.2.7 所示。

图 2.2.7　PA1 引脚配置

（4）在左侧找到 GPIO 设置，由于该引脚为低电平有效，因此设置其为上拉、推挽输出、默认高电平模式，如图 2.2.8 所示。

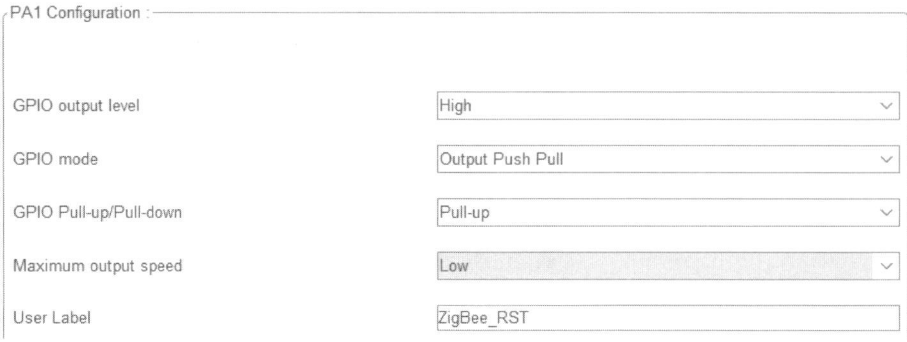

图 2.2.8　GPIO 设置

（5）配置完成后，单击“GENARATE CODE”生成代码。如图 2.2.9 所示。

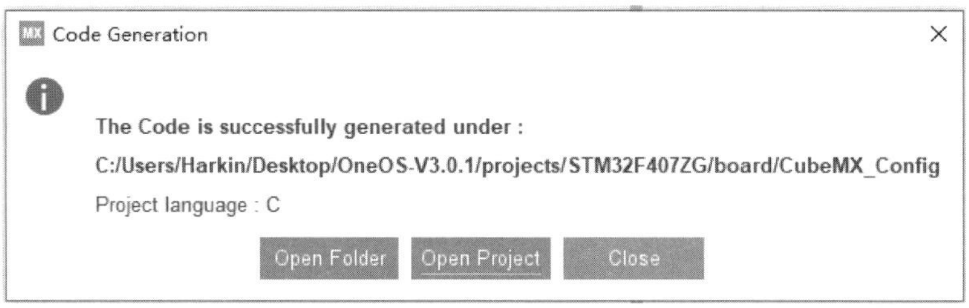

图 2.2.9　生成代码

（6）打开该工程，在 usart.c 文件中添加以下代码，首先在空闲中断回调函数中，判断来自哪个串口产生的空闲中断,然后将接收到的数据长度赋值给指定的串口接收数据长度变量，最后再次开启空闲中断接收。

在错误中断回调函数中，首先判断是哪个串口产生的错误中断，然后将错误中断标志位清掉，最后再次打开空闲终端接收。

```
//空闲中断回调函数，参数 Size 为串口实际接收到数据字节数
void HAL_UARTEx_RxEventCallback(UART_HandleTypeDef *huart,uint16_t Size)
{
      if(huart->Instance==USART1)
      {
      USART1_RX_STA = Size;
            //再次开启空闲中断接收，不然只会接收一次数据
         HAL_UARTEx_ReceiveToIdle_IT(huart,USART1_RX_BUF,(uint16_t)USART1_RX_
LEN);
      }
   if(huart->Instance==USART2)
      {
      USART2_RX_STA = Size;
            //再次开启空闲中断接收，不然只会接收一次数据
```

```
        HAL_UARTEx_ReceiveToIdle_IT(huart,USART2_RX_BUF,(uint16_t)USART2_RX_
LEN);
      }
  if(huart->Instance==USART3)
      {
      USART3_RX_STA = Size;
          //再次开启空闲中断接收，不然只会接收一次数据
        HAL_UARTEx_ReceiveToIdle_IT(huart,USART3_RX_BUF,(uint16_t)USART3_RX_
LEN);
      }
}
//错误中断回调函数
void HAL_UART_ErrorCallback(UART_HandleTypeDef *huart)
{
  if((huart->Instance == USART1)&& (__HAL_UART_GET_FLAG(&huart1,UART_FLAG_
IDLE)!= RESET))
   {
      __HAL_UART_CLEAR_IDLEFLAG(&huart1);
      printf("USART1 Data overflow"); //数据溢出
      //再次开启空闲中断接收，不然只会接收一次数据
      HAL_UARTEx_ReceiveToIdle_IT(huart,USART1_RX_BUF,(uint16_t)USART1_RX_LEN);
   }
  if((huart->Instance == USART2)&& (__HAL_UART_GET_FLAG(&huart2,UART_FLAG_
IDLE)!= RESET))
   {
      __HAL_UART_CLEAR_IDLEFLAG(&huart2);
      printf("USART2 Data overflow"); //数据溢出
      //再次开启空闲中断接收，不然只会接收一次数据
      HAL_UARTEx_ReceiveToIdle_IT(huart,USART2_RX_BUF,(uint16_t)USART2_RX_LEN);
   }
  if((huart->Instance == USART3)&& (__HAL_UART_GET_FLAG(huart,UART_FLAG_
IDLE)!= RESET))
   {
      __HAL_UART_CLEAR_IDLEFLAG(huart);
      printf("USART3 Data overflow"); //数据溢出
      //再次开启空闲中断接收，不然只会接收一次数据
      HAL_UARTEx_ReceiveToIdle_IT(huart,USART3_RX_BUF,(uint16_t)USART3_RX_LEN);
```

```
    }
}
```

在主函数中，首先清除空闲终端标志位，并打开两个串口的空闲中断接收。

```
    __HAL_UART_CLEAR_IDLEFLAG(&huart1);//清除空闲中断标志位
    HAL_UARTEx_ReceiveToIdle_IT(&huart1,USART1_RX_BUF,(uint16_t)USART1_RX_
LEN);
    //开启空闲中断
    __HAL_UART_CLEAR_IDLEFLAG(&huart2);//清除空闲中断标志位
    HAL_UARTEx_ReceiveToIdle_IT(&huart2,USART2_RX_BUF,(uint16_t)USART2_RX_L
EN);//开启空闲中断
```

然后在 while 死循环函数中，判断两个串口是否接收到数据，如果有，就将接收到的数据从另一个串口发送出去。

```
while(1)
{
if(USART1_RX_STA > 0)
    {
      HAL_UART_Transmit(&huart2,USART1_RX_BUF,USART1_RX_STA,0xff);
     //串口 1 收到的数据发送给串口 2
      USART1_RX_STA = 0;
    }
    if(USART2_RX_STA > 0)
    {
      HAL_UART_Transmit(&huart1,USART2_RX_BUF,USART2_RX_STA,0xff);
     //串口 2 收到的数据发送给串口 1
      USART2_RX_STA = 0;
    }
}
```

这样，就可以直接通过串口 1 来对 ZigBee 模块进行配置了。

2.1.3.2 ZigBee 模块配置

使用 ZigBee 相应的软件进行配置。

运行“Zigbee-V1.3.exe”软件，选择自己的串口号，波特率为 115 200 Bits/s，产品型号选择 E18，如图 2.2.10 所示。

单击“打开串口”，进入配置模式，右边消息框会显示“进入配置模式成功”消息，如图 2.2.11 所示。

图 2.2.10　打开串口

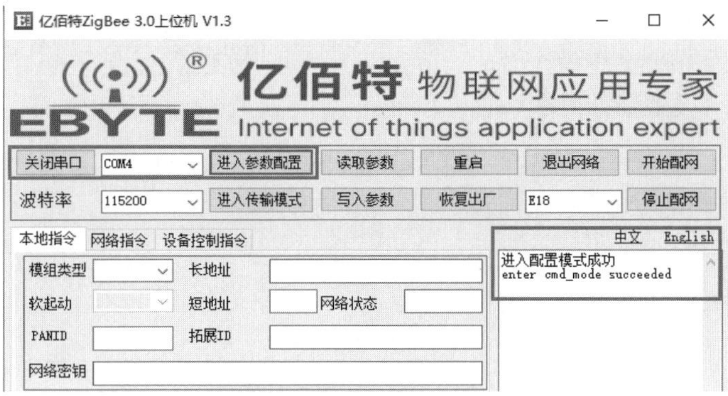

图 2.2.11　进入配置模式成功

单击“读取参数”读取得到参数包括：模组类型、长地址、网络状态；点击“查询”获得：波特率、低功耗、目标端口、模块功率、目标地址等参数信息。右边消息框会显示读取成功或失败，如图 2.2.12 所示。

图 2.2.12　读取参数

出厂时每个 ZigBee 都是协调器，单击“信道”，选择“除能信道”（深色为选中状态），如图 2.2.13 所示。

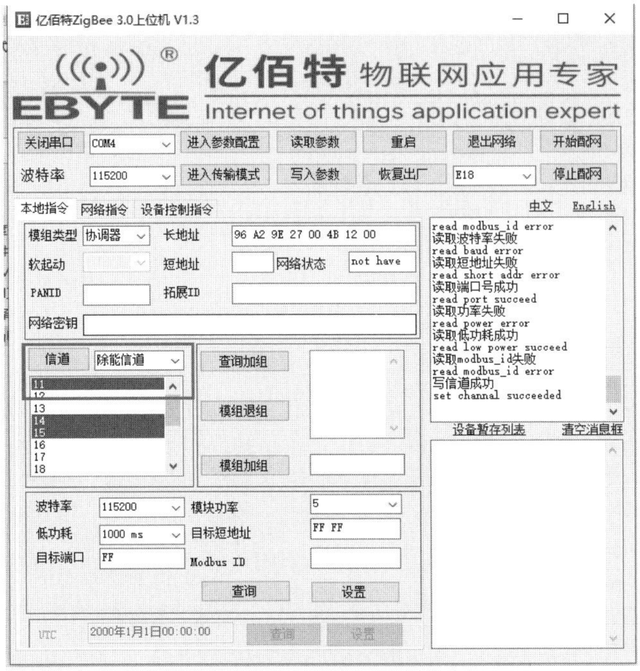

图 2.2.13　选择“除能信道”

选择信道 11，深色框变成白色如图 2.2.14 所示。

图 2.2.14　选择信道 11

单击“信道”，信道 11 从白色变为深色框，如图 2.2.15 所示。

图 2.2.15　单击“信道”

选择“使能信道”，单击“信道”，如图 2.2.16 所示。

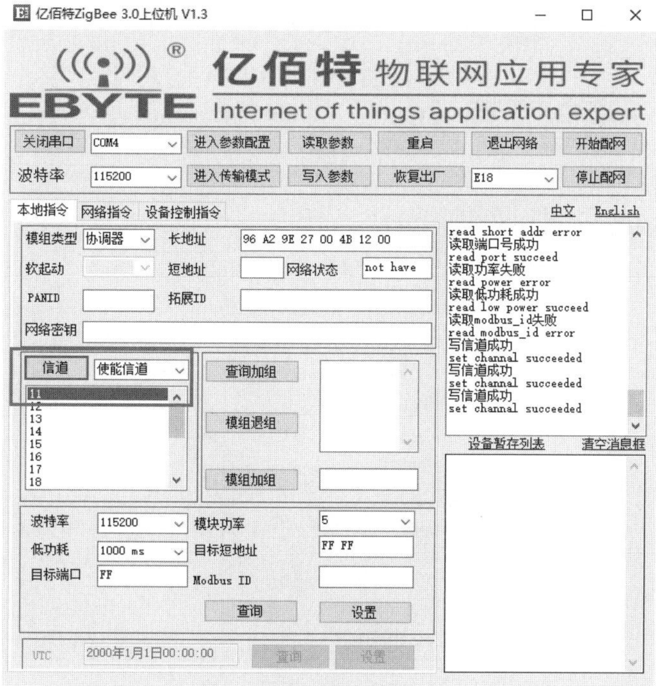

图 2.2.16　单击“信道”

选择“覆盖信道”，单击“信道”，如图 2.2.17 所示。

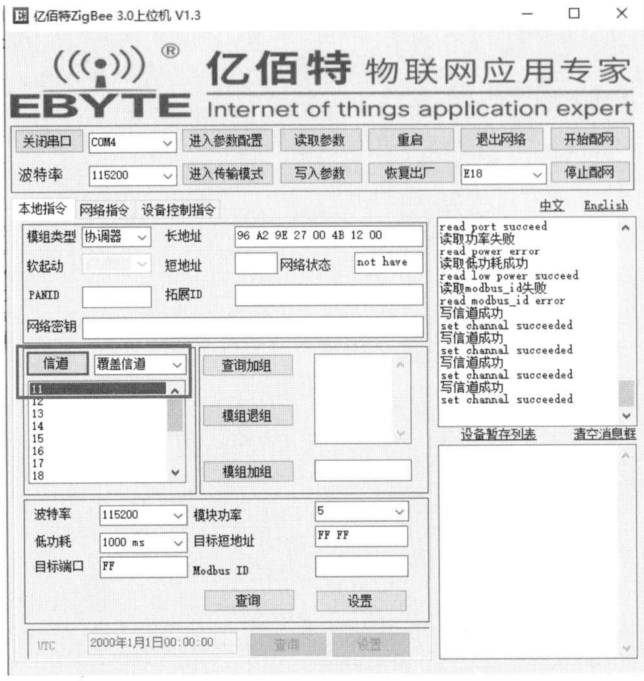

图 2.2.17　选择“覆盖信道”

模组类型选择“路由器”，单击“写入参数”，写入参数后重启设备，如图 2.2.18 所示。

图 2.2.18　模组类型选择“路由器”

重启后单击“开始配网”，单击“进入传输模式”，如图 2.2.19 所示。

图 2.2.19 单击“开始配网”

配置好 ZigBee 模块后，还需在无线温湿度传感器模块 MCU 中将读取到的温湿度数据通过串口发送到 ZigBee 模块。在原来的无线温湿度传感器模块工程基础上，修改主函数代码如下。

```
while (1)
  {
if(USART2_RX_STA > 0)
    {
      HAL_UART_Transmit(&huart1,USART2_RX_BUF,USART2_RX_STA,0xff);//串口 2 收到的数据发送给串口 1
    USART2_RX_STA = 0;
    uint8_t tx_shtdata[4] = {0};
    SHT20_ReadValues();
    tx_shtdata[0] = (uint8_t)TemValue;
    tx_shtdata[1] = ((int)(TemValue*100))%100;
    tx_shtdata[2] = (uint8_t)RhValue;
    tx_shtdata[3] = ((int)(RhValue*100))%100;
    if(strstr((char*)USART2_RX_BUF,"get temp"))
    {
        HAL_UART_Transmit(&huart2,tx_shtdata,2,0xFF);
    }
    if(strstr((char*)USART2_RX_BUF,"get RH"))
    {
```

```
            HAL_UART_Transmit(&huart2,tx_shtdata+2,2,0xFF);
        }
    }
HAL_Delay(20);
    /* USER CODE END WHILE */

    /* USER CODE BEGIN 3 */
  }
```

在主函数 while(1)循环中，首先判断串口 2 是否接收到数据，若接收到数据，则读取 SHT20 温湿度传感器的数据；然后将读取的数据存储在 tx_shtdata 数组中，其中 tx_shtdata[0]为温度数值整数部分，tx_shtdata[1]为温度数值小数部分，tx_shtdata[2]为湿度数值整数部分，tx_shtdata[3]为湿度数值小数部分。

接下来判断接收到的数据是什么命令，若为“get temp”，则代表读取温度数值，若为“get RH”，则代表读取湿度数值；最后分别将温度和湿度数值通过串口 2 发送出去。

2.1.4　无线光照度传感器模块 ZigBee 配置

该部分与上一节无线温湿度传感器模块的 ZigBee 配置过程完全一致，且配置使用的工程完全一致，此处不再赘述，可参见上节详细介绍，按照步骤进行 ZigBee 配置。

注意：需要将无线光照度传感器模块、无线温湿度传感器模块、主板的 ZigBee 配置到同一个信道中，模块会自动寻找并加入 PANID。本任务中使用信道 11。

2.1.5　主板 ZigBee 配置

主板上的 ZigBee 需要配置参数：设备类型为协调器、信道 11。

主板上的 ZigBee 连接的是 STM32F407 的串口 3，该 ZigBee 的默认波特率为 115 200 Bits/s，设备类型为协调器，通过主芯片上的串口 1 连接到串口 3 透传数据与 ZigBee 通信，复位引脚 PD2，低电平复位，原理如图 2.2.20 所示。

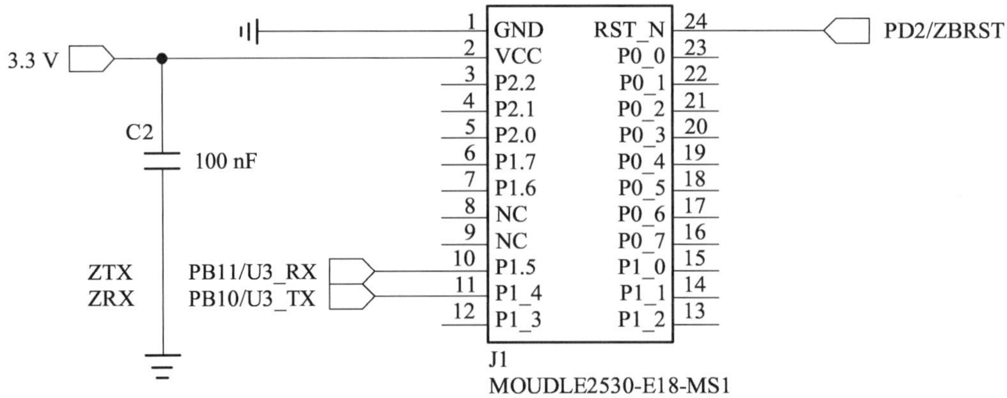

图 2.2.20　原理图

主芯片的串口 1 和串口 3 透传程序与上一节配置无线温湿度传感器模块的 ZigBee 时基本一致，但需要将芯片更换为 STM32F407，此处不做赘述，用于通过主板 MASTER 串口直接与 ZigBee 模块数据通信，直接下载使用即可。

使用 ZigBee 相应的软件进行配置，运行“Zigbee-V1.3.exe”软件，选择自己的串口号，波特率为 115 200 Bits/s，产品型号选择 E18，如图 2.2.21 所示。

图 2.2.21　打开串口

单击“打开串口”，进入配置模式，右边消息框会显示“进入配置模式成功”消息，如图 2.2.22 所示。

图 2.2.22　进入配置模式成功

单击“读取参数”，读取得到参数包括：模组类型、长地址、网络状态；点击“查询”获得：波特率、低功耗、目标端口、模块功率、目标地址等参数信息，如图 2.2.23 所示。

图 2.2.23　读取参数

选择“除能通道”，单击“信道”，如图 2.2.24 所示。

图 2.2.24　选择“除能通道”

选择信道 11，深色框变成白色，如图 2.2.25 所示。

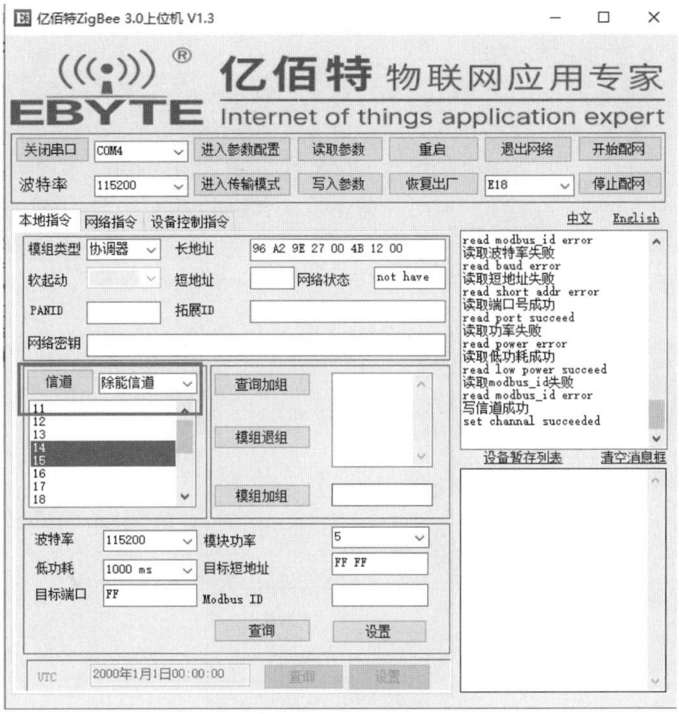

图 2.2.25　选择信道 11

单击“信道”，信道 11 从白色变为深色框，如图 2.2.26 所示。

图 2.2.26　信道 11 从白色变为深色框

选择“使能信道”，单击“信道”，如图 2.2.27 所示。

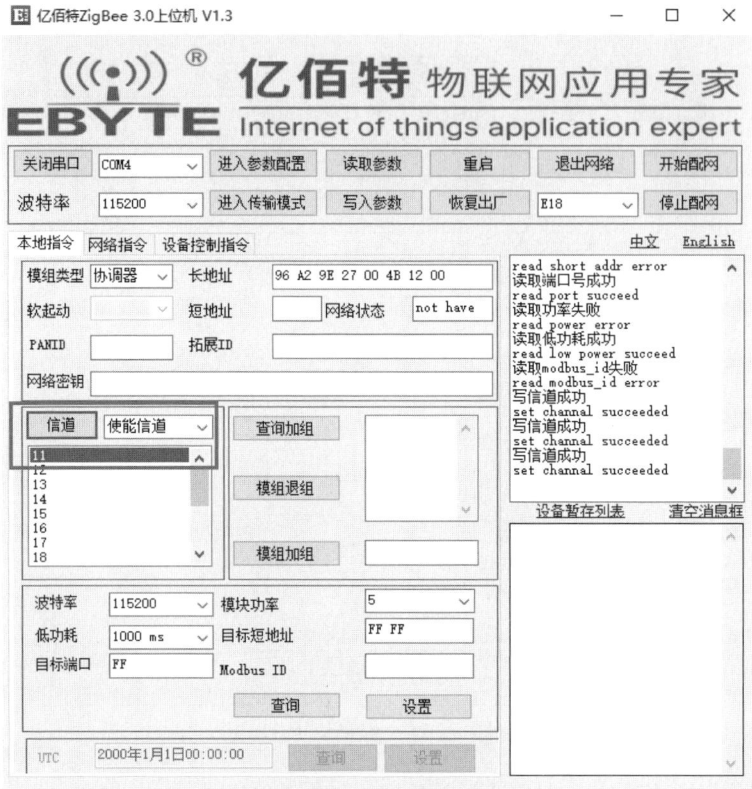

图 2.2.27　单击“信道”

选择“覆盖信道”，单击“信道”，如图 2.2.28 所示。

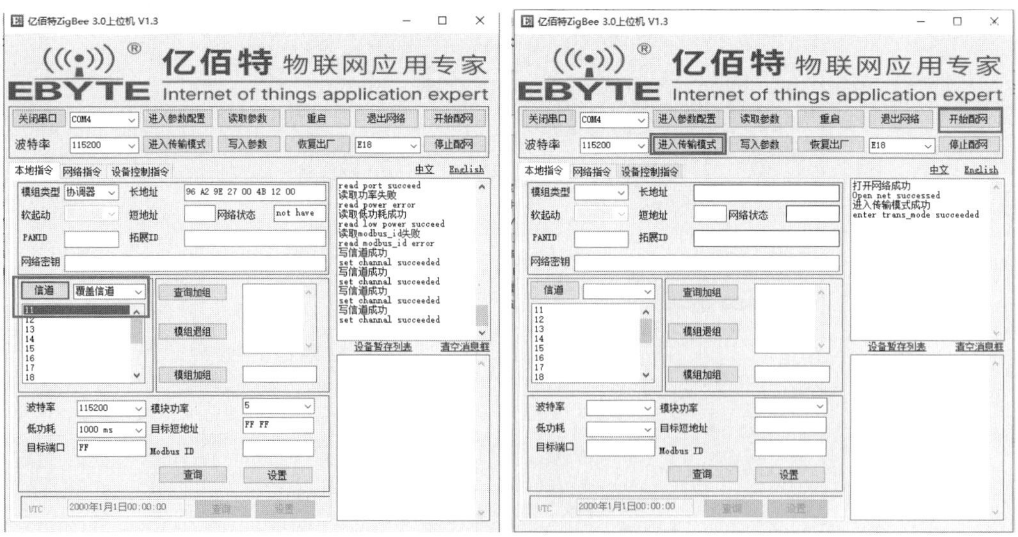

图 2.2.28　选择“覆盖信道”

单击“开始配网”，并点击“进入传输模式”。

打开网络的时候会等待一下，然后消息框会显示“打开网络成功”，最后单击“进入传输模式”，主板上的 ZigBee 就配置完成了。

2.1.6 ZigBee 无线通信测试

将主板、无线温湿度传感器模块、无线光照度传感器模块的串口连接到电脑上，重新上电，分别打开三个串口。

配置的结果如图 2.2.29 所示。

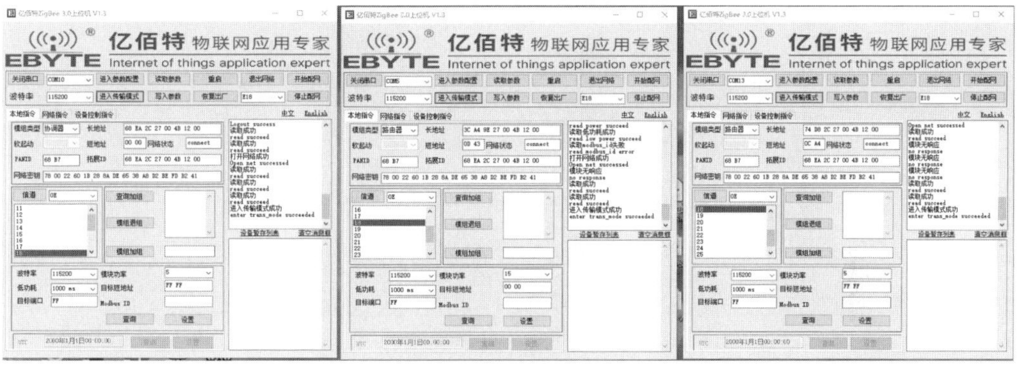

图 2.2.29　配置的结果

以 hex 格式发送“55 07 00 11 00 03 00 01 13”（进入透传模式），或者单击上位机中的“进入传输模式”。

在其中一个串口中发送数据，可以在另外两个串口中看到透传出来的数据，表示这两个路由器已经成功加入了协调器组建的 ZigBee 网络，如图 2.2.30 所示。

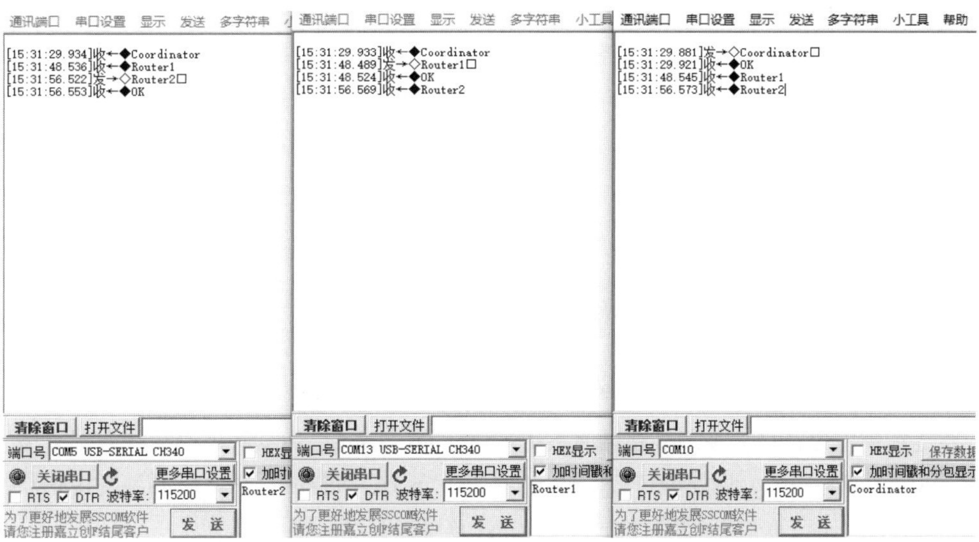

图 2.2.30　透传数据

注意：在配置路由器或终端节点入网时，需要将协调器处于配网模式，即协调器需要单击“开始配网”；打开网络成功后，路由器和终端节点才可进入开始配网，如图 2.2.31 所示。

图 2.2.31　开始配网

任务 2　环境传感器驱动及数据采集

任务目标

实现主板通过 ZigBee 网络无线获取温湿度传感器、光照度传感器数据，并打印在 Xshell 界面中。

任务实施

2.2.1　无线温湿度传感器模块数据获取

2.2.1.1　无线温湿度传感器模块硬件资源与硬件连接

将无线温湿度传感器模块插接在底板上取电；使用 TypeC 数据线连接无线温湿度传感器模块 USB/UART 串口，以便串口打印输出；使用 TypeC 数据线连接无线温湿度传感器模块 CMSIS 接口，用于给无线温湿度传感器模块 STM32L431 主芯片下载程序。

无线温湿度传感器模块顶层图如图 2.2.32 所示。中间矩形部分为主芯片 STM32L431，D3 为电源指示灯，右侧有两个 TypeC 接口，其中 CMSIS 接口用于给模块主芯片下载程序，USB/UART 接口用于与主芯片串口通信。

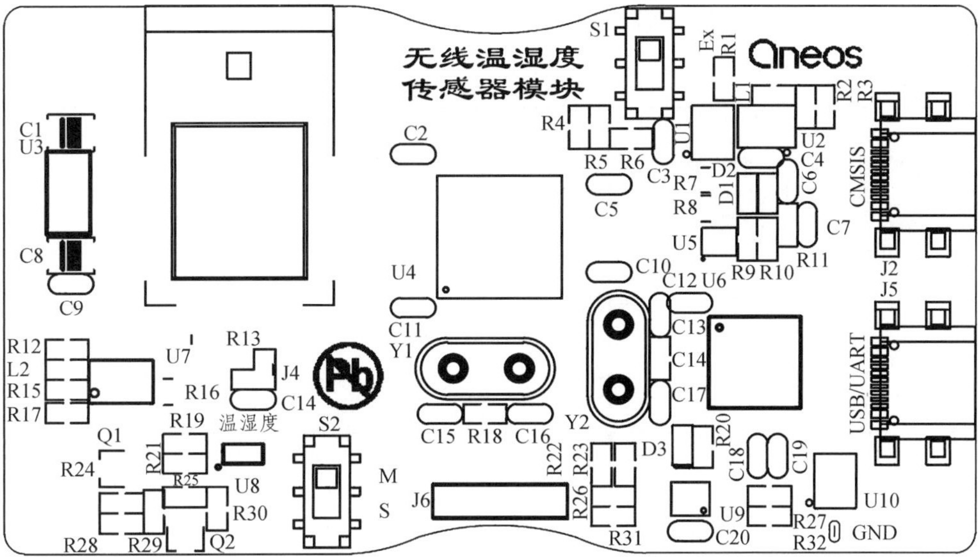

图 2.2.32　无线温湿度传感器模块

板子有两个按键 S1、S2。S1 默认往下拨，才能正常下载程序到 STM32L431 中；S2 是温湿度芯片 SHT20 通信引脚切换，往上拨到 M 是与主板 STM32F407 通信，往下拨到 S 是与无线温湿度传感器模块主芯片通信，S2 如图 2.2.33 所示。

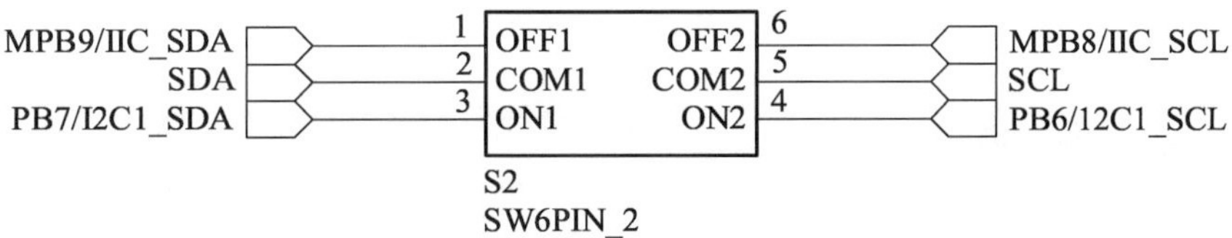

图 2.2.33　模块控制开关

本次实验 S2 往下拨到 S，SHT20 与 STM32L431 通信引脚为 IIC1（PB7、PB6），查看主芯片与温湿度连接的原理图，如图 2.2.34 所示，温湿度传感器使用的是 SHT20，IIC 写地址为 0x80，读地址为 0x81。

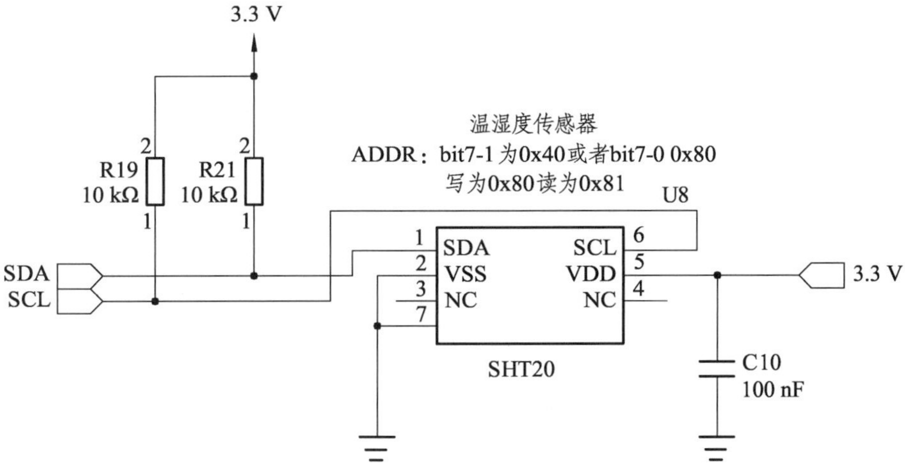

图 2.2.34　芯片与温湿度连接的原理图

SHT20 常用命令如表 2.2.1 所示。

表 2.2.1 SHT20 常用命令

命令	释义	代码
触发 T 测量	保持主机	11100011
触发 RH 测量	保持主机	11100101
触发 T 测量	非保持主机	11110011
触发 RH 测量	非保持主机	11110101
写用户寄存器		11100110
读用户寄存器		11100111
软复位		11111110

2.2.1.2 无线温湿度传感器模块 STM32CubeMX 配置

打开 STM32L431RCT6_OneOS V1.1 路径下的 STM32L431RCT6_OneOS.ioc，进入 STM32CubeMX 配置。

（1）在左侧的 Categories 选项卡下找到“System Core”下的“RCC”，进行，将“HSE”（高速时钟来源）配置为“外部晶振”，如图 2.2.35 所示。

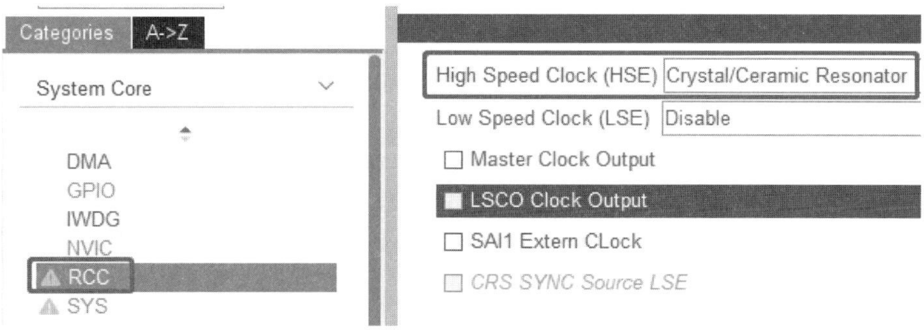

图 2.2.35 RCC 时钟来源配置

（2）找到“Clock Configuration”，配置时钟树，将 HCLK 时钟配置为最大值 80 MHz，如图 2.2.36 所示。

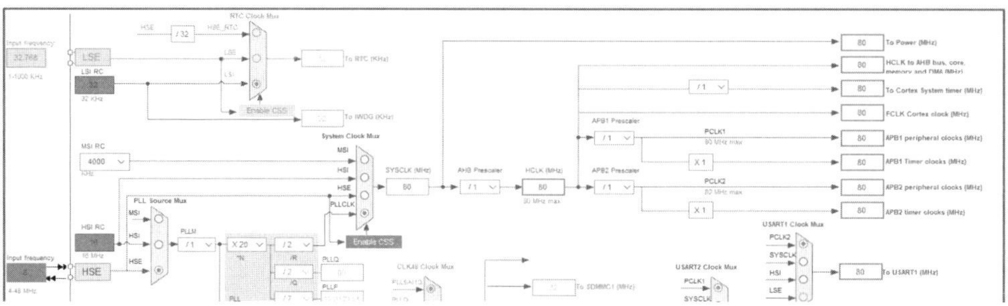

图 2.2.36 配置时钟树

（3）在左侧的 Categories 选项卡下找到“Connectivity”下的“USART1”，配置串口 1，该串口用于调试打印输出；模式配置为异步串口，配置参数为波特率 115 200 Bits/s，数据格式为 8N1，使能串口全局中断；并在右侧引脚配置界面找到“PA9”和“PA10”，将其配置为 USART1 的通信引脚，如图 2.2.37 所示。

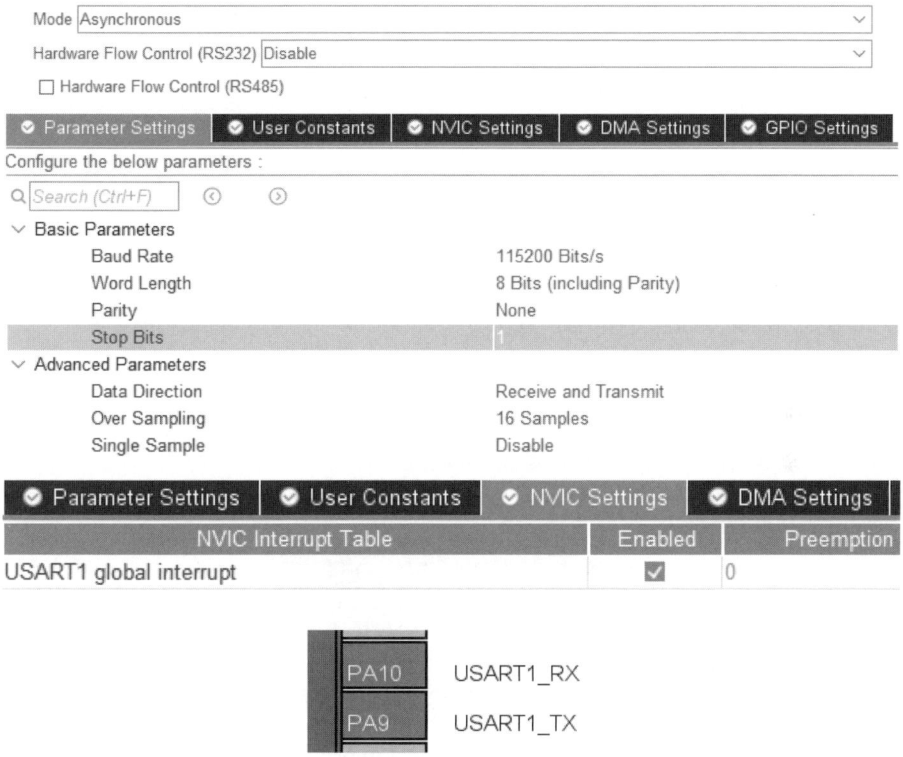

图 2.2.37　USART1 配置

（4）找到“Connectivity”，选择“I2C1”，I2C 模式选择“I2C”，如图 2.2.38 所示。

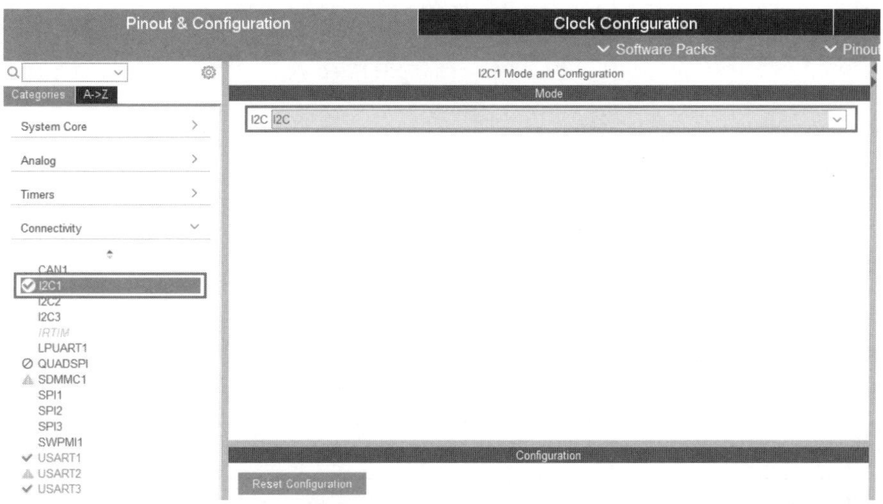

图 2.2.38　Connectivity 配置

（5）配置 I2C1 参数，总线速率配置为 100 kHz、7 位数据模式，如图 2.2.39 所示。

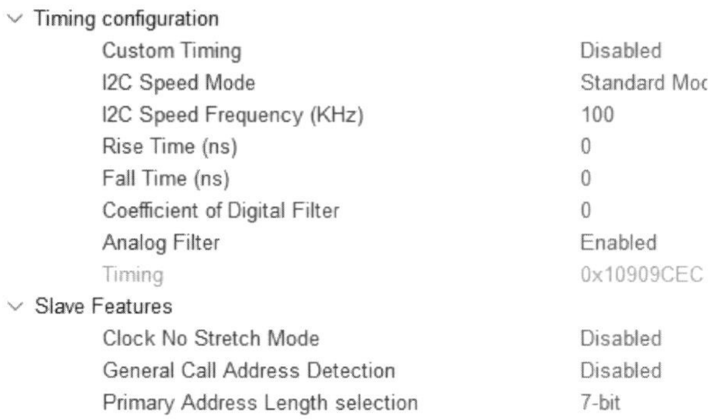

图 2.2.39　配置 I2C1 参数

（6）配置完成后，单击“GENARATE CODE”生成代码，如图 2.2.40 所示。

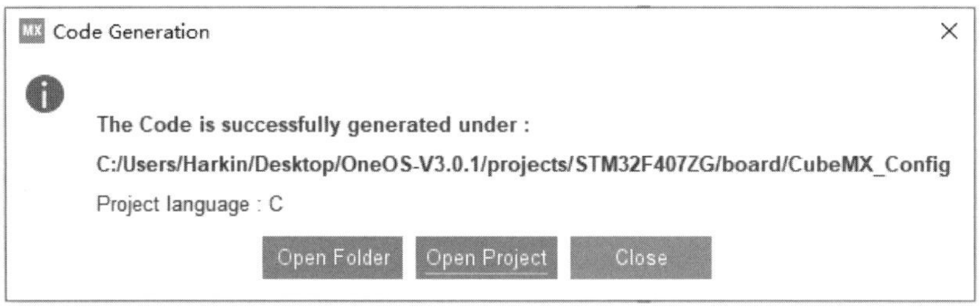

图 2.2.40　生成代码

2.2.1.3　无线温湿度传感器模块 Keil 工程构建与代码增删

在工程目录中，使用 MDK 软件打开工程 project.uvprojx。新建 SHT20.c 和 SHT20.h 文件，保存在 APP 文件中，并在工程中添加 SHT20.c 和 SHT20.h 文件，如图 2.2.41 所示。

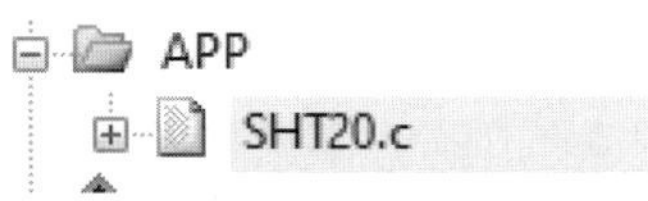

图 2.2.41　新建 SHT20.c

在 SHT20.c 文件编写相关函数。

预定义 SHT20 相关命令：

```
#define SHT20_WriteAddr 0x80//写地址
#define SHT20_ReadAddr   0x81//读地址
 #define SHT20_Trig_T      0xE3//读取温度
#define SHT20_Trig_RH  0xE5//读取湿度
```

定义温湿度数据：

```
float TemValue，RhValue;
```

SHT20_ReadValues 函数读取温湿度数据。首先读取温度值，调用 HAL_I2C_Master_Transmit 函数先向 SHT20 发送读温度指令，指令长度为 1，超时时间为 0xffff，然后调用

HAL_I2C_Master_Receive 函数接收 SHT20 回复的温度数据，存储在 tem 数组中，数据长度为 3，超时时间为 0x3ffff。同理，读取湿度数据，存储在 rh 数组中。接着将数据计算出来，存储在 Tdata 变量和 RHdata 变量中。最后查看 SHT20 的数据手册，由于使用的是 16 位分辨率，因此 RES 为 16，计算出真实的温度值和湿度值，存储在 TemValue 和 RhValue 变量中。

```
//SHT20 读取温湿度数据
void SHT20_ReadValues(void)
{
  uint8_t tem[3],rh[3];
  uint16_t Tdata=0,RHdata=0;
  uint8_t cmd;

  cmd=SHT20_Trig_T;
  HAL_I2C_Master_Transmit(&hi2c1,SHT20_WriteAddr,&cmd,1,0xffff);
  HAL_Delay(100);
  HAL_I2C_Master_Receive(&hi2c1,SHT20_ReadAddr,tem,3,0x3ffff);

  cmd=SHT20_Trig_RH;
  HAL_I2C_Master_Transmit(&hi2c1,SHT20_WriteAddr,&cmd,1,0xffff);
  HAL_Delay(100);
  HAL_I2C_Master_Receive(&hi2c1,SHT20_ReadAddr,rh,3,0x3ffff);

  Tdata = tem[0];
  Tdata <<= 8;
  Tdata += tem[1] & 0xfe;

  RHdata = rh[0];
  RHdata <<= 8;
  RHdata += rh[1] & 0xfe;

  TemValue = Tdata * 175.72f / 65536 - 46.85f;
  RhValue = RHdata * 125.0f / 65536 - 6.0f;

  printf("TemValue:%.2f\r\n",TemValue);
  printf("RhValue:%.2f\r\n",RhValue);

}
```

在 usart.c 文件中添加代码，以支持 printf 函数重定向到串口 1。

```
#ifdef __GNUC__
  #define PUTCHAR_PROTOTYPE int __io_putchar(int ch)
#else
  #define PUTCHAR_PROTOTYPE int fputc(int ch,FILE *f)
#endif /* __GNUC__ */
PUTCHAR_PROTOTYPE
{
  while(__HAL_UART_GET_FLAG(&huart1,UART_FLAG_TC)!=SET);//等待发送结束
  HAL_UART_Transmit(&huart1,(uint8_t *)&ch,1,0xFFFF);//发送数据
  return ch;
}
```

温湿度获取数据后，通过 printf 函数打印出来。在 SHT20.h 文件声明 SHT20_ReadValues() 函数。

```
#ifndef __SHT20_H
#define __SHT20_H

#include "main.h"

void SHT20_ReadValues(void);
void SHT20_SoftReset(void);

#endif
```

在 main.c 的主循环中循环 1 s 打印温湿度数据。

```
  while （1）
  {

    SHT20_ReadValues ( ); //读取温湿度数据
    HAL_Delay ( 1000 );
    /* USER CODE END WHILE */

    /* USER CODE BEGIN 3 */
  }
```

2.2.1.4　无线温湿度传感器模块编译下载验证

单击“编译”确保工程没有报错后，将程序下载到开发板中，程序开始运行，电脑连接

到 USB/UART 端口，打开串口软件，波特率 115 200 Bits/s，每隔 1 s 温湿度数据自动上传，如图 2.2.42 所示。

```
[11:07:22.608]收←◆TemValue:26.78
RhValue:49.94

[11:07:23.901]收←◆TemValue:26.78
RhValue:49.94

[11:07:25.195]收←◆TemValue:26.78
RhValue:49.94

[11:07:26.489]收←◆TemValue:26.77
RhValue:49.94
```

图 2.2.42　编译下载验证

2.2.2　无线光照度传感器模块数据获取

2.2.2.1　无线光照度传感器模块硬件资源与硬件连接

将无线光照度传感器模块插接在底板上取电；使用 TypeC 数据线连接无线光照度传感器模块 USB/UART 串口，以便串口打印输出；使用 TypeC 数据线连接无线光照度传感器模块 CMSIS 接口，用于给无线光照度传感器模块 STM32L431 主芯片下载程序。

无线光照度传感器模块顶层图如图 2.2.43 所示。中间矩形部分为主芯片 STM32L431，左上方矩形部分为 ZigBee 模块，D3 为电源指示灯；右侧有两个 TypeC 接口，其中 CMSIS 接口用于给模块主芯片下载程序，USB/UART 接口用于与主芯片串口通信。

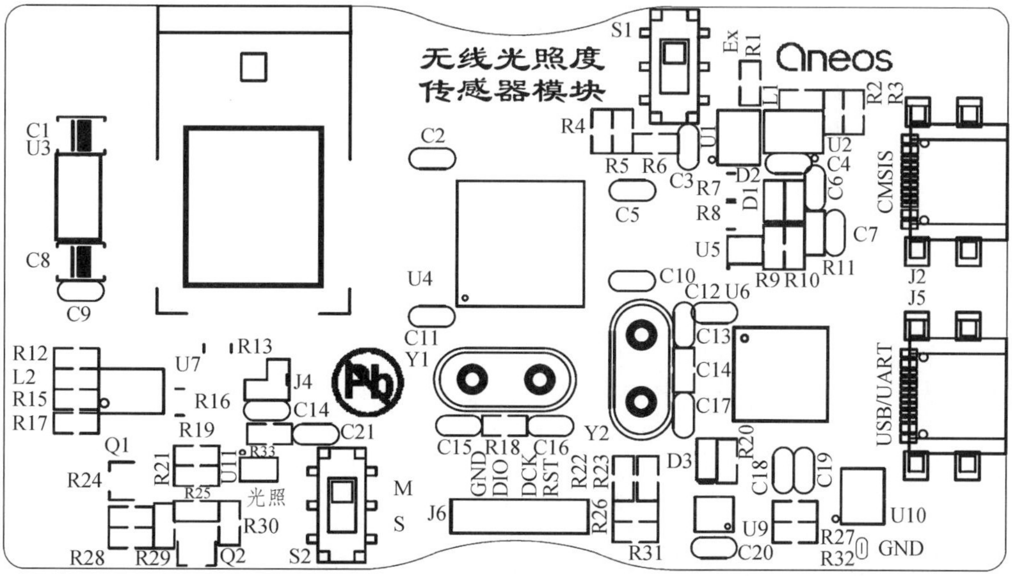

图 2.2.43　无线光照度传感器模块顶层图

板子有两个按键 S1、S2。S1 默认往下拨，才能正常下载程序到 STM32L431 中；S2 是光照度芯片 BH1750 通信引脚切换，往上拨到 M 是与主板 STM32F407 通信，往下拨到 S 是与无线光照度传感器模块主芯片通信，如图 2.2.44 所示。

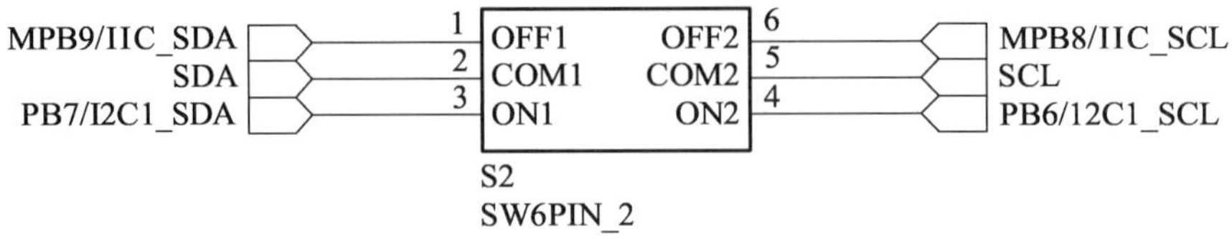

图 2.2.44　模块控制开关

无线光照度传感器模块电路原理图如图 2.2.45 所示。无线光照度传感器模块上主芯片 STM32L431 使用 IIC 总线与光照度芯片 BH1750 通信，使用串口 2 与 ZigBee 模块（见图 2.2.46）进行通信。

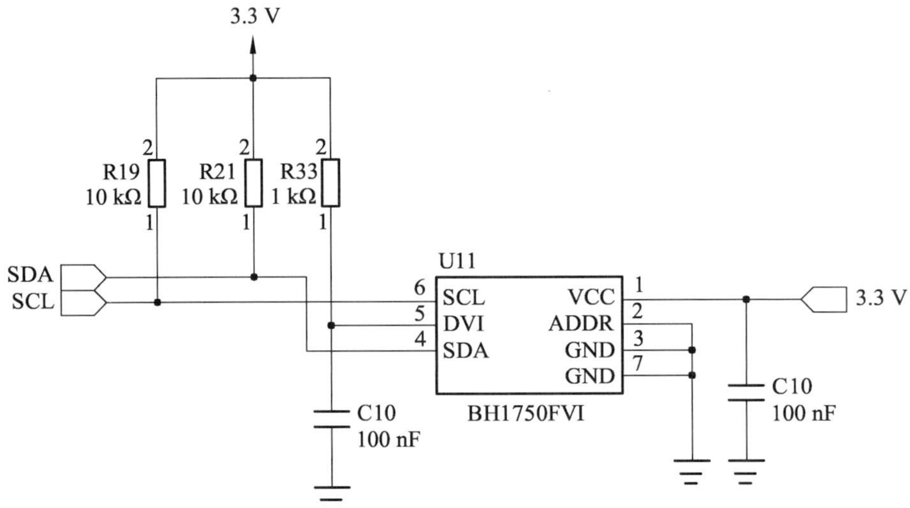

图 2.2.45　无线光照度传感器模块电路原理图

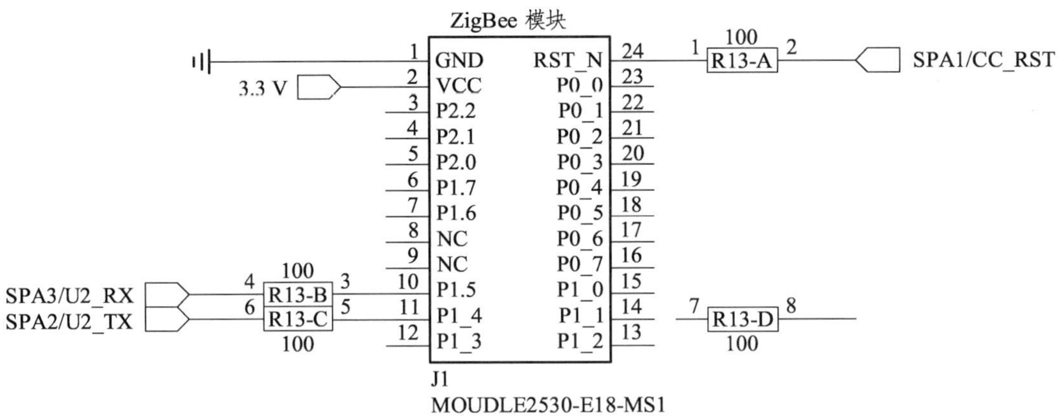

图 2.2.46　ZigBee 模块

2.2.2.2　无线光照度传感器模块 STM32CubeMX 配置

打开 STM32L431RCT6 路径下的 STM32L431RCT6_OneOS.ioc，进入 STM32CubeMX 配置。

（1）在左侧的 Categories 选项卡下找到“System Core”下的“RCC”，进行 RCC 时钟来源配置，将“HSE”（高速时钟来源）配置为外部晶振，如图 2.2.47 所示。

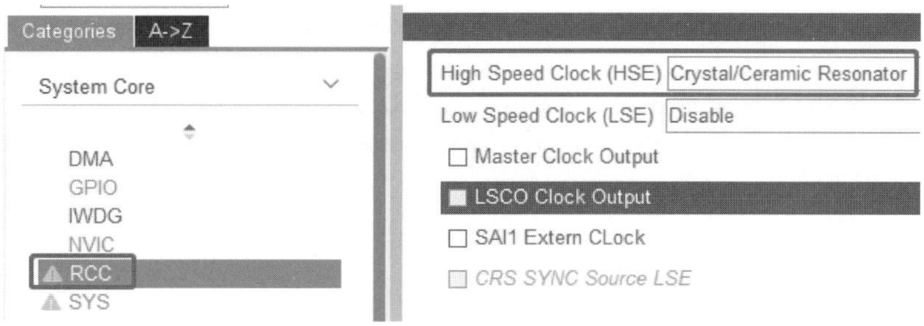

图 2.2.47　行 RCC 时钟来源配置

（2）找到“Clock Configuration”，配置时钟树，将 HCLK 时钟配置为最大值 80 MHz，如图 2.2.48 所示。

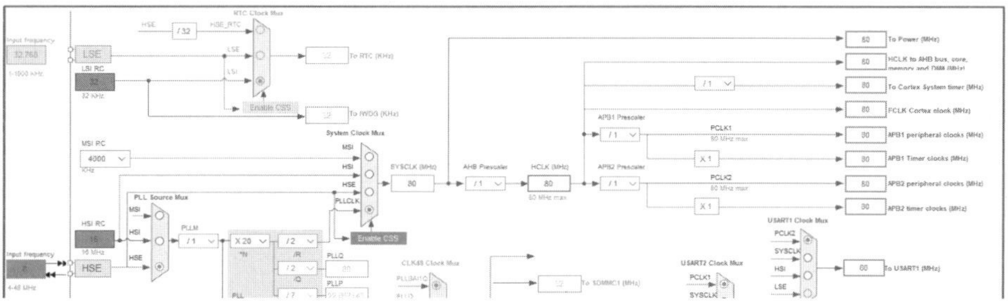

图 2.2.48　配置时钟树

（3）在左侧的 Categories 选项卡下找到“Connectivity”下的“USART1”，配置串口 1，该串口用于调试打印输出，模式配置为异步串口，配置参数为波特率 115 200 Bits/s，数据格式为 8N1，使能串口全局中断。并在右侧引脚配置界面找到 PA9 和 PA10，将其配置为 USART1 的通信引脚，如图 2.2.49 所示。

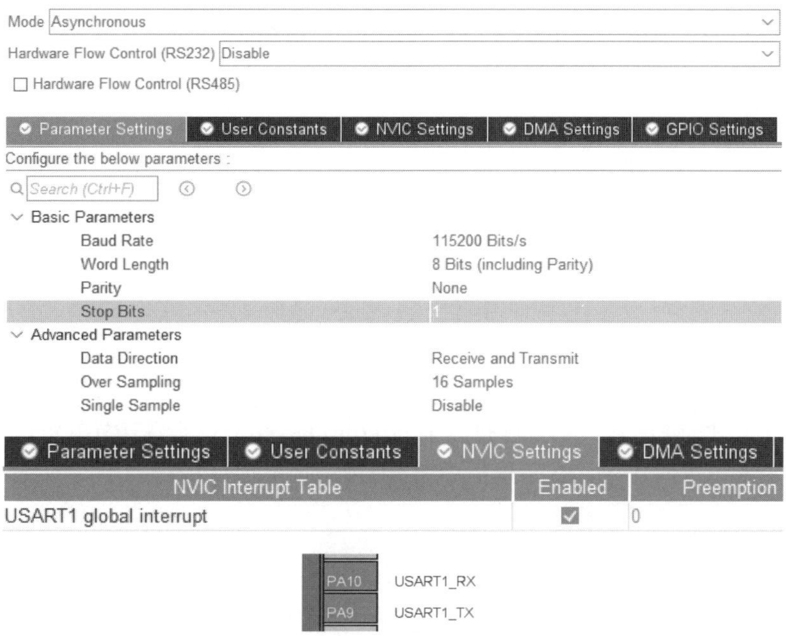

图 2.2.49　“USART1”配置

（4）找到“Connectivity”，选择“I2C1”，I2C 模式选择“I2C”，如图 2.2.50 所示。

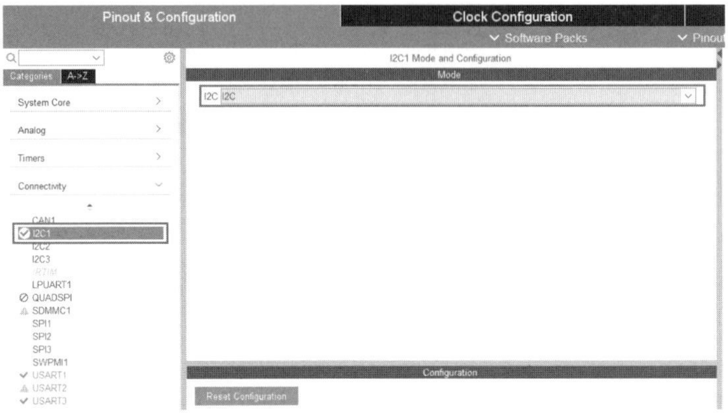

图 2.2.50　“I2C1”配置

（5）配置 I2C1 参数，总线速率配置为 100 kHz、7 位数据模式，如图 2.2.51 所示。

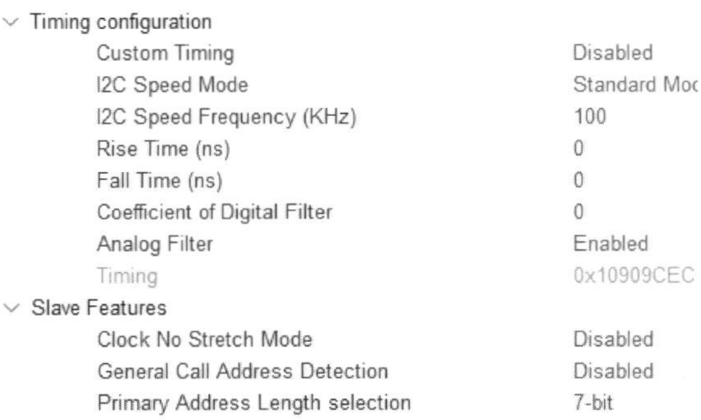

图 2.2.51　配置 I2C1 参数

（6）配置完成后，单击“GENARATE CODE”生成代码，如图 2.2.52 所示。

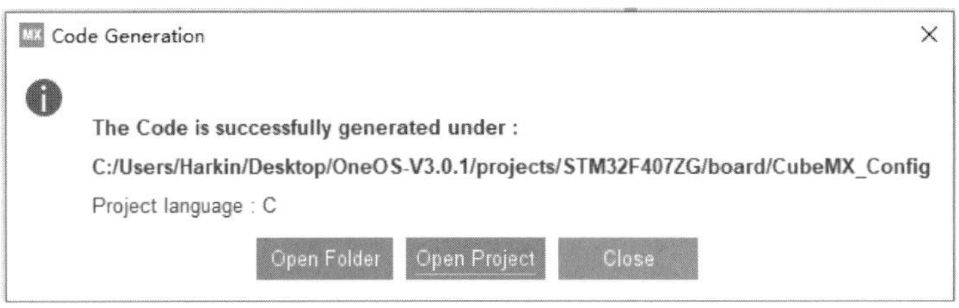

图 2.2.52　生成代码

2.2.2.3　无线光照度传感器模块 Keil 工程构建与代码增删

在工程目录中，使用 MDK 软件打开工程 project.uvprojx。新建 BH1750.c 和 BH1750.h 文件，保存在 APP 文件中，并在工程中添加 BH1750.c 和 BH1750.h 文件，如图 2.2.53 所示。

图 2.2.53　新建 BH1750.c

在.c 文件中编写函数，在该函数中，首先通过 IIC 发送通电命令，然后发送读取光照强度数据命令并接收数据，最后根据 BH1750 数据手册计算公式计算出光照度数值。

How to calculate when the data High Byte is "10000011" and Low Byte is "10010000"

$(2^{15} + 2^9 + 2^8 + 2^7 + 2^4) / 1.2 \fallingdotseq 28067$ [lx]

The result of continuously measurement mode is updated.(120ms.typ at H-resolution mode, 16ms.typ at L-resolution mode)

```
void BH1750_ReadData(void)
{
  uint8_t buf[2];
  uint8_t BH1750_cmd;

  // //初始化 BH1750
  BH1750_cmd = BH1750_POWE_ON_REG;//通电,等待测量命令
  HAL_I2C_Master_Transmit(&hi2c1,BH1750_ADDRESS << 1,&BH1750_cmd,1,100);

  //读取光照强度数据
  BH1750_cmd = BH1750_CONTINUE_H_MODE;//连续 H 分辨率模式
  HAL_I2C_Master_Transmit(&hi2c1,BH1750_ADDRESS_WRITE,&BH1750_cmd,1,0xffff);
  HAL_Delay(120);
  HAL_I2C_Master_Receive(&hi2c1,BH1750_ADDRESS_READ,buf,2,0xffff);

  //计算数据
  BH1750_value = ((buf[0] << 8)| buf[1])/1.2;//单位转换,参考 BH1750 手册

  printf("Illuminance:%.2f lux\n",BH1750_value);
}
```

在主函数 while（1）中调用该函数，实现每 1 s 打印一次光照强度数据。

```
  while （1）
  {

        BH1750_ReadData（）;
        HAL_Delay（1000）;
    /* USER CODE END WHILE */

    /* USER CODE BEGIN 3 */
  }
  /* USER CODE END 3 */
}
```

2.2.2.4 无线光照度传感器模块编译下载验证

单击“编译”确保工程没有报错后，将程序下载到开发板中，打开串口工具，观察实验现象。可以看到每 1 s 打印一次光照强度数据，如图 2.2.54 所示。

```
[10:02:08.316]收←◆Illuminance: 448.33 lux
[10:02:09.439]收←◆Illuminance: 449.17 lux
[10:02:10.562]收←◆Illuminance: 450.00 lux
[10:02:11.686]收←◆Illuminance: 449.17 lux
[10:02:12.810]收←◆Illuminance: 450.00 lux
```

图 2.2.54 编译下载验证

2.2.3 光照度、温湿度数据采集及无线传输

2.2.3.1 温湿度传感器模块数据无线传输

配置好 ZigBee 模块后，需在无线温湿度传感器模块 MCU 中将读取到的温湿度数据通过串口发送到 ZigBee 模块。在原来的无线温湿度传感器模块工程基础上，修改主函数代码。

```
while (1)
  {
if(USART2_RX_STA > 0)
    {
      HAL_UART_Transmit(&huart1,USART2_RX_BUF,USART2_RX_STA,0xff);
//串口 2 收到的数据发送给串口 1
      USART2_RX_STA = 0;
uint8_t tx_shtdata[4] = {0};
    SHT20_ReadValues();
    tx_shtdata[0] = (uint8_t)TemValue;
    tx_shtdata[1] = ((int)(TemValue*100))%100;
    tx_shtdata[2] = (uint8_t)RhValue;
    tx_shtdata[3] = ((int)(RhValue*100))%100;
    if(strstr((char*)USART2_RX_BUF,"get temp"))
    {
        HAL_UART_Transmit(&huart2,tx_shtdata,2,0xFF);
    }

    if(strstr((char*)USART2_RX_BUF,"get RH"))
    {
        HAL_UART_Transmit(&huart2,tx_shtdata+2,2,0xFF);
    }
    }
```

```
HAL_Delay(20);
    /* USER CODE END WHILE */

    /* USER CODE BEGIN 3 */
  }
```

在主函数while(1)循环中,首先判断串口2是否接收到数据,若接收到数据,则读取SHT20温湿度传感器的数据;然后将读取的数据存储在tx_shtdata数组中,其中tx_shtdata[0]为温度数值整数部分,tx_shtdata[1]为温度数值小数部分,tx_shtdata[2]为湿度数值整数部分,tx_shtdata[3]为湿度数值小数部分。接下来判断接收到的数据是什么命令,若为"get temp",则代表读取温度数值,若为"get RH",则代表读取湿度数值。最后分别将温度和湿度数值通过串口2发送出去。

2.2.3.2 光照度传感器模块数据无线传输

在配置完成后,修改原无线光照度传感器模块数据获取的工程代码。这部分代码表示,当ZigBee获取到数据时,读取光照度传感器数据并将数据分离开来存储在tx_shtdata数组中,然后判断接收到的数据是否为"get LUX"命令,若是,则将tx_shtdata数组通过ZigBee(串口2)发送出去。

```
  while (1)
  {
      if(USART2_RX_STA > 0)
    {
      HAL_UART_Transmit(&huart1,USART2_RX_BUF,USART2_RX_STA,0xff);
//串口2收到的数据发送给串口1
      USART2_RX_STA = 0;

            uint8_t tx_shtdata[3] = {0};
            BH1750_ReadData();
            tx_shtdata[0] = (uint16_t)BH1750_value >> 8;        // 取整数部分高位
            tx_shtdata[1] = (uint16_t)BH1750_value & 0xFF;      // 取整数部分低位
            tx_shtdata[2] = ((int)(BH1750_value*100))%100;      // 取小数部分
;
            if(strstr((char*)USART2_RX_BUF,"get LUX"))
            {
                HAL_UART_Transmit(&huart2,tx_shtdata,3,0xFF);
            }
    }
      HAL_Delay(20);
```

```
    /* USER CODE END WHILE */

    /* USER CODE BEGIN 3 */
  }
  /* USER CODE END 3 */
}
```

2.2.4　主板无线获取光照度、温湿度数据

2.2.4.1　硬件资源与硬件连接

给主板连接上 DC 12 V 头子进行供电；使用 TypeC 数据线连接主板 MASTER 串口，以便串口打印输出和使用 Shell 工具；使用 TypeC 数据线连接主板 CMSIS 接口，用于给主板 STM32F407 主芯片下载程序。

查看主板原理图（见图 2.2.55）可知，主板 ZigBee 模块使用串口 3 与 MCU 进行通信，使用引脚 PB10、PB11，分别对应串口 3 的 TX 和 RX。

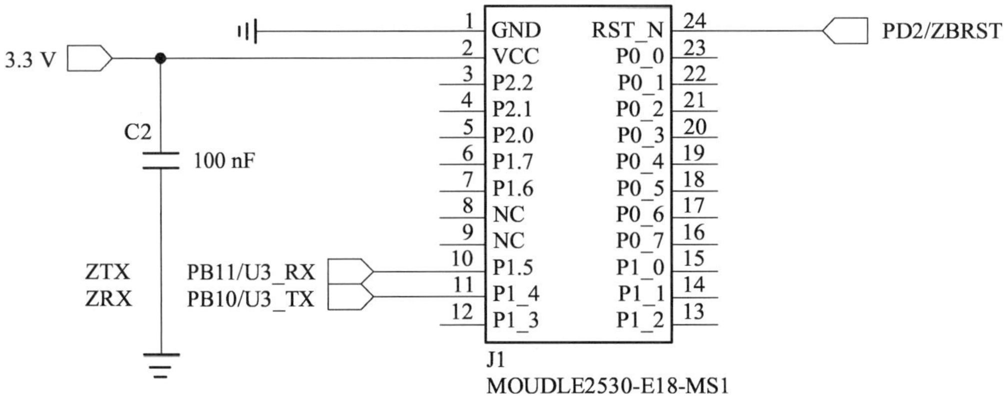

图 2.2.55　主板原理图

2.2.4.2　STM32CubeMX 配置

我们需要使用串口与 ZigBee 模块进行通信，因此需要配置串口 3 用于与 ZigBee 模块通信。

在右侧引脚界面找到 PB10、PB11 引脚，将其配置为串口 3 的收发数据引脚，如图 2.2.56 所示。

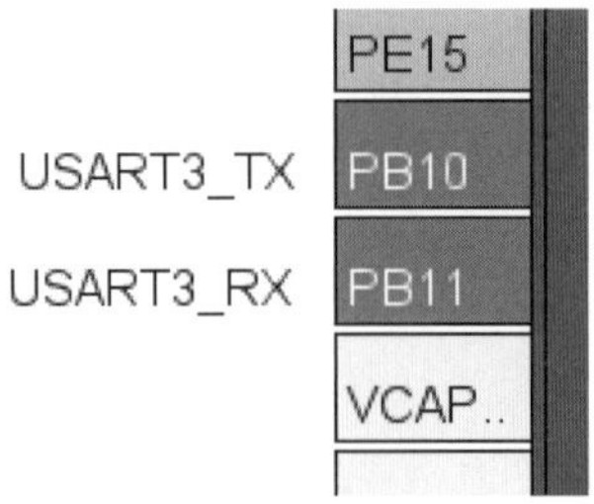

图 2.2.56　引脚配置

在串口 3 参数配置界面，配置串口 3 的通信参数，此处配置通信速率为 115 200 Bits/s，通信数据格式为 8N1。同时使能串口中断，如图 2.2.57 所示。

图 2.2.57　在串口 3 参数配置

为确保接收数据的完整性，配置串口 3 接收的 DMA，并配置 “Mode” 为 “Circular”，如图 2.2.58 所示。

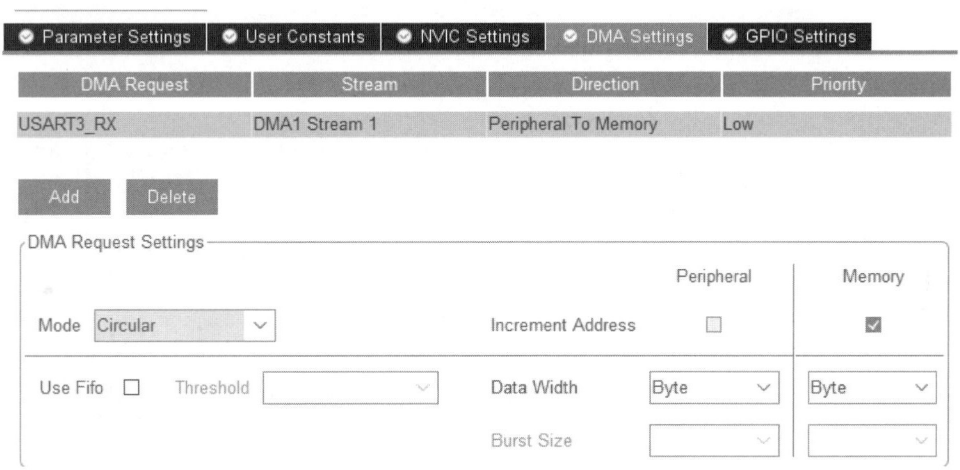

图 2.2.58　配置串口 3 接收的 DMA

配置完成后，单击 “GENARATE CODE” 生成代码，如图 2.2.59 所示。

图 2.2.59　生成代码

2.2.4.3 OneOS-Cube 配置与工程构建

在 OneOS-V3.0.1\projects\STM32F407ZG 目录下右键打开 OneOS-Cube，输入“oos config”进入配置界面。通过空格或向右方向键选择 Drivers→Serial 下的“Enable serial drivers”选项；设置串口的缓存大小，如图 2.2.60 所示。

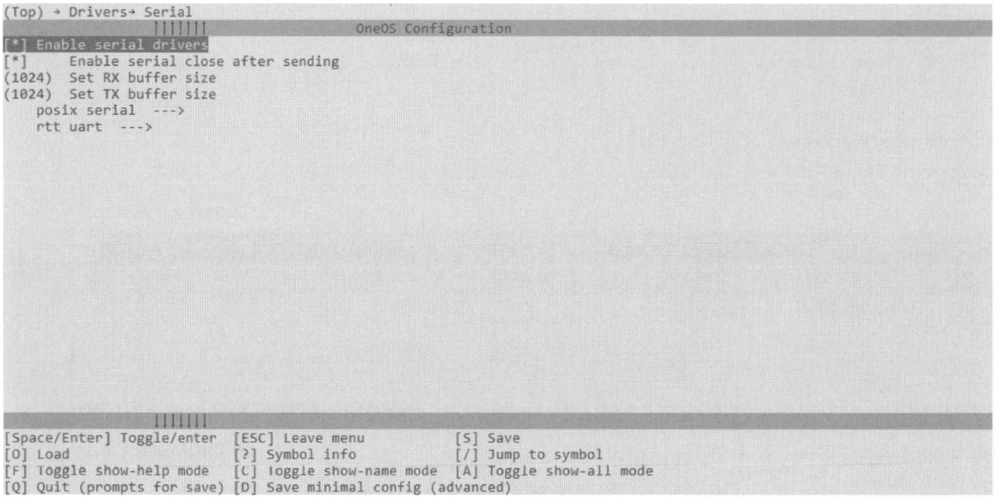

图 2.2.60　设置串口的缓存大小

配置完成后，输入“Q”和“Y”，保存配置并退出。

在 OneOS-V3.0.1\projects\STM32F407ZG 目录下右键打开 OneOS-Cube，输入“oos init -i keil”生成 Keil 工程代码，如图 2.2.61 所示。

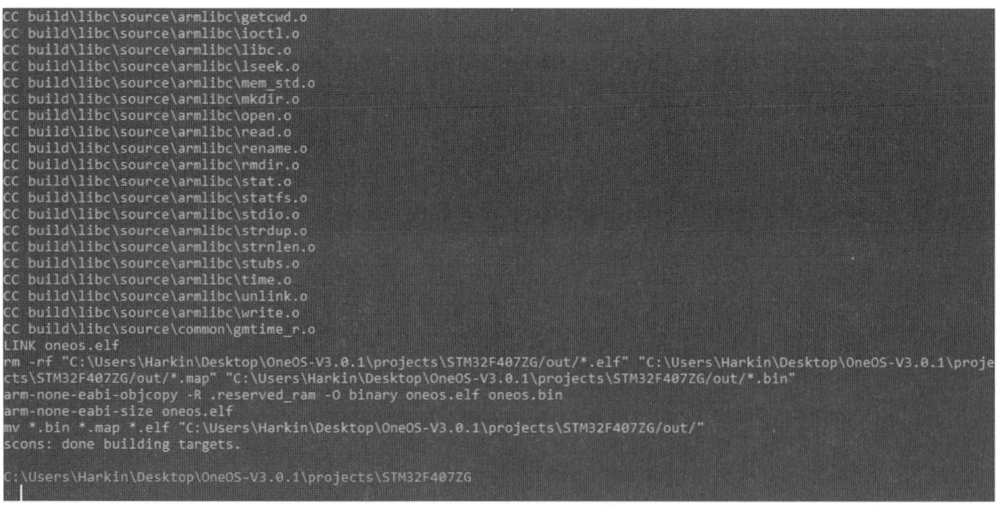

图 2.2.61　生成 Keil 工程代码

2.2.4.4 Keil 工程构建与代码增删

在工程目录中，使用 MDK 软件打开工程 project.uvprojx。

打开 main.c 文件，编写任务函数如下所示。

该任务函数，首先打开与 ZigBee 通信的串口设备，并配置串口参数，然后创建一个定时器，定时器的周期为 200 ticks，默认 1 个 tick 为 10 ms，则该定时器周期为 2 s。

```
static void Environment_ZigBee_task(void *parameter)
{
        int                ret;
        static os_timer_dummy_t timer_s1;
        os_timer_id timer_id;
        uart = os_device_find(SHT20_NAME);
        OS_ASSERT(uart);
    os_device_open(uart);// 打开串口设备
    /* uart config */
    struct serial_configure config = OS_SERIAL_CONFIG_DEFAULT;
    config.baud_rate                   = BAUD_RATE_115200;
    ret                                          = os_device_control(uart,OS_DEVICE_CTRL_CONFIG,&config);// 配置串口
    if (ret != 0)
    {
         os_kprintf("serial control fail %d\r\n",ret);
                  os_device_close(uart);
    }
        timer_id = os_timer_create(&timer_s1,"timer",timer_callback,OS_NULL,200,OS_ TIMER_FLAG_PERIODIC);// 2s 定时器 1 tick=10 ms
        OS_ASSERT_EX(OS_NULL != timer_id,"timer create err\r\n");
        os_timer_start(&timer_s1);
}
```

编写定时器回调函数，在该定时器回调函数中，主要是定时向温湿度传感器 ZigBee 模块和无线光照度传感器模块发送读取温湿度数据指令及读取光照度数据指令，并获取来自模块的温湿度数据和光照度数据。

以获取温度数据为例，详见代码 4，首先调用 os_device_write_nonblock 函数非阻塞发送读取温度数据指令“get temp”，然后调用 os_device_read_ nonblock 函数非阻塞读取 ZigBee 串口数据；当发现读取的数据为“OK”（本任务使用的 ZigBee 模块在进行数据透传时，发送数据并透传成功后模块会自动恢复“OK”），进行延时并清除该数据，重新读取 ZigBee 串口数据；若接收到的数据长度不为 0，则将读取到的温度数据计算出来，然后打印在调试串口界面中。

代码 4

湿度数据、光照度数据的获取过程与温度数据一致，可参照理解。

在主函数中创建并调度该任务。

```
int main（void）
{
    os_task_id task;
    task = os_task_create（OS_NULL，OS_NULL，512，"user"，user_task，OS_NULL，3）;
    OS_ASSERT（task）;
    os_task_startup（task）;
     os_task_id environment_ZigBee_task;
    environment_ZigBee_task = os_task_create （ OS_NULL ， OS_NULL ， 2048 ，
"environment_ZigBee_task"，Environment_ZigBee_task，OS_NULL，4）;
    OS_ASSERT（environment_ZigBee_task）;
    os_task_startup（environment_ZigBee_task）;
    return 0;
}
```

2.2.4.5　编译下载验证

单击“编译”确保工程没有报错后，将程序下载到开发板中，按下复位键，程序运行。打开串口工具，可以在串口工具中查看到获取到的温度、湿度和光照度数据，如图 2.2.62 所示。

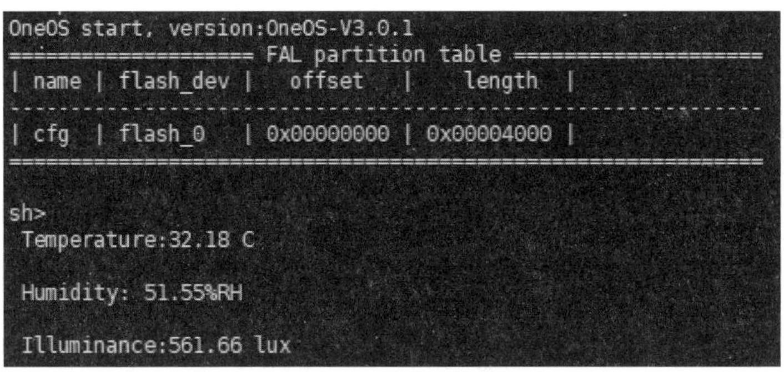

图 2.2.62　编译下载验证

任务 3　Wi-Fi 模块驱动及云平台接入

任务目标

通过 Wi-Fi 模块，采用 EDP 协议接入 OneNET 云平台，实时上传本地环境传感器数据，并在 OneNET 云平台数据流中显示，接收 OneNET 云平台下行命令，在串口工具中打印显示解析后的命令。

任务资讯

2.3.1 EDP 协议简介

EDP（Enhanced Device Protocol，增强设备协议）是 OneNET 平台根据物联网特点专门定制的完全公开的基于 TCP 的协议，可以广泛应用到家居、交通、物流、能源等行业中。

EDP 具有以下功能特点：

① 长连接协议；

② 数据加密传输；

③ 终端数据点上报，支持的数据点类型为浮点数（float）、整型（int）、字符串、JSON 对象/二进制数据；

④ 平台消息下发（支持离线消息）；

⑤ 端到端数据转发。

典型应用场景：

EDP 协议适用于设备和平台需要保持长连接点对点控制的使用场景，包括数据的长连接上报、透传、转发、存储、数据主动下发等。该协议只传输数据包到达目的地，不保证传输的顺序与到达的顺序相同，事务机制需要在上层实现；若客户端同时发起两次请求，服务器返回时，不保障返回报文的顺序。

以精准农业为例，终端设备可以通过 EDP 协议上传监控区域的空气温湿度、光照度、土壤温湿度、pH 值、氮磷钾营养值等环境数据；OneNET 可以将数据推送到用户的应用服务器上；用户可以利用专家系统对这些数据进行分析，通过控制设备上连接的补光灯、风扇、遮阳棚、喷滴灌等设施，实现自动智能的调节和控制，使得农作物生长环境始终处于最佳状态，以达到高效和高产目标。

2.3.2 ESP8266 模组简介

ESP8266 是一款高性能的 Wi-Fi 串口模块，由 ESPRESSIF SYSTEMS 公司开发，内部集成 MCU 能实现单片机之间串口通信，是目前使用最广泛的一种 Wi-Fi 模块之一，如图 2.2.63 所示。

图 2.2.63　ESP8266

ESP8266 的主要特点是：

（1）高度集成：ESP8266 集成了 TCP/IP 协议栈，可以直接连接到 Wi-Fi 网络，无须额外的外部芯片。

（2）低功耗：ESP8266 的功耗非常低，在待机模式下耗电仅为 20 μA，适合用于电池供电的应用场景。

（3）易于编程：ESP8266 可以通过 AT 指令和 Lua 脚本进行编程，非常容易上手。

（4）低成本：ESP8266 的成本非常低，价格在几美元左右，可以大规模应用于物联网产品中。

ESP8266 的应用场景非常广泛，例如：

（1）智能家居：ESP8266 可以用于控制智能灯光、智能窗帘、智能门锁等家居设备。

（2）智能车辆：ESP8266 可以用于智能小车、智能飞行器等控制设备。

（3）工业自动化：ESP8266 可以用于远程监控、数据采集等工业自动化应用。

（4）智能农业：ESP8266 可以用于智能灌溉、环境监测等农业应用。

ESP8266 的使用非常简单，只需要几个步骤：

（1）连接 ESP8266：将 ESP8266 连接到微控制器的串行通信接口。

（2）设置 Wi-Fi：通过 AT 指令设置 ESP8266 的 Wi-Fi 连接信息。

（3）连接服务器：通过 AT 指令连接到服务器，实现与服务器的通信。

（4）发送数据：通过 AT 指令发送数据到服务器。

（5）接收数据：通过 AT 指令从服务器接收数据。

任务实施

2.3.3 使用 OneOS Molink 组件接入 ESP8266 模组

2.3.3.1 硬件资源与硬件连接

本任务使用 Wi-Fi 模块进行实验，因此需要将 Wi-Fi 模块插接在底板上；并给主板连接上 DC 12 V 头子进行供电；使用 TypeC 数据线连接主板 MASTER 串口，以便串口打印输出和使用 Shell 工具；使用 TypeC 数据线连接主板 CMSIS 接口，用于给主板 STM32F407 主芯片下载程序。

Wi-Fi 模块顶层图如图 2.2.64 所示。其中 U1 为 Wi-Fi 芯片，S1 拨动开关为主板完全脱离开关，S2 拨动开关为主板 USB 和 MCU 串口切换开关，S3 按键开关为 UART 下载模式与 FLASH BOOT 模式切换按键，S4 按键开关为 Wi-Fi 芯片复位按键，D1 为模块电源指示灯。

Wi-Fi 模块电路原理图如图 2.2.65 所示。GPIO15 默认为低电平，GPIO2 默认为高电平，GPIO0 默认为高电平，即 Wi-Fi 模块默认为 FLASH BOOT 模式，若想进入 UART 下载模式，则只需按下 S3 按键即可。另外，模块引出了三个引脚到主板，如图 2.2.66 所示，分别为 PA2、PA3 串口引脚和 PA4 复位引脚，低电平有效。

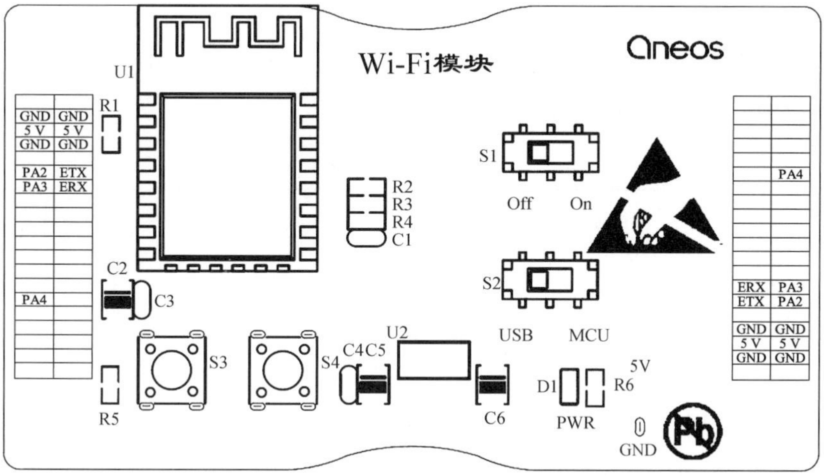

图 2.2.64　Wi-Fi 模块

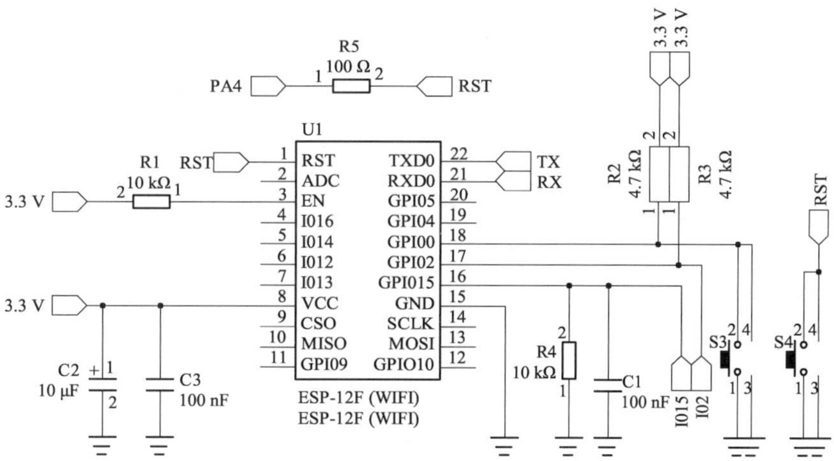

模式	GPIO15	GPIO0	GPIO2
UART下载模式	低	低	高
FLASH BOOT模式	低	高	高

图 2.2.65　Wi-Fi 模块电路原理图

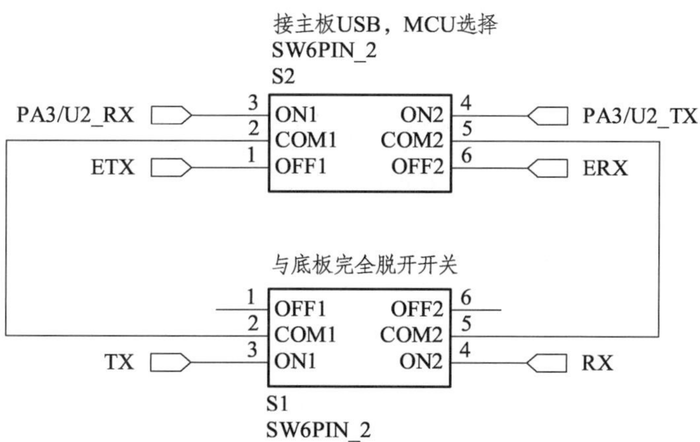

图 2.2.66　模块与主板连接

开发板上电，并给 ESP8266 模组上电。

本任务使用串口 2 与 ESP8266 模组进行数据通信，因此使用杜邦线连接开发板串口 2 与 ESP8266 模组即可，接线表如表 2.2.2 所示。

表 2.2.2　接线表

开发板	ESP8266 模组
UART2-TX（PA2）	RX
UART2-RX（PA3）	TX
GND	GND

2.3.3.2　STM32CubeMX 配置

本任务中需要配置串口 2 与 ESP8266 模组通信。

在 STM32CubeMX 中配置这几个引脚，在工程目录\board\CubeMX_Config 下，打开 STM32CubeMx 工程 CubeMX_Config.ioc。

（1）配置引脚如图 2.2.67 所示。

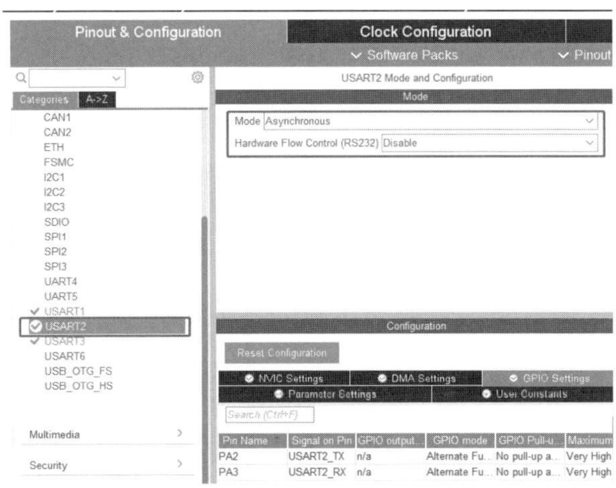

图 2.2.67　配置引脚

配置工作模式，分配引脚；USART2：TX-PA2，RX-PA3；选择模式为异步，无流控。

（2）配置 UART 的接收中断功能，如图 2.2.68 所示。

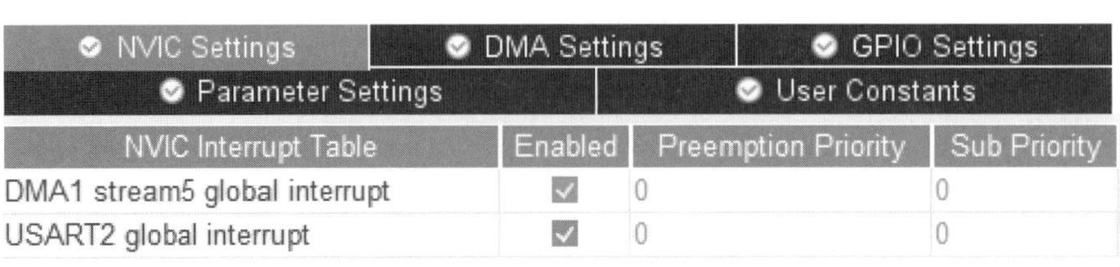

图 2.2.68　配置 UART 的接收中断功能

（3）使能 DMA 功能，并配置模式为“Circular”，以支持接收 ESP8266 模组数据的实时性，如图 2.2.69 所示。

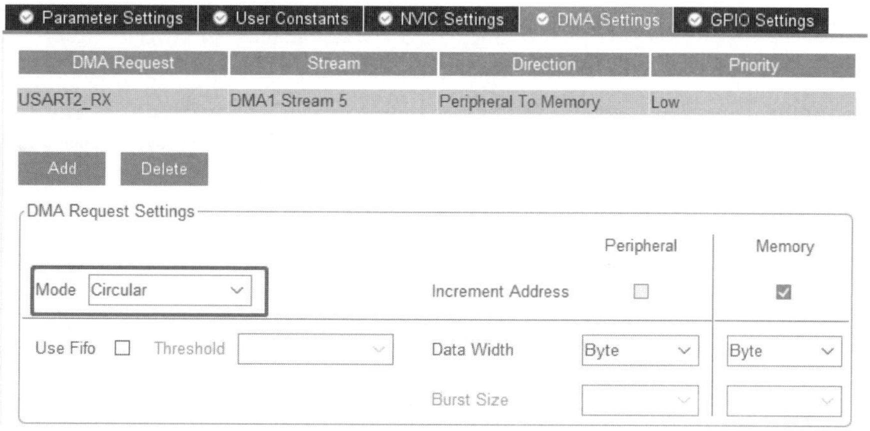

图 2.2.69　配置 DMA 功能

（4）串口的初始化参数设置，设置波特率、数据长度、奇偶校验位等，采用默认设置，如图 2.2.70 所示。

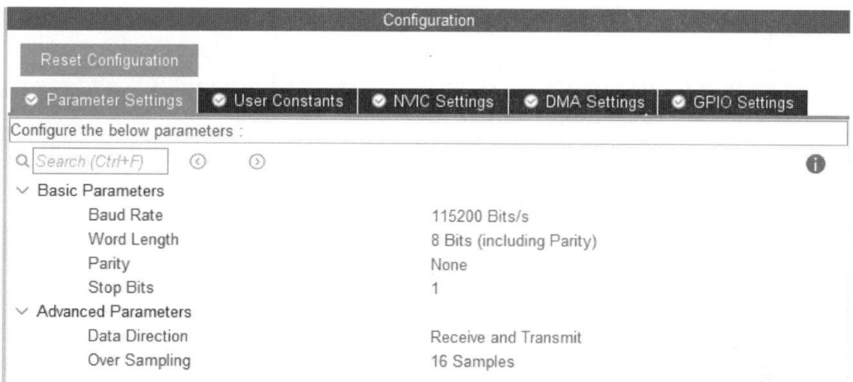

图 2.2.70　初始化参数设置

（5）单击“GENARATE CODE”生成代码，如图 2.2.71 所示。

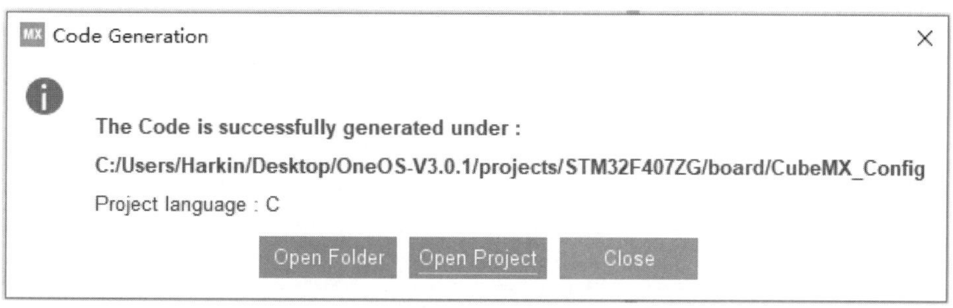

图 2.2.71　生成代码

2.3.3.3　OneOS-Cube 配置

（1）在对应的 oneos\projects\xxxxx（project 文件夹）目录下打开 OneOS-Cube 工具，在命令行输入“oos config”打开可视化配置界面。

（2）通信模组通过串口发送给系统的数据将会首先缓存在串口数据缓冲区中，因此，如果串口缓冲区大小设置过小则会导致 Molink 无法正确地接收通信模组发送的数据，造成 AT 指令执行超时或数据接收不全等问题。在 OneOS 操作系统中串口缓存区的大小默认为 64 B，如果使用 Molink 组件则建议将串口缓冲区大小设置为略大于通信所需的数据的最大值，例如：设置为 1 024 B 或 2 048 B。在（Top）→Drivers→Serial 路径下配置串口发送和接收缓冲区大小，如图 2.2.72 所示。

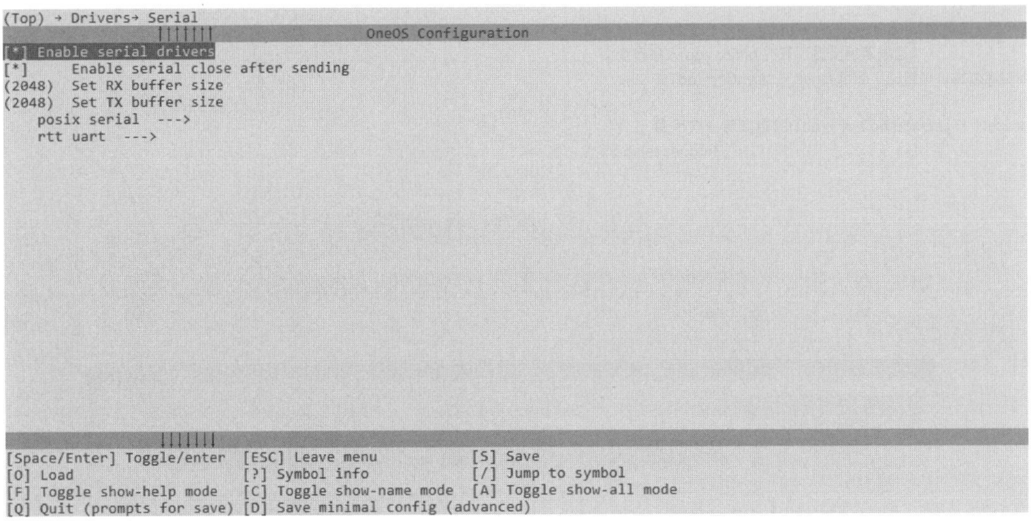

图 2.2.72　配置串口发送和接收缓冲区大小

（3）使用方向键定位到（Top）→ Components→ Network→ Molink，使能“Enable IoT modules support”，如图 2.2.73 所示。

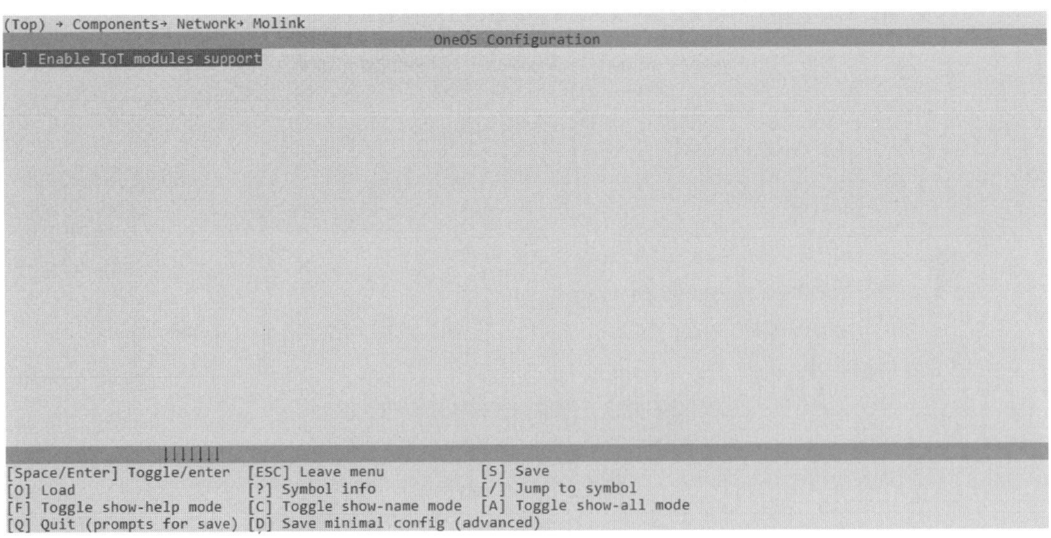

图 2.2.73　使能“Enable IoT modules support”

（4）进入路径（Top）→ Components→Network→Molink→Enable IoT modules support→Module→WiFi Modules Support，使能“ESP8266”选项，如图 2.2.74 所示。

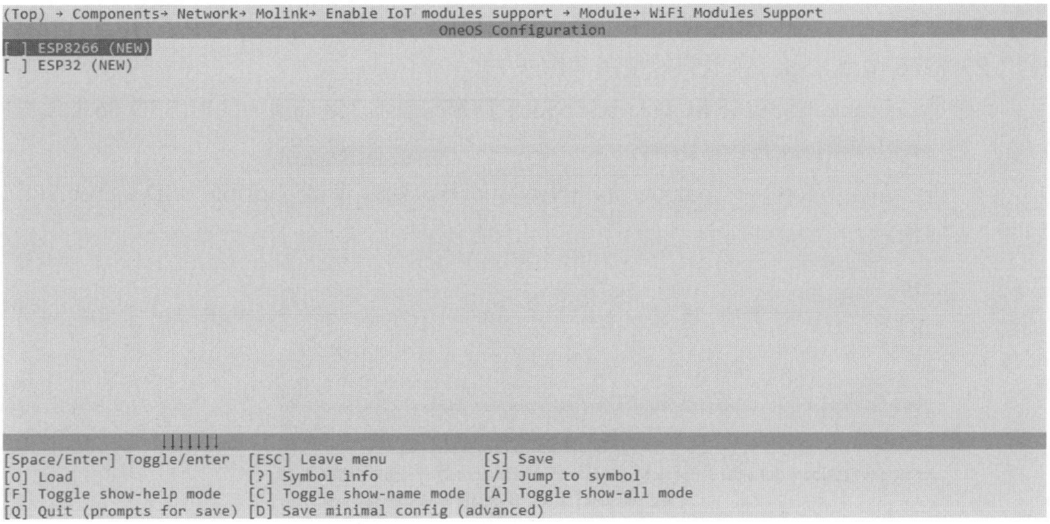

图 2.2.74　使能“ESP8266”选项

（5）打开路径（Top）→Components→Network→Molink→Enable IoT modules support→Modules→WiFi Modules Support→ESP86 ConfigSP826，配置 ESP8266 选项，如图 2.2.75 所示。

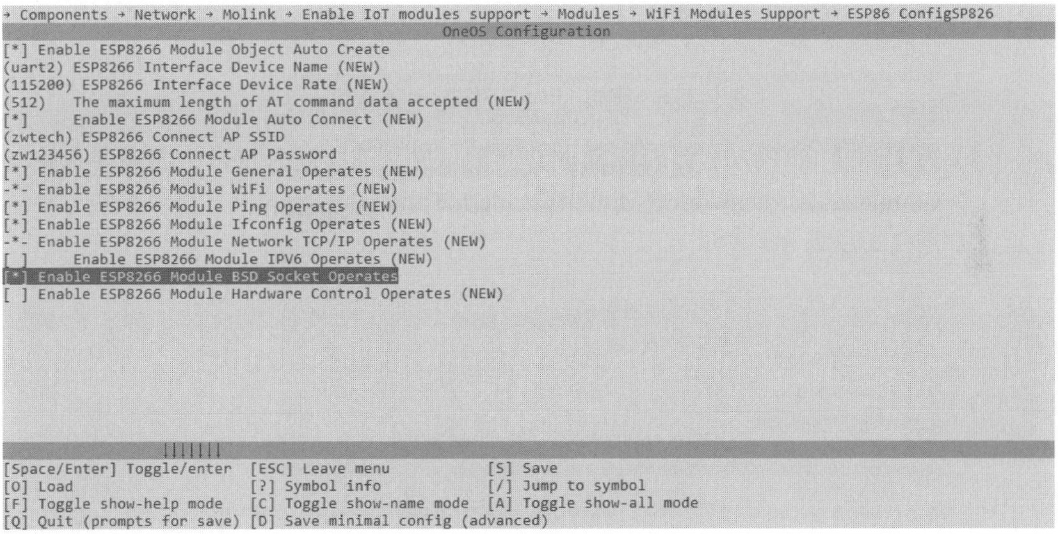

图 2.2.75　配置 ESP8266 选项

首先使能“Enable ESP8266 Module Object Auto Create”，并配置接口名称为 uart2，波特率为 115 200 Bits/s，配置 ESP8266 Connect AP SSID 和 ESP8266 Connect AP Password 为 Wi-Fi SSID 和 Wi-Fi 密码。

OneOS Socket 组件为用户提供了一套兼容 BSD 的标准接口，用来实现网络连接及数据传输，下层涵盖了以太模块、蜂窝模组和 Wi-Fi 模组等不同制式的通信介质以及不同的通信协议栈。以太模块使用 Lwip 协议栈；蜂窝模组和 Wi-Fi 模组使用 AT 指令进行拨号连接和数据收发。

使用限制：标准 Socket 组件使用 Lwip 和 AT 时只能二选一，在编译配置时决定，所以使用 ESP8266 调用 Socket 函数只能使用 AT 的方式。

再使能“Enable ESP8266 Module BSD Socket Operates”，该选项为使能 BSD Socket，所以在工程中可以调用 Socket 相关函数。

（6）进入路径（Top）→Components→Network→Socket，使能“Enable BSD socket API”，如图 2.2.76 所示。

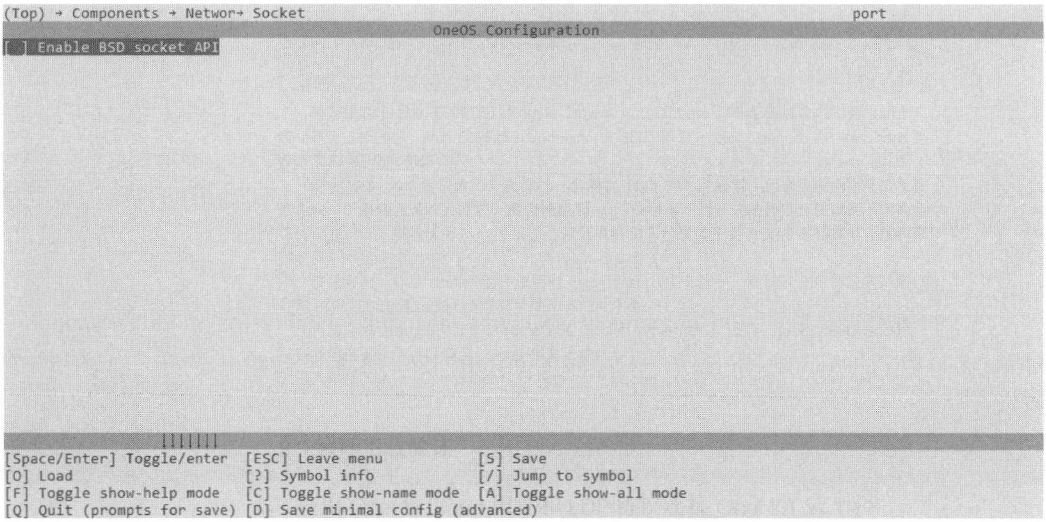

图 2.2.76　使能“Enable BSD socket API”

（7）为了测试 ESP8266 是否驱动成功和测试网络连接是否正常，还需要在路径（Top）→Components→Network→Moli→Enable IoT modules support→Tool 下勾选测试工具，如图 2.2.77 所示。

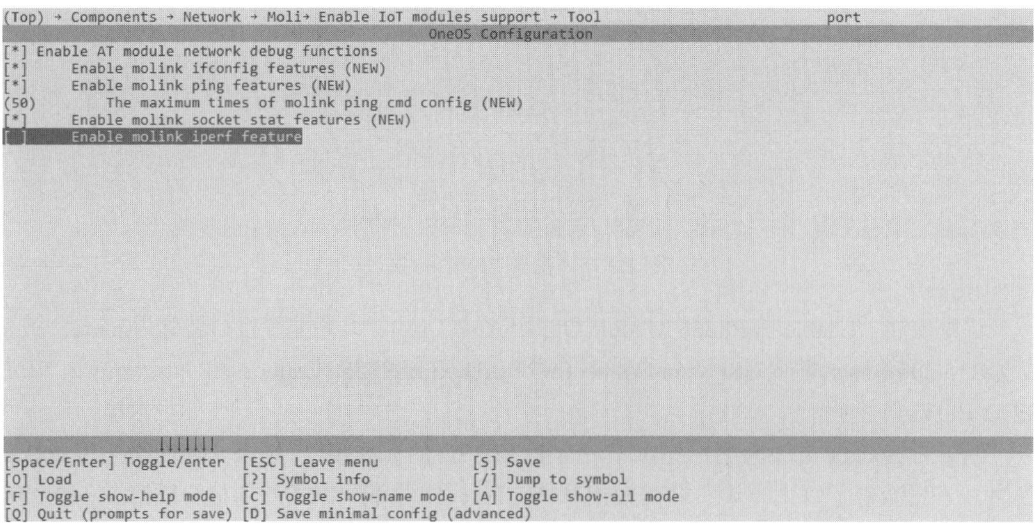

图 2.2.77　勾选测试工具

（8）输入“Q”和“Y”，保存配置并退出，如图 2.2.78 所示。

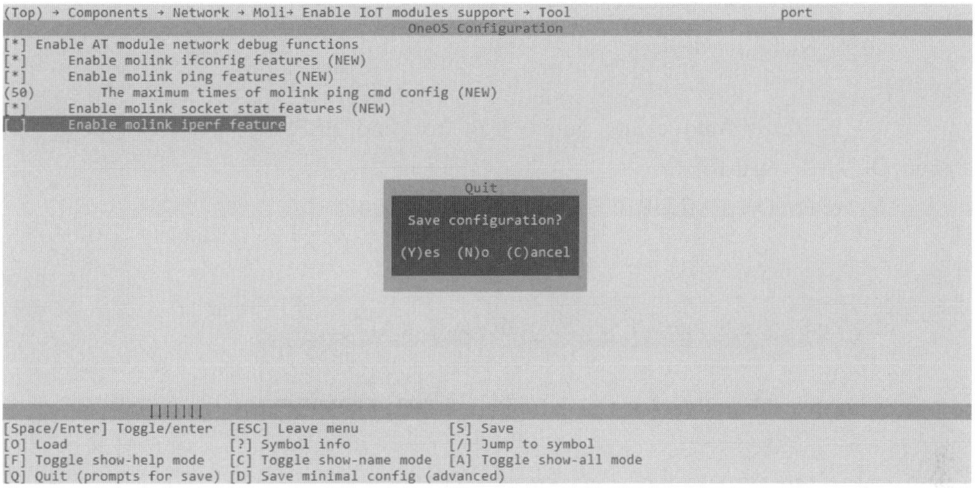

图 2.2.78　保存配置

（9）在 OneOS-Cube 界面中输入“oos init -i keil”，根据前面的设备配置工程，如图 2.2.79 所示。

图 2.2.79　配置工程

2.3.3.5　编译下载验证

打开 OneOS-V3.0.1\projects\STM32F407ZG 目录下的 project.uvprojx 工程文件。

（1）打开 esp8266.c 文件，找到 esp8266_auto_create 函数。该函数首先查找 ESP8266 连接的串口设备是否存在，然后配置 ESP8266 通信的参数和设备名称等，并根据配置参数调用 module_esp8266_create 函数自动创建 ESP8266 设备，再调用 mo_wifi_connect_ap 函数连接 AP，最后将 esp8266_auto_create 函数加入到自动初始化列表中。

```
int esp8266_auto_create(void)
{
    os_device_t *device = os_device_find(ESP8266_DEVICE_NAME);

    if (OS_NULL == device)
    {
        ERROR("Auto create failed, Can not find ESP8266 interface device %s!",
ESP8266_DEVICE_NAME);
        return OS_FAILURE;
    }

    uart_config.baud_rate = ESP8266_DEVICE_RATE;

    os_device_control(device, OS_DEVICE_CTRL_CONFIG, &uart_config);

#ifdef ESP8266_USING_HW_CONTROL
    esp8266_hw_rst(ESP8266_RST_PIN_NUM);
#endif

    mo_parser_config_t parser_config = {.parser_name    = ESP8266_NAME,
                                        .parser_device = device,
                                        .recv_buff_len                =
ESP8266_RECV_BUFF_LEN};

    mo_object_t *module = module_esp8266_create(ESP8266_NAME, &parser_config);

    if (OS_NULL == module)
    {
        ERROR("Auto create failed, Can not create %s module object!",
ESP8266_NAME);
        return OS_FAILURE;
    }

#ifdef ESP8266_AUTO_CONNECT_AP
    os_err_t result = mo_wifi_connect_ap(module, ESP8266_CONNECT_SSID,
ESP8266_CONNECT_PASSWORD);
#endif /* ESP8266_AUTO_CONNECT_AP */

    INFO("Auto create %s module object success!", ESP8266_NAME);
```

```
        return OS_SUCCESS;
    }
OS_INIT_CALL(esp8266_auto_create,        OS_INIT_LEVEL_COMPONENT,
OS_INIT_SUBLEVEL_MIDDLE);
```

在 module_esp8266_create 函数中主要完成 Molink Object 的初始化和 ESP8266 AT 命令的初始化，以及 ESP8266 模组固件信息查询、Wi-Fi 初始化、AP/STA 模式设置、设置接收网络数据时显示对端 IP 和端口信息、网络连接初始化等。

```
mo_object_t *module_esp8266_create(const char *name, void *parser_config)
{
    mo_esp8266_t *module = (mo_esp8266_t *)os_malloc(sizeof(mo_esp8266_t));
    if (OS_NULL == module)
    {
        ERROR("Create %s module instance failed, no enough memory.", name);
        return OS_NULL;
    }

    os_err_t result = mo_object_init(&(module->parent), name, parser_config);
    if (result != OS_SUCCESS)
    {
        os_free(module);
        return OS_NULL;
    }

    result = esp8266_at_init(&module->parent);
    if (result != OS_SUCCESS)
    {
        goto __exit;
}

#ifdef ESP8266_USING_GENERAL_OPS
    module->parent.ops_table[MODULE_OPS_GENERAL] = &gs_general_ops;
#endif /* ESP8266_USING_GENERAL_OPS */

#ifdef ESP8266_USING_PING_OPS
    module->parent.ops_table[MODULE_OPS_PING] = &gs_ping_ops;
#endif /* ESP8266_USING_PING_OPS */

#ifdef ESP8266_USING_IFCONFIG_OPS
    module->parent.ops_table[MODULE_OPS_IFCONFIG] = &gs_ifconfig_ops;
```

```
#endif /* ESP8266_USING_IFCONFIG_OPS */

#ifdef ESP8266_USING_GENERAL_OPS
    mo_firmware_version_t version;

    version.line_counts = 0;
    version.ver_info    = OS_NULL;

    result = mo_get_firmware_version(&module->parent, &version);
    if (result == OS_SUCCESS)
    {
        for (int i = 0; i < version.line_counts; i++)
        {
            INFO("%s", version.ver_info[i]);
        }

        mo_get_firmware_version_free(&version);
    }
#endif /* ESP8266_USING_GENERAL_OPS */

#ifdef ESP8266_USING_WIFI_OPS

    // os_task_msleep(2000);
    result = esp8266_wifi_init(&module->parent);
    if (result != OS_SUCCESS)
    {
        goto __exit;
    }

    // os_task_msleep(1000);
    result = esp8266_wifi_set_mode(&module->parent, MO_WIFI_MODE_AP_STA);
    if (result != OS_SUCCESS)
    {
        goto __exit;
    }

    /* not all esp8266 soft version support IPV6 */
#ifdef ESP8266_USING_IPV6
    result = esp8266_wifi_set_ipv6(&module->parent, MO_WIFI_CIPV6_ENABLE);
    if (result != OS_SUCCESS)
```

```
        {
            INFO("module no support ipv6");
        }
    #endif

        result = esp8266_wifi_set_ipdinofo(&module->parent,
MO_WIFI_CIPINFO_SHOW_IP_PORT);
        if (result != OS_SUCCESS)
        {
            goto __exit;
        }
        module->parent.ops_table[MODULE_OPS_WIFI] = &gs_wifi_ops;

        module->wifi_stat = MO_WIFI_STAT_INIT;
    #endif /* ESP8266_USING_WIFI_OPS */

    #ifdef ESP8266_USING_NETCONN_OPS
        result = esp8266_netconn_init(module);
        if (result != OS_SUCCESS)
        {
            goto __exit;
        }

        module->parent.ops_table[MODULE_OPS_NETCONN] = &gs_netconn_ops;

        module->netconn_evt_id = os_event_create(OS_NULL, name);
        OS_ASSERT(0 != module->netconn_evt_id);
        module->netconn_lock_id    =    os_mutex_create(&module->netconn_lock,    name,
OS_TRUE);
        OS_ASSERT(0 != module->netconn_lock_id);

        module->curr_connect = -1;
    #endif /* ESP8266_USING_NETCONN_OPS */

    __exit:
        if (result != OS_SUCCESS)
        {
            if (mo_object_get_by_name(name) != OS_NULL)
            {
                mo_object_deinit(&module->parent);
```

```
            }

            os_free(module);
            return OS_NULL;
        }

        return &(module->parent);
}
```

在 mo_wifi_connect_ap 函数中，主要让 ESP8266 模组根据提供的 WiFi AP 的 SSID 和 PASSWORD 信息连接到 AP。

```
    os_err_t mo_wifi_connect_ap(mo_object_t *module, const char *ssid, const char *password)
    {
        OS_ASSERT(OS_NULL != module);
        OS_ASSERT(OS_NULL != ssid);
        // OS_ASSERT(OS_NULL != password);

        mo_wifi_ops_t *ops = get_wifi_ops(module);

        if (OS_NULL == ops)
        {
            return OS_FAILURE;
        }

        if (OS_NULL == ops->connect_ap)
        {
            ERROR("Module %s does not support connect wifi ap operate", module->name);
            return OS_FAILURE;
        }

        return ops->connect_ap(module, ssid, password);
}
```

（2）编译并下载。

```
Load "C:\\Users\\Harkin\\Desktop\\OneOS-V3.0.1\\projects\\STM32F407ZG\\build\\keil\\Obj\\project.axf"
Erase Done.
Programming Done.
Verify OK.
Flash Load finished at 14:52:00
```

（3）打开 Xshell 工具，连接串口，复位开发板，等待 ESP8266 模组连接 Wi-Fi，可以看 ESP8266 模组的相关版本信息，以及获取 IP 等信息，如图 2.2.80 所示。

```
Connecting to COM13...
Connected.

OneOS start, version:OneOS-V3.0.1
==================== FAL partition table ====================
| name | flash_dev |   offset   |   length   |
-------------------------------------------------------------
| cfg  | flash_0   | 0x00000000 | 0x00004000 |
=============================================================
[INFO] [esp8266] AT version:1.2.0.0(Jul  1 2016 20:04:45)
[INFO] [esp8266] SDK version:1.5.4.1(39cb9a32)
[INFO] [esp8266] Ai-Thinker Technology Co. Ltd.
[INFO] [esp8266] Dec  2 2016 14:21:16
[INFO] [esp8266.wifi] ESP8266 WIFI has get ip
[INFO] [esp8266] Auto create esp8266 module object success!

sh>
```

图 2.2.80　ESP8266 模组的相关版本信息

（4）输入“ifconfig”，可以查看当前 ESP8266 模组的 IP 地址等信息，如图 2.2.81 所示。

```
sh>ifconfig

LIST AT MODULE INFORMATION
--------------------------------------------------------------------------------
Module   Name    : esp8266
WiFi     Mode    : SoftAP+Station
WiFi     Status  : Connected
STA IPv4 Address : 192.168.101.21
--------------------------------------------------------------------------------
sh>
```

图 2.2.81　ESP8266 模组的 IP 地址等信息

（5）输入“ping www.baidu.com”，查看 ESP8266 模组是否能正常与互联网通信，如图 2.2.82 所示。

```
sh>ping www.baidu.com
[0] 32 bytes from 14.119.104.254 icmp_seq=0 time=39 ms
[1] 32 bytes from 14.119.104.189 icmp_seq=1 time=35 ms
[2] 32 bytes from 14.119.104.189 icmp_seq=2 time=35 ms
[3] 32 bytes from 14.119.104.189 icmp_seq=3 time=35 ms

Ping statistics for 14.119.104.189 :
Packets: Sent = 4, Received = 4, Lost = 0, Mintime = 35 ms, Maxtime = 39 ms, Avgtime = 36 ms
sh>
```

图 2.2.82　ESP8266 模组是否能正常与互联网通信

可以看到 ESP8266 模组已经成功驱动，并且能正常连接到互联网，至此，ESP8266 模块的驱动完成。

2.3.4　使用 OneOS Cloud 组件和 EDP 协议连接 OneNET 云平台

2.3.4.1　OneNET 云平台设备创建

打开官网 https: //open.iot.10086.cn/console，在全部产品服务中选择“多协议接入”，如图 2.2.83 所示。

图 2.2.83　多协议接入

选择“EDP 协议接入”如图 2.2.84 所示。

图 2.2.84　EDP 协议接入

添加产品并填写相关信息，如图 2.2.85 所示。

图 2.2.85　添加产品

单击进入新建的产品，在左侧单击“设备列表”，并点击“添加设备”，填写相关信息，如图 2.2.86 所示。

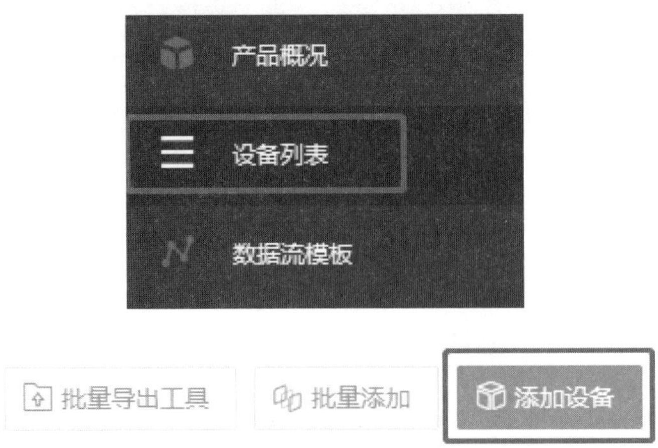

图 2.2.86　添加设备

添加完成设备后，在产品概况中记录 Master-APIkey 信息，如图 2.2.87 所示。

图 2.2.87　产品概况

在设备详情中记录设备 ID 信息，如图 2.2.88 所示。

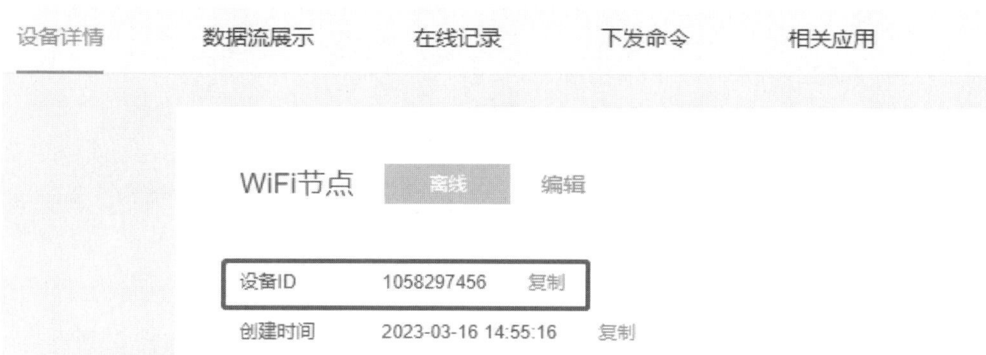

图 2.2.88　设备详情

2.3.4.2　OneOS-Cube 配置

（1）在对应的 oneos\projects\xxxxx（project 文件夹）目录下打开 OneOS-Cube 工具，在命令行输入“oos config”打开可视化配置界面。

（2）在（Top）→Components→Cloud→OneNET→EDP 路径下使能“Enable onenet edp protocal”选项，如图 2.2.89 所示。

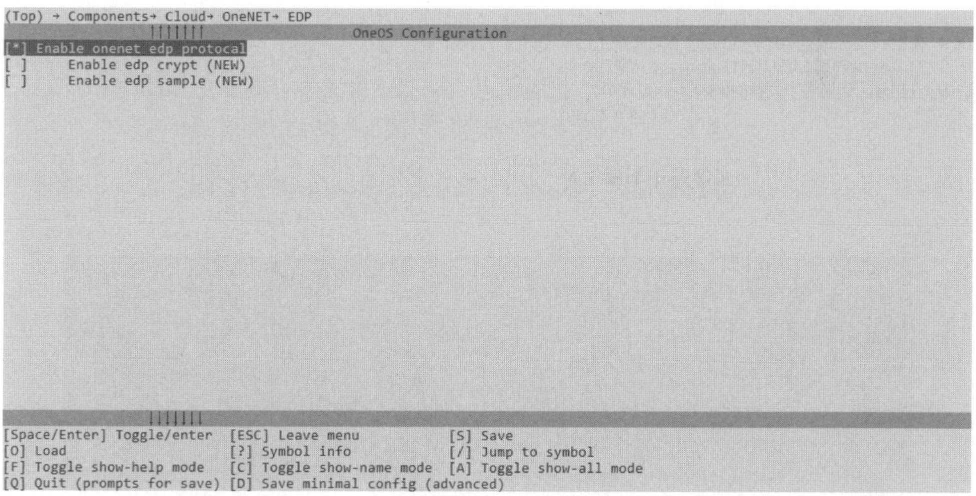

图 2.2.89　使能“Enable onenet edp protocal”选项

（3）使能“Enable edp sample”选项，如图 2.2.90 所示。

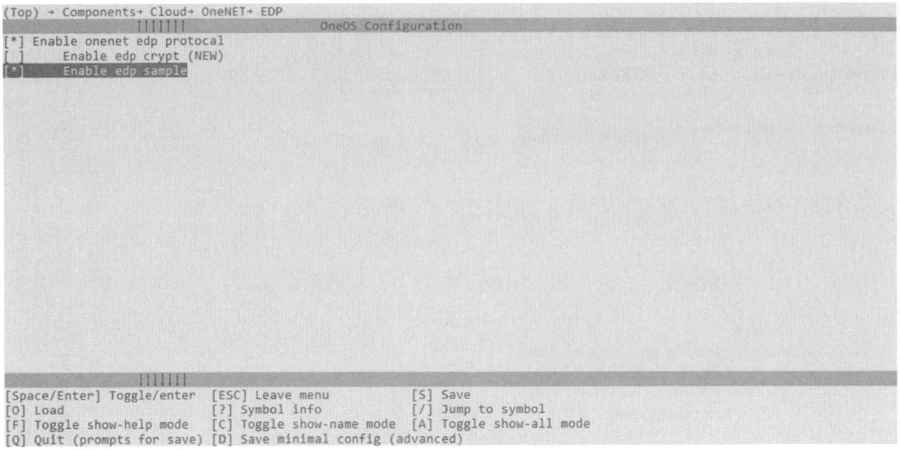

图 2.2.90　使能“Enable edp sample”选项

（4）输入“Q”和“Y”，保存配置并退出，如图 2.2.91 所示。

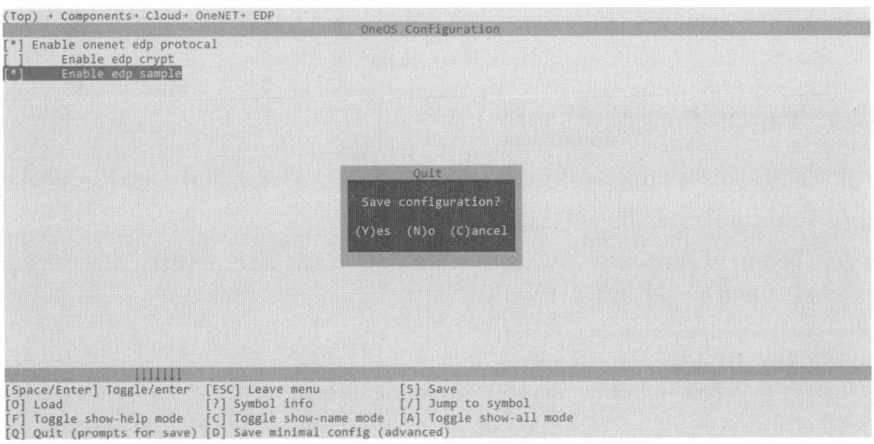

图 2.2.91　保存配置

（5）在 OneOS-Cube 界面中输入“oos init -i keil”，根据前面的设备配置工程，如图 2.2.92 所示。

图 2.2.92　配置工程

2.3.4.3 编译下载验证

打开 OneOS-V3.0.1\projects\STM32F407ZG 目录下的 project.uvprojx 工程文件。

（1）编译并下载。

```
Load "C:\\Users\\Harkin\\Desktop\\OneOS-V3.0.1\\projects\\STM32F407ZG\\build\\keil\\Obj\\project.axf"
Erase Done.
Programming Done.
Verify OK.
Flash Load finished at 14:52:00
```

（2）打开 Xshell 工具，连接串口，复位开发板，等待 ESP8266 模组连接 Wi-Fi，可以看到 ESP8266 模组的相关版本信息，以及获取 IP 等信息，如图 2.2.93 所示。

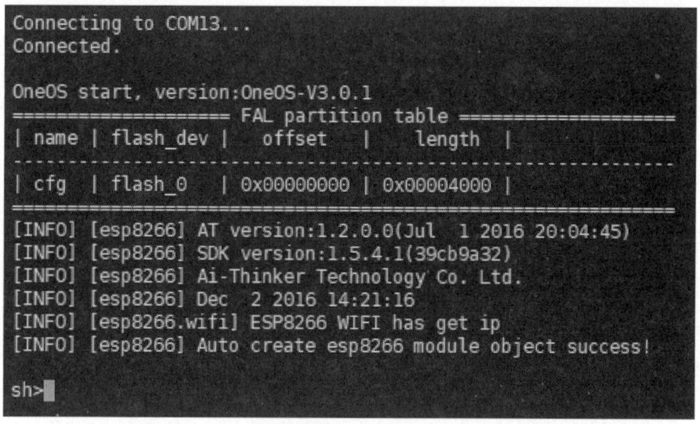

图 2.2.93 ESP8266 模组的相关版本信息

（3）在 Keil 工程中找到 edp_sample.c 文件中的 edp_start 函数，分析代码。可以得知，该示例使用 PacketConnect1 函数与 OneNET 建立连接，且需要从中获取服务器 IP 地址、服务器端口号 Port、设备 ID、产品 API-KEY，因此如果需要设备与 OneNET 建立连接，需要在 Shell 中输入“edp c ip port dev_id api_key”。其中根据 OneNET 平台的接入说明可知，IP 为“183.230.40.39”，Port 为“876”，dev_id 和 api_key 即为前面在 OneNET 云平台创建设备时记录的设备 ID 号和产品 API-KEY 信息。

```
...
switch (opt)
    {
    case 'c':
    {
        ip          = argv[2];
        port        = argv[3];
        src_dev     = argv[4];
        src_api_key = argv[5];

        if (!ip || !port || !src_dev || !src_api_key)
        {
            usage();
```

```
            return;
        }

        /* create a socket and connect to server */
        sockfd = Open((const char *)ip, atoi(port));
        if (sockfd < 0)
        {
            return;
        }
        /* create a recv thread */
        g_tostop          = 0;
        edp_recv_thread = os_task_create(NULL, NULL, stack_size, "edp_recv", recv_thread_func, &sockfd, OS_TASK_PRIORITY_MAX / 2);
        os_task_startup(edp_recv_thread);
    #ifdef OS_USING_ONENET_EDP_CRYPT
        edp_connect_sem = os_semaphore_create(NULL, "edp_conn", 1, 1);
        os_semaphore_wait(edp_connect_sem, OS_WAIT_FOREVER);
        send_pkg = PacketEncryptReq(kTypeAes);
        /* send encryption request to onenet cloud */
        LOG_I(DBG_EXT_TAG, "send encrypt to server, bytes: %d", send_pkg->_write_pos);
        DoSend(sockfd, (const char *)send_pkg->_data, send_pkg->_write_pos);
        DeleteBuffer(&send_pkg);

        /* wait encryption response */
        if (0 != os_semaphore_wait(edp_connect_sem, 20 * OS_TICK_PER_SECOND))
        {
            os_semaphore_destroy(edp_connect_sem);
            LOG_I(DBG_EXT_TAG, "wait encrypt response timeout");
            return;
        }
        /* delete sem */
        os_semaphore_destroy(edp_connect_sem);
    #endif
        /* connect to onenet cloud */
        send_pkg = PacketConnect1(src_dev, src_api_key);
        LOG_I(DBG_EXT_TAG, "send connect to server, bytes: %d", send_pkg->_write_pos);
```

```
            break;
    }
    ...
```

（4）继续分析该函数，可以得知，命令“edp e”为关闭与 OneNET 云平台的连接；命令“edp 0”为向服务器发送心跳；命令“edp 1　dst_dev”为转发（透传）数据，其中“dst_dev”为目的设备 ID；命令“edp 2/3/4/5/6/7/8 dst_dev”为存储（转发）数据，其中 2/3/4/5 的区别在于数据类型和是否携带时间信息；命令“edp h”为输出用法信息命令。

```
    ...
    case 'e':
        {
            g_tostop = 1;
            os_task_msleep(1500);
            if (sockfd > 0)
            {
                closesocket(sockfd);
            }
#ifdef OS_USING_ONENET_EDP_CRYPT
            if (g_rsa.len != 0)
            {
                mbedtls_rsa_free(&g_rsa);
            }
#endif
            return;
        }

        case '0':
            send_pkg = PacketPing();
            break;

        case '1':
            if (3 == argc)
            {
                dst_dev = argv[2];
            }
            send_pkg = PacketPushdata(dst_dev, push_data, sizeof(push_data));
            break;

        case '2':
        case '4':
        case '5':
```

```
            if (3 == argc)
            {
                dst_dev = argv[2];
            }

            if (opt == '2')
            {
                data_type = kTypeFullJson;
            }
            if (opt == '4')
            {
                data_type = kTypeSimpleJsonWithoutTime;
            }
            if (opt == '5')
            {
                data_type = kTypeSimpleJsonWithTime;
            }

            send_pkg = PacketSavedataInt(data_type, dst_dev, "a", 1234, 0, 0);
            /* send_pkg = PacketSavedataDouble(data_type, dst_dev, "b", 28.6547, 0, 0); */
            /* send_pkg = PacketSavedataString(data_type, dst_dev, "c", "test12345678", 0,
1); */
            break;

        case '3':
            if (3 == argc)
            {
                dst_dev = argv[2];
            }

            desc_json = cJSON_Parse(text2);
            send_pkg   = PacketSavedataBin(dst_dev, desc_json, (const uint8 *)save_bin,
sizeof(save_bin), 0);
            break;

        case '6':
            if (3 == argc)
            {
                dst_dev = argv[2];
            }
```

```
            send_pkg = PacketSavedataSimpleString(dst_dev, send_str, 0);
            break;

        case '7':
            if (3 == argc)
            {
                dst_dev = argv[2];
            }

            if (save_time.year > 0)
            {
                send_pkg = PacketSavedataSimpleStringWithTime(dst_dev, send_str,
&save_time, 0);
            }
            else
            {
                send_pkg = PacketSavedataSimpleStringWithTime(dst_dev, send_str,
NULL, 0);
            }
            break;

        case '8':
            if (3 == argc)
            {
                dst_dev = argv[2];
            }

            if (save_time.year > 0)
            {
                send_pkg = PackSavedataFloatWithTime(dst_dev, send_float, 3,
&save_time, 0);
            }
            else
            {
                send_pkg = PackSavedataFloatWithTime(dst_dev, send_float, 3, NULL,
0);
            }
            break;
```

```
        case 'h':
            usage();
            return;
    ...
```

（5）因此，在 Xshell 中输入“edp c 183.230.40.39 876 1058297456 muLjyGylQOETrrmFv=vRVSheY=c=”，可以在 OneNET 云平台上观察到设备在线，如图 2.2.94 所示。

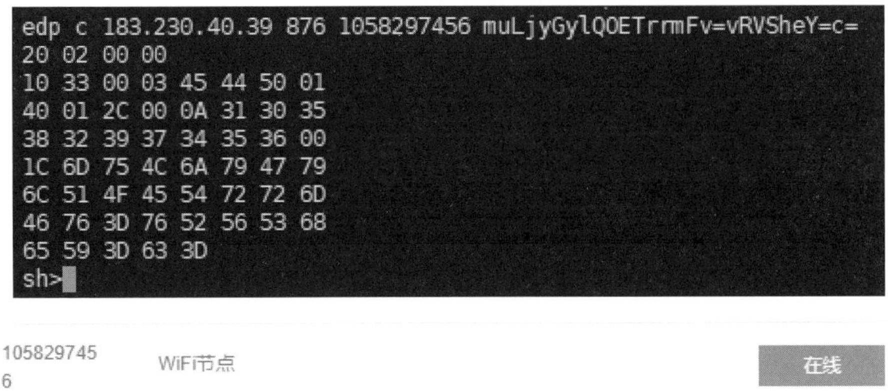

图 2.2.94　观察到设备在线

（6）测试上传数据，在 Xshell 中输入“edp 4”，可以在 OneNET 云平台设备详情中的数据流中查看到上传的数据，如图 2.2.95 所示。

图 2.2.95　看到上传的数据

（7）测试从 OneNET 云平台接收命令数据。在设备详情中找到“下发命令”，输入下发的测试数据，并填写失效时间（见图 2.2.96）。可以在 Xshell 中看到接收到的数据，将其用 EDP 调试器翻译（见图 2.2.97）后，可知与 OneNET 云平台下发的命令数据一致（见图 2.2.98）。

图 2.2.96　下发数据

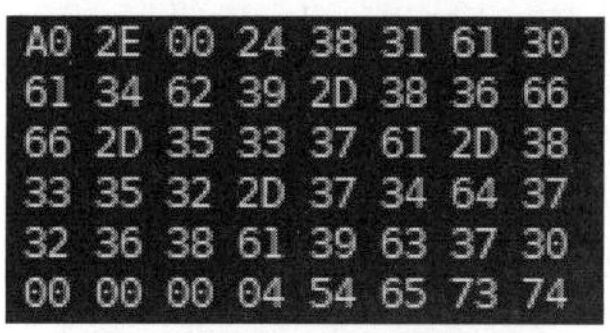

图 2.2.97　接收的收据

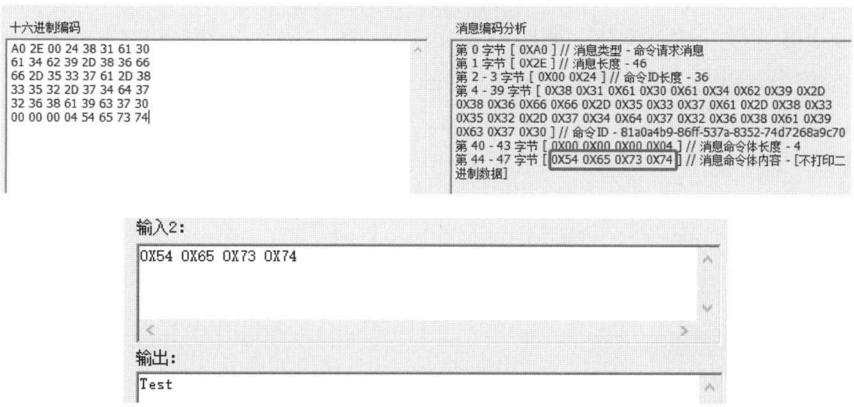

图 2.2.98　编译后数据

到此，我们就成功地使用 OneOS Cloud 组件和 EDP 协议与 OneNET 云平台建立了连接，并能成功进行数据的收发。

2.3.5 上传环境传感器数据到 OneNET 云平台

2.3.5.1 平台登陆与数据上传

通过前面的学习，我们已经知道了如何使用 OneOS Molink 组件接入 ESP8266 模组，让主板拥有了接入互联网的能力，并且学习了如何使用 OneOS Cloud 组件和 EDP 协议与 OneNET 云平台建立连接，但之前的数据上传都是通过 Shell 命令来完成的，且数据无法自定义。那么接下来就需要通过编程的方法，实现主板自动登录 OneNET 云平台，并定时发送心跳包和环境传感器数据。

使用 MDK 软件打开工程 project.uvprojx，新建一个.c 文件和一个.h 文件，命名为 edp_environment.c 和 edp_environment.h。该文件中我们主要编写登录平台、数据上传等代码。

编写函数 edp_dev_link，详见代码 5，该函数主要完成登录 OneNET 云平台和创建数据接收线程、创建上传数据定时器的功能。

首先，调用 Open 函数，打开制定的 IP 和端口，获取套接字标识符 global_select_fd，然后创建名为“edp_recv”的数据接收线程任务，任务函数为 recv_thread_func，接着调用 PacketConnect1 函数，传入参数为设备 ID 和 API_KEY，选择方式 1 进行 EDP 组包，最后调用 DoSend 函数将组包发送到 OneNET 服务器，完成登录操作。

代码 5

创建名为 timer_s2 的定时器，回调函数为 timer_s2_callback，定时时间为 3 s。

EDP 数据接收线程任务函数 recv_thread_funcm 详见代码 6。这部分代码中，首先调用 GetEdpPacket 函数，获取接收到的 EDP 包数据，然后调用 EdpPacketType 函数，获取该包的消息类型，并根据消息类型进行不同的处理。对于消息类型的具体解释，可自行参考 OneNET EDP 协议。

随后根据不同的消息类型，调用对应的解包函数对该包进行数据解包，并将解包的数据打印在串口终端中。

代码 6

定时器 time_s2 回调函数 timer_s2_callback 如下。在该回调函数中，首先判断主板是否已经连接到了 OneNET 云平台，若是，则调用 PacketPing 函数组建心跳包，并通过 DoSend 函数发送心跳包。调用 OneNet_SendData 函数向 OneNET 云平台上传环境数据，传入参数为 dataStream（数据流名称）、dataStreamCnt（数据流条数）。

```
void timer_s2_callback(void *parameter)
{
    EdpPacket *send_pkg       = NULL;
    if(!environment_data.status_connected)
            return;
    else
    {
            send_pkg = PacketPing();        // 3s 心跳包
            if (OS_NULL != send_pkg)
            {
```

```
                    DoSend(global_select_fd,(const char *)send_pkg->_data,send_pkg->_write_
pos);
                    DeleteBuffer(&send_pkg);
            }
            if(OS_SUCCESS != OneNet_SendData(dataStream,dataStreamCnt))
            {
                os_kprintf("Send data to OneNET fail!\r\n");
            }
        }
}
```

对于 dataStream 和 dataStreamCnt 的定义如下。

```
typedef struct
{
    char *name;
    void *dataPoint;
    DATA_TYPE dataType;
    _Bool flag;
} DATA_STREAM;
DATA_STREAM dataStream[] = {
{"temperature",     &environment_data.temperature_value,TYPE_FLOAT,1},
{"humidity", &environment_data.humidity_value,TYPE_FLOAT,1},
{"Illuminance", &environment_data.Illuminance_value,TYPE_FLOAT,1},
{"Status_FAN", &environment_data.status_fan,TYPE_BOOL,1},
{"Status_RELAY", &environment_data.status_relay,TYPE_BOOL,1},
{"String","Hello OneOS!",                    TYPE_STRING,1},
};
unsigned char dataStreamCnt = sizeof(dataStream)/ sizeof(dataStream[0]);
```

OneNet_SendData 函数详见代码 7，在该函数中，首先创建 cJSON 类型变量 json_obj 头指针，然后调用 cJSON_CreateObject 函数创建头节点，并将头指针指向头节点。根据 streamArray[count].flag 判断该条数据流是否使能上传，若没有一条数据流被使能上传则退出该函数，否则，根据每条数据流数据类型调用不同的 cJSON 添加链表节点函数，来将数据流中的名称、数据点添加到 json_obj 链表的节点中，其中 double 和 float 型的数据默认保留 2 位小数，然后打印 JSON 对象（整条链表）的所有数据。接着调用 PacketSavedataJson 函数，传入参数为设备 ID、json 数据、kTypeSimpleJsonWithoutTime（type3）和 msg_id，进行 type3 数据类型的 EDP 数据打包，随后调用 DoSend 函数将打包好的数据上传到 OneNET 云平台。对于具体的数据类型如何打包和解包，可自行参考 OneNET EDP 协议。

代码 7

在主函数中调用 edp_dev_link 函数，并在原来的 Environment_ZigBee_task 函数中添加数据转存，详见代码 8。另外，对之前的代码做了优化，减少了定时器回调函数中的代码部分，将其修改为一段时间后置标志位，在任务函数中查询并根据该标志位执行相关代码的形式，这样的好处在于减少了在回调函数中所停留的时间，避免了某些地址偏移的问题。

主函数中，一共有两个任务和一个函数，其实 edp_dev_link 函数中也包

代码 8

含了一个任务，因此主函数中一共创建并调度了三个任务。user_task 任务为程序运行指示任务，程序正常运行时 LED1 以 1 Hz 的频率闪烁；Environment_ZigBee_task 函数通过 ZigBee 无线网络定时采集温度、湿度、光照度数据任务；edp_dev_link 函数中的任务为定时上传数据任务。

编写好程序后，单击“编译”确保工程没有报错后，将程序下载到开发板中，按下复位键，程序运行。确保在 edp_environment.c 文件中填写的信息正确。

```
char        *ip             = "183.230.40.39";
char        *port           = "876";
char        *src_dev        = "1058297456";
char        *src_api_key    = "muLjyGylQOETrrmFv=vRVSheY=c=";
char        *dst_dev        = NULL;
```

打开 OneNET 云平台，找到对应设备，并打开数据流展示，可以看到实时上传的温湿度、光照度数据，如图 2.2.99 所示。

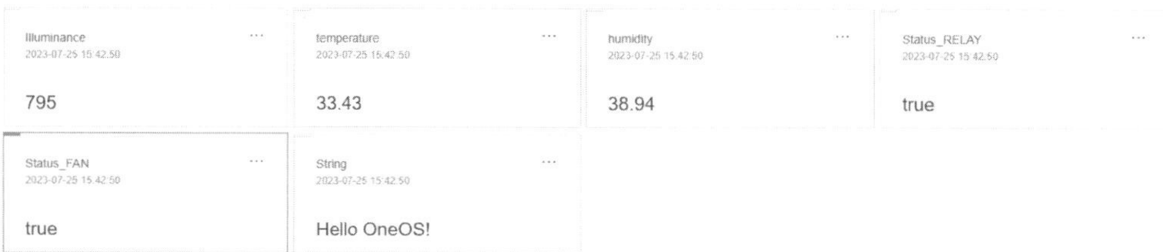

图 2.2.99　数据流展示

并且可以在 Xshell 工具中查看打印的数据信息如图 2.2.100 所示。

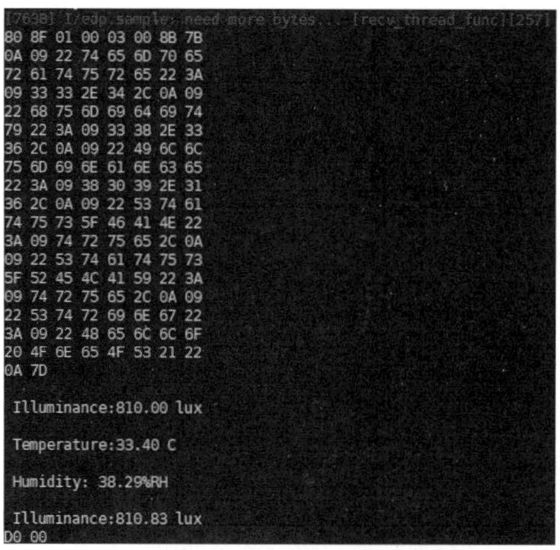

图 2.2.100　查看打印的数据信息

使用 EDP 调试器翻译我们可以得知上传的数据如图 2.2.101 所示。与云平台上显示的一致，如此，我们就完成了温湿度数据、光照度数据的上传。

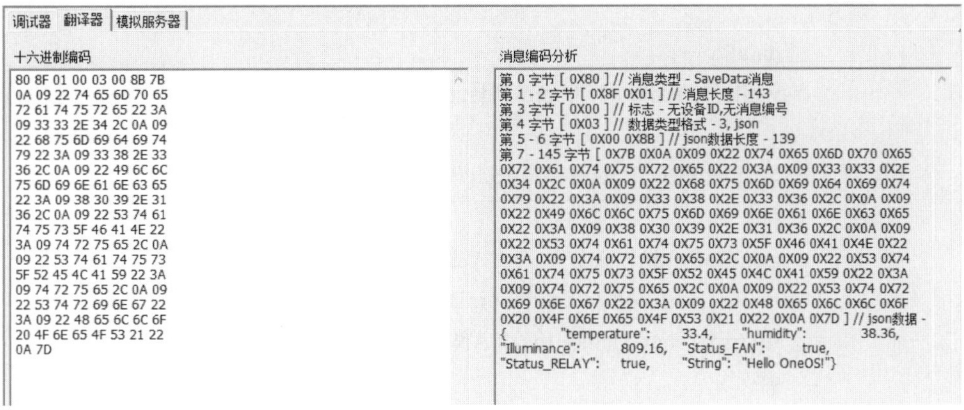

图 2.2.101　上传的数据

2.3.5.2　平台下行命令解析

打开 edp_environment.c 文件，找到 recv_thread_func 函数，该函数为 EDP 数据接收线程函数，在上一节中已经作了相关介绍，此处对于平台命令下发解析，对应的消息类型为 CMDREQ，因此需要在其中添加相关命令解析代码，如下所示。

首先定义一个指针，然后在接收到的数据中搜索是否存在“:”，若存在，则 dataPtr 指针指向“:”所在地址，然后后移一位，判断冒号后面的数据是否为 0 ~ 9 的数字，若是，则将该数字提取出来，存放在 num 变量中；然后在 cmd_req 中搜索关键字，若为“FAN”，则代表为风扇控制命令，若为“RELAY”，则代表为继电器控制命令；最后再根据 num 的值来确定是打开还是关闭对应的设备，并将解析好的命令打印在串口工具中，对对应的数据标志置位，以便后续使用。

```
case CMDREQ:
            if (UnpackCmdReq(pkg,&cmdid,&cmdid_len,&cmd_req,&cmd_req_len)== 0)
            {
                LOG_I(DBG_EXT_TAG,"recv cmd request");
                /*
                 * user processe and return according to own requirements. The response
                * message body can be empty. It is assumed that two characters "OK" are
                * returned here.
                 */
        // CMD: FAN:0        close fan ,FAN:1        open fan
        // RELAY:0      close relay,RELAY:1      open relay
        char *dataPtr = NULL;
        char numBuf[10];
        int num = 0;
```

```
dataPtr = strchr(cmd_req,':');
if(dataPtr != NULL)
{
    dataPtr++;
    while(*dataPtr >= '0' && *dataPtr <= '9')//判断是否是下发的命令控制数据
    {
        numBuf[num++] = *dataPtr++;
    }
    numBuf[num] = 0;//如果没有这一条,num 解析会出错
    num = atoi((const char *)numBuf);                    //转为数值形式
    if(strstr((char *)cmd_req,"FAN"))          //搜索"FAN"
    {
        if(num == 1)
        {
            environment_data.cmd_fan = 1;
            os_kprintf("open fan\r\n");
        }
        else if(num == 0)
        {
            environment_data.cmd_fan = 0;
            os_kprintf("close fan\r\n");
        }
    }

    if(strstr((char *)cmd_req,"RELAY"))            //搜索"RELAY"
    {
            if(num == 1)
        {
            environment_data.cmd_relay = 1;
            os_kprintf("open relay\r\n");
        }
        else if(num == 0)
        {
            environment_data.cmd_relay = 0;
            os_kprintf("close relay\r\n");
        }
    }
}
```

编写好程序后，单击“编译”确保工程没有报错后，将程序下载到开发板中，按下复位键，程序运行。

打开 OneNET 云平台，找到对应的设备详情，并单击“下发命令”，能够在 Xshell 工具界面中看到解析后的命令，如图 2.2.102 所示。

图 2.2.102　下发命令

任务 4　农业环境自动控制功能实现

任务目标

根据获取的环境传感器数据，自动控制继电器和风扇。当光照度小于阈值时，打开继电器，反之断开继电器；当温度高于阈值时，小风扇运转，反之停止运转。

任务实施

2.4.1　硬件资源与硬件连接

本任务使用继电器模块、小风扇模块、Wi-Fi 模块、无线光照度传感器模块、无线温湿度传感器模块进行实验，因此需要将上述模块插接在底板上；并给主板连接上 DC 12 V 头子进行供电；使用 TypeC 数据线连接主板 MASTER 串口，以便串口打印输出和使用 Shell 工具；使用 TypeC 数据线连接主板 CMSIS 接口，用于给主板 STM32F407 主芯片下载程序。

图 2.2.103 为继电器模块顶层图，包含两组继电器，D3 为电源指示灯，上方接线端子为工作电路接口。

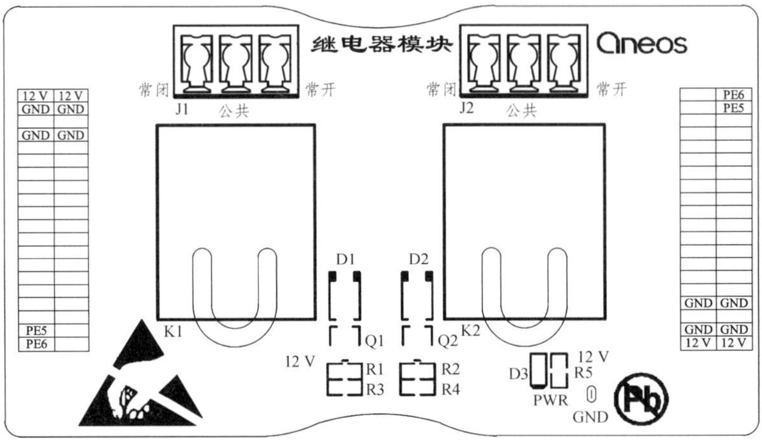

图 2.2.103　继电器模块

图 2.2.104 为继电器模块电路原理图。该模块含两组继电器电路，其中，PE5、PE6 分别为两组继电器的输入控制引脚，高电平有效。

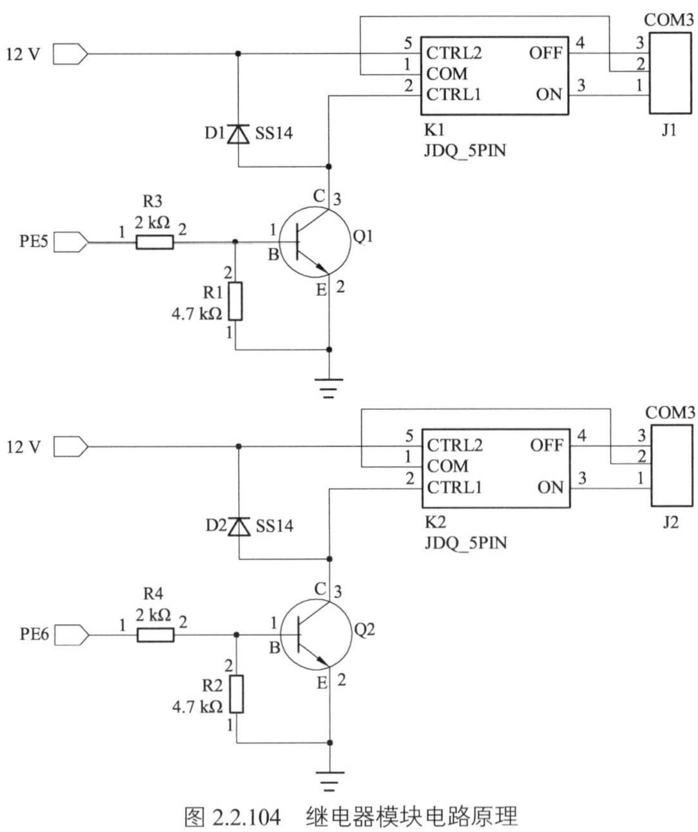

图 2.2.104　继电器模块电路原理

小风扇模块顶层图如图 2.2.105 所示，中间圆形部分为小风扇主体，D3 为电源指示灯。

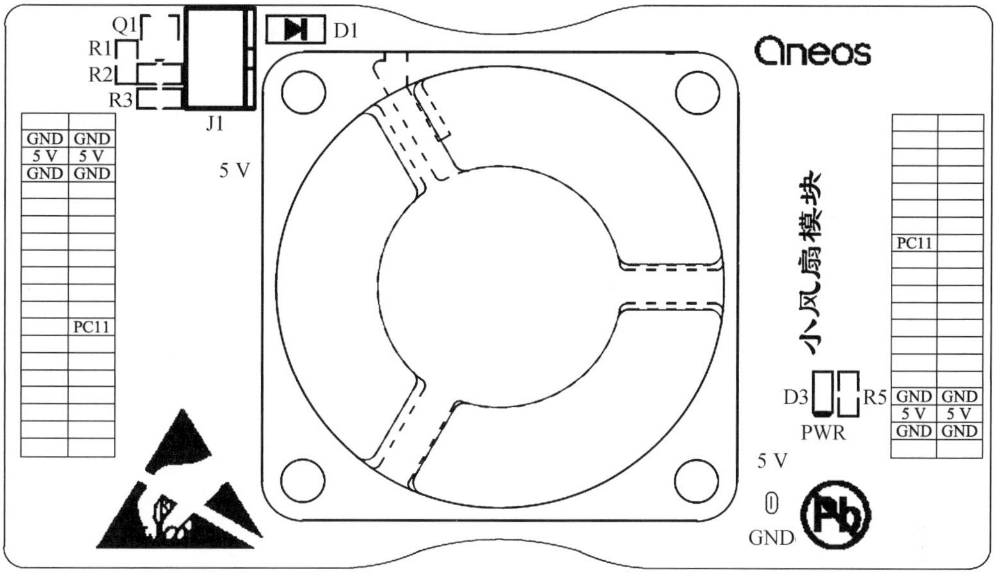

图 2.2.105　小风扇模块顶层图

图 2.2.106 为小风扇模块电路原理图，PC11 为小风扇控制引脚。当 PC11 为高电平时，三极管导通，COM2 的 2 脚接地，COM2 的 1 脚和 2 脚存在 5 V 电压差，风扇得电；当 PC11 为低电平时，三极管截止，COM2 的 2 脚为高电平，COM2 的 1 脚和 2 脚不存在电压差，风扇失电。因此可以通过控制 PC11 引脚的高低电平值控制风扇的运行和停止。

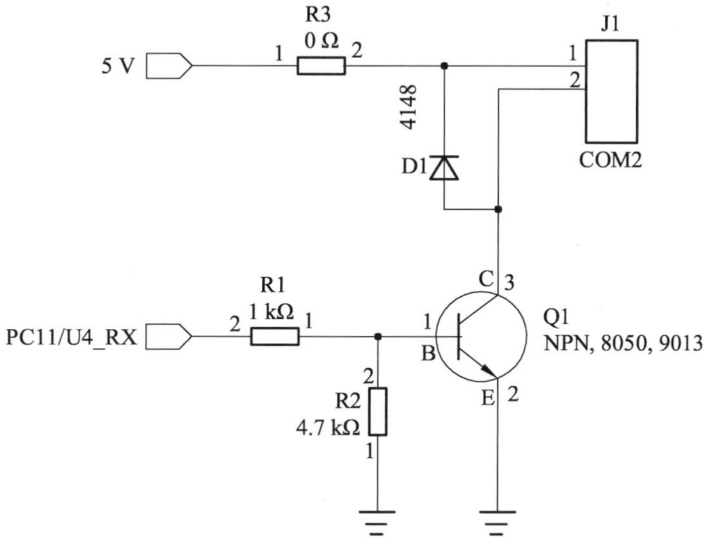

图 2.2.106　小风扇模块电路原理图

对于无线光照度传感器模块、无线温湿度传感器模块、Wi-Fi 模块硬件资源在本书中已有详细介绍，此处不再赘述。

2.4.2 STM32CubeMX 配置

打开 OneOS-V3.0.1\projects\STM32F407ZG\board\CubeMX_Config 路径下的 CubeMX_Config.ioc，进入 STM32CubeMX 配置。

首先在右侧的引脚界面中找到 PE5、PE6 引脚，该引脚为继电器模块使用引脚，将其配置为“GPIO_OUTPUT”模式，如图 2.2.107 所示。

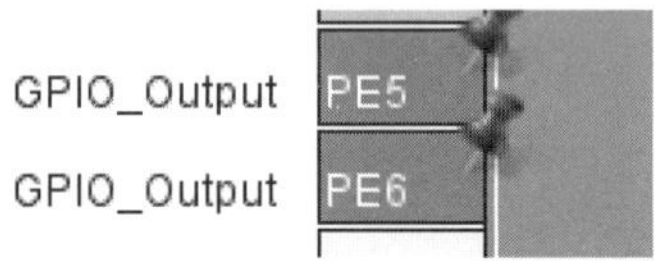

图 2.2.107　PE5、PE6 引脚

在右侧的引脚界面中找到 PC11 引脚，该引脚为小风扇模块控制引脚，将其配置为“GPIO_OUTPUT”模式，即引脚输出模式，如图 2.2.108 所示。

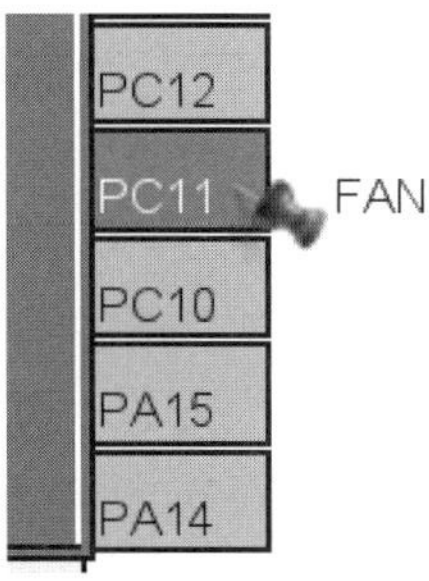

图 2.2.108　PC11 引脚

然后在左侧的“Categories”选项卡中找到“System Core”下的“GPIO”选项，对 PC11 引脚参数进行配置，PC11 有效电平为高电平，无信号输出时为低电平，因此将其配置为推挽输出、下拉，如图 2.2.109 所示。

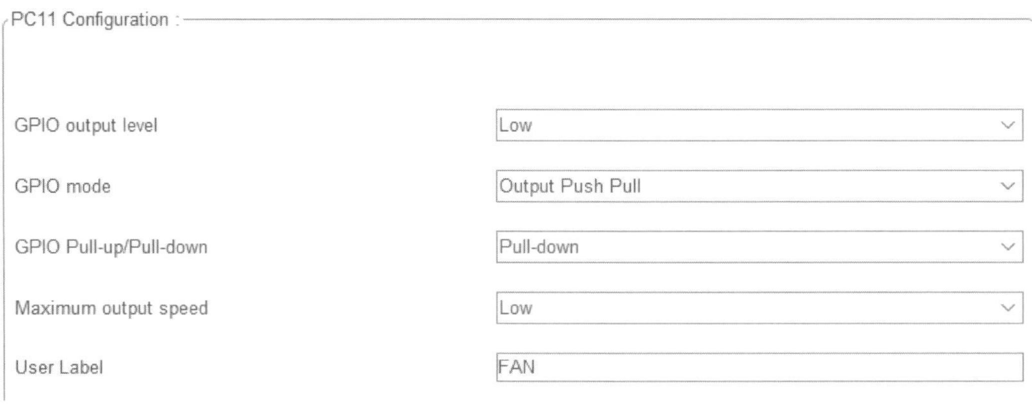

图 2.2.109　“GPIO”选项

对 PE6、PE5 引脚参数进行配置，PE6、PE5 有效电平为高电平，无信号输出时为低电平，因此将其配置为推挽输出、下拉，如图 2.2.110 所示。

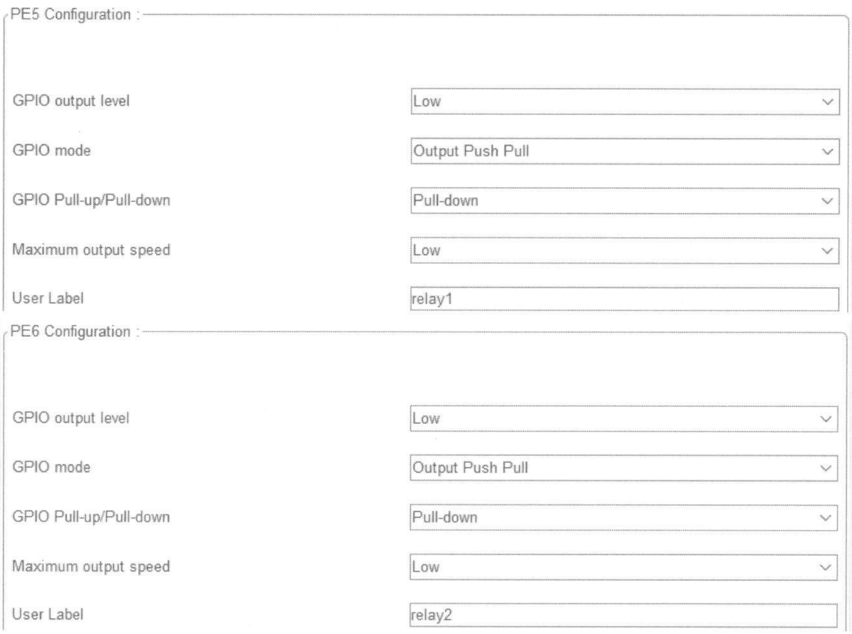

图 2.2.110 PE5、PE6 引脚配置

配置完成后，单击“GENARATE CODE”生成代码，如图 2.2.111 所示。

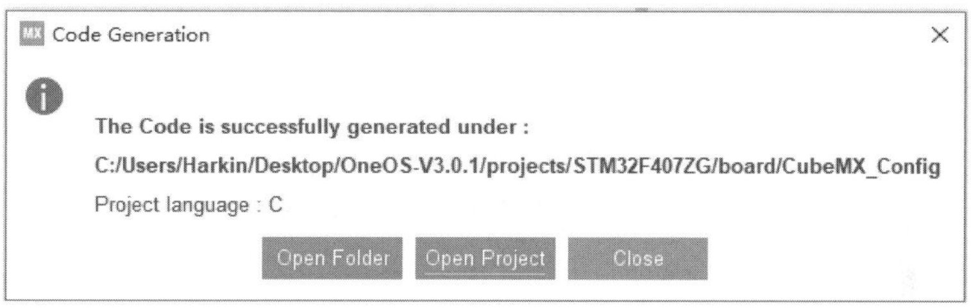

图 2.2.111 生成代码

2.4.3 OneOS-Cube 配置与工程构建

在 OneOS-Cube 界面中输入“oos init -i keil”，配置工程，如图 2.2.112 所示。

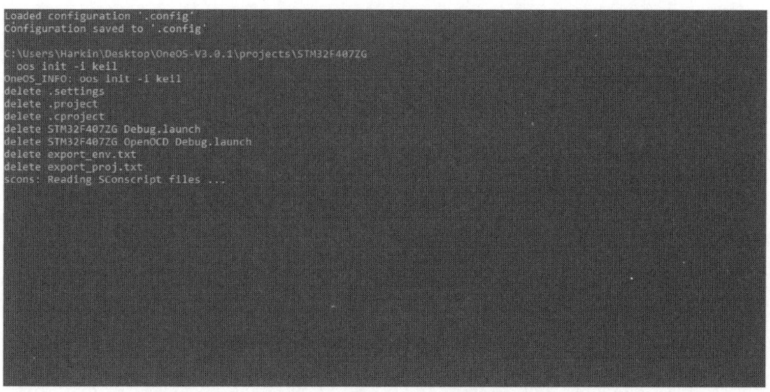

图 2.2.112 配置工程

2.4.4 Keil 工程构建与代码增删

在工程目录中，使用 MDK 软件打开工程 project.uvprojx。

在 main.c 文件中编写任务函数，详见代码 9，该任务函数为环境数据采集自动控制任务。首先用几个宏定义指明了温度、光照度的上下限；然后在 while 死循环中首先判断是否存在 OnNET 下发的控制指令，或当前采集到的环境传感器数据是否在设定的范围内，控制对应的执行器件动作。比如当温度高于设定值时，驱动小风扇模块的 PC11 引脚输出高电平，则小风扇运转；当光照度低于设定值时，驱动继电器模块的 PE6 和 PE5 引脚输出高电平，从而驱动继电器闭合，打开照明灯。

代码 9

使用 os_pin_read 函数读取小风扇模块驱动引脚、继电器模块驱动引脚电平值，从而赋值 environment_data 结构体中相关状态量值，包括风扇状态、继电器状态。这两个状态值最终会被 edp_dev_link 函数调用，上传到 OneNET 云平台中进行显示。

在主函数中创建并调度该任务。

```
int main（void）
{
      os_task_id task;
      task = os_task_create（OS_NULL，OS_NULL，512，"user"，user_task，OS_NULL，3）;
      OS_ASSERT（task）;
      os_task_startup（task）;
        os_task_id environment_ZigBee_task;
      environment_ZigBee_task  =  os_task_create  （ OS_NULL ， OS_NULL ， 2048 ，
"environment_ZigBee_task"，Environment_ZigBee_task，OS_NULL，4）;
      OS_ASSERT（environment_ZigBee_task）;
      os_task_startup（environment_ZigBee_task）;
           edp_dev_link（ ）; // 数据上云与命令接收解析
        os_task_id environment_Auto_Ctrl_task;
      environment_Auto_Ctrl_task  =  os_task_create  （ OS_NULL ， OS_NULL ， 512 ，
"environment_Auto_Ctrl_task"，Environment_Auto_Ctrl_task，OS_NULL，5）;
      OS_ASSERT（environment_Auto_Ctrl_task）;
      os_task_startup（environment_Auto_Ctrl_task）;
      return 0;
}
```

2.4.5 编译下载验证

单击“编译”确保工程没有报错后，将程序下载到开发板中，按下复位键，程序运行。在 OneNET 云平台中查看当前温湿度传感器、光照度传感器数据以及小风扇状态、继电

器状态，如图 2.2.113 所示。

图 2.2.113　查看当前状态

可见当前温度高于阈值，小风扇运转，光照度低于阈值，继电器闭合。

使用手电筒照射无线光照度传感器模块，可见光照度值上升，超过阈值，继电器断开，如图 2.2.114 所示。

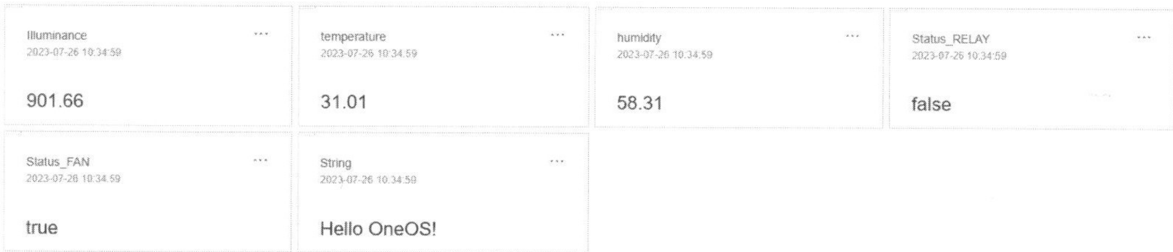

图 2.2.114　光照度值上升

在云平台中可以下发小风扇、继电器控制指令，控制小风扇和继电器相关动作，如图 2.2.115 所示。具体命令和其功能如表 2.2.3 所示。

表 2.2.3　各命令功能

命令	功能
FAN：1	打开风扇
FAN：0	关闭风扇
RELAY：1	闭合继电器
RELAY：0	断开继电器

图 2.2.115　下发命令

任务 5　本地 GUI 功能设计

任务目标

在 GUI 界面上实时显示当前环境传感器数据，包括温度、湿度、光照度，并显示 LED、风扇状态；能通过触摸 GUI 上的手/自动切换按钮切换控制模式；手动模式下能单独控制风扇、LED。

任务实施

2.5.1　硬件资源与硬件连接

在之前任务基础上，本任务使用 LCD 显示屏进行实验，因此需要连接主板与 LCD 显示屏；并给主板连接上 DC 12 V 头子进行供电；使用 TypeC 数据线连接主板 MASTER 串口，以便串口打印输出和使用 Shell 工具；使用 TypeC 数据线连接主板 CMSIS 接口，用于给主板 STM32F407 主芯片下载程序。

其中主板的 LCD 接口硬件原理如图 2.2.116 所示。

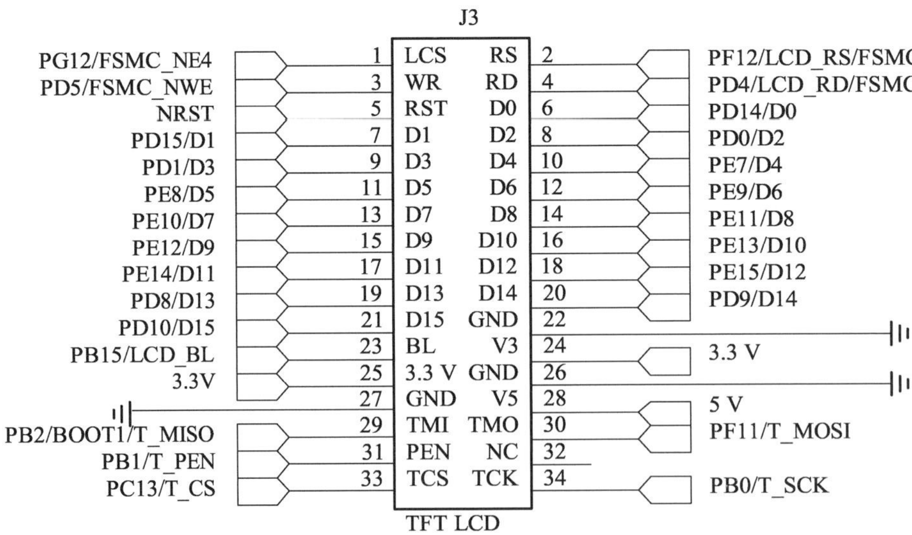

图 2.2.116　LCD 接口硬件原理图

对应的 IO 分配表如表 2.2.4 所示。

表 2.2.4　对应的 IO 分配表

LCD 引却	主芯片引脚	说　明
PB15	LCD_BL	TFTLCD 接口背光控制脚
PD0	FSMC_D2	FSMC 总线数据线 D2（LCD/SRAM 共用）
PD1	FSMC_D3	FSMC 总线数据线 D3（LCD/SRAM 共用）
PD4	FSMC_NOE	FSMC 总线 NOE（RD）(LCD/SRAM 共用）
PD5	FSMC_NWE	FSMC 总线 NWE（WR）(LCD/SRAM 共用）
PD8	FSMC_D13	FSMC 总线数据线 D13（LCD/SRAM 共用）
PD9	FSMC_D14	FSMC 总线数据线 D14（LCD/SRAM 共用）
PD10	FSMC_D15	FSMC 总线数据线 D15（LCD/SRAM 共用）
PD14	FSMC_D0	FSMC 总线数据线 D0（LCD/SRAM 共用）
PD15	FSMC_D1	FSMC 总线数据线 D1（LCD/SRAM 共用）
PE7	FSMC_D4	FSMC 总线数据线 D4（LCD/SRAM 共用）
PE8	FSMC_D5	FSMC 总线数据线 D5（LCD/SRAM 共用）
PE9	FSMC_D6	FSMC 总线数据线 D6（LCD/SRAM 共用）
PE10	FSMC_D7	FSMC 总线数据线 D7（LCD/SRAM 共用）
PE11	FSMC_D8	FSMC 总线数据线 D8（LCD/SRAM 共用）
PE12	FSMC_D9	FSMC 总线数据线 D9（LCD/SRAM 共用）
PE13	FSMC_D10	FSMC 总线数据线 D10（LCD/SRAM 共用）
PE14	FSMC_D11	FSMC 总线数据线 D11（LCD/SRAM 共用）
PE15	FSMC_D12	FSMC 总线数据线 D12（LCD/SRAM 共用）
PF12	FSMC_A6	FSMC 总线地址线 A10（SRAM/LCD 共用）
PG12	FSMC_NE4	FSMC 总线的片选信号 4，为 LCD 片选信号
PB0	T_SCK	TFTLCD 接口触摸屏 SCK 信号
PB1	T_PEN	TFTLCD 接口触摸屏 PEN 信号
PF11	T_MOSI	TFTLCD 接口触摸屏 MOSI 信号
PB2	T_MISO	TFTLCD 接口触摸屏 MISO 信号
PC13	T_CS	TFTLCD 接口触摸屏 CS 信号

2.5.2 STM32CubeMX 配置

打开 OneOS-V3.0.1\projects\STM32F407ZG\board\CubeMX_Config 路径下的 CubeMX_Config.ioc，进入 STM32CubeMX 配置。

首先，配置 LCD 显示驱动引脚。

在“Connectivity”选项中选择“FSMC”进行配置，选择“NOR Flash/PSRAM/RSAM/ROM/LCD 1”，配置“Chip Select”为“NE4”，“Memory type”配置为“LCD Interface”，“LCD Register Select”配置为“A6”，“Data”配置为 16 Bits/s，如图 2.2.117 所示。

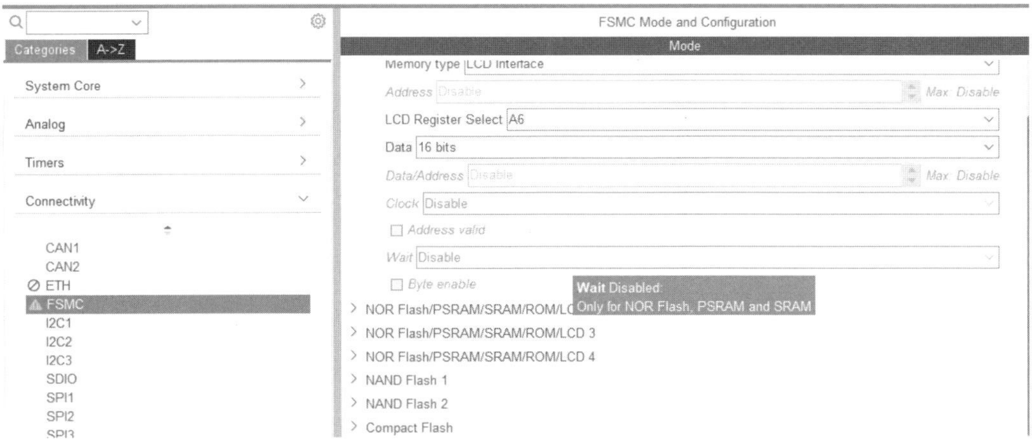

图 2.2.117 FSMC 配置

如果 LCD 的驱动芯片支持读写不同的速度，那么可以选择 Extended mode 为“Enabled”，此处配置为“Disabled”。NOR/PSRAM timing 是读速率有关参数，这几个参数的配置与该驱动芯片的电气特性和对 STM32F407 芯片时钟速率的配置有关，需要查看两个芯片的“datasheet”来决定，此处配置为 1、10 和 1，如图 2.2.118 所示。

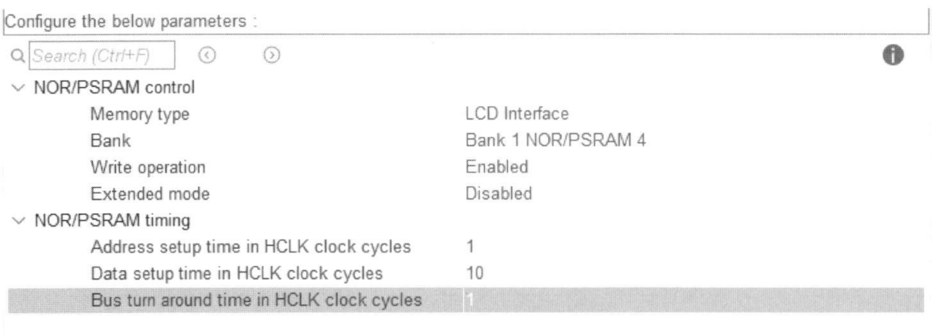

图 2.2.118 读写速度配置

在右侧“Pinout view”中找到 PB15 引脚，将其配置为“GPIO_Output”模式，如图 2.2.119 所示，该引脚为 LCD 的背光控制引脚。

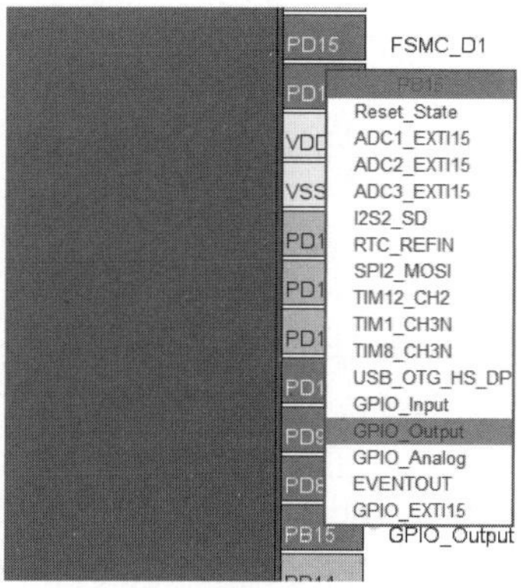

图 2.2.119　PB15 引脚配置

然后配置 LCD 触摸芯片驱动引脚。

查看硬件原理图，得知触摸屏的驱动引脚功能如表 2.2.5 所示。

表 2.2.5　触摸屏的驱动引脚

引脚	功能
PB0	SCL
PB1	INT
PC13	RST
PF11	SDA

其中 SCL、SDA 为触摸屏芯片的 IIC 通信引脚，INT 为中断引脚，RST 为复位引脚。

因此，我们需要在 STM32CubeMX 中配置这几个引脚，在工程目录\board\CubeMX_Config 下，打开 STM32CubeMx 工程 CubeMX_Config.ioc。

配置引脚如图 2.2.120 所示。

Pin Name	Signal on Pin	GPIO output...	GPIO mode	GPIO Pull-u...	Maximum o...	User Label	Modified
PB0	n/a	Low	Output Ope...	Pull-up	Medium	SCL	✓
PB1	n/a	n/a	Input mode	Pull-up	n/a	INT	✓
PB15	n/a	Low	Output Pus...	No pull-up a...	Low	BL	✓
PC13-ANTI_...	n/a	Low	Output Pus...	Pull-up	Low	RST	✓
PF11	n/a	Low	Output Ope...	Pull-up	Medium	SDA	✓

图 2.2.120　配置引脚

注意：SCL、RST、SDA 均为输出模式，INT 引脚为输入模式。

配置完成后，单击“GENARATE CODE”生成代码，如图 2.2.121 所示。

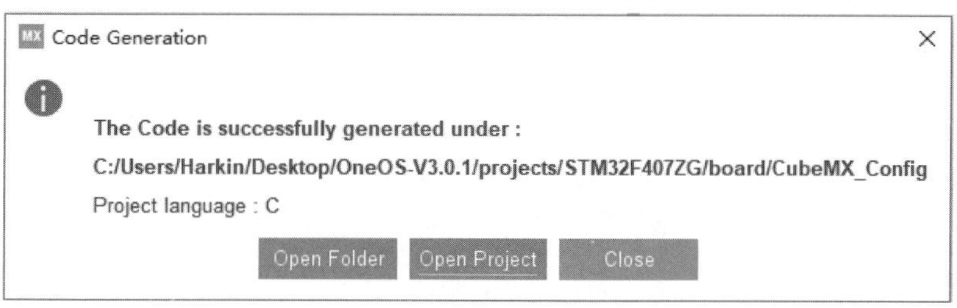

图 2.2.121　生成代码

2.5.3 OneOS-Cube 配置与工程构建

在 OneOS-V3.0.1\projects\STM32F407ZG 目录下右键打开 OneOS-Cube，输入“oos config”进入配置界面。

由于此触摸芯片使用 IIC 进行通信，且 IIC 的引脚不在 STM32F407 芯片的硬件 IIC 引脚上，因此需要使用软件模拟的方式来对触摸芯片连接的 IIC 总线进行控制。

在配置界面中，选择进入（Top）→ Drivers→ I2C，如图 2.2.122 所示。

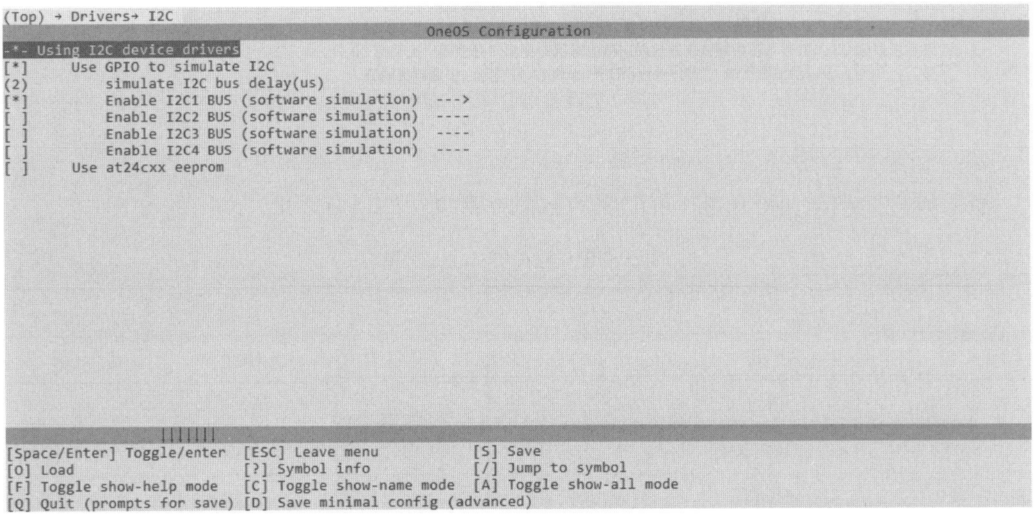

图 2.2.122　进入 I2C

选择“Use GPIO to simulate I2C”使用 GPIO 模拟 IIC，并配置“simulate I2C bus delay(us)”软 IIC 延时时间为 2μs，选择并配置“Enable I2C1 BUS （software simulation）”使能 I2C 总线（软件模拟方式），配置 SDA 和 SCL 引脚编号，如图 2.2.123 所示。

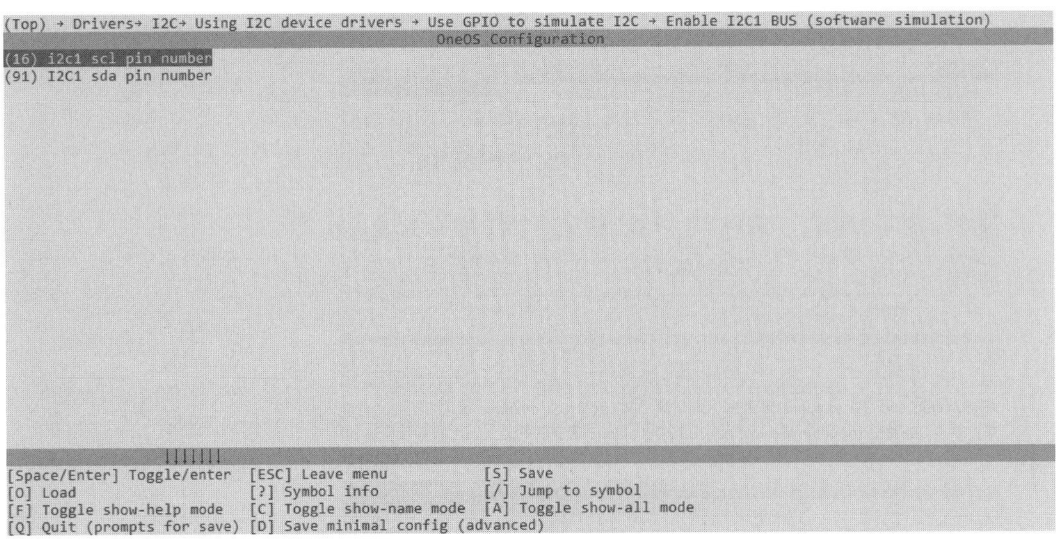

图 2.2.123　配置 SDA 和 SCL 引脚编号

选择（Top）→Drivers→Touch，配置触摸选项，使能“Using Touch device drivers”，本任务使用的触摸芯片为 GT911，因此勾选“Enable gt9x”选项，如图 2.2.124 所示。

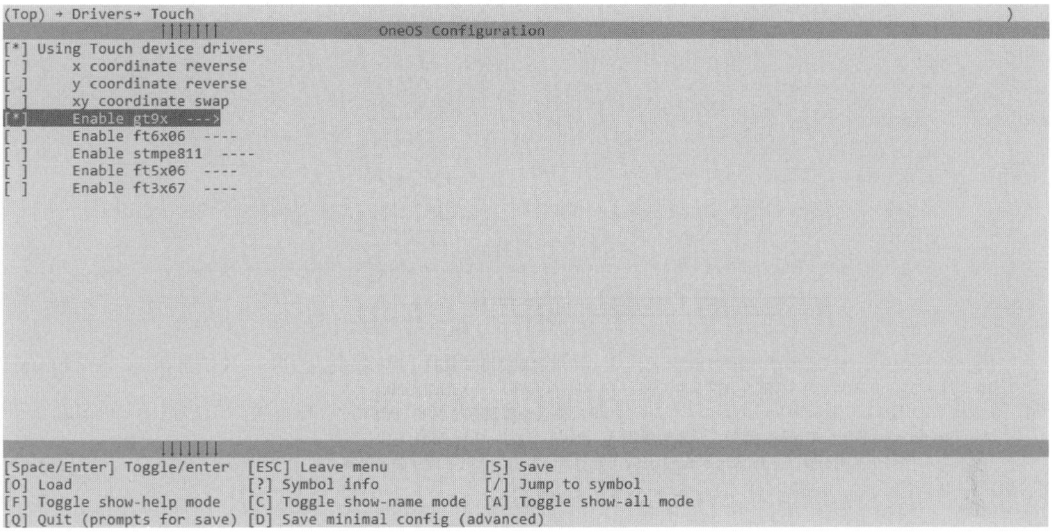

图 2.2.124　配置触摸选项

进入“Enable gt9x”选项，配置 IIC 总线中器件地址，并选择使用“soft i2c1”，即前面我们配置好的软件 IIC 名字，配置“rst”和“irq”引脚编号，如图 2.2.125 所示。

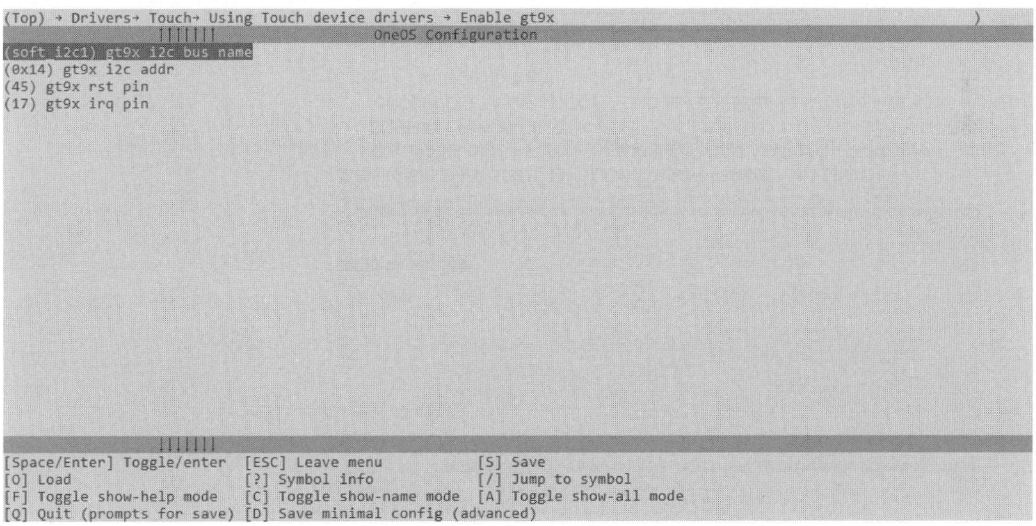

图 2.2.125　配置“rst”和“irq”引脚编号

进入（Top）→Drivers→Graphic，配置 LCD，使能“Using graphic devices”选项，并配置分辨率为 480 × 800，并使能“Enable draw functions”选项，选择 LCD 芯片为“Use otm8009a”，如图 2.2.126 所示。

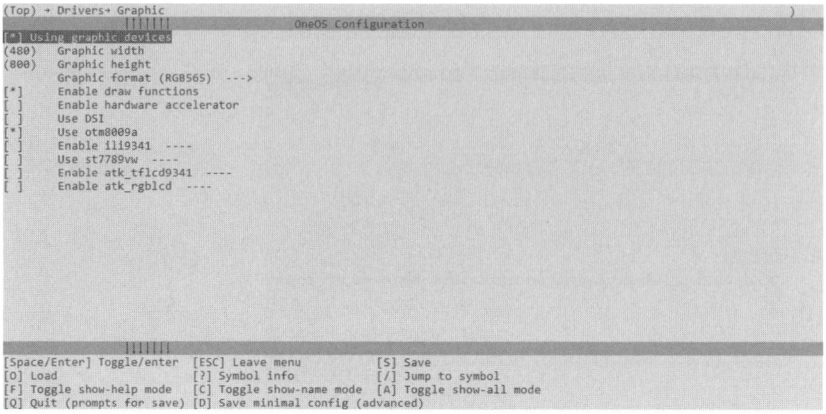

图 2.2.126　配置 LCD

进入（Top）→ Components→ GUI 选项，配置 GUI，注意此处的“GUI display dev name”和“GUI input dev name”应与 LCD 和触摸屏设备注册的名称一致。选择使能“LVGL”，如图 2.2.127 所示。“touch”和“lcd”是 GUI 的输入输出设备，选中“Enable LVGL”即可使能 LVGL。目前支持的版本为 LVGL7.9 和 LVGL8.2。

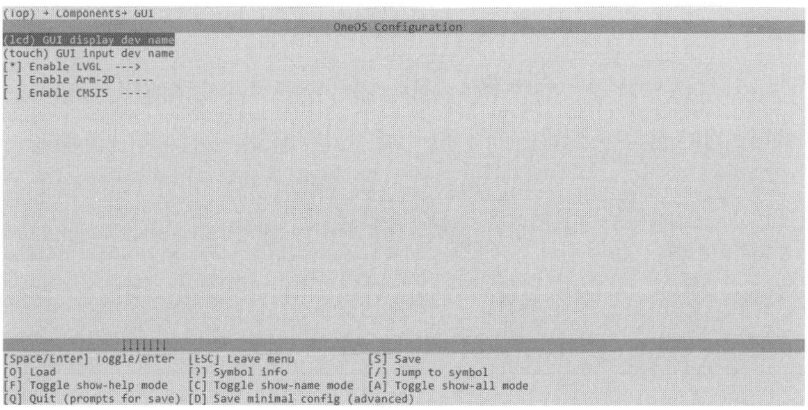

图 2.2.127　配置 GUI

选择 LVGL 的版本，如图 2.2.128 所示。

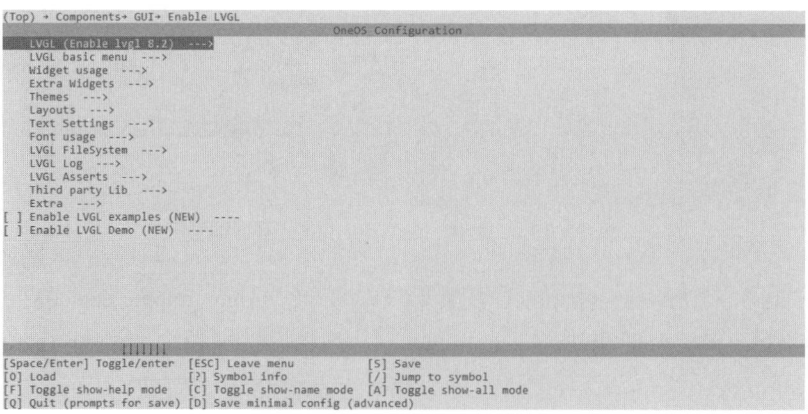

图 2.2.128　选择 LVGL 的版本

进入（Top）→Components→ GUI→ Enable LVGL→ LVGL basic menu 选项卡，此处配置 LVGL 的相关基础配置。按照实际芯片的处理能力修改此处的参数，建议参数如图 2.2.129 所示。

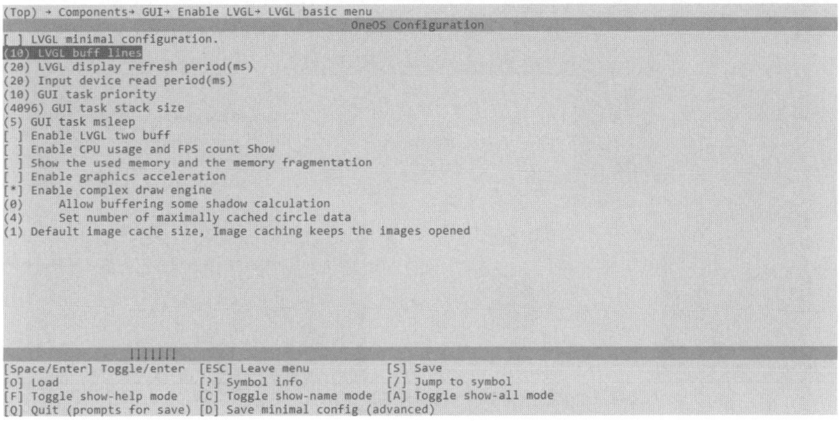

图 2.2.129　配置 LVGL 的相关基础配置

配置完成后，输入“Q”和“Y”，保存配置并退出。

在 OneOS-V3.0.1\projects\STM32F407ZG 目录下右键打开 OneOS-Cube，输入“oos init -i keil”生成 Keil，如图 2.2.130 所示。

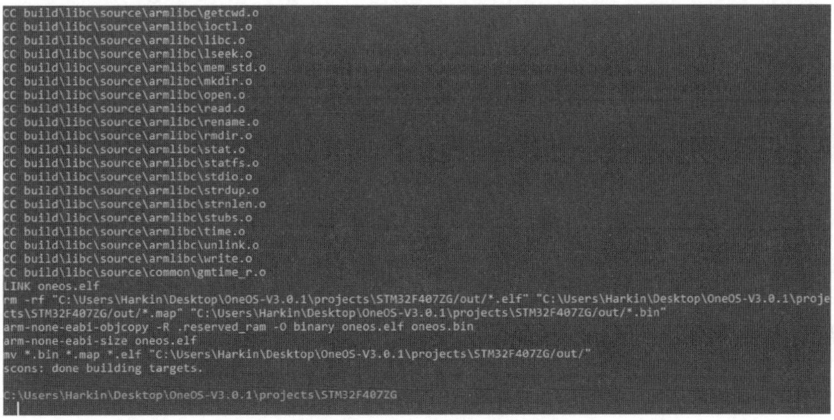

图 2.2.130　工程代码

2.5.4　GUI-Guider 辅助设计 LVGL GUI 界面

2.5.4.1　GUI-Guider 简介

GUI-Guider 是恩智浦提供的用户友好型图形用户界面开发工具，可通过开源 LVGL 图形库快速开发高品质的显示。GUI-Guider 的拖放编辑器可以轻松利用 LVGL 的众多特性，如小部件、动画和样式来创建 GUI，而且只需少量代码或根本无需任何代码，如图 2.2.131 所示。

GUI-Guider 通过单击按钮，就可以在模拟环境中运行应用或将其导出到目标项目，也可以很轻松地将 GUI Guider 生成的代码添加到 MCUXpresso IDE 或 IAR Embedded Workbench 项目中，从而加速开发过程，并允许无缝地将嵌入式用户界面添加到应用中。

GUI-Guider 可免费与恩智浦的通用和跨界 MCU 一起使用，也可以用于多个受支持平台的内置项目模板。

图 2.2.131　GUI-Guider 界面

GUI-Guider 特征包括：

① 支持拖放的所见即所得 UI 设计；

② 利用并搜索 LVGL 的各种小部件，轻松创建 GUI 应用；

③ 自定义并配置小部件属性，可自定义用户的设计；

④ 轻松添加事件、动作和动画来增强用户的应用；

⑤ 导入图像和自定义字体的内置资源管理；

⑥ 为 MCUXpresso IDE 和 IAR Embedded Workbench 项目生成应用代码；

⑦ 恩智浦评估工具包可用的模板；

⑧ 集成的演示应用，可帮助用户开始设计；

⑨ 在支持的平台上利用 PXP 和 VGLite 加速的选项。

2.5.4.2　GUI-Guider 环境搭建

软件下载地址：https: //www.nxp.com.cn/design/software/development-software/gui-guider：GUI-GUIDER。

下载完成后，运行安装程序，如图 2.2.132 所示。

图 2.2.132　运行安装程序

接受许可条例，如图 2.2.133 所示。

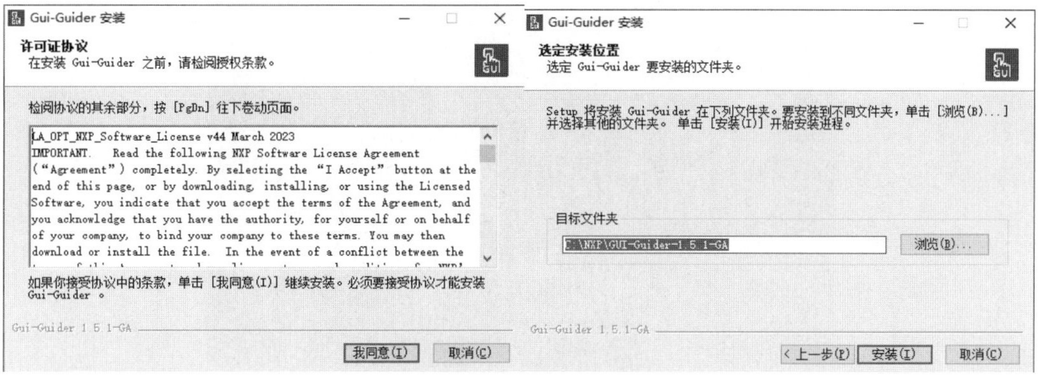

图 2.2.133　接受许可条例

选择安装位置，等待安装完成，如图 2.2.134 所示。

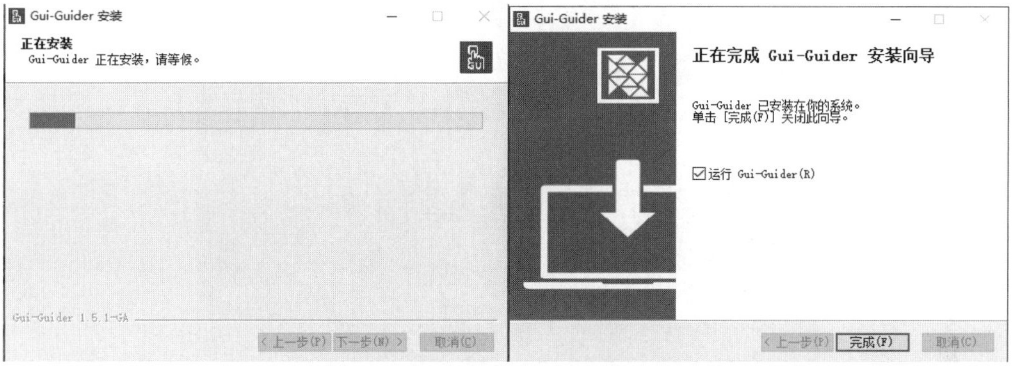

图 2.2.134　安装完成

安装完成并运行 GUI-Guider，新建一个工程，如图 2.2.135 所示。

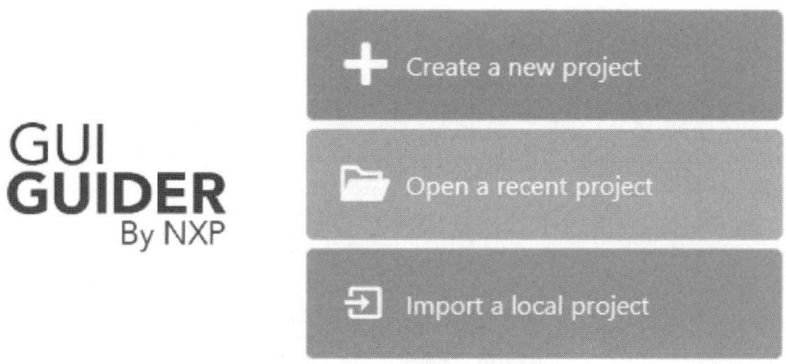

图 2.2.135　新建工程

选择 LVGL 版本，此处选择 V8.3.2，如图 2.2.136 所示。

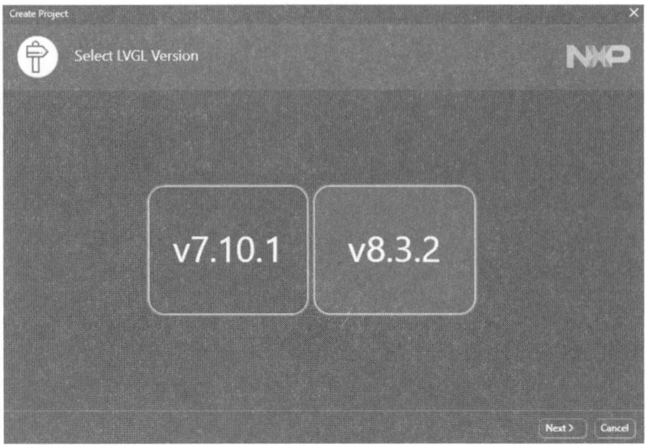

图 2.2.136　选择 LVGL 版本

选择设备模板为 PC 端仿真器，如图 2.2.137 所示。

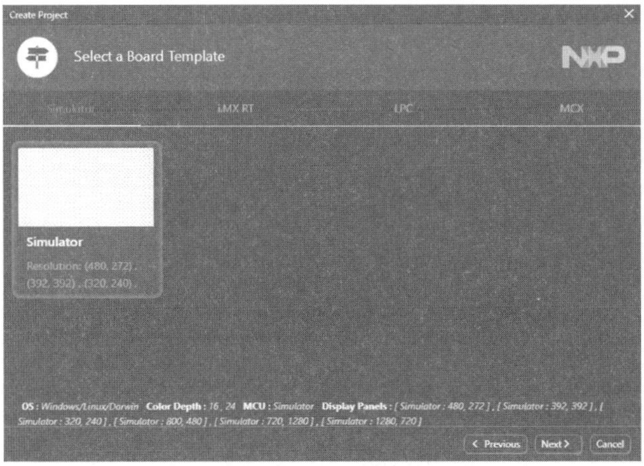

图 2.2.137　选择设备模板

选择一个应用模板，比如选择第一个“按键计数器”，如图 2.2.138 所示。

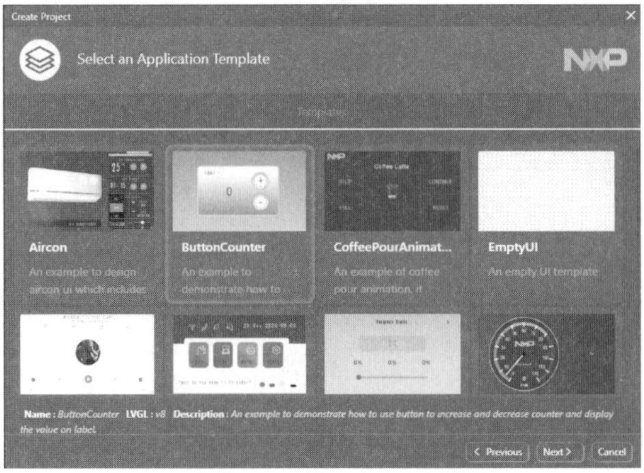

图 2.2.138　选择一个应用模板

填写工程信息：工程名字、工程路径、屏幕色深和分辨率。注意工程路径和工程名字不能含有中文，如图 2.2.139 所示。

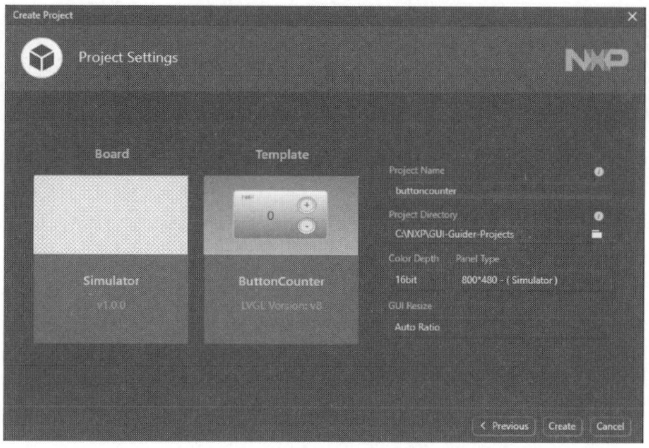

图 2.2.139　填写工程信息

此时创建成功。但软件提示没有 Java 环境，因此我们还需要安装 Java 环境，如图 2.2.140 所示。

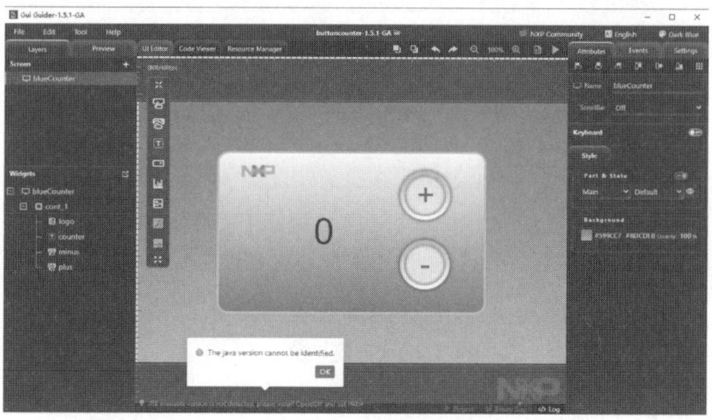

图 2.2.140　安装 Java 环境

JRE 软件下载地址：https: //www.java.com/en/download/。

下载完成后单击安装 JRE，如图 2.2.141 所示。

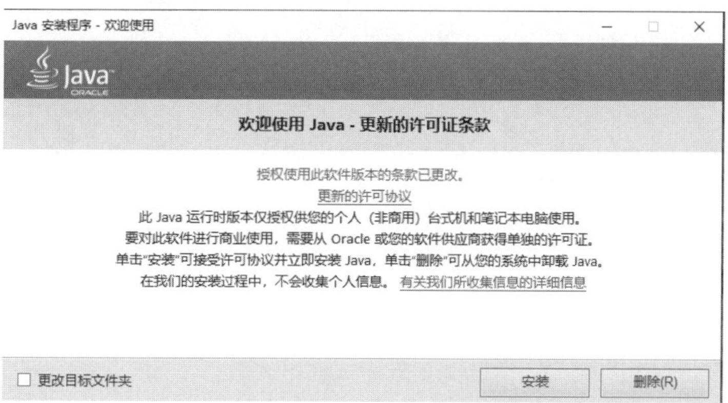

图 2.2.141　安装 JRE

等待安装完成，如图 2.2.142 所示。

图 2.2.142　待安装完成

安装完成，如图 2.2.143 所示。

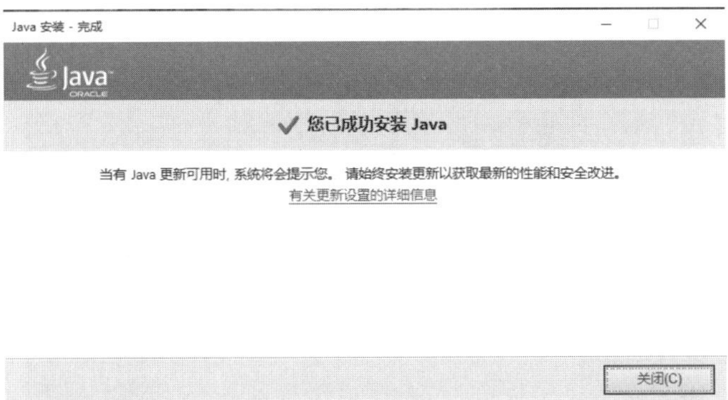

图 2.2.143　安装完成

使用“Win+R”快捷键调出运行窗口，输入“cmd”，打开命令行窗口，输入“java -version”查看 Java 版本，若出现 Java 版本则表明 Java 环境已经安装完成，如图 2.2.144 所示。

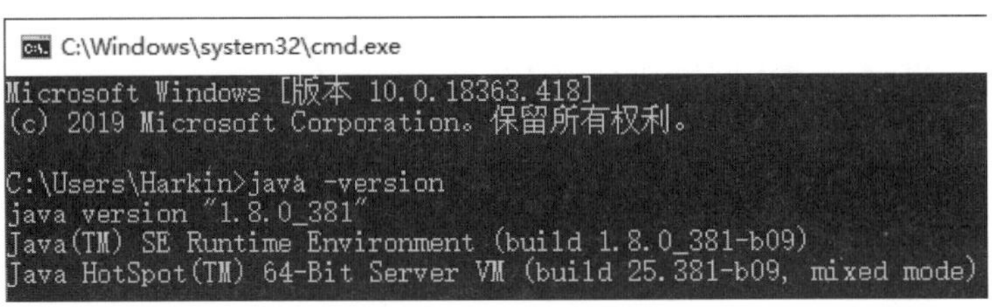

图 2.2.144　查看 Java 版本

重新打开 GUI-Guider，不会再出现 Java 环境缺失的提示，则表明我们的 GUI-Guider 环境已经搭建好了。

2.5.4.3　GUI-Guider 界面设计

GUI-Guider 软件编辑界面如图 2.2.145 所示，包含控件选择、页面编辑、组件编辑、控件属性和控件事件编辑页面，界面的基本操作以及控件的创建非常简单此处不做过多介绍。

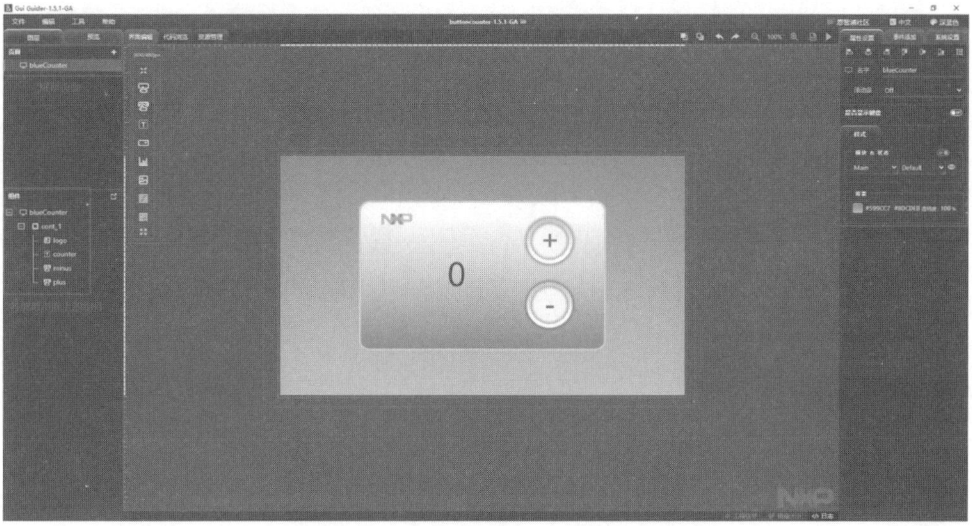

图 2.2.145　GUI-Guider 软件编辑界面

2.5.4.4　GUI-Guider 代码移植

首先使用 GUI-Guider 提供的原生按键计数 Demo，为避免内存占用过大，本任务中对界面进行了精简，只保留了数字显示、加减按钮功能，如图 2.2.146 所示。其次构建 LVGL 代码；最后在设计好界面 UI 后，可单击模拟器查看设计的 UI 界面，如图 2.2.147 所示。

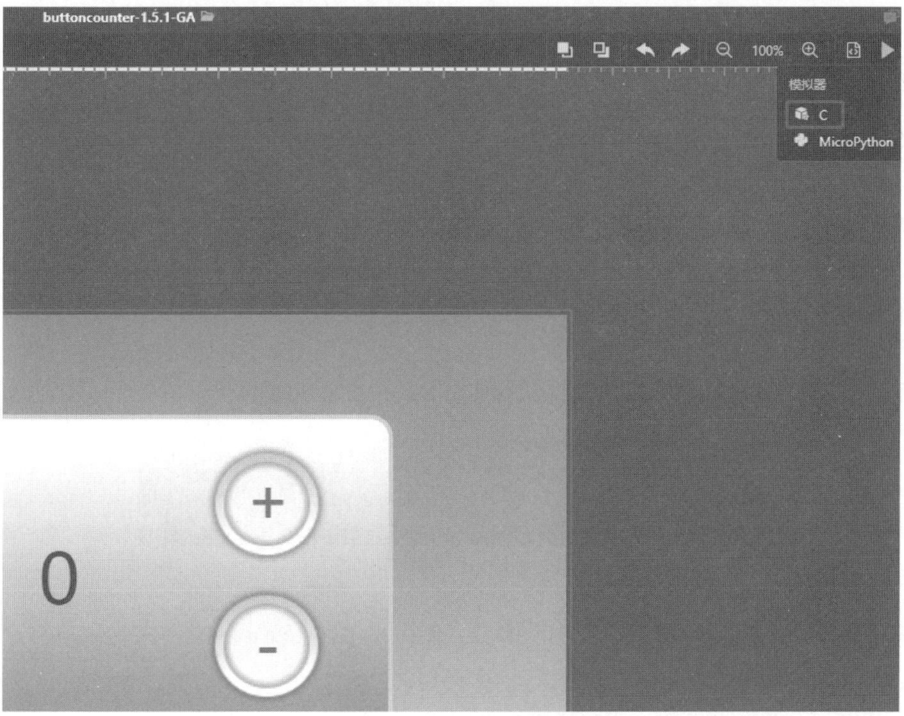

图 2.2.146　界面精简

图 2.2.147　模拟器查看设计的 UI 界面

精简后的界面如图 2.2.148 所示。

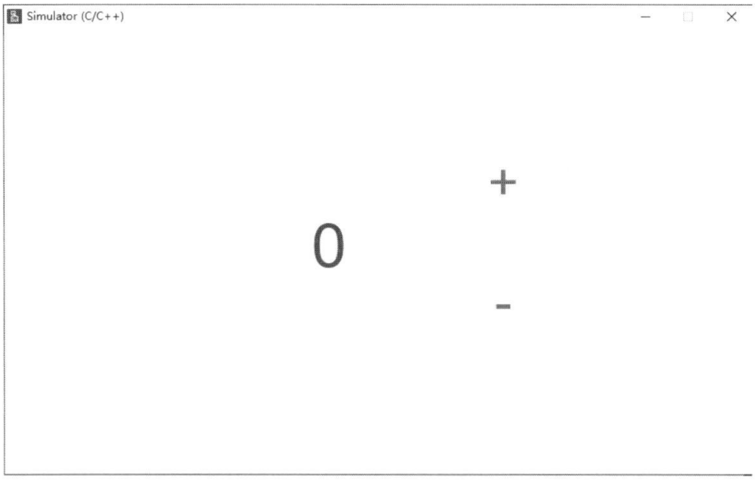

图 2.2.148　精简后界面

确定 UI 界面没有问题后，单击生成代码，如图 2.2.149 所示。

图 2.2.149　生成代码

在工程路径中找到生成的代码，如图 2.2.150 所示。其中 custom 文件夹为用户自定义 API 文件，generated 文件夹为 GUI-Guider 生成的 API。

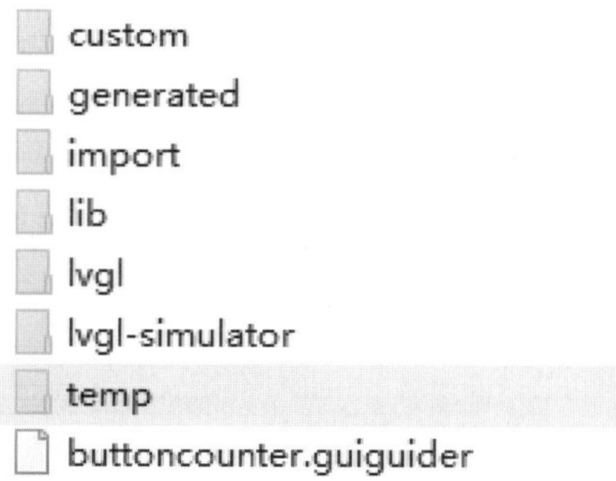

图 2.2.150　找到生成的代码

将 custom、generated 文件夹整体复制到自己的工程目录下，如图 2.2.151 所示。

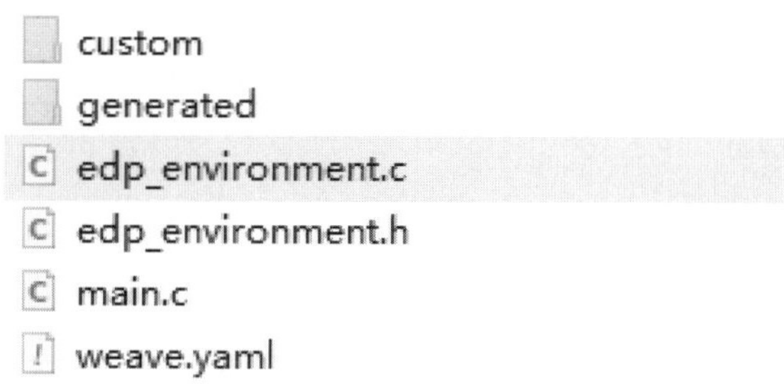

图 2.2.151　复制工程目录

Keil 中创建“lvgl/gui/gen”组，将上面的源文件全部包含进来，包括用到的字体文件、图片文件，如图 2.2.152 所示。

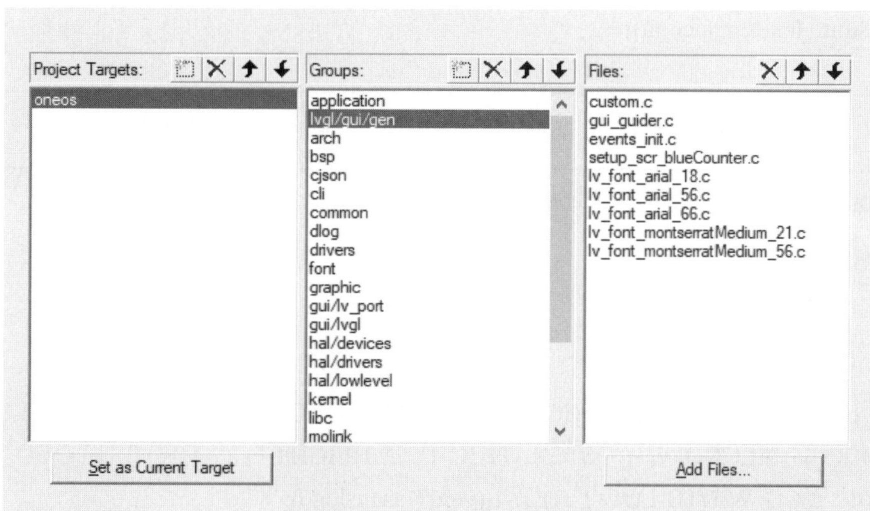

图 2.2.152　创建“lvgl/gui/gen”组

并在 Keil 中包含这些文件的路径，如图 2.2.153 所示。

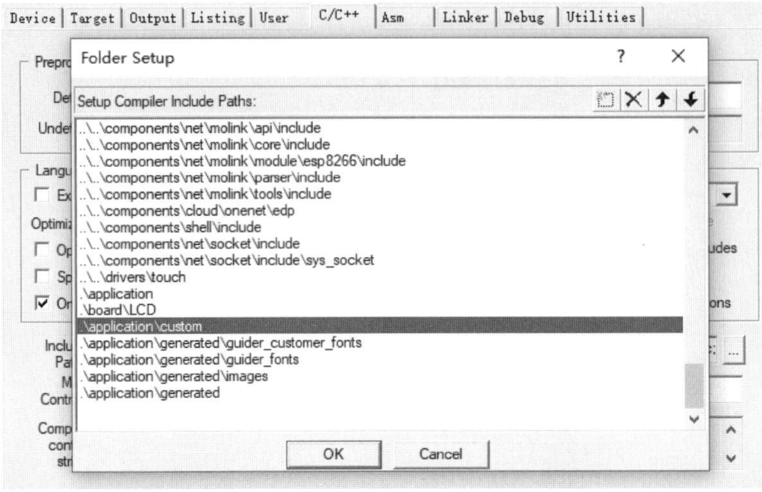

图 2.2.153　在 Keil 中包含这些文件的路径

在 gui_guider.c 文件中添加函数，该函数调用了 GUI-Guider 生成的 API 函数。

```
#include "events_init.h"
lv_ui guider_ui;
void lv_gui_custom(void)
{
    //设计小部件的 ui 布局
    setup_ui(&guider_ui);
    //设置小部件的事件
    events_init(&guider_ui);
    //运行自定义的程序(用到用户自定义的 API 才需要调用)
    //custom_init(&guider_ui);
}
```

在 lv_port_init.c 文件中的 gui_thread 函数中调用 lv_gui_custom 函数。

```
static void gui_thread(void *parameter)
{
        lcd_display_dir(1); // 横屏
        lcd_clear(WHITE); //清屏

    lcd_color_fill_ex((OS_GRAPHIC_LCD_HEIGHT-LOGO_W)/2,(OS_GRAPHIC_LCD_WIDTH-LOGO_H)/2,LOGO_W+((OS_GRAPHIC_LCD_HEIGHT-LOGO_W)/2)-1,LOGO_H+((OS_GRAPHIC_LCD_WIDTH-LOGO_H)/2)-1,(void*)oneoslogo);
        os_task_msleep(3000);
        lcd_clear(WHITE);//清屏
```

```
        //lcd_display_dir(0);//竖屏
        lv_gui_custom();
… …
}
```

2.5.4.5　GUI-Guider 测试效果

单击“编译”确保工程没有报错后，将程序下载到开发板中，观察实验现象。

可见 LCD 屏幕上成功运行 LVGL 界面，单击加减计数，屏幕上的计数器值发生变化，如图 2.2.154 所示。

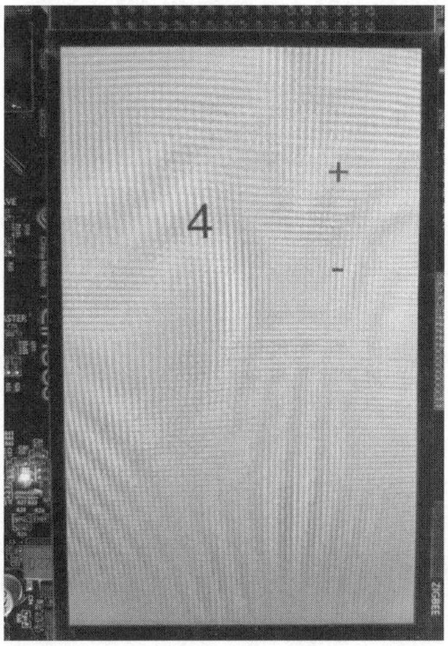

图 2.2.154　成功运行 LVGL 界面

2.5.4.6　GUI-Guider 设计环境项目 GUI 界面

首先，打开 Gui-Guider 软件，新建一个项目，如图 2.2.155 所示。

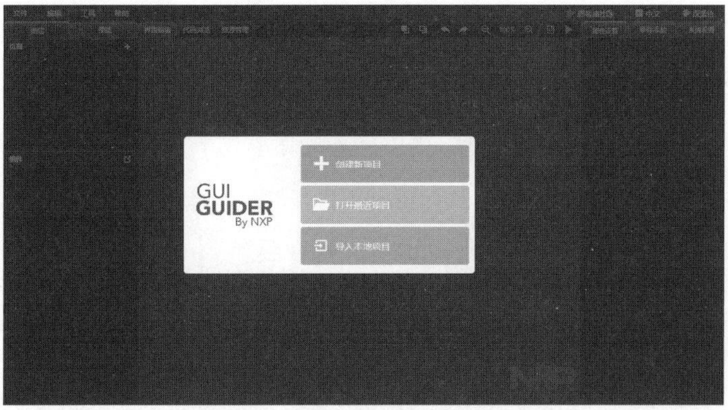

图 2.2.155　新建一个项目

由于在配置 OneOS 工程时选择的 LVGL 版本为 V8，因此此处选择 V8.3.2 版本，如图

2.2.156 所示。

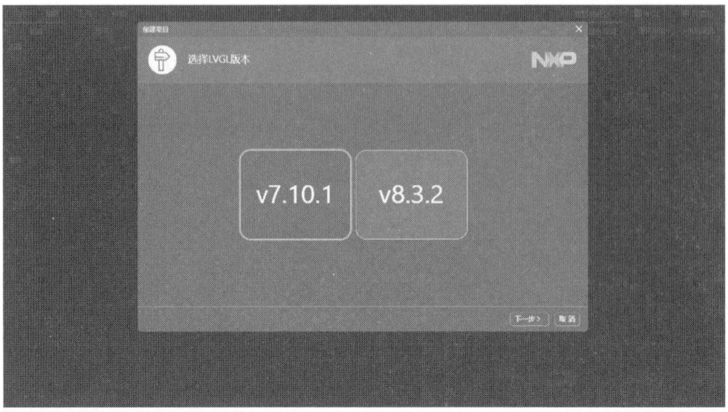

图 2.2.156　选择 V8.3.2 版本

选择仿真器，默认即可，如图 2.2.157 所示。

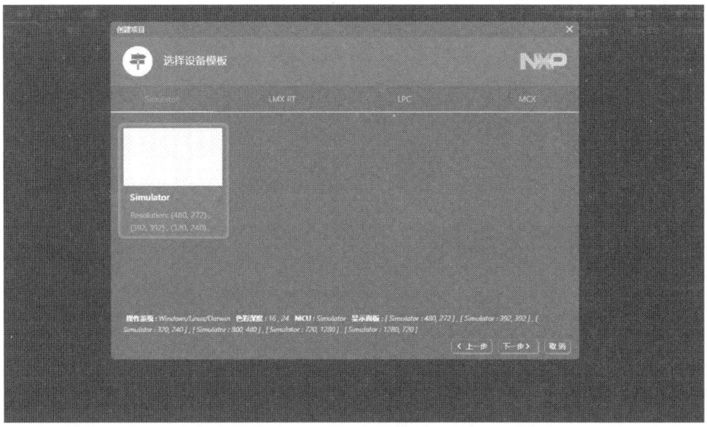

图 2.2.157　选择仿真器

选择一个模板，此处选择空白 UI 即可，如图 2.2.158 所示。

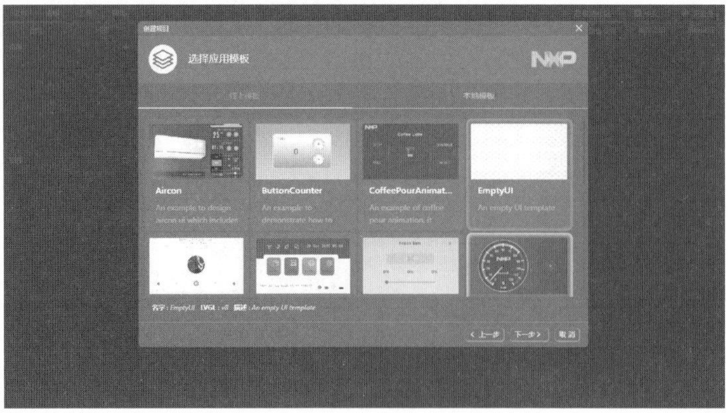

图 2.2.158　选择一个模板

填写工程信息，并选择工程存储路径，色彩深度选择 16 b，根据 LCD 显示器可知，分辨率我们选择 480 × 800，如图 2.2.159 所示。

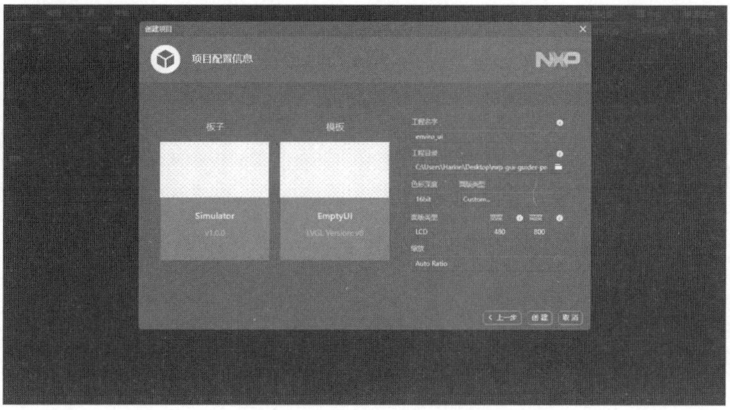

图 2.2.159　填写工程信息

新建的 UI 界面如图 2.2.160 所示。

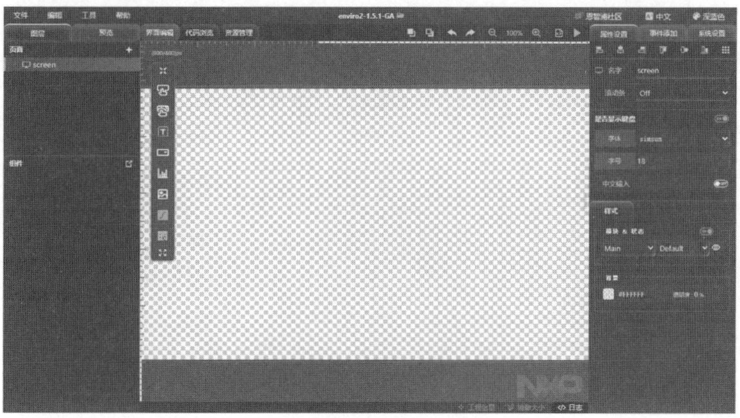

图 2.2.160　新建的 UI 界面

修改屏幕背景颜色，如图 2.2.161 所示。

图 2.2.161　修改屏幕背景颜色

以添加图片为例，讲解 GUI-Guider 环境项目 GUI 界面设计，在左侧的工具栏中选择图片，然后在右侧的属性栏中单击图片图标来添加图片，如图 2.2.162 所示。

图 2.2.162　添加图片

单击“+”号，并在文件管理器中选择合适的图片，如图 2.2.163 所示。

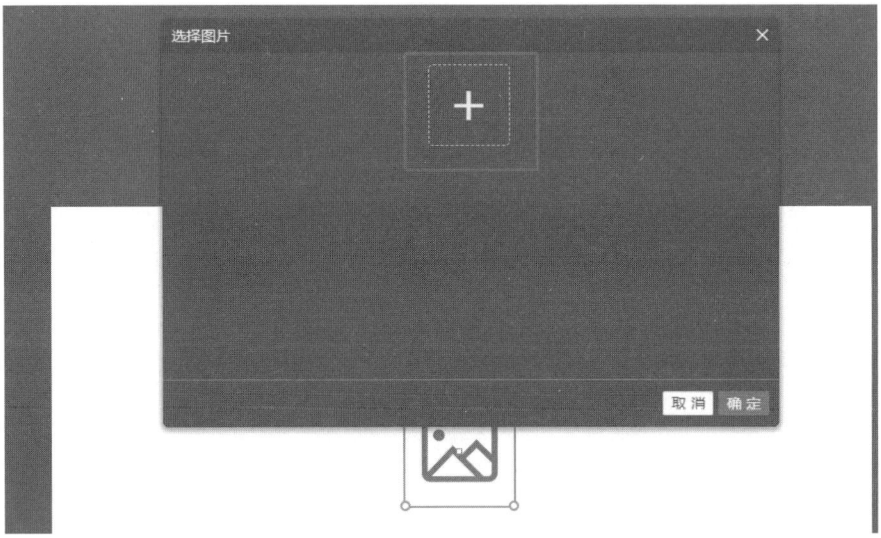

图 2.2.163　选择合适的图片

添加好图片到素材库中后，选择需要的图片，如图 2.2.164 所示。

图 2.2.164　添加好图片到素材库中

调整图片到合适的位置，可以在右侧属性栏中进行微调，也可编辑该控件的名称，如图 2.2.165 所示。

图 2.2.165　调整图片到合适的位置

其他控件的添加步骤大同小异，此处不再赘述，最终设计的环境项目 GUI 完整界面如图 2.2.166 所示。

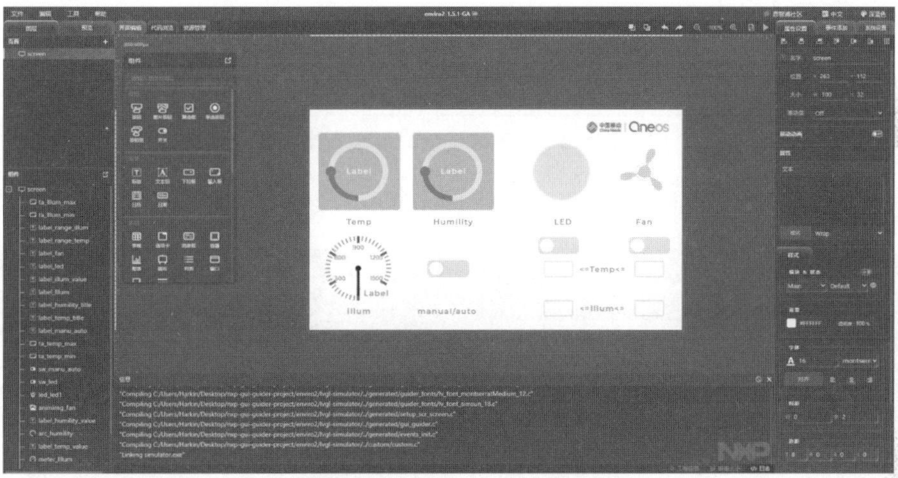

图 2.2.166　最终的完整界面

界面设计完成后，单击右上角的三角按钮，并选择 C 模拟器来查看仿真效果，如图 2.2.167 所示。

图 2.2.167　选择 C 模拟器

PC 仿真演示效果如图 2.2.168 所示。

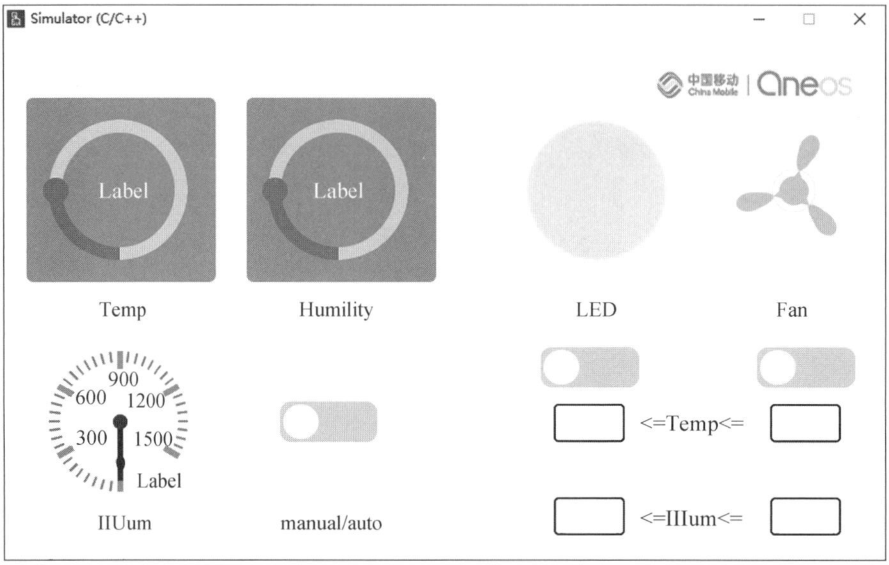

图 2.2.168　PC 仿真演示效果

仿真没有问题后，单击生成代码，如图 2.2.169 所示。

图 2.2.169　生成代码

2.5.5　Keil 工程配置与代码增删

GUI-Guider 生成的代码移植过程已在上节有详细介绍，此处不做赘述。

打开 OneOS-V3.0.1\projects\STM32F407ZG 目录下的 project.uvprojx 工程文件。

首先，界面为横屏设计，因此需要在 LCD 驱动中设置扫描方向和 LCD 显示方向；其次找到 otm8009a.h 文件，添加以下代码，表示在使用环境项目 GUI 时，扫描方向为从右到左，从下到上。

```
#if defined (Envir_UI)|| defined (Wear_UI)
#define DFT_SCAN_DIR      R2L_D2U
#else
#define DFT_SCAN_DIR      L2R_U2D       /* 默认的扫描方向 */
#endif
```

并在 lv_port_init.c 文件的 gui_thread 函数中添加以下代码，表示使用横屏方式，并显示 OneOS logo ，时长为 3 s，随后调用环境项目 GUI 相关代码。

```
lcd_display_dir(1);// 横屏
lcd_clear(WHITE);//清屏
#if defined (Envir_UI)|| defined (Wear_UI)
        // 横屏 logo
        lcd_color_fill_ex((OS_GRAPHIC_LCD_WIDTH-LOGO_W)/2,(OS_GRAPHIC_
LCD_HEIGHT-LOGO_H)/2,LOGO_W+((OS_GRAPHIC_LCD_WIDTH - LOGO_W)/2) -
1,LOGO_H+ ((OS_GRAPHIC_LCD_HEIGHT - LOGO_H)/2) - 1,(void*)oneoslogo);
#else
        // 竖屏 logo
        lcd_color_fill_ex((OS_GRAPHIC_LCD_HEIGHT-LOGO_W)/2,(OS_GRAPHIC_
LCD_WIDTH - LOGO_H)/2,LOGO_W+((OS_GRAPHIC_LCD_HEIGHT - LOGO_W)/2) -
1,LOGO_H+((OS_GRAPHIC_LCD_WIDTH - LOGO_H)/2) - 1,(void*)oneoslogo);
#endif
        os_task_msleep(3000);
        lcd_clear(WHITE);//清屏
#ifdef Envir_UI
        lv_gui_custom();// 环境项目 GUI
#endif
```

然后在 OneOS-V3.0.1\projects\STM32F407ZG 目录下右键打开 OneOS-Cube，输入“oos config”进入配置界面。

在路径（Top）→Drivers→Graphic 下配置 LCD 的分辨率为 800 × 400，如图 2.2.170 所示。

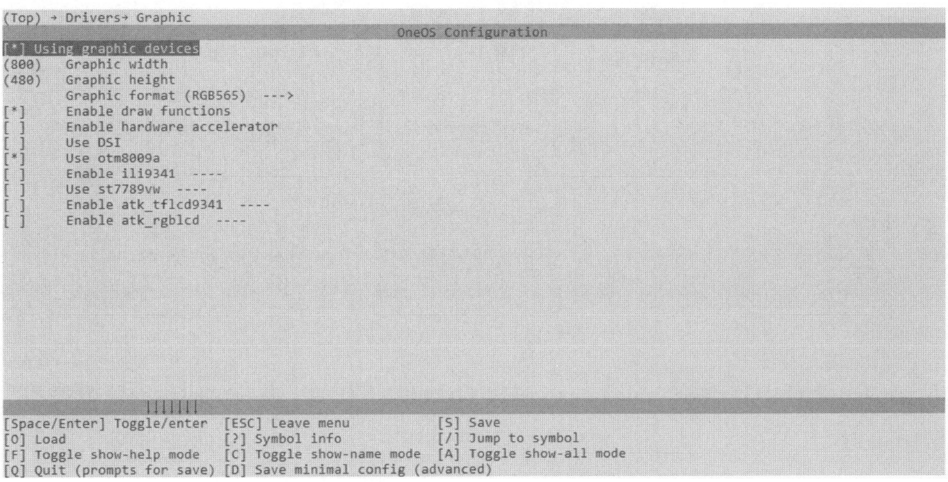

图 2.2.170　配置 LCD 的分辨率

另外，由于 OneOS 定义的触摸输入设备坐标与 GUI-Guider 软件定义的坐标不一致，因此还需要配置触摸输入相关的一些设置。在路径（Top）→ Drivers→Touch 下使能“xy coordinate swap”，即 XY 坐标交换，如图 2.2.171 所示。

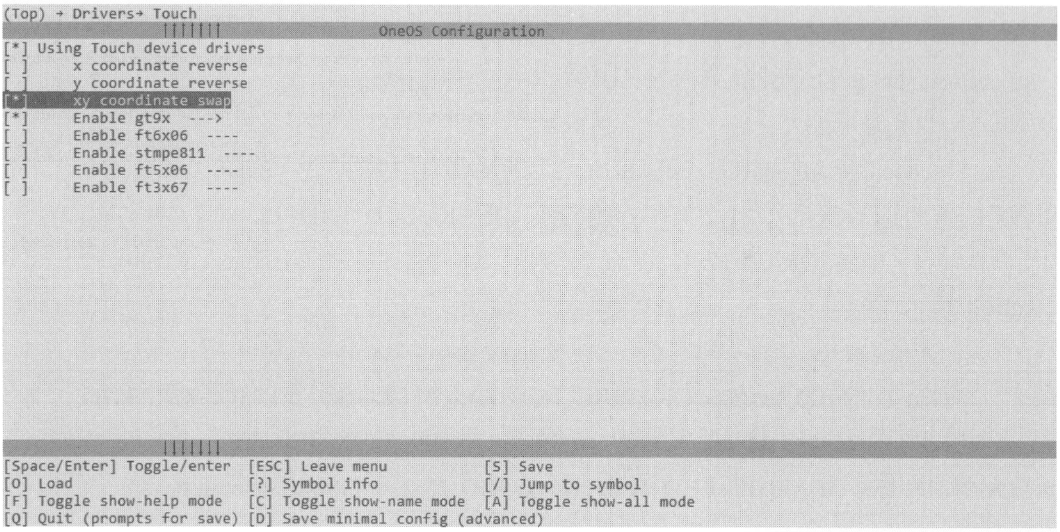

图 2.2.171　XY 坐标交换

配置完成后，输入“Q”“Y”，保存配置并退出。

在 OneOS-V3.0.1\projects\STM32F407ZG 目录下右键打开 OneOS-Cube，输入“oos init -i keil”生成 Keil 工程代码，如图 2.2.172 所示。

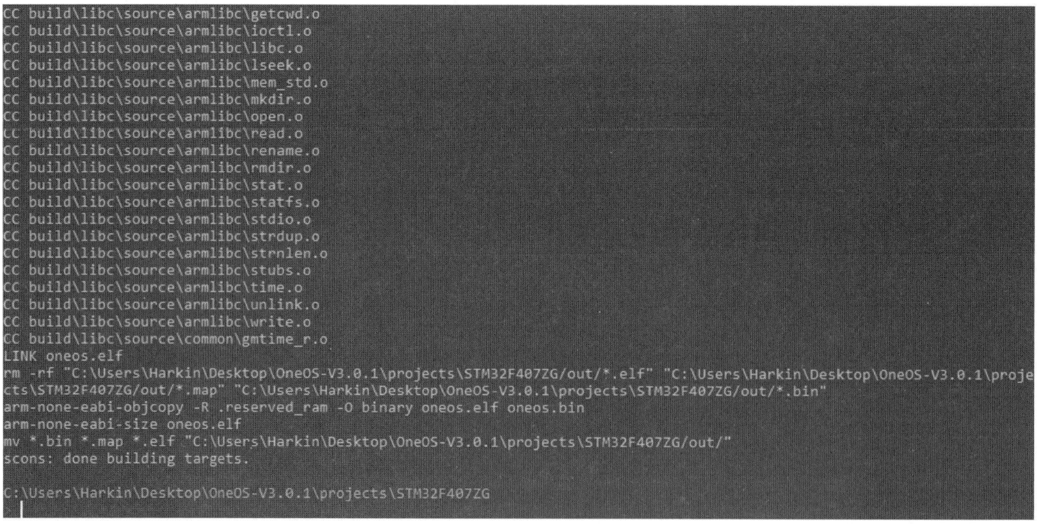

图 2.2.172　生成代码

在 touch.c 文件中找到 os_touch_read 函数，添加以下代码，表示在使用环境项目 GUI 时，Y 轴颠倒。

```
#ifdef OS_TOUCH_XY_SWAP
    uint16_t tmp;
    tmp                          = read_data->x_coordinate;
    read_data->x_coordinate = read_data->y_coordinate;
    read_data->y_coordinate = tmp;
    range_x                      = touch->info.range_y;
    range_y                      = touch->info.range_x;
#endif
#if defined (Envir_UI)|| defined (Wear_UI)
    if (read_data->y_coordinate >= touch->info.range_y)
        read_data->y_coordinate = 0;
    else
        read_data->y_coordinate = touch->info.range_y - read_data→y_coordinate;
#endif
```

这样，我们就完成了横屏 GUI 的相关设置。

2.5.5.1　GUI 界面设计与事件逻辑

打开 setup_scr_screen.c 文件，代码 10 为 GUI 界面相关代码。代码中调用了大量的 LVGL 界面相关函数来设置控件的位置、大小、颜色、属性等参数，并提供了相关的事件回调函数。

各个控件的参数设置过程基本一致，且 GUI-Guider 有详细的注释，可以参照理解。

代码 10

2.5.5.2　GUI 相关函数和关联变量调用

新建一个.c 文件，命名为 envir_gui.c，添加以下代码。

首先，arc_update_task_cb 为温湿度数据更新回调函数，meter_update_task_cb 函数为光照度数据更新回调函数，led_update_task_cb 函数为 LDE 显示更新回调函数，这三者均由 lv_data_lable_update 函数创建的三个定时任务所调用。

温湿度数据更新回调函数 arc_update_task_cb 将从全局变量 environment_data 得到的温湿度数据通过 sprintf 格式化为字符串，并保留小数点后两位，然后调用 lv_label_set_text_fmt 函数来更新 label 的数据显示，并调用 lv_arc_set_value 函数更新圆弧数据显示。

光照度数据更新回调函数 meter_update_task_cb 将从全局变量 environment_data 得到的光照度数据通过 sprintf 格式化为字符串，并保留小数点后两位，然后调用 lv_label_set_text_fmt 函数更新 label 的数据显示，并调用 lv_meter_set_indicator_value 函数更新仪表盘的指针显示，再根据当前风扇状态 environment_data.status_fan 来启动或删除风扇动画。

LED 显示更新回调函数 led_update_task_cb 主要根据当前继电器状态 environment_data.status_relay 来确定打开或关闭 LED 显示。

```
#include "envir_gui.h"
#include "edp_environment.h"
lv_ui guider_ui;
//温湿度数据更新回调
void arc_update_task_cb(lv_timer_t *tmr)
{
        char str[8];
        sprintf(str,"%.2f",environment_data.temperature_value);
    /*更新显示数据*/
        lv_label_set_text_fmt(guider_ui.screen_label_temp_value,"%s",str); /* 更新值 */
        lv_arc_set_value(guider_ui.screen_arc_temp,environment_data.temperature_value);
/* 圆弧更新 */

        memset(str,0,strlen(str));
        sprintf(str,"%.2f",environment_data.humidity_value);
        lv_label_set_text_fmt(guider_ui.screen_label_humility_value,"%s",str);/* 更新值 */
        lv_arc_set_value(guider_ui.screen_arc_humility,environment_data.humidity_value);
/* 圆弧更新 */
}
//光照度数据更新回调
void meter_update_task_cb(lv_timer_t *tmr)
{
        char str[8];
        memset(str,0,strlen(str));
        sprintf(str,"%.2f",environment_data.Illuminance_value);
        lv_label_set_text_fmt(guider_ui.screen_label_illum_value,"%s",str); /* 更新值 */
        lv_meter_set_indicator_value(guider_ui.screen meter_Illum,guider_ui.screen_meter_
Illum_scale_1_ndline_0,environment_data.Illuminance_value);
        if(environment_data.status_fan == 1)   // 判断风扇状态
        {
                lv_animimg_start(guider_ui.screen_animimg_fan);// 启动动画
        }
        else
        {
                lv_anim_del(guider_ui.screen_animimg_fan,NULL);// 删除动画
        }
}
//LED 显示回调
void led_update_task_cb(lv_timer_t *tmr)
{
    if(environment_data.status_relay)
        lv_led_on(guider_ui.screen_led_led1);/* 打开 LED */
    else
```

```
        lv_led_off(guider_ui.screen_led_led1);/* 关闭 LED */
}
//温湿度、光照度数据更新
void lv_data_lable_update(void)
{
    /*lvgl 定时任务*/
    lv_timer_create(arc_update_task_cb,250,0);
        lv_timer_create(meter_update_task_cb,250,0);
        lv_timer_create(led_update_task_cb,250,0);
}
```

编写温湿度圆弧显示、光照度仪表盘显示代码。

首先，对于圆弧控件，圆弧（lv_arc）部件由三个部分组成：背景弧、前景弧和旋钮，如图 2.2.173 所示。

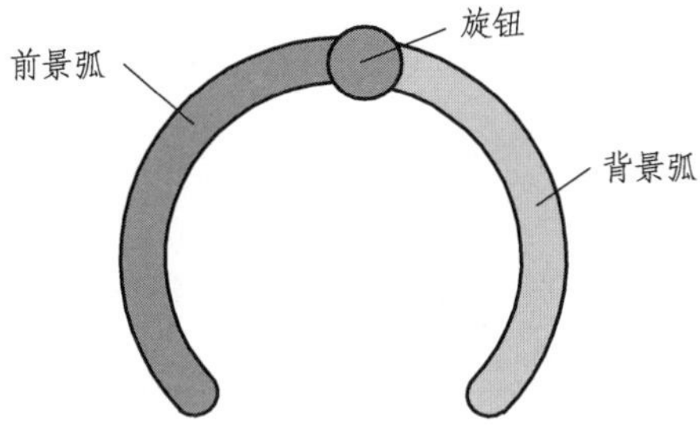

图 2.2.173　圆弧（lv_arc）部件

各组成部分的相关枚举和作用如下：

① 背景弧（LV_PART_MAIN）：用于显示范围值；

② 前景弧（LV_PART_INDICATOR）：用于显示当前值；

③ 旋钮（LV_PART_KNOB）：用于调节当前值。

在设置圆弧部件的角度（绝对度数）之前，需要先搞清楚圆弧的角度划分。在圆弧部件默认的角度划分中，0°（绝对度数）位于对象右侧中部（3 点钟方向），然后沿顺时针方向增加度数，直至 360°，如图 2.2.174 所示。

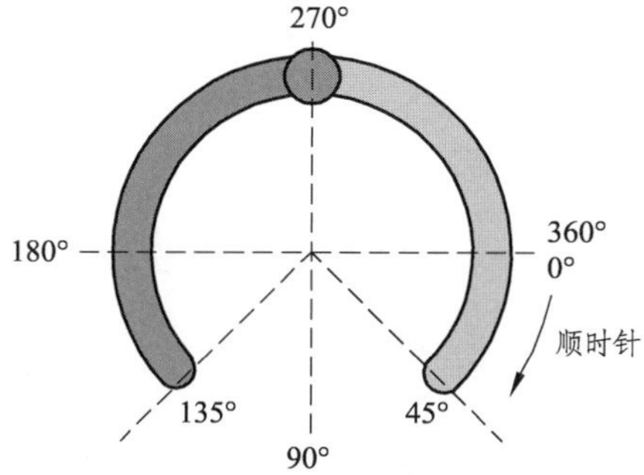

图 2.2.174　圆弧的角度划分

对于仪表控件，仪表部件由四个部分组成，如图 2.2.175 所示。

① ——LV_PART_MAIN：主体背景。
② ——LV_PART_TICK：仪表的刻度。
③ ——LV_PART_INDICATOR：仪表指针。
④ ——LV_PART_ITEMS：圆弧。

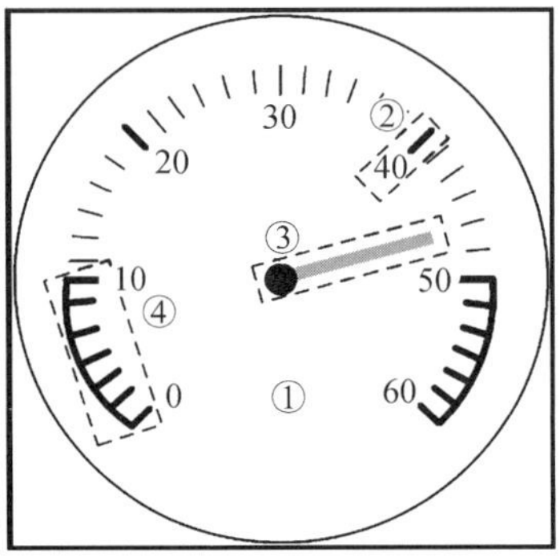

图 2.2.175　仪表部件

在设置温湿度圆弧时，仅用到了圆弧控件的显示功能，因此调用 lv_obj_remove_style 函数移除旋钮，并调用 lv_obj_clear_flag 函数清除其可单击属性；然后调用 lv_arc_set_bg_angles 函数和 lv_arc_set_angles 函数，分别设置背景弧和前景弧的起始角度和终止角度；最后调用 lv_arc_set_value 函数设置初始值为 0。

```
//温湿度圆弧显示设置
static void arc_setup(lv_ui *ui)
{
    /*  温度  */
    lv_obj_remove_style(ui->screen_arc_temp,NULL,LV_PART_KNOB);
/* 移除旋钮 */
    lv_obj_clear_flag(ui->screen_arc_temp,LV_OBJ_FLAG_CLICKABLE);
/* 清除可单击属性 */
    lv_arc_set_bg_angles(ui->screen_arc_temp,135,45);
 /* 设置背景弧的起始角度和终止角度 */
    lv_arc_set_angles(ui->screen_arc_temp,135,45);
/* 设置前景弧的起始角度和终止角度 */
    lv_arc_set_value(ui->screen_arc_temp,0);
/* 设置当前值 */
    /*  湿度  */
    lv_obj_remove_style(ui->screen_arc_humility,NULL,LV_PART_KNOB);
/* 移除旋钮 */
    lv_obj_clear_flag(ui->screen_arc_humility,LV_OBJ_FLAG_CLICKABLE);
/* 清除可单击属性 */
    lv_arc_set_bg_angles(ui->screen_arc_humility,135,45);
/* 设置背景弧的起始角度和终止角度 */
```

```
    lv_arc_set_angles(ui->screen_arc_humility,135,45);
/* 设置前景弧的起始角度和终止角度 */
    lv_arc_set_value(ui->screen_arc_humility,0);
/* 设置当前值 */
}
```

对于界面上的三个开关设置函数 sw_setup，调用了 lv_obj_add_event_cb 函数创建三个开关对应的回调函数，详见代码 11。

首先，对于手/自动切换开关回调函数 sw_auto_manu_cb，调用 lv_event_get_target 函数获取触发源，并判断该触发源是否为手自动切换开关；如果是，则判断当前开关状态，若为打开状态，则表示为手动模式，将变量 environment_data.gui_sw_auto_manual 赋值为 1，否则为自动模式，将变量 environment_data.gui_sw_auto_manual 赋值为 0；并且在自动模式下，风扇、LED 开关应当全部失效，此时调用 lv_obj_clear_state 函数来清除风扇和 LED 开关单击产生的状态。

代码 11

其次，对于风扇开关回调函数 sw_fan_cb，获取触发源并判断该触发源是否为风扇开关触发，这个步骤与手/自动切换开关回调函数一致，然后根据开关状态对变量 environment_data.gui_sw_fan 赋值。

最后，对于 LED 开关回调函数 sw_led_cb，其前面步骤与前述两个开关的回调函数一致，获取触发源并判断触发源是否为 LDE 开关触发，然后根据开关状态赋值变量 environment_data.gui_sw_relay，并调用 lv_led_on 函数或 lv_led_off 函数来打开或关闭 LED 显示。

对于 LED 相关设置函数 led_setup，主要调用 lv_led_set_color 函数设置 LED 显示的颜色，并调用 lv_led_set_brightness 函数设置 LED 显示的亮度，最后调用 lv_led_off 函数默认关闭 LED 显示。

对于阈值输入框设置函数 text_area_setup，主要调用 lv_textarea_set_max_length 函数和 lv_textarea_set_accepted_chars 函数来对四个输入框输入的字符进行限制，限制其最大输入字符数量为 6，输入的字符仅限于“0123456789.”，其他字符或超过最大字符数量的字符均会被舍弃。

然后是阈值输入框回调函数 text_area_cb，在该函数中，首先调用 lv_event_get_code 函数获取回调触发事件的类型，然后调用 lv_event_get_target 函数获取出发事件的控件目标指针；如果触发事件为文本框输入内容变化，则调用 lv_textarea_get_text 函数来获取文本框的内容，然后根据触发控件来将不同的阈值赋值给 environment_data 结构体中相关变量。

```
//阈值输入框设置
static void text_area_setup(lv_ui *ui)
{
        /* 设置输入字符长度为 6 */
        lv_textarea_set_max_length(ui->screen_ta_Illum_max,6);
        lv_textarea_set_max_length(ui->screen_ta_Illum_min,6);
```

```
        lv_textarea_set_max_length(ui->screen_ta_temp_max,6);
        lv_textarea_set_max_length(ui->screen_ta_temp_min,6);
        /* 设置接收输入字符列表 */
        lv_textarea_set_accepted_chars(ui->screen_ta_Illum_max,"0123456789.");
        lv_textarea_set_accepted_chars(ui->screen_ta_Illum_min,"0123456789.");
        lv_textarea_set_accepted_chars(ui->screen_ta_temp_max,"0123456789.");
        lv_textarea_set_accepted_chars(ui->screen_ta_temp_min,"0123456789.");
}
//阈值输入框回调
void text_area_cb(lv_event_t *e)
{
    lv_event_code_t code = lv_event_get_code(e);
    lv_obj_t *ta = lv_event_get_target(e);
    if(code == LV_EVENT_VALUE_CHANGED) /* 事件类型:文本框的内容发生变化 */
    {
            const char *txt = lv_textarea_get_text(ta);/* 获取文本框的文本 */
            if(ta == guider_ui.screen_ta_Illum_max)
            {
                    environment_data.Illuminance_max = atoi((const char *)txt);
// 获取数值
                    os_kprintf("Illu Max:%d\r\n",environment_data.Illuminance_max);
            }
            if(ta == guider_ui.screen_ta_Illum_min)
            {
                    environment_data.Illuminance_min = atoi((const char *)txt);
                    os_kprintf("Illu Min:%d\r\n",environment_data.Illuminance_min);
            }

            if(ta == guider_ui.screen_ta_temp_max)
            {
                    environment_data.temperature_max = atoi((const char *)txt);
                    os_kprintf("Temp Max:%d\r\n",environment_data.temperature_max);
            }
            if(ta == guider_ui.screen_ta_temp_min)
            {
                    environment_data.temperature_min = atoi((const char *)txt);
                    os_kprintf("Temp Max:%d\r\n",environment_data.temperature_min);
            }
    }
}
```

注意，上面使用了 text_area_cb 输入框回调函数，该函数需要在 setup_scr_screen.c 文件的 setup_scr_screen 函数中进行四个输入框控件事件回调函数的添加，代码如下。

```
    #include "envir_gui.h"
 lv_obj_add_event_cb(ui->screen_ta_temp_min,ta_screen_event_cb,LV_EVENT_ALL,g_kb_
 screen);
    lv_obj_add_event_cb(ui->screen_ta_temp_min,text_area_cb,LV_EVENT_ALL,g_kb_screen);
    lv_obj_add_event_cb(ui->screen_ta_temp_max,ta_screen_event_cb,LV_EVENT_ALL,g_kb_s
creen);
    lv_obj_add_event_cb(ui->screen_ta_temp_max,text_area_cb,LV_EVENT_ALL,g_kb_screen);
    lv_obj_add_event_cb(ui->screen_ta_Illum_min,ta_screen_event_cb,LV_EVENT_ALL,g_kb_s
creen);
    lv_obj_add_event_cb(ui->screen_ta_Illum_min,text_area_cb,LV_EVENT_ALL,g_kb_screen);
    lv_obj_add_event_cb(ui->screen_ta_Illum_max,ta_screen_event_cb,LV_EVENT_ALL,g_kb_s
creen);
    lv_obj_add_event_cb(ui->screen_ta_Illum_max,text_area_cb,LV_EVENT_ALL,g_kb_
 screen);
```

最后，使用 lv_gui_custom 函数来调用上述的各个设置函数。

注意，界面中控件的 ui 布局设置函数 setup_ui、控件事件初始化函数 events_init、自定义程序 custom_init 均为 GUI-Guider 自动生成。

```
void lv_gui_custom(void)
{
    //设计小部件的 ui 布局
    setup_ui(&guider_ui);
    //设置小部件的事件
    events_init(&guider_ui);
    //运行自定义的程序(用到用户自定义的 API 才需要调用)
    custom_init(&guider_ui);
    //温湿度显示圆弧设置
    arc_setup(&guider_ui);
    //数据刷新及显示 250 ms 周期
    lv_data_lable_update();
    //开关设置
    sw_setup(&guider_ui);
    //LED 设置
    led_setup(&guider_ui);
    //输入框设置
    text_area_setup(&guider_ui);
}
```

在主函数中，修改 Environment_Auto_Ctrl_task 函数，详见代码 12，主要将小风扇模块和继电器模块的控制分为了自动控制和手动控制两个类别，根据 environment_data.gui_ sw_auto_manual 变量的值来区分手自动模式。

代码 12

自动模式代码与之前基本一致，手动模式中，需要根据 GUI 界面中风扇开关和 LED 开关的状态来控制风扇和继电器。

无论是自动模式还是手动模式，都支持 OneNET 远程控制。

2.5.6 编译下载验证

单击“编译”确保工程没有报错后，将程序下载到开发板中，按下复位键，程序运行。

主板上的 LCD 显示屏显示出我们设计的界面，如图 2.2.176 所示，并实时显示当前温湿度传感器数据、光照度传感器数据、风扇状态、LED 状态等。

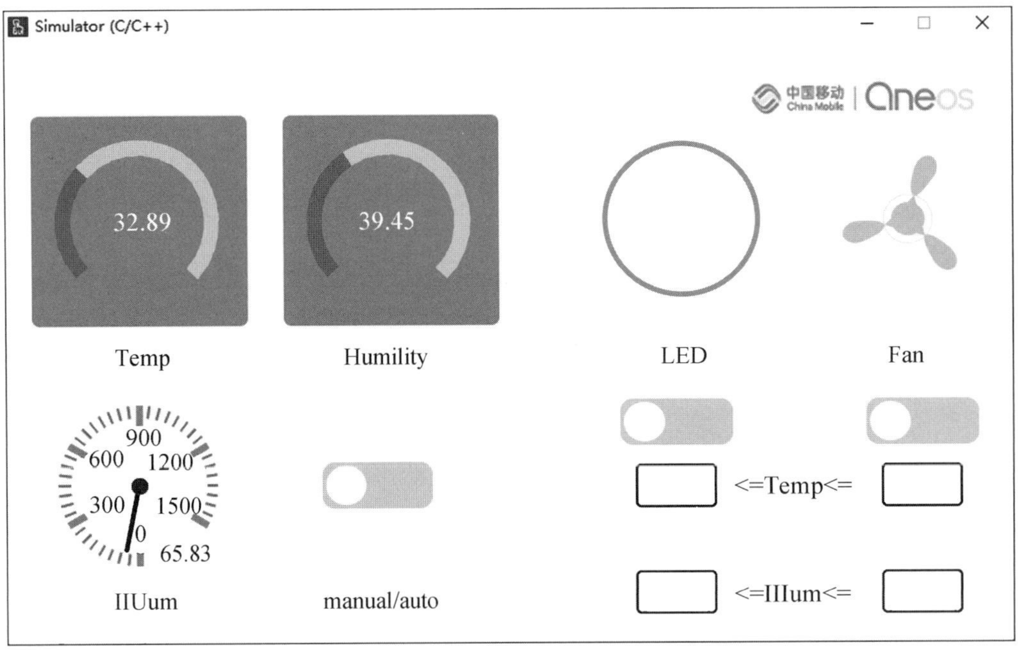

图 2.2.176 设计的界面

在自动模式下，修改温度、光照度阈值，可见在光照度低于阈值 600，此时 LED 打开，如图 2.2.177 所示。

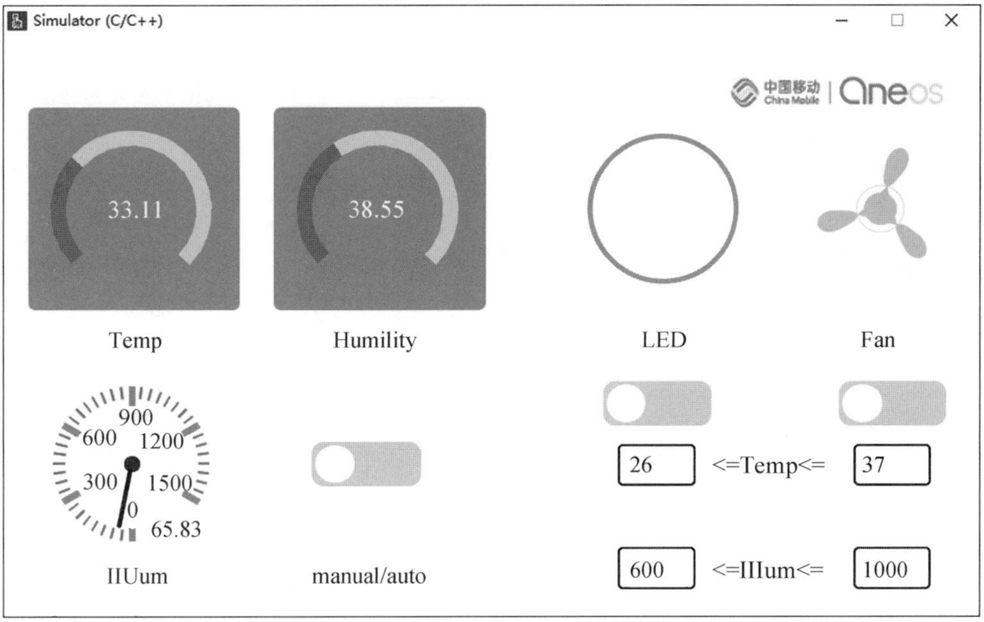

图 2.2.177　LED 打开

在光照度大于阈值 1000 时，LED 关闭，如图 2.2.178 所示。

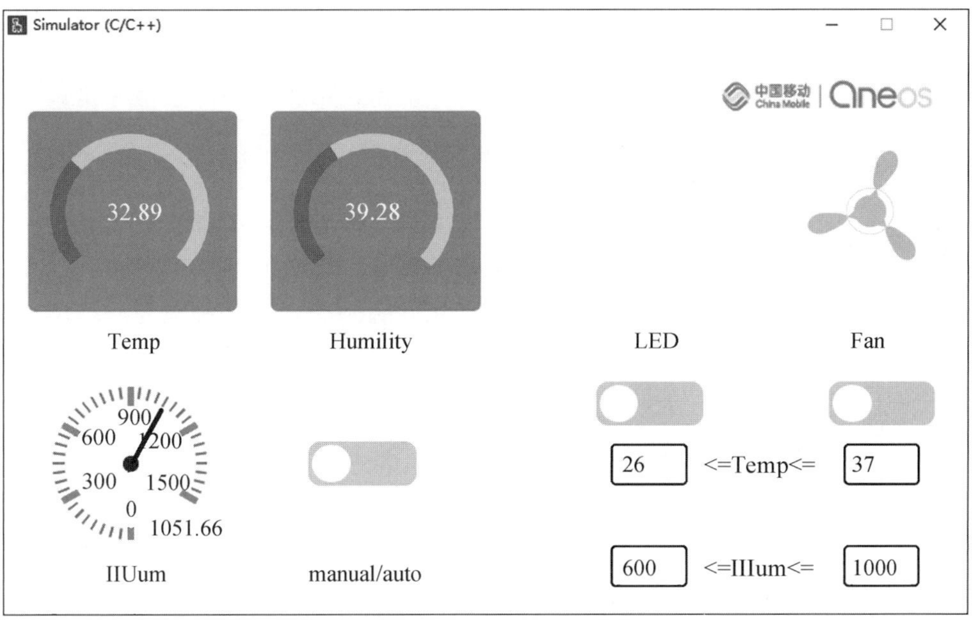

图 2.2.178　LED 关闭

在手动模式下，打开风扇，如图 2.2.179 所示。

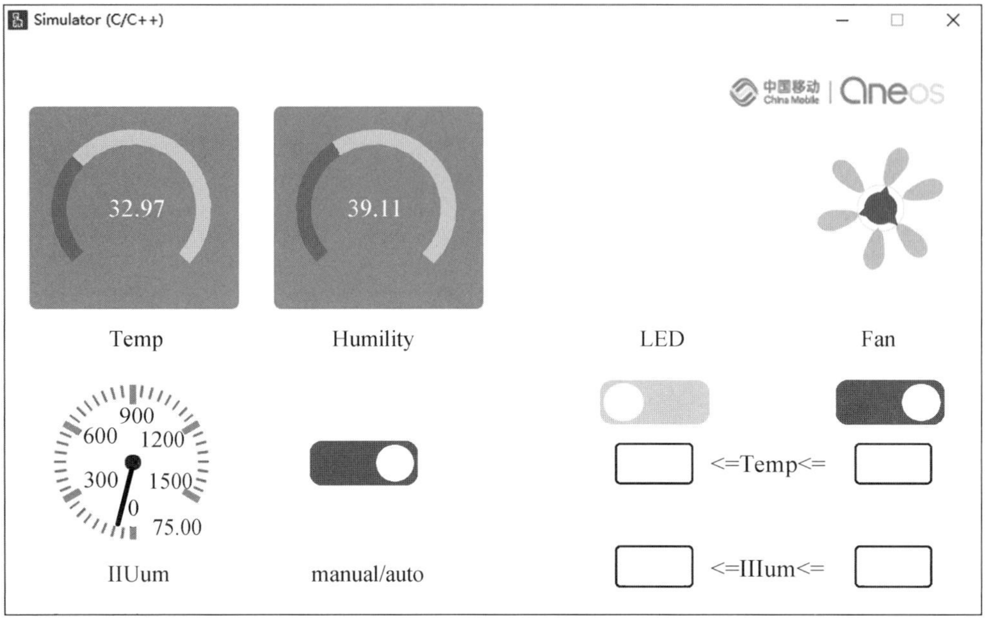

图 2.2.179　打开风扇

手动模式下，OneNET 远程控制 LED 打开，如图 2.2.180 所示。

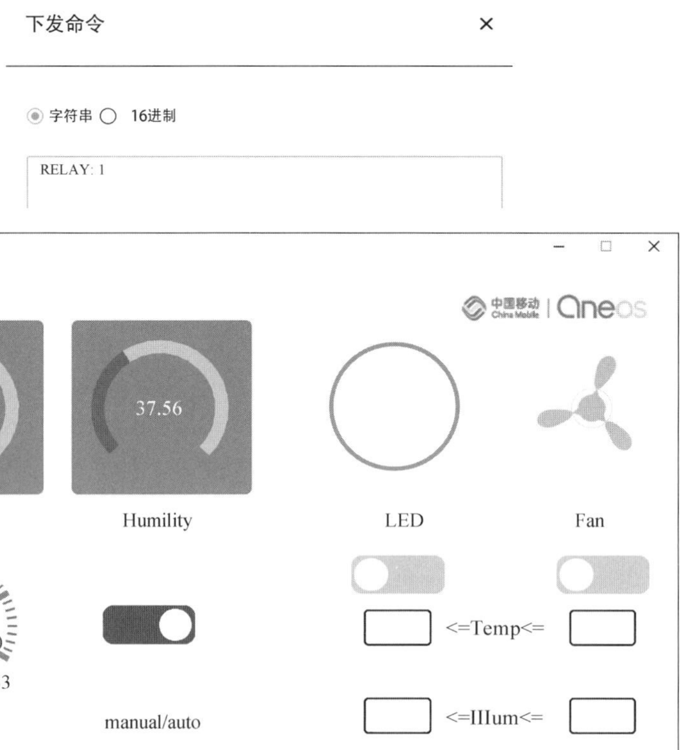

图 2.2.180　远程控制 LED 打开

自动模式下，OneNET 远程控制风扇打开，如图 2.2.181 所示。

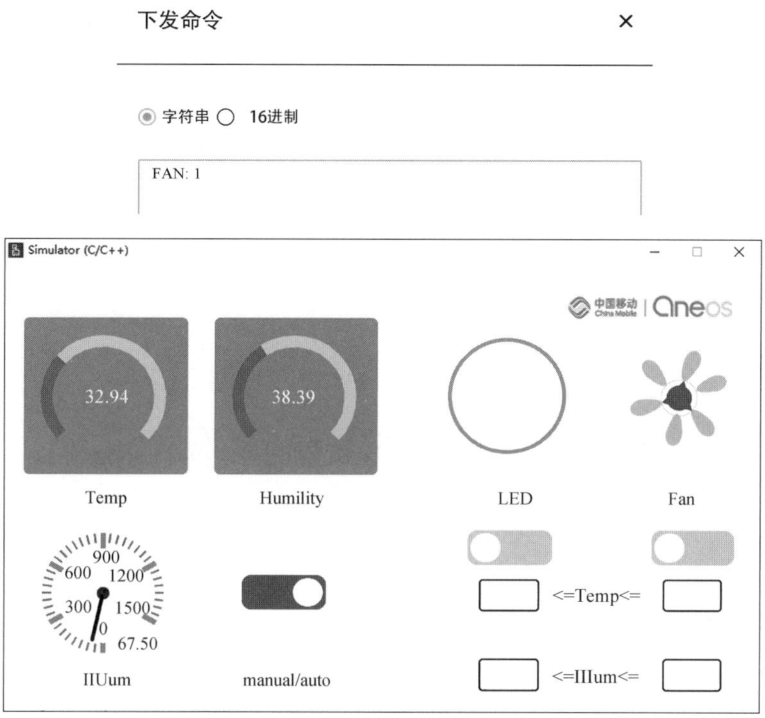

图 2.2.181　远程控制风扇打开

同时在 OneNET 云平台上展示相关状态和环境传感器数值，如图 2.2.182 所示。

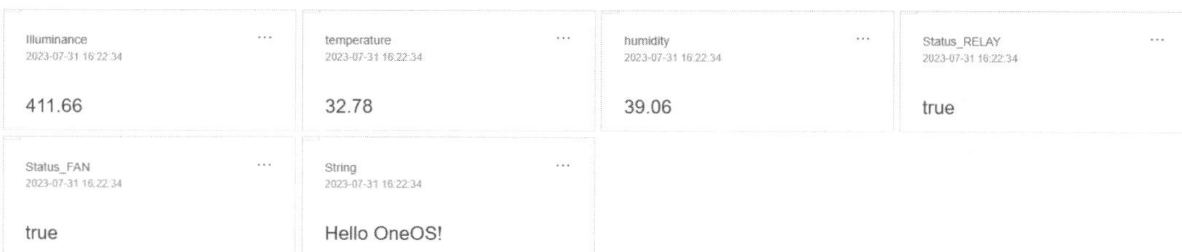

图 2.2.182　OneNET 云平台展示

项目 3　智能健康穿戴项目实训

任务 1　BLE 模块驱动及网络搭建

任务目标

搭建蓝牙网络，实现主板与手机或电脑无线蓝牙通信。

任务资讯

3.1.1　蓝牙通信协议简介

蓝牙协议包括两种技术：经典蓝牙（简称 BT）和低功耗蓝牙（简称 BLE）。这两种技术，都包括搜索（discovery）管理、连接（connection）管理等机制，但它们是不能互通的。因此在硬件模组上又有单模蓝牙和双模蓝牙的区别。在智能手机中的蓝牙就是双模蓝牙，它可以支持经典蓝牙和低功耗蓝牙。

双模蓝牙支持低功耗蓝牙和经典蓝牙的所有功能；低功耗蓝牙仅支持低功耗蓝牙不支持经典蓝牙；经典蓝牙仅支持经典蓝牙不支持低功耗蓝牙。

蓝牙共有 V1.1/V1.2/V2.0/V2.1/V3.0/V4.0 六个版本，版本信息：

V1.1 版本传输率在 748 ~ 810 KB/s，因是早期设计，容易受到同频率产品干扰，影响通信质量。

V1.2 版本同样是只有 748 ~ 810 KB/s 的传输率，但加上了（改善 Software）抗干扰跳频功能。

V2.0 + EDR 版本是 V1.2 版本的改良提升版，传输率约在 1.8 ~ 2.1 MB/s，开始支持双工模式，即可作语音通信，同时也可以传输档案/高像素图片，V2.0 版本也支持 Stereo 运作。

应用最为广泛的是 Bluetooth2.0 + EDR 标准，该标准在 2004 年推出；支持 Bluetooth2.0 + EDR 标准的产品也于 2006 年大量出现。虽然 Bluetooth 2.0 + EDR 标准在技术上作了大量的改进，但从 V1.X 标准延续下来的配置流程复杂和设备功耗较大的问题依然存在。

V2.1 版本拥有更佳的省电效果，加入了 SniffSubrating 的功能，透过设定在 2 个装置之间互相确认讯号的发送间隔来达到节省功耗的目的。

V3.0 + HS 版本于 2009 年 4 月 21 日推出，蓝牙技术联盟（Bluetooth SIG）正式颁布了新一代标准规范——Bluetooth Core Specification Version 3.0 High Speeds(蓝牙核心规范 3.0 版)。蓝牙 3.0 的核心是 Generic Alternate MAC / PHY（AMP），这是一种全新的交替射频技术，允许蓝牙协议栈针对任一任务动态地选择正确射频。最初被期望用于新规范的技术包括 802.11 以及 UMB，但是新规范中取消了 UMB 的应用。

蓝牙 4.0 包括三个子规范，即传统蓝牙技术、高速蓝牙和新的蓝牙低功耗技术。蓝牙 4.0 的改进主要体现在电池续航时间、节能和设备种类三个方面，拥有低成本、跨厂商互操作性、3 ms 低延迟、400 m 以上超长距离、AES-128 加密等诸多特色。此外，蓝牙 4.0 的有效传输距离也有所提升。3.0 版本的蓝牙的有效传输距离为 10 m，而蓝牙 4.0 的有效传输距离最高可达到 100 m。

简单地说，蓝牙是一种短程宽带无线电技术，是实现语音和数据无线传输的全球开放性标准。它使用跳频扩谱（FHSS）、时分多址（TDMA）、码分多址（CDMA）等先进技术，在小范围内建立多种通信与信息系统之间的信息传输。

Bluetooth 的主要技术特点：

（1）工作频段：2.4 GHz 的工科医（ISM）频段，无须申请许可证；大多数国家使用 79 个频点，载频为（2 402 + k）MHz（$k = 0, 1, 2, \cdots, 78$），载频间隔 1 MHz；采用 TDD 时分双工方式。

（2）传输速率：1 MB/s（V2.0 以上版本）。

（3）调试方式：BT = 0.5 的 GFSK 调制，调制指数为 0.28 ~ 0.35。

（4）采用跳频技术：跳频速率为 1 600 跳/s，在建链时（包括寻呼和查询）提高为 3 200 跳/s。蓝牙通过快跳频和短分组技术减少同频干扰，保证传输的可靠性。

（5）语音调制方式：连续可变斜率增量调制（Continuous Variable Slope Delta Modulation，CVSD），抗衰落性强，即使误码率达到 4%，话音质量也可接受。

（6）支持电路交换和分组交换业务：蓝牙支持实时的同步定向联接（SCO 链路）和非实时的异步不定向联接（ACL 链路），前者主要传送语音等实时性强的信息，后者以数据包为主。语音和数据可以单独或同时传输。蓝牙支持一个异步数据通道，或三个并发的同步话音通道，或同时传送异步数据和同步话音的通道。每个话音通道支持 64 kbps 的同步话音；异步通道支持 723.2/57.6 kbps 的非对称双工通信或 433.9 kbps 的对称全双工通信。

（7）支持点对点及点对多点通信：蓝牙设备按特定方式可组成微微网（Pico net）和分布式网络（Scatter net）两种网络，其中微微网的建立由 2 台设备的连接开始，最多可由 8 台设备组成。在一个微微网中，只有一台为主设备（Master），其他均为从设备（Slave），不同的主从设备对可以采用不同的链接方式，在一次通信中，链接方式也可以任意改变。几个相互独立的微微网以特定方式链接在一起便构成了分布式网络。所有的蓝牙设备都是对等的，所以在蓝牙中没有基站的概念。

（8）工作距离：蓝牙设备分为三个功率等级，分别是 100 mW（20 dBm）、2.5 mW（4 dBm）和 1 mW（0 dBm），相应的有效工作范围为 100 m、10 m 和 1 m。

任务实施

3.1.2　硬件资源与硬件连接

本任务使用到蓝牙模块进行实验，因此需要将蓝牙模块插接在底板上，并给主板连接上 DC 12 V 头子进行供电；使用 TypeC 数据线连接主板 MASTER 串口，以便串口打印输出和使用 Shell 工具；使用 TypeC 数据线连接主板 CMSIS 接口，用于给主板 STM32F407 主芯片下载程序。

蓝牙模块顶层图如图 2.3.1 所示，中心矩形部分为 STM32L431 主控制芯片，左上侧矩形部分为 E104-BT02 蓝牙模块，D3 为电源指示灯。

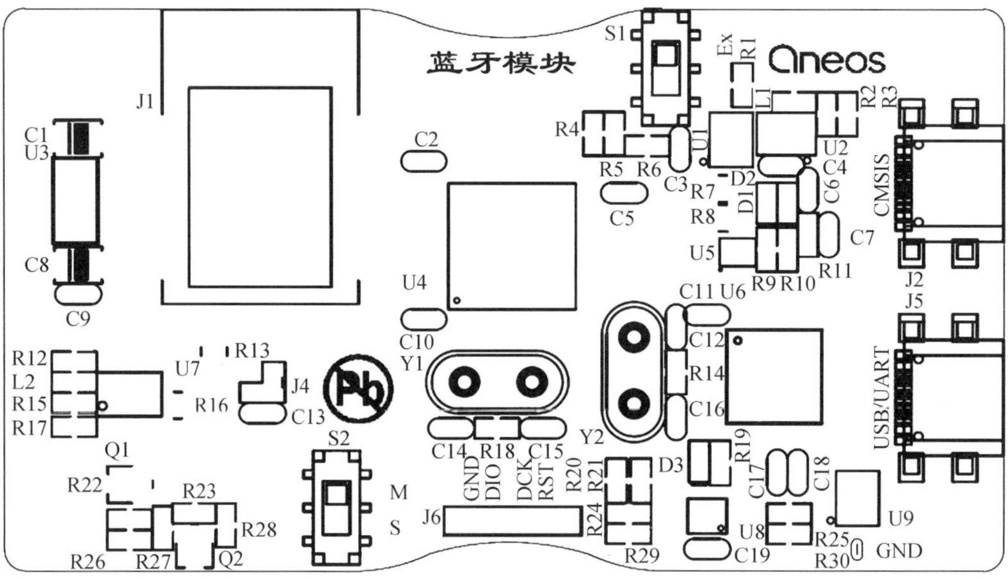

图 2.3.1　蓝牙模块顶层图

板子有两个按键为 S1、S2。S1 默认往下拨，才能正常下载程序到 STM32L431 中；S2 是蓝牙通信引脚切换，往上拨到 M 是与主板 STM32F407 通信，往下拨到 S 是与蓝牙模块主芯片通信，S2 如图 2.3.2 所示。

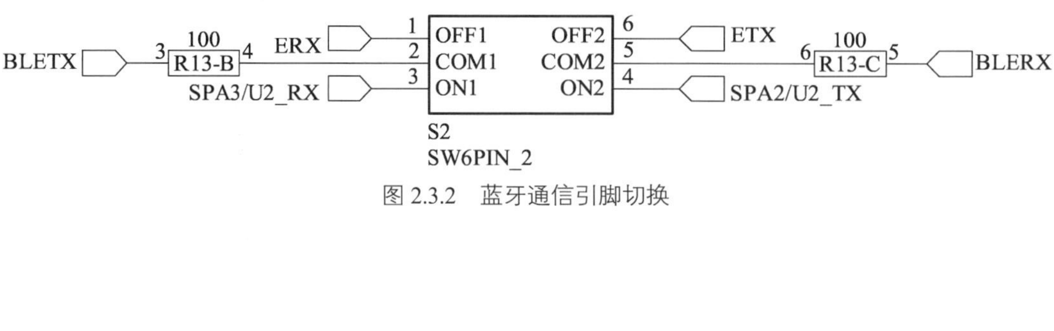

图 2.3.2　蓝牙通信引脚切换

本次实验 S2 往下拨到 S，蓝牙与 STM32L431 通信引脚为 U2（PA2、PA3），查看主芯片与蓝牙连接的原理图，如图 2.3.3 所示，蓝牙使用的是 E104-BT02。

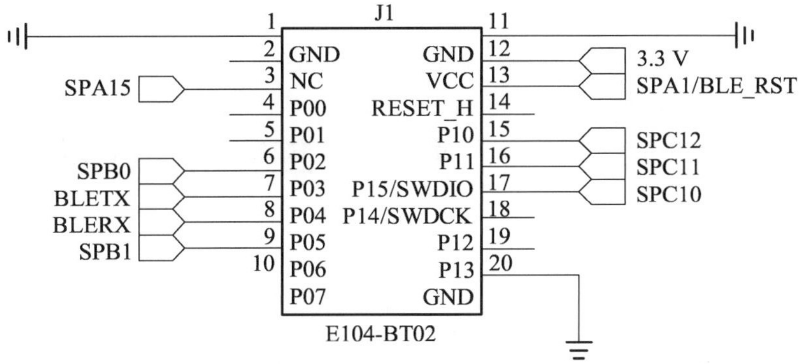

图 2.3.3　主芯片与蓝牙连接的原理图

S1 拨动开关为 CMSIS 仿真接口选择开关，拨动到 EX 可对外部连接的 MCU 进行仿真，拨动到下方默认对蓝牙模块上主芯片 STM32L431 进行程序下载和仿真。

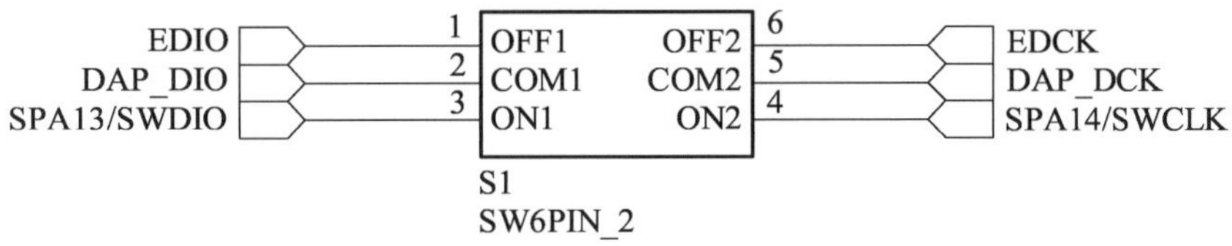

图 2.3.4　S1 拨动开关原理图

蓝牙引脚与主芯片引脚对应说明如表 2.3.1 所示。

表 2.3.1　蓝牙引脚与主芯片引脚对应说明

蓝牙引脚	主芯片引脚	说明
RESET_H	PA1	复位引脚，高电平有效
P03	PB1	睡眠引脚，高电平开启睡眠模式
P00	PA15	模式引脚，高电平透传模式，低电平配置模式
P14	PC10	主从引脚，高电平主机模式，低电平从机模式
P05	PA2	串口接收引脚
P04	PA3	串口发送引脚

3.1.3　蓝牙模块配置

3.1.3.1　蓝牙模块硬件资源与硬件连接

将蓝牙模块插接在底板上取电；使用 TypeC 数据线连接蓝牙模块 USB/UART 串口，以便串口打印输出；使用 TypeC 数据线连接蓝牙模块 CMSIS 接口，用于给蓝牙模块 STM32L431 主芯片下载程序。

3.1.3.2 蓝牙模块 STM32CubeMX 配置

打开 STM32L431RCT6 下的 STM32L431RCT6_OneOS.ioc，进入 STM32CubeMX 配置。

（1）在左侧的“Categories”选项卡下找到“System Core”下的“RCC”，进行 RCC 时钟来源配置，将 HSE（高速时钟来源）配置为“外部晶振”，如图 2.3.5 所示。

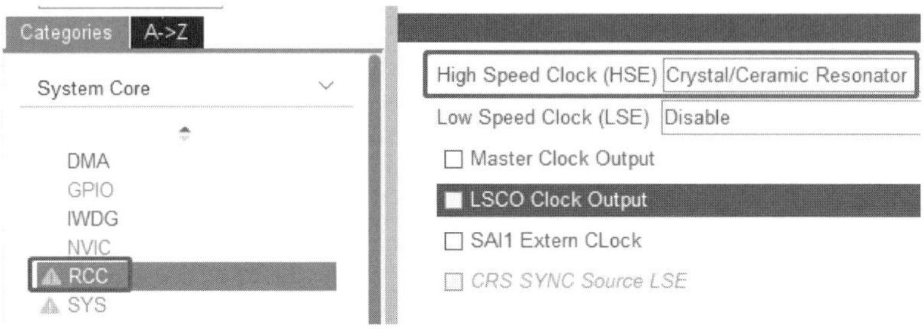

图 2.3.5 RCC 时钟来源配置

（2）找到“Clock Configuration”，配置时钟树，将 HCLK 时钟配置为最大值 80 MHz，如图 2.3.6 所示。

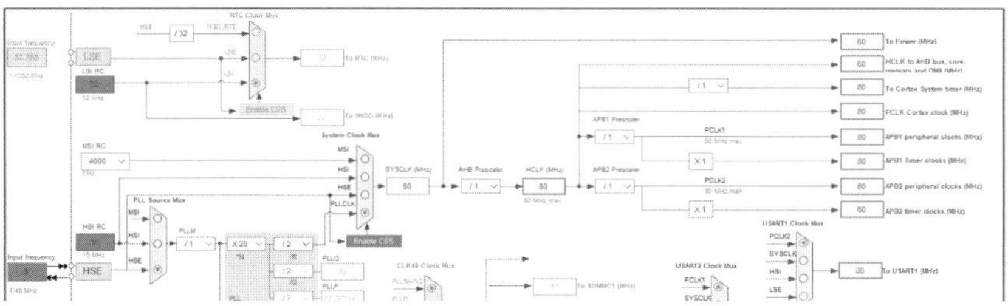

图 2.3.6 配置时钟树

（3）在左侧的“Categories”选项卡下找到“Connectivity”下的“USART1”，配置串口 1。该串口用于调试打印输出，模式配置为异步串口，配置参数为波特率 115 200 Bits/s，数据格式为 8N1，使能串口全局中断如图 2.3.7 所示。并在右侧引脚配置界面找到“PA9”和“PA10”，将其配置为 USART1 的通信引脚，如图 2.3.8 所示。

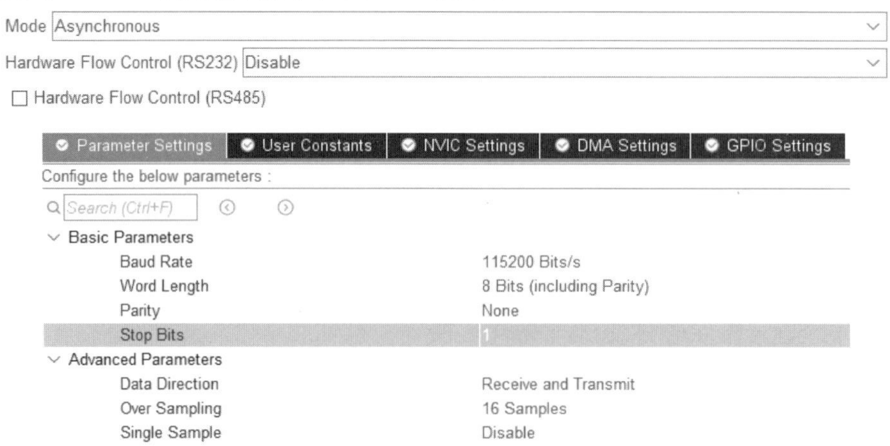

图 2.3.7 配置串口 1

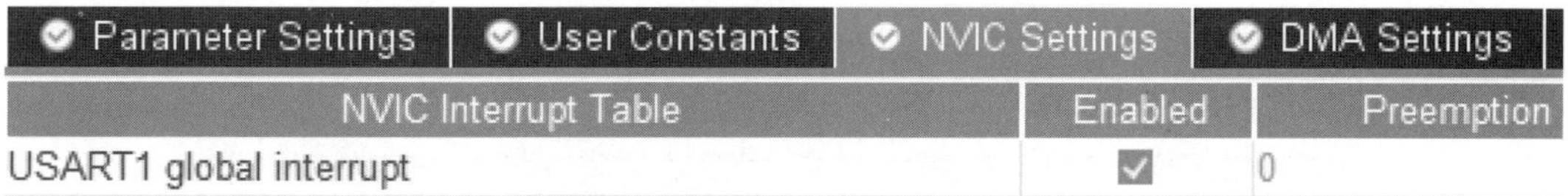

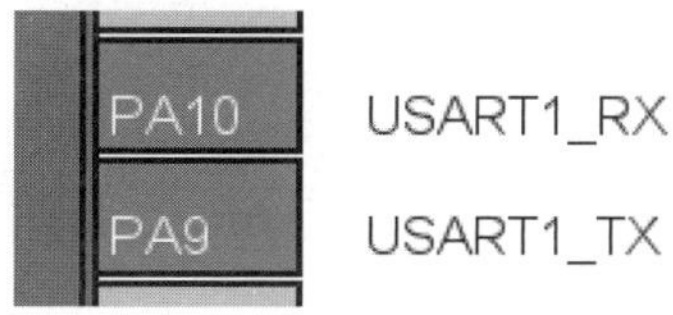

图 2.3.8　配置引脚 PA10、PA9

（4）配置串口 2。该串口用于与蓝牙模块 E104-BT02 通信，模式配置为异步串口，配置参数为波特率 19 200 Bits/s，数据格式为 8N1，使能串口全局中断，如图 2.3.9 所示。并在右侧引脚配置界面找到“PA2”和“PA3”，将其配置为 USART2 的通信引脚，如图 2.3.10 所示。

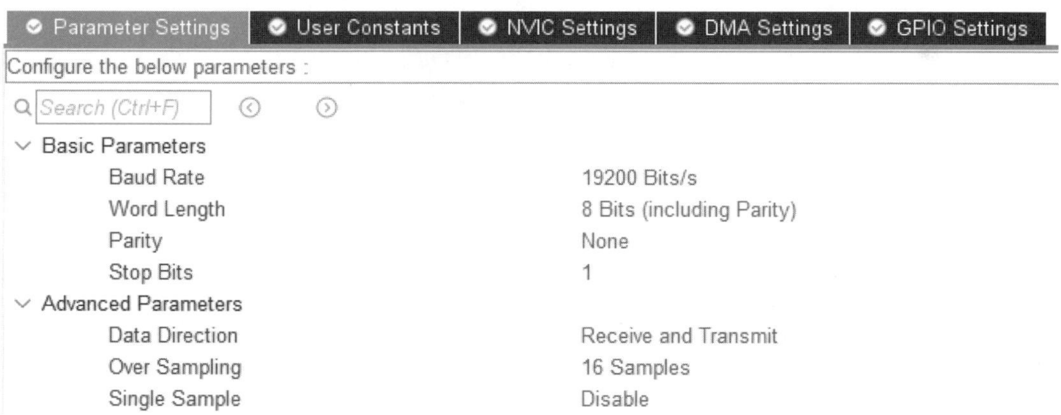

图 2.3.9　配置串口 2

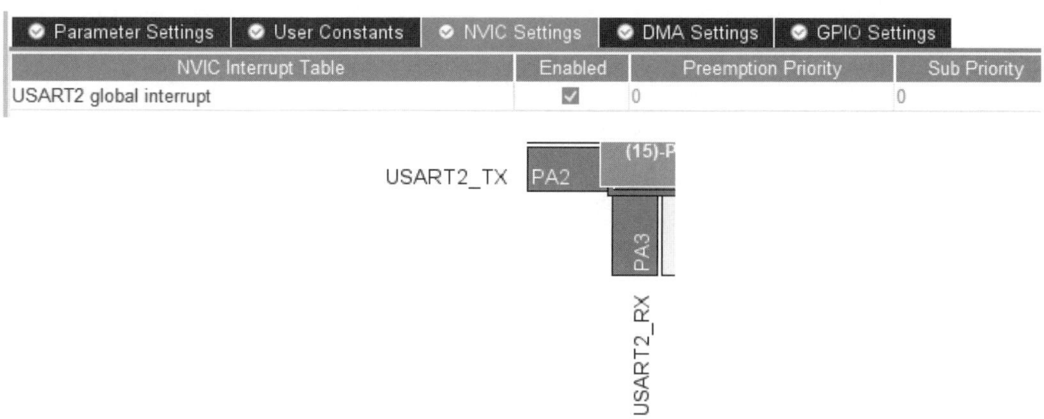

图 2.3.10　配置引脚 PA2、PA3

（5）配置串口 3。该串口用于与主板 STM32F407 芯片进行 RS-485 通信，模式配置为异步串口，配置参数为波特率 9 600 Bits/s，数据格式为 8N1，使能串口全局中断，如图 2.3.11

所示。并在右侧引脚配置界面找到“PB10”和“PB11”，将其配置为USART3的通信引脚，如图2.3.12所示。

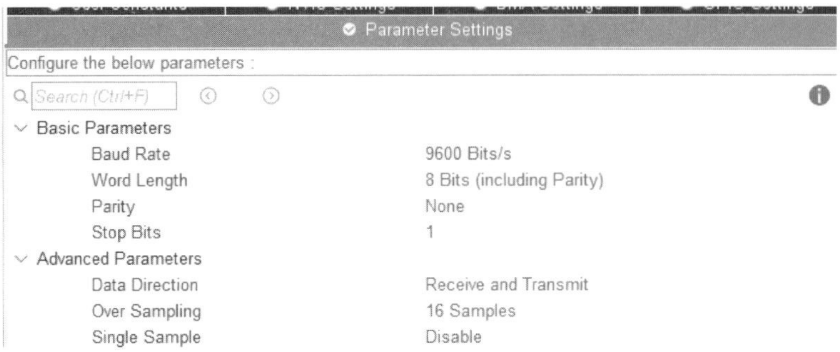

图2.3.11　配置串口

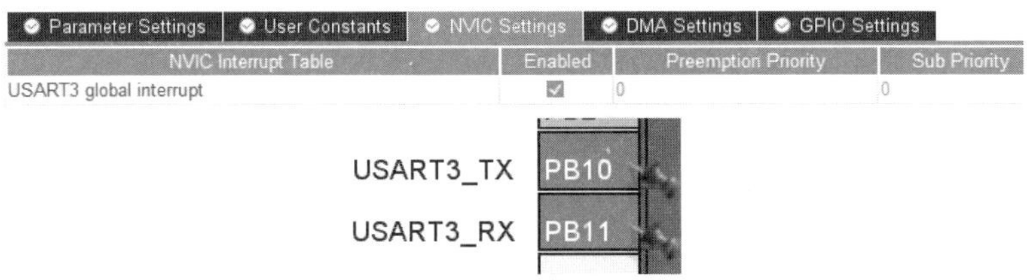

图2.3.12　配置引脚PB10、PB11

（6）配置蓝牙模组E104-BT02相关引脚。首先在右侧引脚可视化配置界面选择相关引脚PA1、PA15，将其配置为输出模式，如图2.3.13所示然后在左侧的引脚界面中找到“System core”，选择“GPIO”，配置PB1、PC10为输出模式、低电平，如图2.3.14所示。

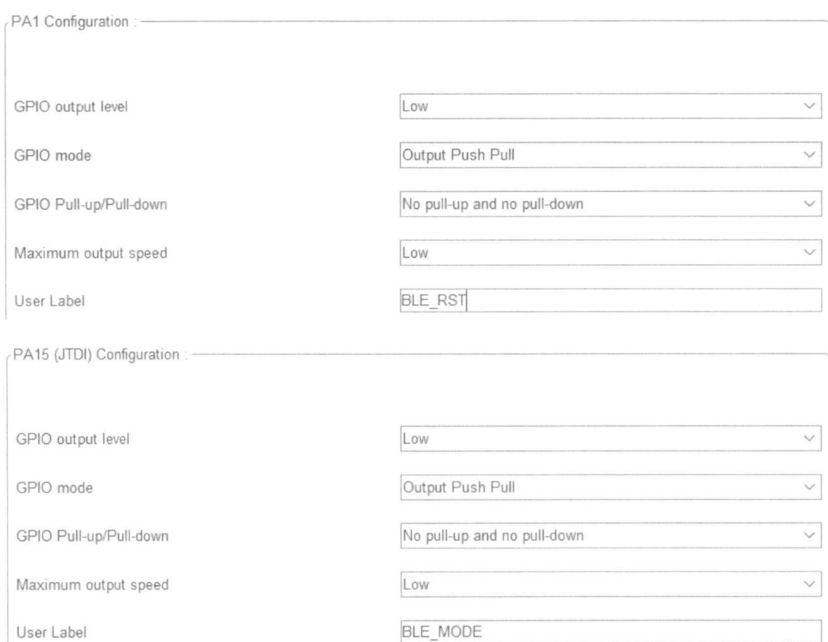

图2.3.13　PA1、PA15引脚配置

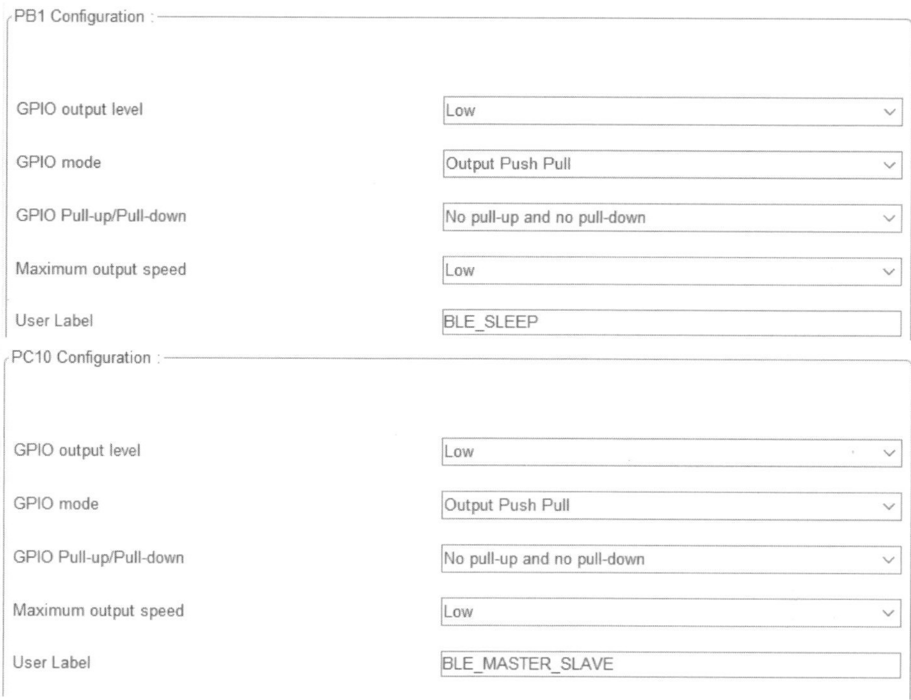

图 2.3.14　PB1、PC10 引脚配置

配置完成后，单击“GENARATE CODE”生成代码，如图 2.3.15 所示。

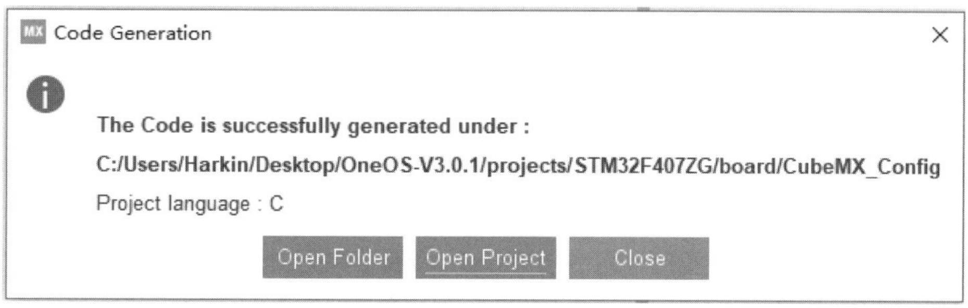

图 2.3.15　生成代码

3.1.3.3　Keil 工程构建与代码增删

在工程目录中，使用 MDK 软件打开工程 project.uvprojx。

新建 E104_BT02.c 和 E104_BT02.h 文件，保存在 APP 文件中，并在工程中添加 E104_BT02.c 和 E104_BT02.h 文件，如图 2.3.16 所示。

图 2.3.16　新建 E104_BT02.c

在 E104_BT02.h 文件声明预定义如下：

```
#ifndef __E104_BT02_H
#define __E104_BT02_H
#include "main.h"
//模式选择
#define BLE_MODE_CONFIG          HAL_GPIO_WritePin(BLE_MODE_GPIO_Port,BLE_MODE_Pin,GPIO_PIN_RESET)
#define  BLE_MODE_TRANSPARENT     HAL_GPIO_WritePin(BLE_MODE_GPIO_Port,BLE_MODE_Pin,GPIO_PIN_SET)
//主从选择
#define BLE_ROLE_MASTER          HAL_GPIO_WritePin(BLE_ROLE_GPIO_Port, BLE_ROLE_Pin,GPIO_PIN_SET)
#define BLE_ROLE_SLAVE           HAL_GPIO_WritePin(BLE_ROLE_GPIO_Port,BLE_ROLE_Pin,GPIO_PIN_RESET)
void BLE_Init(void);//BEL 初始化
#endif
```

这里预定义蓝牙的主从和模式选择引脚，在 E104_BT02.c 文件编写相关函数。

```
#include "E104_BT02.h"
#include "usart.h"
#include "string.h"
#include "stdio.h"
static void BLE_Sleep_On(void)
{
    HAL_GPIO_WritePin(BLE_SLEEP_GPIO_Port,BLE_SLEEP_Pin,GPIO_PIN_RESET);
    HAL_Delay(10);
    HAL_GPIO_WritePin(BLE_SLEEP_GPIO_Port,BLE_SLEEP_Pin,GPIO_PIN_SET);
}
static void BLE_Sleep_Off(void)
{
    HAL_GPIO_WritePin(BLE_SLEEP_GPIO_Port,BLE_SLEEP_Pin,GPIO_PIN_SET);
    HAL_Delay(10);
    HAL_GPIO_WritePin(BLE_SLEEP_GPIO_Port,BLE_SLEEP_Pin,GPIO_PIN_RESET);
}
static void BLE_RST(void)
{
    HAL_GPIO_WritePin(BLE_RST_GPIO_Port,BLE_RST_Pin,GPIO_PIN_SET);
    HAL_Delay(10);
```

```
    HAL_GPIO_WritePin(BLE_RST_GPIO_Port,BLE_RST_Pin,GPIO_PIN_RESET);
}
void BLE_Init(void)
{
    BLE_RST();
    BLE_Sleep_Off();            //关闭睡眠
    HAL_Delay(7);               //7 ms 后唤醒完成
    BLE_MODE_TRANSPARENT;           //透传模式
    BLE_ROLE_MASTER;          //主机模式
}
```

在 void BLE_Init（void）蓝牙初始化函数里，蓝牙首先执行复位，再关闭睡眠，7 s 后唤醒完成，设置为透传模式和主机模式。

编写 usart.c 文件如下：

```
uint8_t USART1_RX_BUF[USART1_RX_LEN];
uint16_t USART1_RX_STA;
uint8_t USART2_RX_BUF[USART2_RX_LEN];
uint16_t USART2_RX_STA;
uint8_t USART3_RX_BUF[USART3_RX_LEN];
uint16_t USART3_RX_STA;
```

定义串口 1 和串口 2、串口 3 的数据数组以及标志位，USART1_RX_LEN 和 USART2_RX_LEN、USART3_RX_LEN 表示串口接收数据长度，定义在 usart.h 文件中。

编写空闲中断函数，详见代码 13。如果串口 1 发生空闲中断，Size 实际接收到的数据长度传给串口 1 标志位 USART1_RX_STA，然后开启空闲中断接收，不然只会接收一次数据。

代码 13

在 usart.h 文件中声明这个变量和函数如下：

```
#define USART1_RX_LEN    500
#define USART2_RX_LEN    500
#define USART3_RX_LEN    500
extern uint8_t USART1_RX_BUF[USART1_RX_LEN];
extern uint16_t USART1_RX_STA;
extern uint8_t USART2_RX_BUF[USART2_RX_LEN];
extern uint16_t USART2_RX_STA;
extern uint8_t USART3_RX_BUF[USART3_RX_LEN];
extern uint16_t USART3_RX_STA;
```

主函数里开启空闲中断并清除空闲中断标志位，如下：

```
HAL_UARTEx_ReceiveToIdle_IT(&huart1,USART1_RX_BUF,(uint16_t)USART1_RX_LEN);
//开启空闲中断
__HAL_UART_CLEAR_IDLEFLAG(&huart1);//清除空闲中断标志位
HAL_UARTEx_ReceiveToIdle_IT(&huart2,USART2_RX_BUF,(uint16_t)USART2_RX_LEN);
//开启空闲中断
__HAL_UART_CLEAR_IDLEFLAG(&huart2);//清除空闲中断标志位
 HAL_UARTEx_ReceiveToIdle_IT(&huart3,USART3_RX_BUF,(uint16_t)USART3_RX_LEN);
//开启空闲中断
__HAL_UART_CLEAR_IDLEFLAG(&huart3);//清除空闲中断标志位
```

并在主函数里添加调用蓝牙初始化函数，如下：

```
BLE_Init(); //蓝牙初始化
```

主循环里编写串口 1 与串口 2 透传函数，如下：

```
if(USART1_RX_STA > 0)
{
    HAL_UART_Transmit(&huart2,USART1_RX_BUF,USART1_RX_STA,0xff);
//串口 1 收到数据发送给串口 2
USART1_RX_STA = 0;
}
if(USART2_RX_STA > 0)
{
    HAL_UART_Transmit(&huart1,USART2_RX_BUF,USART2_RX_STA,0xff);
//串口 2 收到数据发送给串口 1
    USART2_RX_STA = 0;
}
HAL_Delay(20);
```

通过串口 1 和串口 2 的标志位 RX_STA 是否大于 0，若大于 0 则发生了空闲中断，通过 HAL_UART_Transmit（ ）函数发送到相应串口上去，并实现串口 2、串口 1 数据的透传。

3.1.3.4 编译下载验证

单击“编译”确保工程没有报错后，将程序下载到开发板中，程序开始运行，电脑连接到 USB/UART 端口，打开串口软件，波特率为 115 200 Bits/s。

手机上安装 BLE 调试宝软件并打开，选择“E104-BT02-V5.0”，单击连接。连接成功会进入界面，如图 2.3.17 所示。

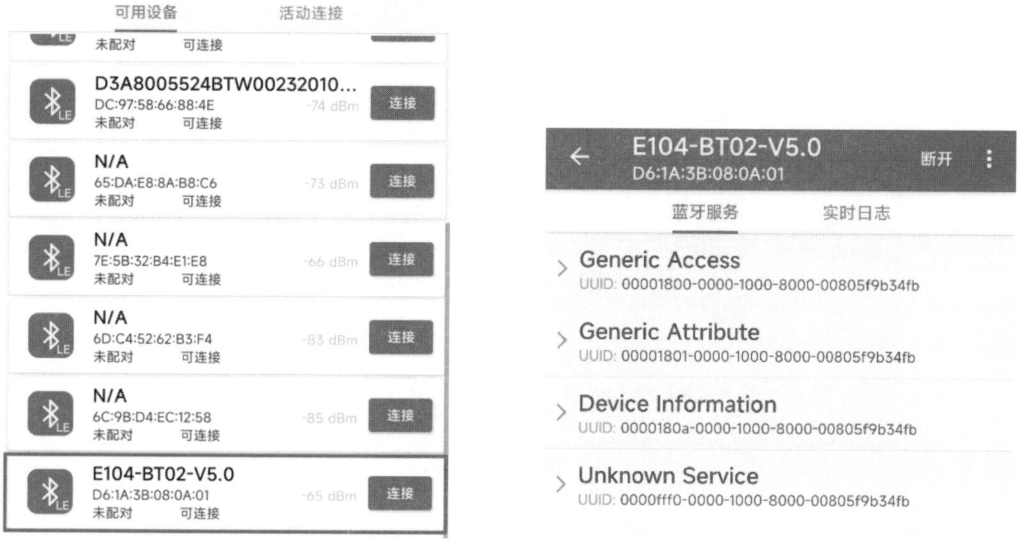

图 2.3.17　连接成功

选择“Unknown Service”，“UUID：0000fff1……”一栏单击“闹钟”图标，“UUID：0000fff2……”一栏单击向上箭头图标，图标由灰色变成蓝色，如图 2.3.18 所示。

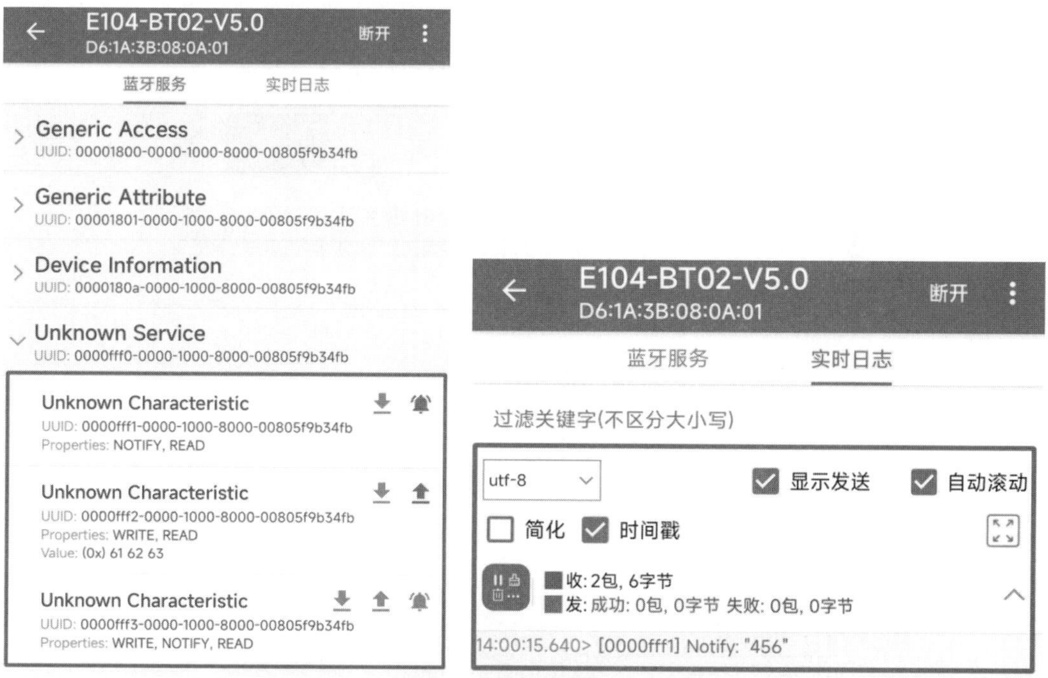

图 2.3.18　选择图标变化

单击“实时日志”，接收格式选择“utf-8”，串口助手发送字符串“456”会返回发送的字符串，BLE 调试宝软件将接受到数据，如图 2.3.19 所示。

图 2.3.19 接收数据

BLE 调试宝软件以 utf-8 格式发送字符串“ABC”，如图 2.3.20 所示，串口助手软件将接受到数据，如图 2.3.21 所示。

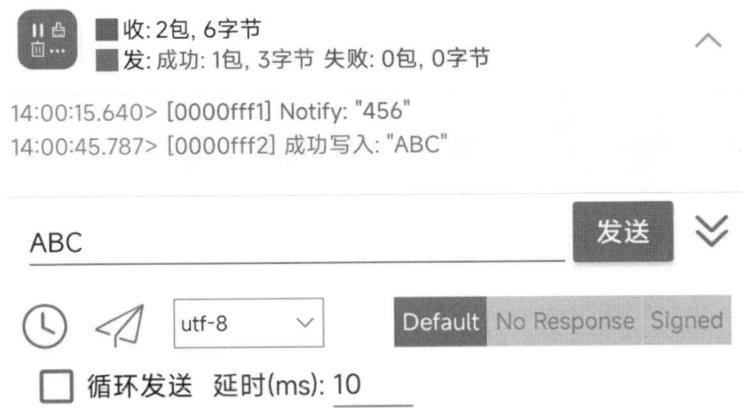

图 2.3.20 发送“ABC”

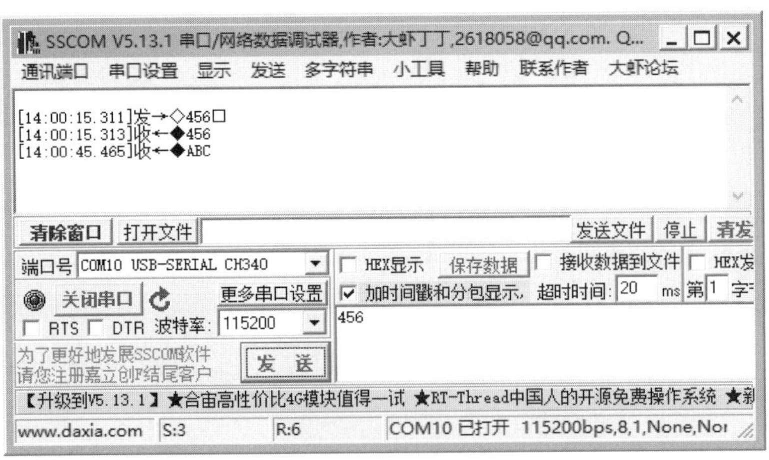

图 2.3.21 接收“ABC”

3.1.4 STM32CubeMX 配置

打开 OneOS-V3.0.1\projects\STM32F407ZG\board\CubeMX_Config 路径下的 CubeMX_Config.ioc，进入 STM32CubeMX 配置。

查看主板电路原理图（见图 2.3.22）可知，主板 RS485 电路与主芯片 MCU 有三个引脚连接，分别是 PC11（UART4 RX）、PC10（UART4 TX）、PG8，其中 PC11 和 PC10 作为串口数据的收发引脚，PG8 为 RS485 总线的收发模式控制引脚。查看 SP3485 芯片数据手册可知，PG8 为低电平时，RS485 总线处于接收模式，PG8 为高电平时，RS485 总线处于发送模式，通常情况下应让 RS485 总线处于接收模式。

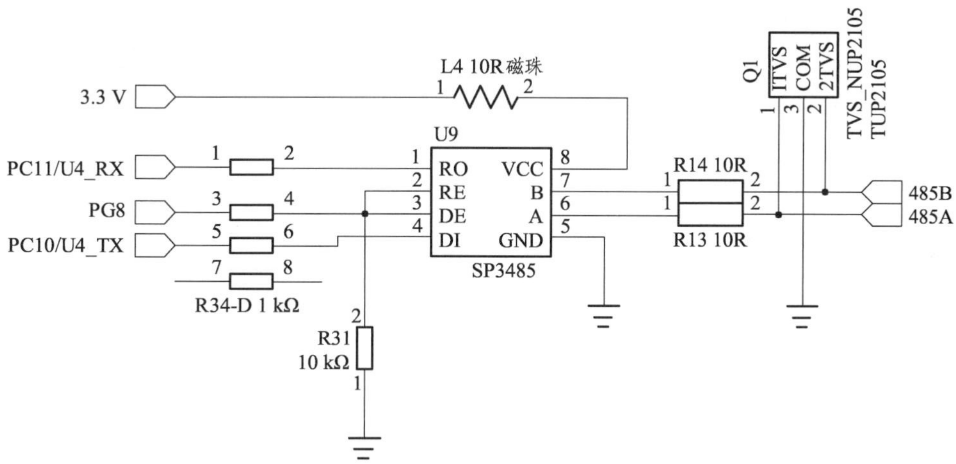

图 2.3.22　主板电路原理图

因此我们需要配置 RS485 总线使用的三个引脚。在右侧引脚可视化配置界面中找到 PG8 引脚，将其配置为输出模式，找到 PC10、PC11，将其配置为 UART4 的串口通信引脚，如图 2.3.23 所示。

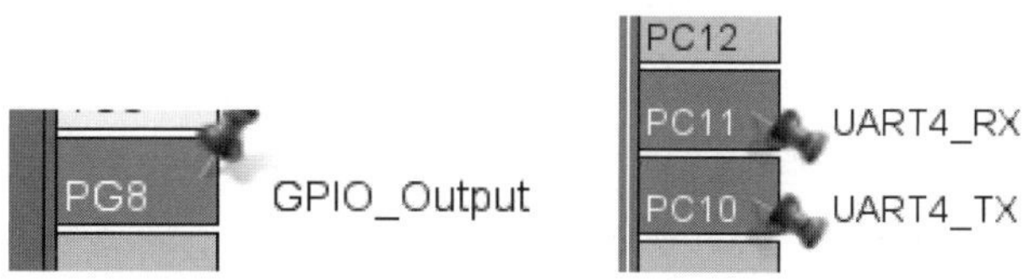

图 2.3.23　配置 RS485 总线使用的三个引脚

在左侧“Categories”选项中找到“Connectivity”下的“UART4”选项，对串口 4 进行配置，如图 2.3.24 所示。模式配置为“Asynchronous”，如图 2.3.25 所示。

图 2.3.24　对串口 4 进行配置

图 2.3.25　模式配置

参数配置中，将其配置为通信速率 9 600 Bits/s，通信格式为 8N1，如图 2.3.26 所示。

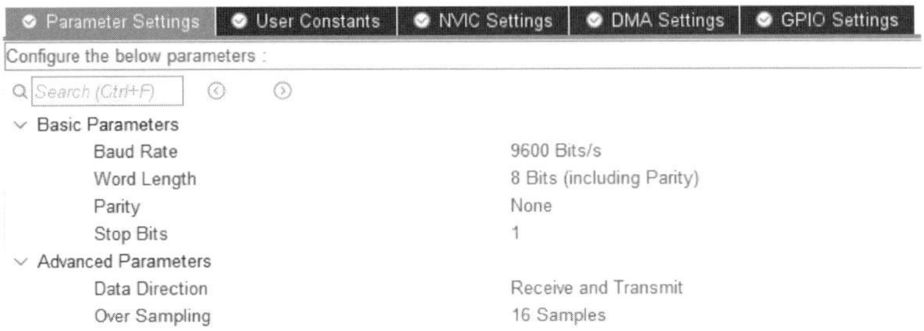

图 2.3.26 参数配置

找到 DMA 设置，添加接收 DMA，并设置模式为“Circular”，确保接收数据完整，如图 2.3.27 所示。

图 2.3.27 DMA 设置

打开串口 4 的全局中断，如图 2.3.28 所示。

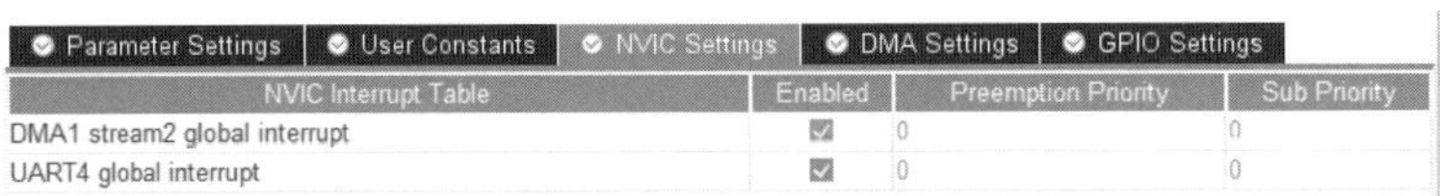

图 2.3.28 串口 4 的全局中断

在左侧的“Categories”选项中找到“System Core”下的“GPIO”选项，找到 PG8，并进行配置，由于该引脚为 RS485 总线的数据收发控制模式引脚，通常状态下为接受模式，即 PG8 为低电平，因此将其设置为低电平、推挽输出、下拉模式，如图 2.3.29 所示。

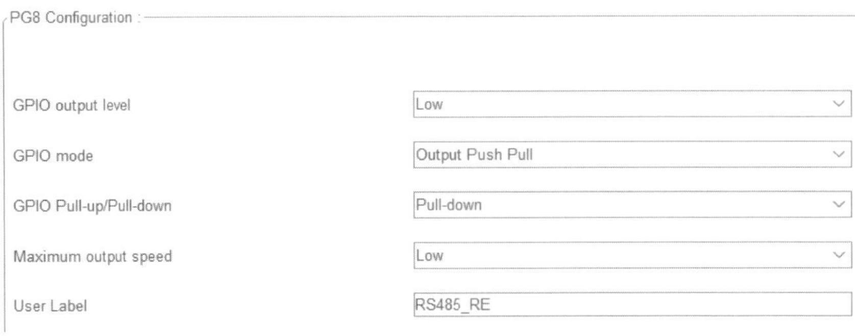

图 2.3.29 PG8 配置

本任务还用到了按键来发送数据，因此还需配置按键引脚，具体配置方法在之前章节已有详细介绍，此处不再赘述。

配置完成后，单击“GENARATE CODE”生成代码，如图 2.3.30 所示。

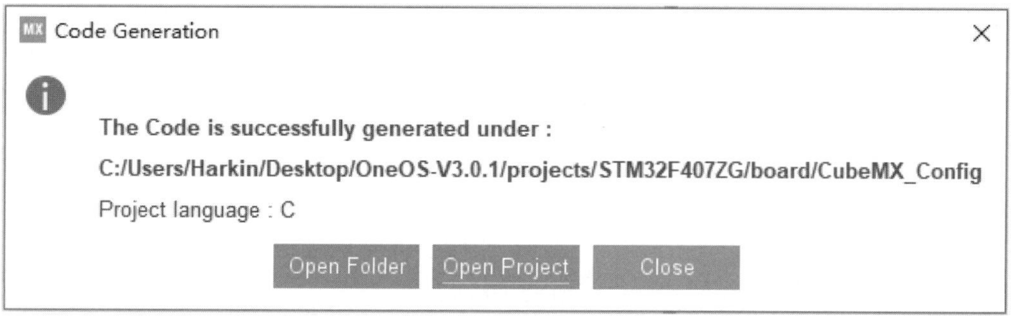

图 2.3.30　生成代码

3.1.5　OneOS-Cube 配置

在 OneOS-V3.0.1\projects\STM32F407ZG 目录下右键打开 OneOS-Cube，输入“oos config”进入配置界面。

本任务需要使用按键来控制 LED 灯点亮或熄灭，因此需要配置按键和 LED 驱动。

进入路径（Top）→ Drivers→ MISC，配置使能“Using led device drivers”和“Using push button device drivers”，如图 2.3.31 所示。

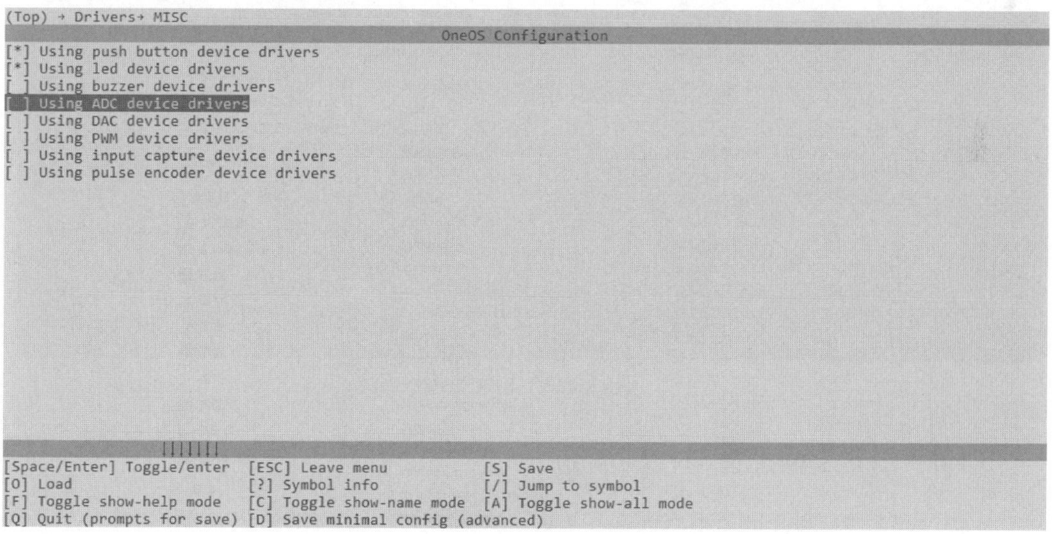

图 2.3.31　MISC 配置

通过空格或向右方向键选择 Drivers→Serial 下的“Enable serial drivers”选项；设置串口的缓存大小，如图 2.3.32 所示。

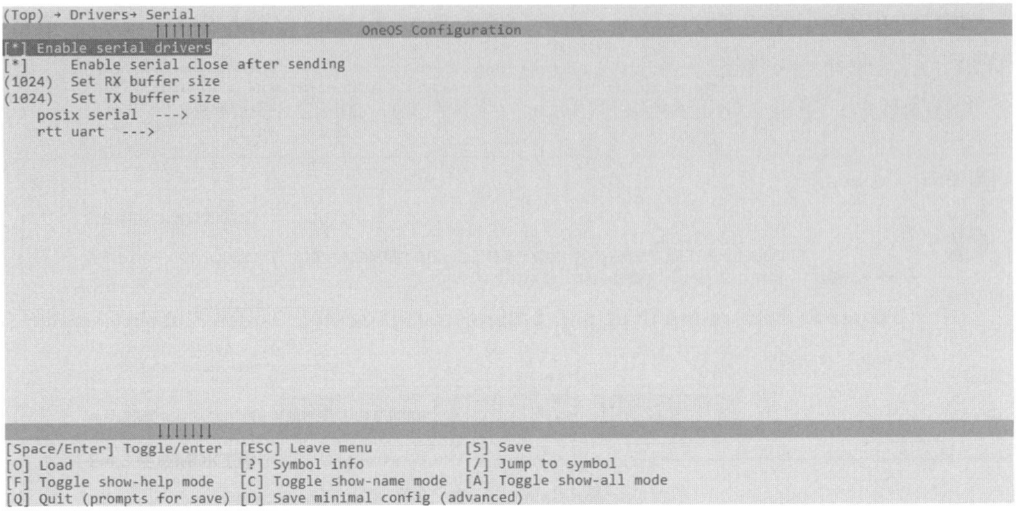

图 2.3.32　设置串口的缓存大小

输入“ESC”或“Q”保存工程或退出。

输入“oos init -i keil”，构建工程，如图 2.3.33 所示。

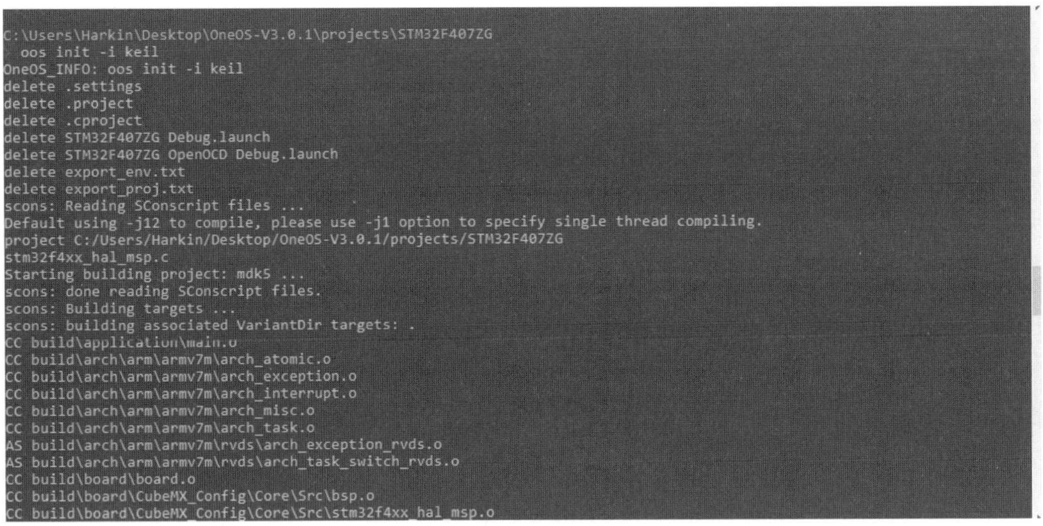

图 2.3.33　构建工程

3.1.6　Keil 工程配置与代码增删

首先，对于蓝牙模块的 STM32L431 工程，之前我们完成了串口 1 与蓝牙模块的数据收发，现在，需要完成蓝牙模块与 RS485 总线的数据收发（主板与蓝牙模块通过 RS485 总线进行数据交互）。因此，我们需要修改原来的工程代码，在主函数中，将 while( )循环中的代码修改为以下代码。当串口 2（E104-BT02 模组与 STM32L431 芯片通信引脚）接收到数据，表示蓝牙模块通过蓝牙接收到数据，此时将接收到的数据打印在调试串口，并通过串口 3(RS485 总线串口）发送出去；当串口 3 接收到数据，则将接收到的数据打印在调试串口，并通过串口 2 发送出去。这样就完成了 RS485 总线与 E104-BT02 模组数据的透传。

```
if(USART2_RX_STA > 0)
{
    printf("Rcv Data from BLE:%s \r\n",USART2_RX_BUF);
    HAL_UART_Transmit(&huart3,USART2_RX_BUF,USART2_RX_STA,0xff);
//串口 2 收到数据发送给串口 3
        USART2_RX_STA = 0;
}
if(USART3_RX_STA > 0)
{
    printf("Rcv Data from 485:%s \r\n",USART3_RX_BUF);
    HAL_UART_Transmit(&huart2,USART3_RX_BUF,USART3_RX_STA,0xff);
//串口 3 收到数据发送给串口 2
    USART3_RX_STA = 0;
}
HAL_Delay(20);
```

对于蓝牙模块，RS485 总线不需要收发控制模式的切换。查看蓝牙模块的电路原理图（见图 2.3.34）可知，该 RS485 收发器为自动收发，即当没有数据发送时，三极管 Q2 导通，RE 为低电平，即接收模式，当有数据发送时，三极管根据发送的数据自动切换导通情况，因此不需要对接收发送模式进行控制。

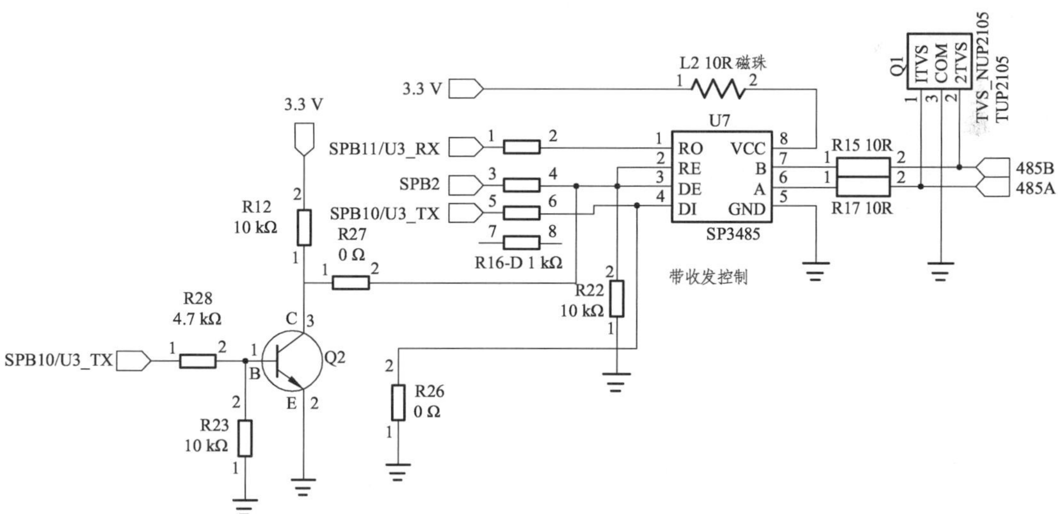

图 2.3.34　蓝牙模块的电路原理图

对于主板 STM32F407ZG 工程，在工程目录中，使用 MDK 软件打开工程 project.uvprojx。

打开 main.c 文件，编写任务函数，详见代码 14，包含两个任务函数，其中 ScanKey_task 任务为按键扫描任务函数，该函数在以前的模块实验中

代码 14

已有详细介绍，此处不再赘述。此处只用到了 KEY1，并在 KEY1 按下时对 send_flag 标志置位。

另外一个任务函数为 BLE_task，该任务函数中，首先根据设备名称查找设备是否存在，若存在则打开该设备（此处这个设备就是 UART4）；然后配置该设备，配置其通信速率为 9 600 Bits/s、通信格式为默认配置（8N1），并配置接收和发送的超时时间为 1 s；随后进入 while( )死循环，在循环中，首先判断是否有数据要发送，若存在，则先将 RS485 总线切换为发送模式，然后调用 os_device_write_block 函数将 tx_buff 中的数据发送出去，并延时等待 500 ms，这里的等待是为了确保数据完全通过 RS485 总线发送出去了，若发送完成，则将发送出去的字节数以及发送的数据打印在调试串口中，并将 RS485 总线切换回接收模式。

随后，进行数据接收，为确保接收完整的数据包，我们使用指针来指向接收数据缓冲区的首地址。每当接收到一次数据，指针向前移动 rx_cnt 字节，直到接收到数据长度 rx_cnt 为 0，代表接收完成。当接收完成后，将接收到的数据总长度和接收到的数据通过调试串口打印出来，并将相应的标志清零。

在主函数中创建并调度这两个任务。注意，下面的代码中还有一个任务函数 user_task，该任务函数为程序运行指示，即 LED1 以 1 Hz 频率闪烁。任务函数在前面的章节中已有详细介绍，此处不再解释。

```
int main(void)
{
    os_task_id task;
    task = os_task_create(OS_NULL,OS_NULL,512,"user",user_task,OS_NULL,3);
    OS_ASSERT(task);
    os_task_startup(task);
      os_task_id ble_task;
    ble_task = os_task_create(OS_NULL,OS_NULL,1024,"ble_task",BLE_task,OS_NULL,4);
    OS_ASSERT(ble_task);
    os_task_startup(ble_task);
   os_task_id key_scan_task;
    key_scan_task = os_task_create(OS_NULL,OS_NULL,512,"key_scan_task",ScanKey_task,OS_ NULL,5);
    OS_ASSERT(key_scan_task);
    os_task_startup(key_scan_task);
    return 0;
}
```

3.1.7 编译下载验证

单击“编译”确保工程没有报错后，将程序下载到开发板中，按下复位键，程序开始运行。在电脑上打开 Xshell 工具，用于接收主板的调试打印输出，打开蓝牙调试工具 BLECommonTool.exe。

确保电脑支持蓝牙并且蓝牙已经打开。电机开始扫描，界面左侧出现扫描到的蓝牙，中间部分显示扫描到蓝牙汇总，当出现我们需要的蓝牙时（本任务中的蓝牙模块名称为E104-BT02-V5.0），单击停止扫描。

选择“E104-BT02-V5.0”，并单击连接，如图 2.3.35 所示。

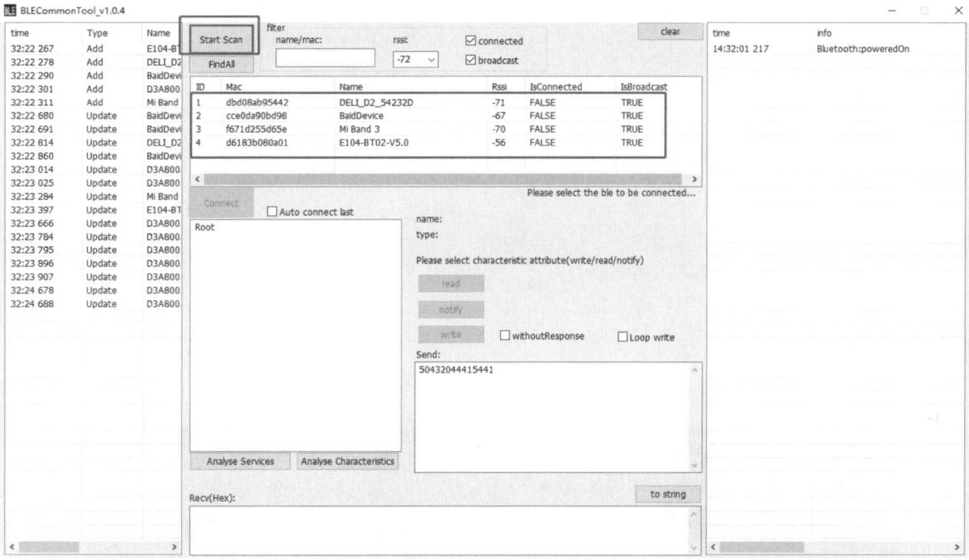

图 2.3.35　选择 E104-BT02-V5.0

界面右侧为蓝牙连接即数据收发的日志，当连接成功后，界面中间出现该蓝牙设备的相关信息，需要关注的是“fff1”的“notify”以及“fff2”的“write”，如图 2.3.36 所示。

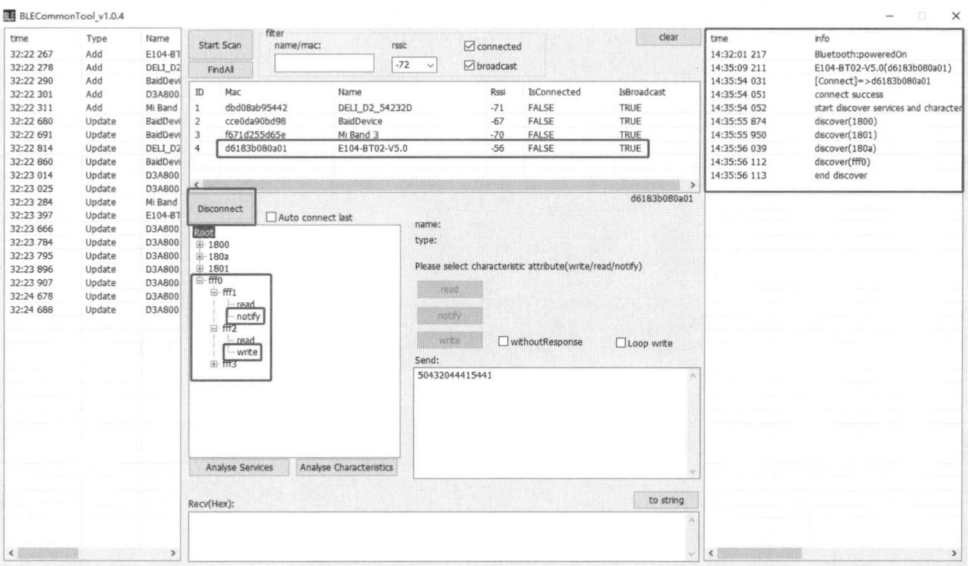

图 2.3.36　蓝牙设备的相关信息

单击“notify”，并按下主板上的“KEY1”按键，可以看到主板发送的数据“Hello OneOS!”，如图 2.3.37 所示。并可以在 Xshell 工具中查看到主板打印的信息，如图 2.3.38 所示。

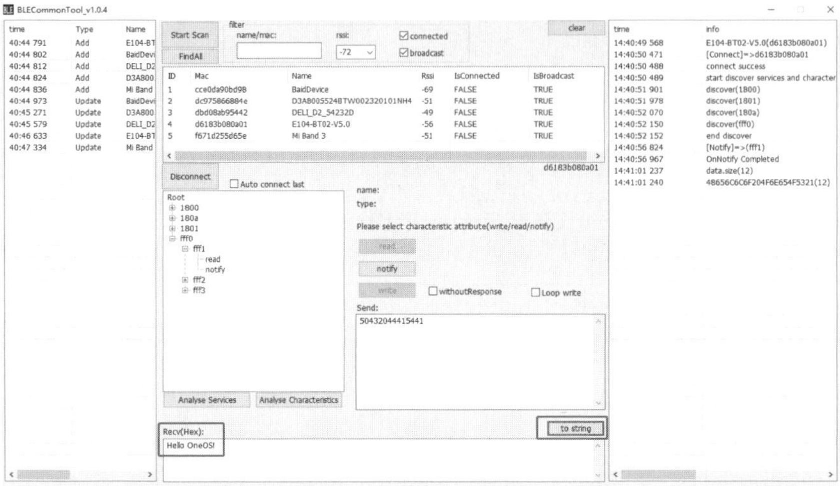

图 2.3.37　主板发送的数据

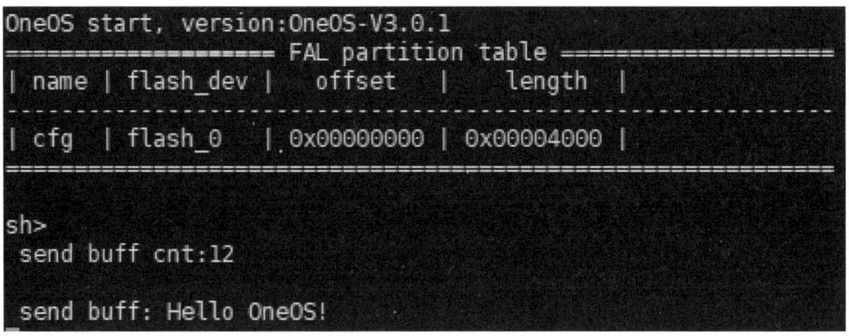

图 2.3.38　主板打印的信息

在界面中单击“写数据”如图 2.3.39 所示。

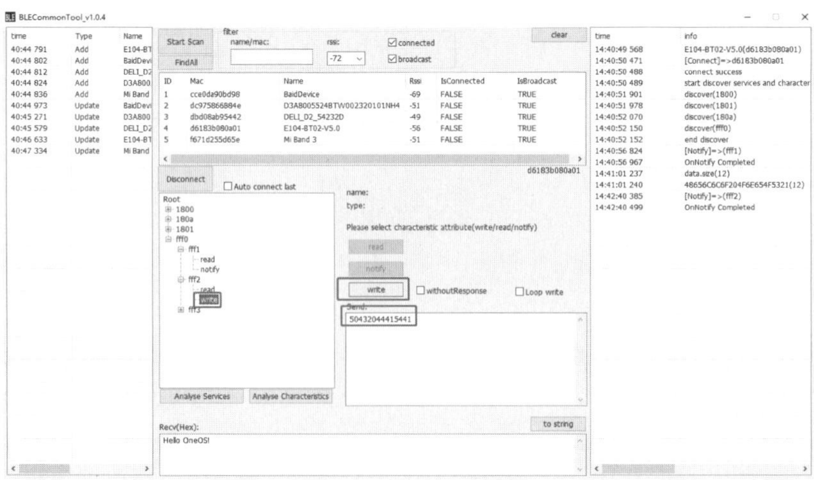

图 2.3.39　主板从蓝牙接收到的数据

此时可以在 Xshell 工具中查看到主板从蓝牙接收到的数据，如图 2.3.40 所示。

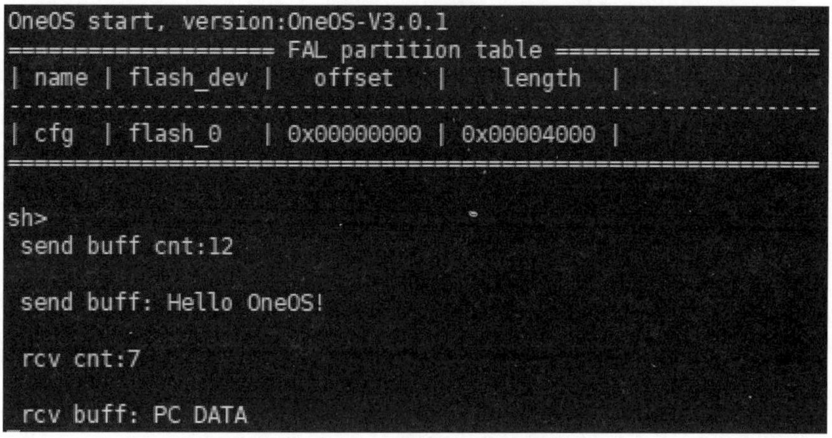

图 2.3.40　查看接收的数据

至此，蓝牙模块的驱动就成功完成了。

任务 2　健康传感器驱动及数据采集

任务目标

通过脉搏传感器模块测量脉搏数据，并通过调试串口打印在串口工具或 Shell 工具上进行显示。

任务资讯

3.2.1　脉搏传感器简介

脉搏传感器是一种生物传感器，如图 2.3.41 所示，可检测人体的脉搏信号并将其转换为电信号。脉搏信号是指随着心脏跳动而产生的压力波在血管中传播的波形信号，通过脉搏传感器可以采集到这种信号，进而对人体心血管系统进行监测和分析。

脉搏传感器一般包括传感电极、信号放大器、滤波器、模数转换器等部分。当传感电极与人体皮肤接触时，会采集到来自血管内部的微弱电信号，然后通过信号放大器将其放大成为可以处理的信号，再经过滤波器去除噪声和杂波，最终进入模数转换器将信号转换成数字信号。

图 2.3.41　脉搏传感器

一旦得到数字信号，就可以进行信号分析和处理，比如计算心率、脉搏幅度等生理指标，进而评估心血管系统的健康状况或者跟踪健身效果。

脉搏传感器主要应用于以下领域：

（1）医疗保健：在心电图、血氧饱和度监测、血压检测、康复训练等方面起到重要作用。脉搏传感器可以采集到人体的生理信息，辅助医护人员做出诊断。

（2）健身监测：随着健身运动的普及，脉搏传感器在运动手环、智能手表等产品中广泛应用。脉搏传感器可以实时监测用户的心率和运动状态，帮助用户更科学地制定锻炼计划。

（3）智能穿戴：脉搏传感器在智能手环、智能手表、健康监测贴等产品中得到广泛应用。它可以作为硬件传感器来采集连续和无缝的心率值，帮助用户随时掌握自己的身体状况。

MAX30102 是一种集成的脉搏血氧计心率监测模块。它包括内部 LED、光电探测器、光学元件和低噪声电子器件，具有环境光抑制。MAX30102 提供简化设计过程的完整系统解决方案用于移动和可穿戴设备。

MAX30102 模块集成了红色和红外 LED 驱动器，以调制用于血氧饱和度（SpO_2）和心率（HR）测量的 LED 脉冲。使用适当的电源电压，LED 电流可以从 0 编程到 50 mA，LED 脉冲宽度可从 69 μs 编程到 411 μs，以允许算法根据使用情况优化 SpO_2 和 HR 精度和功耗。

其测量原理为：光溶积法采用对动脉血中氧合血红蛋白（HbO_2）和血红蛋白（Hb）有选择性的特定波长的发光二极管作为光源，利用人体组织在血管搏动时造成透光率不同来进行脉搏和血氧饱和度测量。当动脉搏动，充血容积变化导致这束光的透光率发生改变，此时由光电变换接收经人体组织反射光线，转变为电信号并将其放大输出。

任务实施

3.2.2　硬件资源与硬件连接

本任务使用脉搏传感器模块进行实验，因此需要将脉搏传感器模块插接在底板上，并给主板连接上 DC 12 V 头子进行供电；使用 TypeC 数据线连接主板 MASTER 串口，以便串口打印输出和使用 Shell 工具；使用 TypeC 数据线连接主板 CMSIS 接口，用于给主板 STM32F407

主芯片下载程序。

脉搏传感器模块顶层图如图 2.3.42 所示。其中，中左矩形部分为脉搏传感器主体，D2 为模块电源指示灯，脉搏传感器模块引出 5 个引脚，引脚对应表如表 2.3.2 所示。

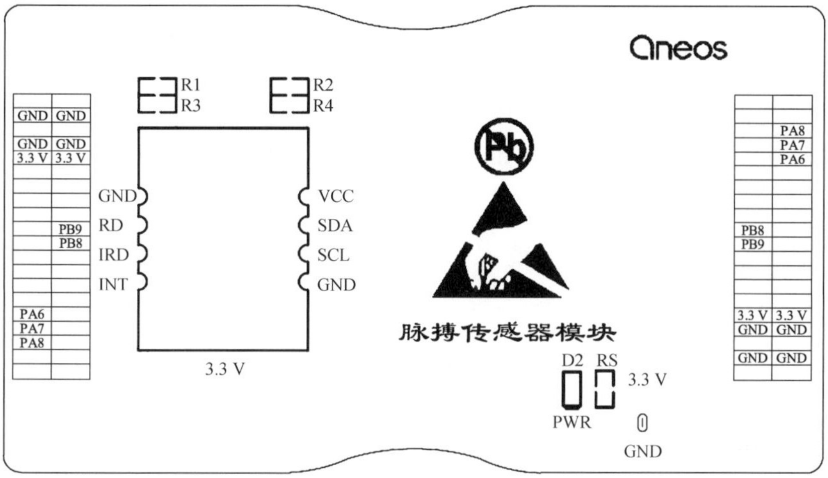

图 2.3.42　脉搏传感器模块顶层图

表 2.3.2　引脚时应表

引脚	功能
PA6	RD
PA7	IRD
PA8	INT
PB8	IIC_SCL
PB9	IIC_SDA

脉搏传感器模块电路原理图如图 2.3.43 所示，脉搏传感器通信方式为 IIC，IIC 引脚占用 PB8、PB9，另外模块还将 RD、IRD、INT 引出。

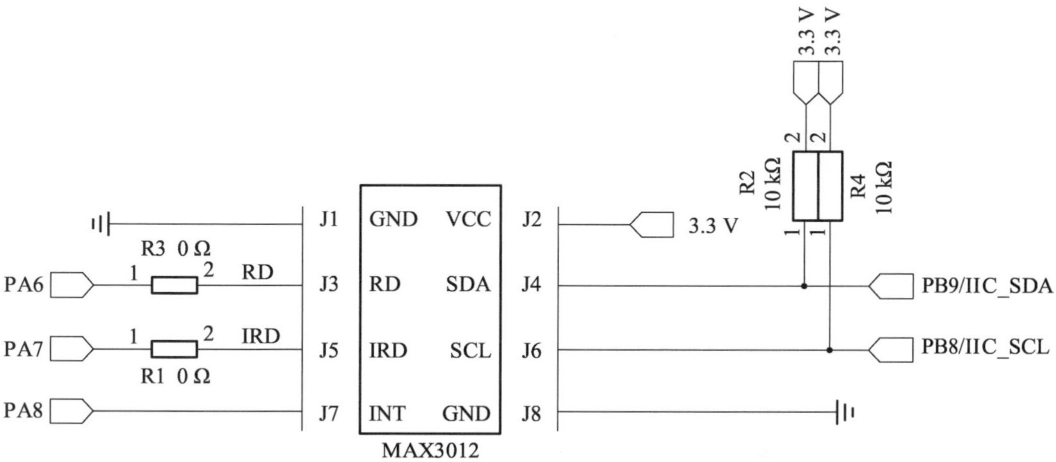

图 2.3.43　脉搏传感器模块电路原理图

3.2.3 STM32CubeMX 配置

打开 OneOS-V3.0.1\projects\STM32F407ZG\board\CubeMX_Config 路径下的 CubeMX_Config.ioc，进入 STM32CubeMX 配置。

本任务使用 IIC 与 MAX30102 芯片进行通信，因此需要配置 IIC 引脚，另外，模块还引出了 INT 引脚。

在右侧可视化引脚配置界面找到 PB8、PB9 引脚，将其配置为 I2C1 的两个引脚，然后找到 PA8 引脚，将其配置为输入模式，如图 2.3.44 所示。

图 2.3.44 引脚配置

在左侧的“Categories”选项中找到“Connectivity”下的“I2C1”进行 IIC 的配置，在模式中选择 I2C，如图 2.3.45 所示。

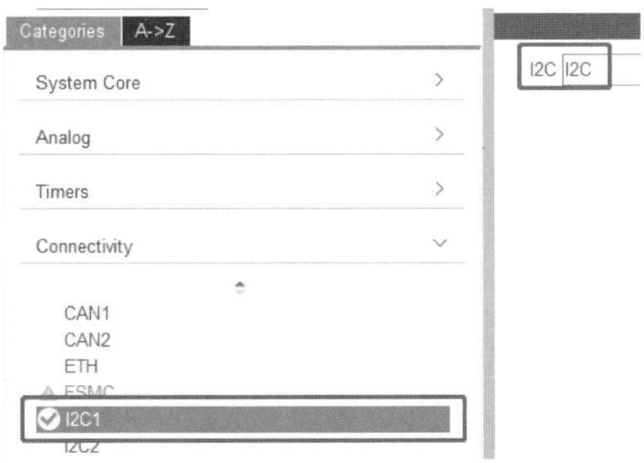

图 2.3.45 I2C1 配置

然后配置 I2C1 的具体参数，将其配置为标准模式、时钟速率为 100 kHz、7 位地址模式，如图 2.3.46 所示。

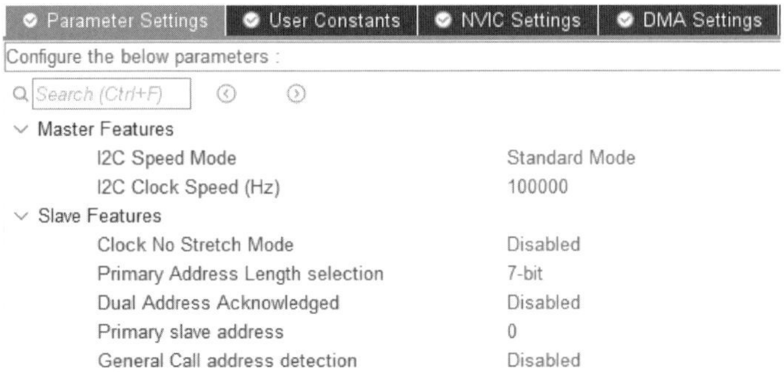

图 2.3.46 配置 I2C1 的具体参数

打开 I2C1 的中断，如图 2.3.47 所示。

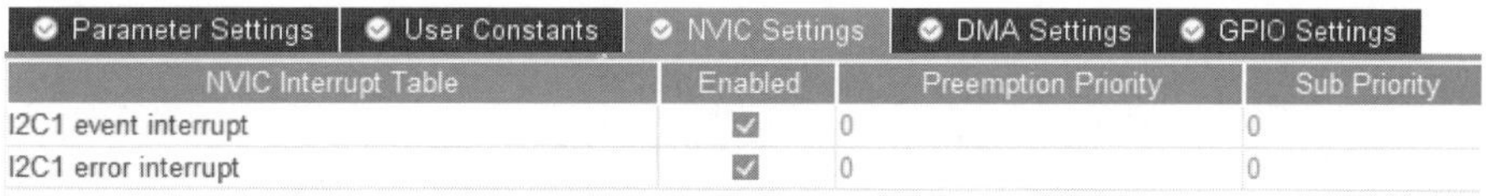

图 2.3.47　打开 I2C1 的中断

在左侧的“Categories”选项中找到“System Core”下的“GPIO”，对 PA8 进行配置，将其配置为输入模式、上拉，如图 2.3.48 所示。

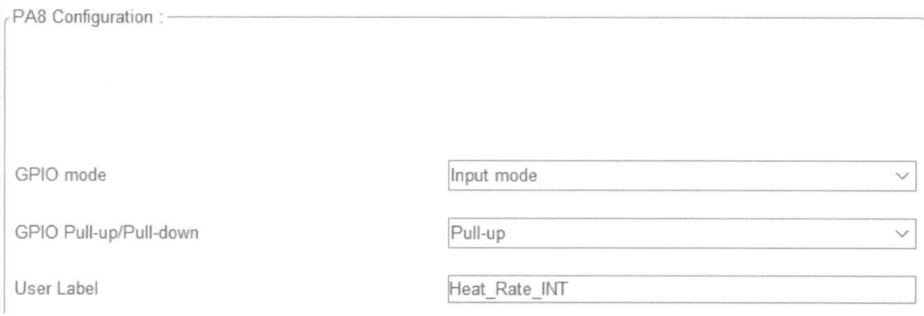

图 2.3.48　PA8 进行配置

3.2.4　OneOS-Cube 配置与工程构建

在 OneOS-V3.0.1\projects\STM32F407ZG 目录下右键打开 OneOS-Cube，输入“oos init -i keil”生成 Keil 工程代码，如图 2.3.49 所示。

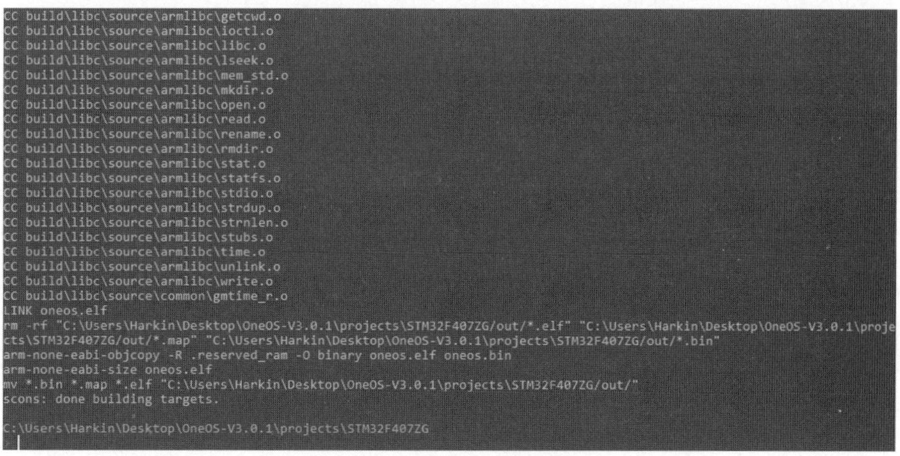

图 2.3.49　生成 Keil 工程代码

3.2.5　Keil 工程构建与代码增删

新建一个.c 文件，名为 MAX30102.c，并添加到工程中，该文件主要编写脉搏心率传感器的寄存器读写函数、复位函数、初始化函数、FIFO 读取函数，如图 2.3.50 所示。

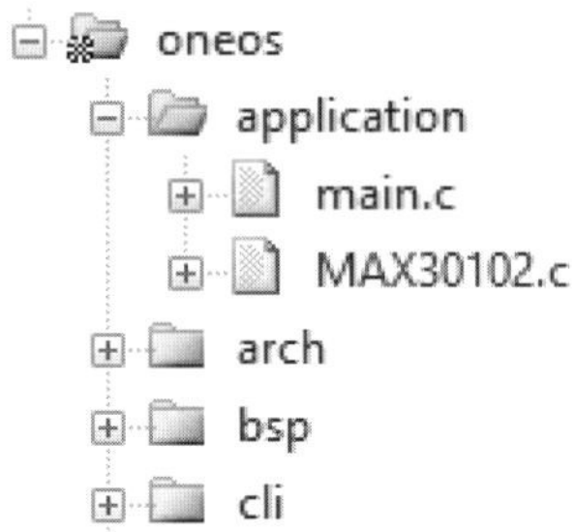

图 2.3.50　MAX30102.c 文件

代码 15 是根据 MAX30102 数据手册的寄存器相关部分编写出来的，可以自行查阅相关资料。

代码 15　　代码 16

新建一个.c 文件，命名为 algorithm.c，详见代码 16，该文件中主要编写计算心率、血氧的函数。

在 main.c 文件中，包含着两个.c 文件对应的头文件。

接下来编写任务函数，该函数中，首先调用 lcd_disp_logo 函数在 LCD 上显示 OneOS logo，然后调用 lcd_show_string 函数在 LCD 上显示静态文本。

再调用 maxim_max30102_reset 函数进行 MAX30102 的复位，然后调用 maxim_max30102_init 函数进行 MAX30102 的初始化，初始化完成后，读取前 500 个样本，确定信号范围，其中 while(HAL_GPIO_ReadPin(GPIOA，GPIO_PIN_8)==1)表示 MAX30102 芯片引出的 INT 脚，maxim_max30102_read_fifo 函数为读取 MAX30102 的 FIFO。读取 500 样本后，调用 maxim_heart_rate_and_oxygen_saturation 函数计算这 500 样本的心率和血氧数值。

进入 while()死循环，在循环中，读取和计算 max30102 数据，总体用缓存的 500 组数据分析，实际每读取 100 组新数据分析一次，首先将前 100 组样本转储到内存中，并将后 400 组样本移到顶部，然后在计算心率前，取 100 组样本，取的数据放在 400-500 缓存数组中，最后调用 maxim_heart_rate_and_oxygen_saturation 函数进行这 500 样本的心率和血氧数值。

判断读取的可见光红光数据和红外光数据是否大于阈值，若大于阈值，则表示与传感器有接触，这时将计算得到的心率和血氧数值通过串口工具打印出来。

```
void Heart_rate_task(void *parameter)
{
    maxim_max30102_reset();//resets the MAX30102
    os_task_msleep(10);
    maxim_max30102_read_reg(0,&uch_dummy);
    maxim_max30102_init();//initializes the MAX30102
```

```
    int i;
    n_ir_buffer_length=500;//缓冲区长度 100 存储 5 秒的运行在 100sps 的样本
    //读取前 500 个样本,确定信号范围
    for(i=0;i<n_ir_buffer_length;i++)
    {
        //等待直到中断引脚断言
     while(HAL_GPIO_ReadPin(GPIOA,GPIO_PIN_8)==1);//wait until the interrupt pin asserts
        maxim_max30102_read_fifo((aun_red_buffer+i),(aun_ir_buffer+i));
//读取传感器数据,赋值到 temp 中
    }
    //计算前 500 个样本(前 5 秒样本)后的心率和 SpO2

     maxim_heart_rate_and_oxygen_saturation(aun_ir_buffer,n_ir_buffer_length,aun_red_buffer,
     &n_sp02,&ch_spo2_valid,&n_heart_rate,&ch_hr_valid);
 os_kprintf("put your finger!\r\n");
   while (1)
   {
         //读取和计算 max30102 数据,总体用缓存的 500 组数据分析,实际每读取 100 组新
数据分析一次
         //将前 100 组样本转储到内存中(实际没有),并将后 400 组样本移到顶部,将 100-500
缓存数据移位到 0-400
         for(i=100;i<500;i++)
         {
              aun_red_buffer[i-100]=aun_red_buffer[i];//将 100-500 缓存数据移位到 0-400
              aun_ir_buffer[i-100]=aun_ir_buffer[i];//将 100-500 缓存数据移位到 0-400
         }
        //在计算心率前,取 100 组样本,取的数据放在 400-500 缓存数组中
         for(i=400;i<500;i++)
         {
              while(HAL_GPIO_ReadPin(GPIOA,GPIO_PIN_8)==1);
              maxim_max30102_read_fifo((aun_red_buffer+i),(aun_ir_buffer+i));
//读取传感器数据,赋值到 temp 中
                    }
         maxim_heart_rate_and_oxygen_saturation(aun_ir_buffer,n_ir_buffer_length,aun_red_
buffer,&n_sp02,&ch_spo2_valid,&n_heart_rate,&ch_hr_valid);

                    if((aun_red_buffer[i] > PPG_DATA_THRESHOLD)&& (aun_ir_buffer[i] >
```

```
PPG_DATA_THRESHOLD))//大于阈值,说明传感器有接触
                {
                        os_kprintf("HR=%i,",n_heart_rate);
                        os_kprintf("SpO2=%i,\r\n",n_sp02);
                }
        }
}
```

在主函数中创建并调度这个任务函数如下：

```
int main(void)
{
    os_task_id task;
    task = os_task_create(OS_NULL,OS_NULL,512,"user",user_task,OS_NULL,3);
    OS_ASSERT(task);
    os_task_startup(task);
    os_task_id heart_rate_task;
    heart_rate_task = os_task_create(OS_NULL,OS_NULL,2048,"Heart_rate_task",Heart_rate_
task,OS_NULL,4);
    OS_ASSERT(heart_rate_task);
    os_task_startup(heart_rate_task);
    return 0;
}
```

3.2.6 编译下载验证

单击“编译”确保工程没有报错后，将程序下载到开发板中，按下复位键，程序开始运行。等待 MAX30102 初始化完成后，屏幕上显示硬件初始化完成，可以测量信息；将手指尖轻按在脉搏传感器模块的 MAX30102 模块上，等待 10 s 左右，可以在串口工具中查看到相关数据，如图 2.3.51 所示。

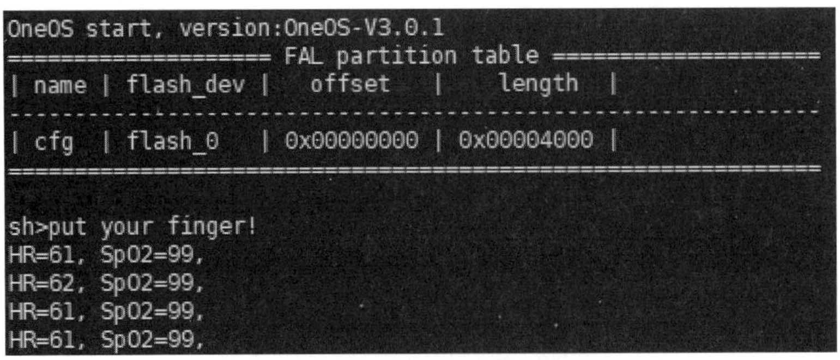

图 2.3.51　查看到相关数据

任务 3　云平台连接及数据传输

任务目标

通过使用 4G（CAT1）模块和 OneNET 物模型，与 OneNET 云平台进行数据通信。当 4G（CAT1）模块初始化完成后，自动连接附着网络，并自动连接到指定服务器，主板 MCU 通过 4G（CAT1）模块向服务器实时传输当前健康传感器得到的心率、血氧数据，通过服务器向主板发送信息，打印在调试输出串口界面。

任务资讯

3.3.1　CAT1 技术简介

CAT1（Category 1）是物联网（IoT）领域中的一个通信技术标准，是基于 LTE（Long Term Evolution，长期演进）网络的一种低功耗广域网（LPWAN）解决方案，旨在为物联网设备提供可靠的连接和较高的数据传输速率。

CAT1 相较于传统的 LPWAN 技术，具有更高的数据传输速率和较低的延迟，适用于需要实时或较高带宽的物联网应用，如视频监控、智能交通系统、工业自动化等场景。

CAT1 技术采用了 LTE 网络，可以利用现有的 LTE 基础设施进行通信。它支持双向通信，可以实现设备到云端的数据传输，同时也可以接收云端下发的指令和配置更新。

CAT1 还具有较低的功耗特性，可以延长物联网设备的电池寿命。它提供了一种高效的通信方式，能够满足物联网设备在低功耗、广域覆盖和较高数据传输速率方面的需求。

总的来说，CAT1 是一种适用于需要较高带宽和较低延迟的物联网应用的通信技术标准，它结合了 LTE 网络的优势和物联网设备的低功耗要求，为物联网行业提供了一种可靠和高效的连接解决方案。

CAT1 属于 4G 系列，可以完全重用现有的 4G 资源。尽管 4G 模块主要使用 CAT4，下载速率可以达到 150 M/s，但是大多数 IoT 场景并没有如此高的速率要求。随着成熟的 4G 产业链的发展，CAT1 作为 4G 的低端版本，只需要对现有 4G 产品进行少量改动，就可以迅速推向市场并降低成本，达到行业预期范围。CAT1 是配置为最低版本参数的用户终端级别，可让业界以低成本设计低端 4G 终端。

当然，“低版本” 4G 终端 CAT1 在行业中也起着重要作用。例如，一些手机制造商考虑使用 CAT1 芯片来发布 4G 老年人智能手机，因为许多老年人机器仅需要基本通话和数据。CAT1 功能支持低成本的 VoLTE 和低速率数据，为移动电话制造商提供了新的选择。但是，CAT1 在物联网领域的重要性可能更为重要。

与 NB-IoT 和 2G 模块相比，CAT1 在网络覆盖范围、速度和延迟方面具有优势。与传统的 CAT4 模块相比，它具有成本低、功耗低的优点。同时，CAT1 适用于当前的家用 4G 网络。

CAT1 支持高达 10 Mbps 的终端下行链路速率，从而能够以更低的功耗和更低的成本 IoT 设备连接到 LTE 网络。由于世界各地的 4GLTE 运营商均基于最低 3GPPRelease8 协议版本进行部署，因此运营商无须升级网络，仅需要简单的参数配置即可允许 CAT1 终端访问网络。

3.3.2 MQTT 协议简介

MQTT（Message Queuing Telemetry Transport，消息队列遥测传输协议），是一种基于发布/订阅（Publish/Subscribe）模式的轻量级通信协议，该协议构建于 TCP/IP 协议上，由 IBM 在 1999 年发布，目前最新版本为 V3.1.1。MQTT 最大的优点在于可以以极少的代码和有限的带宽为远程设备提供实时可靠的消息服务。作为一种低开销、低带宽占用的即时通信协议，MQTT 在物联网、小型设备、移动应用等方面有广泛的应用。

当然，在物联网开发中，MQTT 不是唯一的选择，与 MQTT 互相竞争的协议有 XMPP 和 CoAP 协议等。

MQTT 是一个基于客户端-服务器的消息发布/订阅传输协议，具有轻量、简单、开放和易于实现的优点，常用于机器与机器（M2M）通信和物联网（IoT）。

MQTT 是 IoT 领域的最重要的标准协议之一，广泛用于物联网、车联网、工业物联网、智能家居、智慧城市、电力石油能源等行业。

EMQX 作为全球最热门、最成熟的 MQTT Broker 之一，提供了“随处运行、无限连接、任意集成”的云原生分布式物联网接入平台，一体化的分布式 MQTT 消息服务和强大的 IoT 规则引擎，为高可靠、高性能的物联网实时数据移动、处理和集成提供动力，有助于企业快速构建关键业务的 IoT 平台与应用。

3.3.2.1 MQTT 协议的特点

（1）轻量高效：只需极少的资源即可实现 MQTT 客户端，这使得 MQTT 协议可以轻松地在微型芯片上运行。极简报文设置实现最小网络开销。

（2）范围广播：可以轻松实现百万设备消息广播。

（3）稳定传输：具有 3 种消息传输保障等级，可以提供不同场景下消息传递的可靠性保证。

（4）弱网支持：会话保持机制可以减少弱网环境下设备重连时间。

（5）安全保障：支持多种认证协议以保障消息安全

3.3.2.2 MQTT 协议工作原理

MQTT 协议定义了消息代理节点（Broker）及 MQTT 客户端（Client）两种网络实体类型。Broker 接收 Client 发送的消息并负责转发这些消息到指定的 Client。Client 是能与 Broker 产生交互的任何实体，负责发送与接收消息。常见的 Client 有 IoT 传感器、云端服务器。可见在 MQTT 协议中消息是通过 Broker 进行转发的，而不是由一个 Client 与另一个 Client 直接连接通信。为了区分，我们可以把 Client 定义为消息发送者（Publisher-Client）与消息接收者（Subscriber-Client），如图 2.3.52 所示。

（1）Client 与 Broker 建立连接，该连接可以是一个 TCP/IP 连接，也可以是一个加密的 TLS 连接。

（2）Subscriber-Client 订阅一个主题（Topic）。

（3）Publisher-Client 发送某个 Topic 消息到 Broker。

（4）Broker 将该条消息转发给所有订阅该 Topic 的 Subscriber-Client。

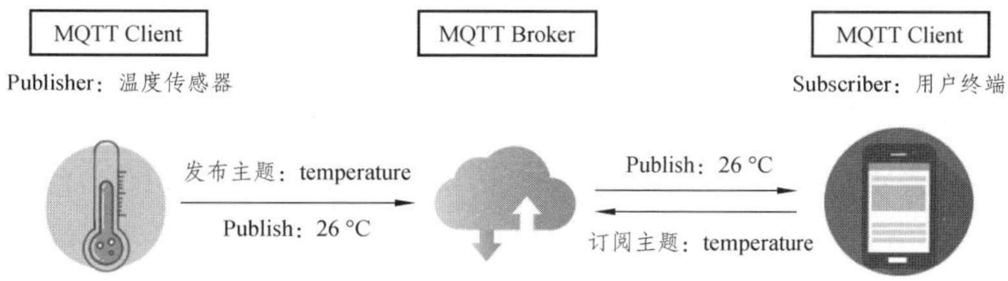

图 2.3.52　MQTT 协议工作原理

3.3.2.3　MQTT 协议质量保障

众所周知，物联网设备往往处在复杂的网络环境下，比如农业物联网（蔬菜大棚的传感器设备）、工业物联网（封闭车间的温湿度传感器）等。在这些复杂网络场景下，设备状态是无法确定的，为了在这些场景下保障连接，MQTT 协议提供了消息服务质量保障等级（Quality of Service levels，QoS）。

（1）QoS0 保障消息到达终点最多不超过 1 次，即消息可能到达 1 次或根本不会到达，适用于功率受限设备，可以最大减少传播时间，减少消息传递成本，也适用于非关键消息传递，如被频繁重复发送的消息，如图 2.3.53 所示。

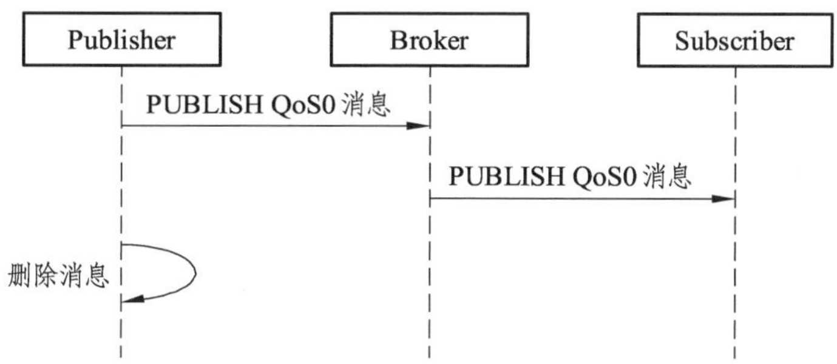

图 2.3.53　QoS0

（2）QoS1 保障消息到达终点最少不低于 1 次，如图 2.3.54 所示。Broker 在确认接收消息后会返回一个 PUBACK 消息给到 Publisher-Client。如果消息发送失败，Publisher-Client 将在一段时间后重发消息。此类型消息适用于重要不可丢失的消息传递，可利用该传输机制保证消息在离线设备上线后仍能收到。Subscriber-Client 需要做好重复消息处理工作。

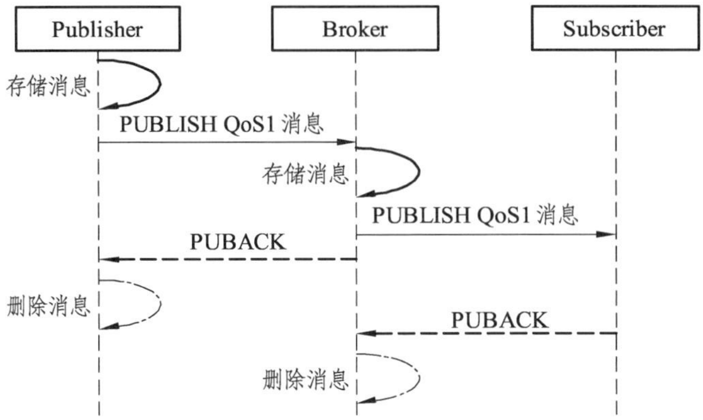

图 2.3.54　QoS1

（3）QoS2 保障消息到达终点只有 1 次，如图 2.3.55 所示。此类消息保证接收端对于一条消息只接收一次，是 MQTT 协议中最安全且传输速度最慢的一种消息传递形式。适用于十分重要且不允许重复消息出现的场景使用。由于消息十分重要，因此可忽视额外的网络开销。

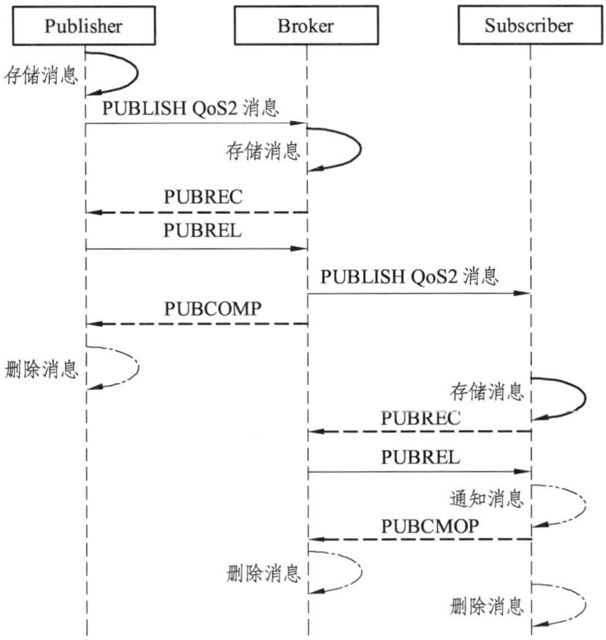

图 2.3.55　QoS2

3.3.2.4　最小 MQTT 应用搭建

在了解 MQTT 理论基础概念后，我们一起在 Windows 系统上搭建一个最小 MQTT 服务，实现 MQTT 消息的发送及订阅。

1. Broker 搭建

选择开源代理平台 Mosquitto 作为此次最小 MQTT 应用的单点 Broker。下载地址：https://mosquitto.org/files/binary/win64/mosquitto-2.0.15-install-windows-x64.exe。

将 Mosquitto Windows 版下载完成后，在安装路径下，按住“Shift”键并按下鼠标右键，选择“在此处打开 PowerShell”，如图 2.3.56 所示，通过 Windows 系统终端打开 mosquitto.exe 文件。输入“./mosquitto.exe -p 1883”即在 Windows 系统上启动了一个 MQTT 服务，监听地址为 127.0.0.1，端口是 1883，如图 2.3.57 所示。

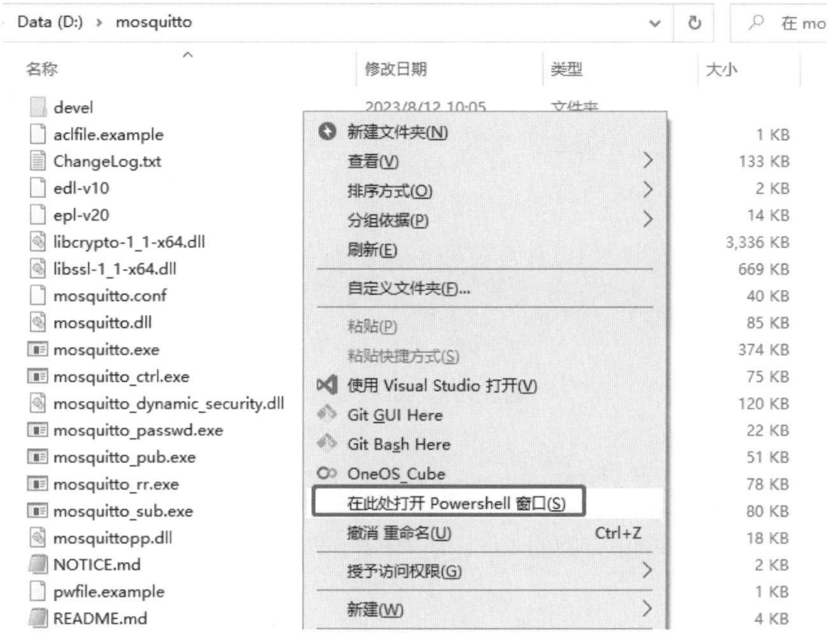

图 2.3.56　打开 mosquitto.exe 文件

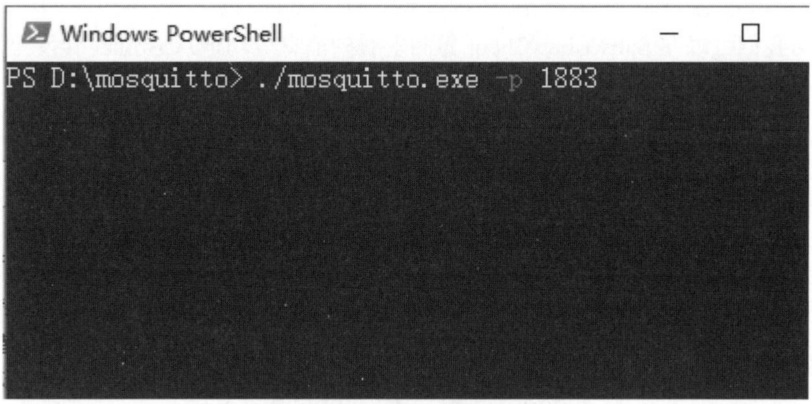

图 2.3.57　端口

2. Client 搭建

完成 Broker 搭建后，还需要 Client 实现消息的发送和订阅。我们选择 mqtt.fx 软件作为此次最小 MQTT 应用的 Client。打开 mqtt.fx 软件，通过设置 MQTT Broker Address 为 127.0.01，Broker Port 为 1883，并自定义 Client ID。完成设置后，单击主页面的“Connect”，页面右上角的连接指示灯显示为绿色即表示完成了连接，此时我们实现了 Client 到 Broker 的连接，如图 2.3.58 所示。

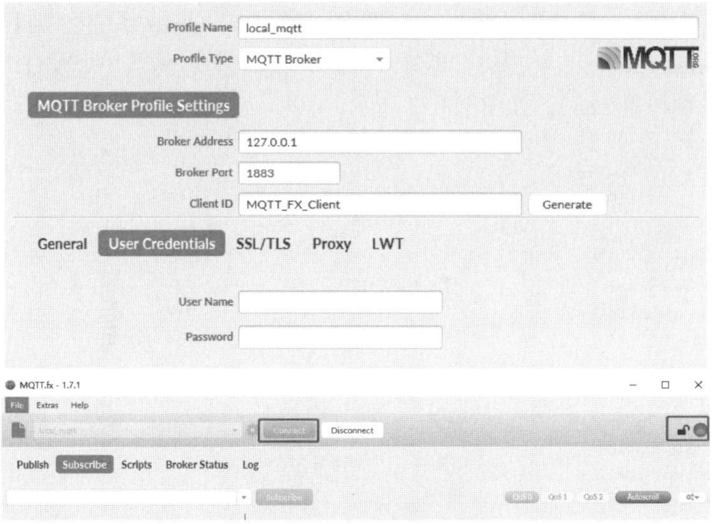

图 2.3.58　Client 搭建

3. 消息订阅

假定创建的 Client 为一个 Subscriber-Client，此时通过单击主页面中的“Subscribe”，填写订阅 Topic 信息，在示例中订阅的 Topic 为“test”，即可完成该 Client 对于该 Topic 订阅。

4. 消息发送

重新打开一个 mqtt.fx 客户端，创建一个 Publisher-Client，设置 MQTT Broker 信息与 Subscriber-Client 信息一致，成功连接 Broker 后，在 Publish 页面下，向指定 Topic 即 test 发送信息，此时我们可以在 Subscriber-Client 界面上看到消息成功地从 Broker 转发至 Subscriber-Client，如图 2.3.59 所示。

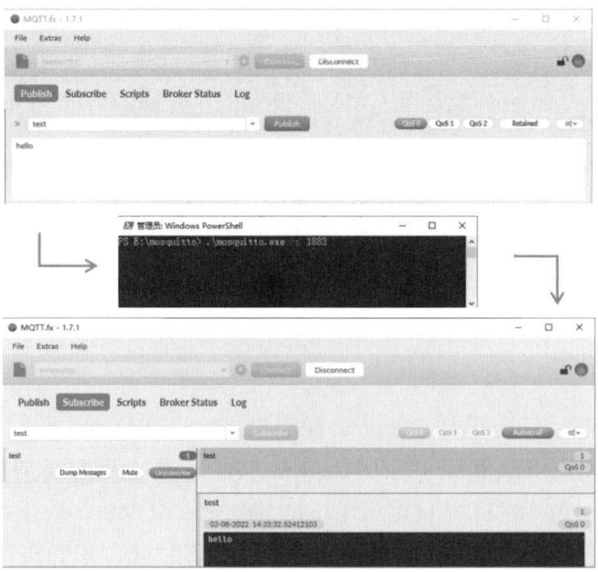

图 2.3.59　消息发送

至此，一个最小的 MQTT 应用就搭建完成了。

3.3.3 OneNET 物模型简介

为了推动物联网业务高效开发和数据互通，中国移动制定了 IoT 物模型标准，并在 CCSA 持续开展行业标准化研究。目前 IoT 物模型已部署在 OneNETStudio 物联网开发平台上，为开发者提供完备的设备接入和应用开发服务。基于该开发平台，中国移动联合合作伙伴在智慧消防和智慧环境监控等领域研发了 IoT 物模型行业典型应用，作为开发者参考示例。

3.3.3.1 物模型定义

物模型是一种对物理实体进行数字化语义描述的方法，将实体设备抽象为云端的数字模型。除“物模型”外，行业内还存在“信息模型”“物联模型”“数据 profile”“数据 schema”“设备模板”等类似叫法。本书将中国移动制定的物模型标准定义为“IoT 物模型”。

使用 IoT 物模型描述物理实体，首先需要明确从哪些方面描述物体，然后对具体的方面进行参数定义。其中，前者是“物的抽象模型”，是描述物体的“方法论”；后者是“物的描述语言”，采用简明易懂的方式对物体的各个维度进行详细的描述。

IoT 物模型属于应用协议之上的语法语义层，如图 2.3.60 所示。其中语法层定义了 IoT 物模型描述语言的种类，如 XML、JSON 等；语义层定义了使用描述语言对 IoT 物模型进行具体描述时需要包含的基本关键字。在物联网平台中，由 IoT 物模型完成对终端设备业务数据的标准格式定义。

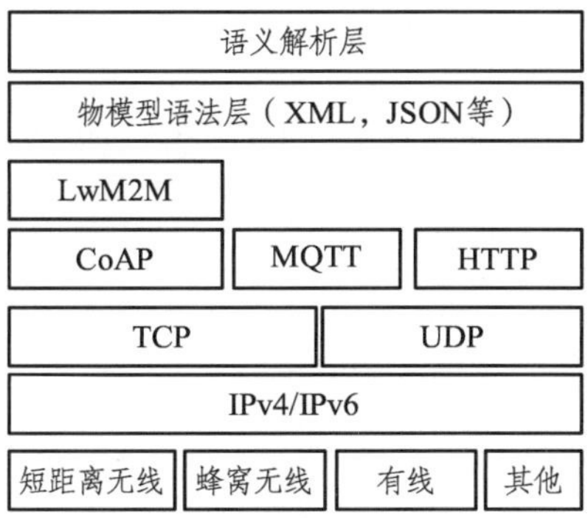

图 2.3.60 应用协议

物模型在业务逻辑属于物联网平台的设备管理模块，用于实现不同设备能够以统一的物模型标准对接应用平台，不同应用之间能够以统一物模型标准进行数据互通，如图 2.3.61 所示。

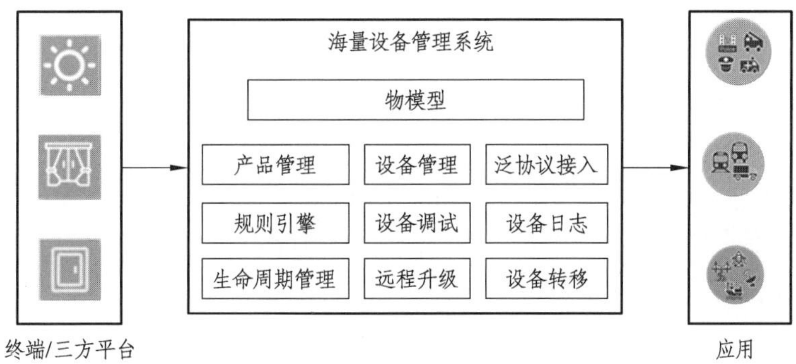

图 2.3.61 物联网平台的设备管理模块

3.3.3.2 物模型设备抽象模型

IoT 物模型由设备、组件和功能三级构建而成，其中功能分为三类：属性、行为和事件，如图 2.3.62 所示。属性、行为、事件三个维度包含了设备是什么、能做什么以及可以对外提供哪些信息。其中，属性是指设备支持的可读或可设置的参数功能，一般用于描述设备运行时的状态，用户也可通过设置的请求方式来更改设备的运行状态；行为是指设备可被外部调用的能力或方法，可设置输入参数和输出参数；事件是指设备运行时发生的某种需要被外部感知和处理的状态，可包含一个或多个输出参数，设备通过事件上报周期信息或者告警消息。

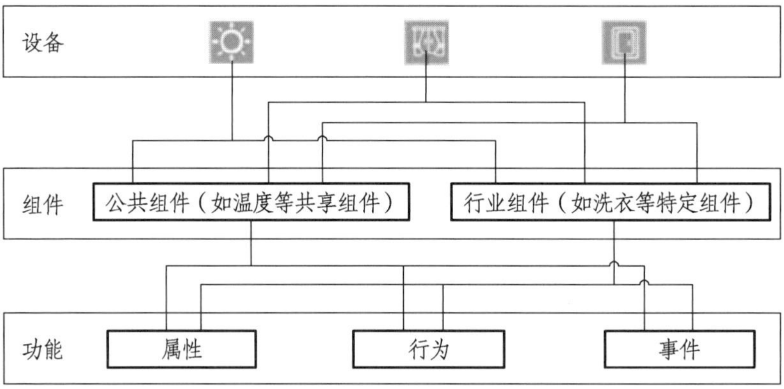

图 2.3.62 IoT 物模型

基于此概念，IoT 物模型的抽象模型设计如图 2.3.63 所示。

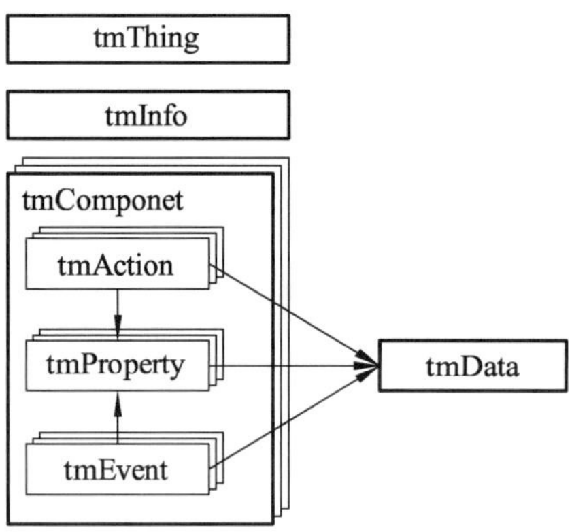

图 2.3.63 IoT 物模型的抽象模型设计

（1）tmInfo：设备的描述信息，如生产厂家、品牌、出厂日期等。

（2）tmComponent：一个设备可以由一个或多个组件（Component）组成，每个组件描述设备的一项能力。每个组件可以由多个功能组成，功能可以细分为行为（Action）、属性（Property）和事件（Event）三种类型。每一个功能都有预定义的标准化结构和描述方式。组件（Component）为可选层次结构。

（3）tmProperty：对应功能类型中的属性类型。

（4）tmAction：对应功能类型中的行为类型。输入和输出参数是属性类型。

（5）tmEvent：对应功能类型中事件类型，其输出参数是属性类型。

（6）tmData：用于描述设备数据类型，包括数据的类型、长度、默认值、最大最小值、步长等信息。

IoT 物模型功能类别分为三类：系统、标准、自定义，可为属性、服务、事件三者任意组合，如表 2.3.3 所示。

表 2.3.3　IoT 物模型功能类别

功能类别	说　明
系统功能点	此类功能点多数与平台提供的服务有关，如 LBS 定位服务、OneNET 设备认证服务等
标准功能点	此类功能点多数与产品行业类别相关，为标准行业产品抽象出的一套标准的功能点
自定义功能点	此类功能点为用户自定义，产品为非标准设备，用户按设备实际情况添加设备功能点，自由度较大

3.3.3.3　物模型数据类型支持

IoT 物模型的数据类型支持如表 2.3.4 所示。

表 2.3.4　IoT 物模型的数据类型支持

类　型	标识符	说　明
整数型	int32、int64	整数、长整数
浮点型	float、double	单精度浮点、双精度浮点
时间类型	date	长整数的扩展类型，整数类型 int64 的 UTC 时间戳（ms）
布尔型	bool	true 或 false
字符型	string	字符串，文本类型
枚举型	enum	枚举类型，枚举值为整数
位图型	bitMap	位图，多用于多个故障信号同时上送，非传统意义的图片数据
数组类型	array	数组类型，元素类型支持：int32、int64、float、double、string、date、struct
结构图	struct	结构图类型，仅支持一层嵌套，成员类型不支持数组

3.3.3.4　物模型描述语言

对于物模型描述而言，一般采用更接近自然语言的 DSL 语言来进行描述。DSL（Domain Specific Language，领域特定语言）是为了解决某一类任务而专门设计的计算机语言，如业界常用的 JSON 或 XML 语言。IoT 物模型采用 JSON 语言作为物模型的描述语言。物模型描述语言需要定义抽象模型中各要素命名规范、要素关键字、数据格式等。

1. OneJSON 协议简介

OneJSON 协议是针对物联网开发领域设计的一种数据交换规范，数据格式是 JSON，用于设备端和物联网平台的双向通信，更便捷地实现和规范了设备端和物联网平台之间的业务数据交互。

1）设备接入流程

设备接入可以按照设备类型分为直连设备和子设备接入，主要包括：设备注册、上线、绑定拓扑和数据上报三个流程，如图 2.3.64 所示。

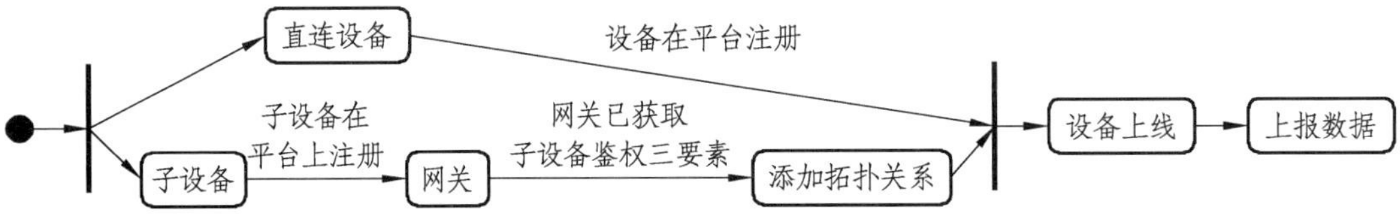

图 2.3.64　设备接入流程

2）设备上报属性或事件流程（见图 2.3.65）

（1）设备使用 OneJSON 指定主题，上报数据。

（2）平台对数据进行业务处理，包含格式验证、数据存储等；如果配置了规则引擎，数据将流转到用户配置的消息目的地，推送方式支持 HTTP(S)、MQ 等。

（3）平台返回数据上报结果。

（4）开发者也可以通过控制台或公开 API 查询上报的数据。

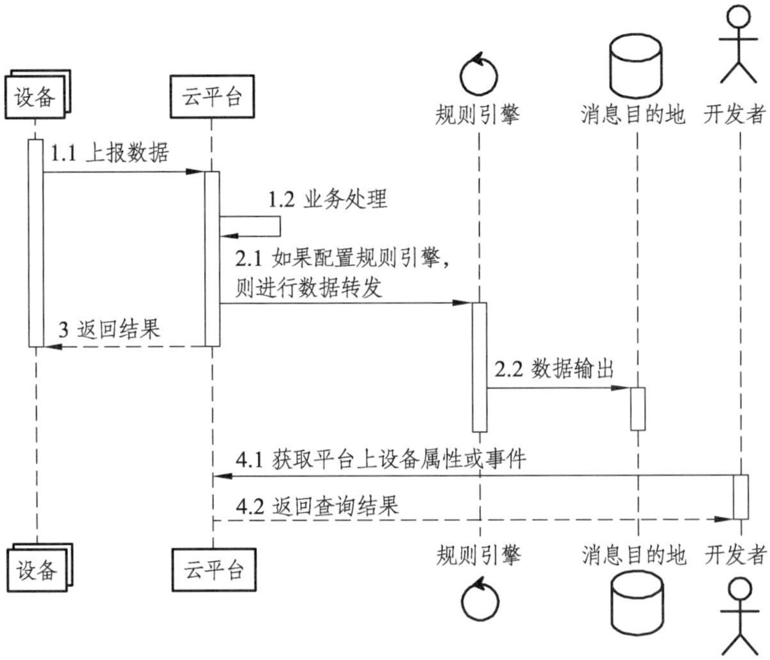

图 2.3.65　设备上报属性或事件流程

3）设备属性获取流程（见图 2.3.66）

（1）开发者通过公开 API 或控制台发起获取属性请求。

（2）平台将根据物模型定义验证请求参数。

（3）平台将数据请求发给设备。

（4）平台等待设备响应，如果等待超时，将返回超时错误信息。

（5）设备处理完请求之后，把需要的设备属性返回给平台。

（6）平台收到设备最新属性后，对设备属性进行校验，将结果返回给开发者。

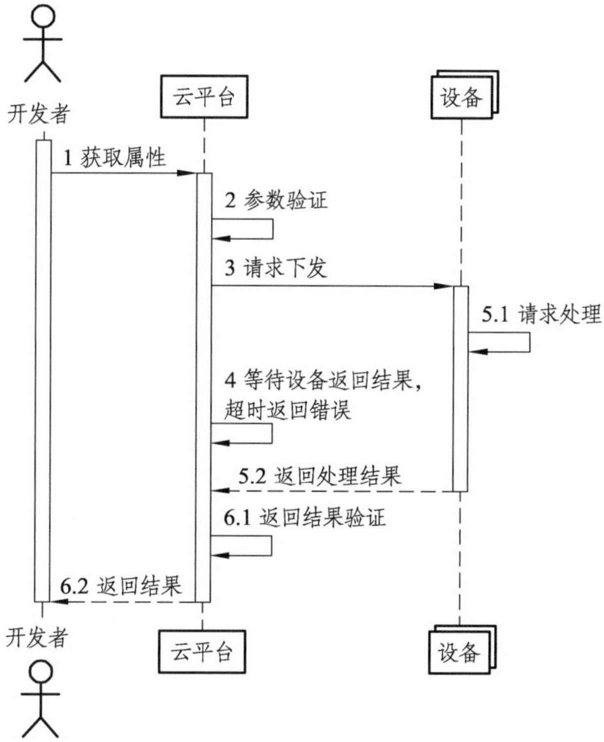

图 2.3.66　设备属性获取流程

4）设备服务调用及属性设置流程

同步服务调用及属性设置流程，如图 2.3.67 所示。

（1）通过调用对应 API 接口来调用同步服务（定义服务时，调用方式选择为同步的服务即为同步调用）。

（2）平台将根据物模型定义验证输入参数。

（3）平台将数据下发给设备。

（4）平台等待设备响应，如果等待超时，将返回相应错误信息。

（5）设备处理完数据之后，把处理结果返回给平台。

（6）平台收到设备处理结果后，对设备输出参数进行校验，将结果返回给开发者。

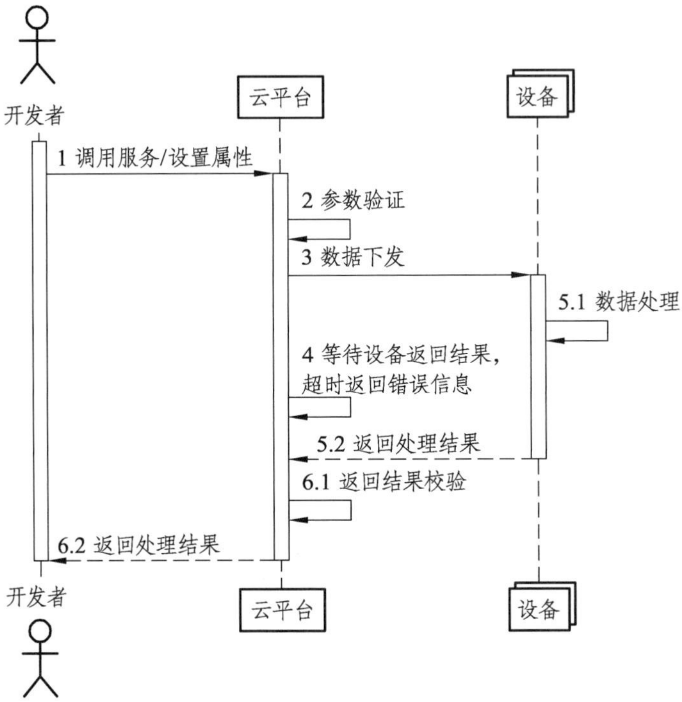

图 2.3.67　同步服务调用及属性设置流程

异步服务调用流程为：

（1）通过调用对应 API 接口来调用异步服务（定义服务时，调用方式选择为异步的服务即为异步调用）。

（2）平台对输出参数进行校验，并返回处理结果给开发者。

（3）平台采用异步方式将数据下发。

（4）设备收到数据后，进行业务处理。

（5）设备完成业务处理后，返回处理结果给平台。

（6）平台对设备返回的输出参数进行验证。

（7）如果配置了规则引擎，数据将流转到用户配置的消息目的地，推送方式支持 HTTP（S）、MQ 等。

5）拓扑关系变更与获取

网关和子设备绑定拓扑关系后，子设备可借助网关通道进行上下线、数据上传、指令接收等操作。网关和子设备拓扑关系可以通过北向、南向修改两种方式变更。

北向修改流程如图 2.3.68 所示。

（1）开发者在控制台绑定或解绑子设备。

（2）开发者单击同步操作，将拓扑关系变更通知到网关。

（3）网关收到拓扑关系后，进行网关本地拓扑关系同步。

（4）同步结果返回平台。

（5）平台处理后，将最终结果返回给开发者。

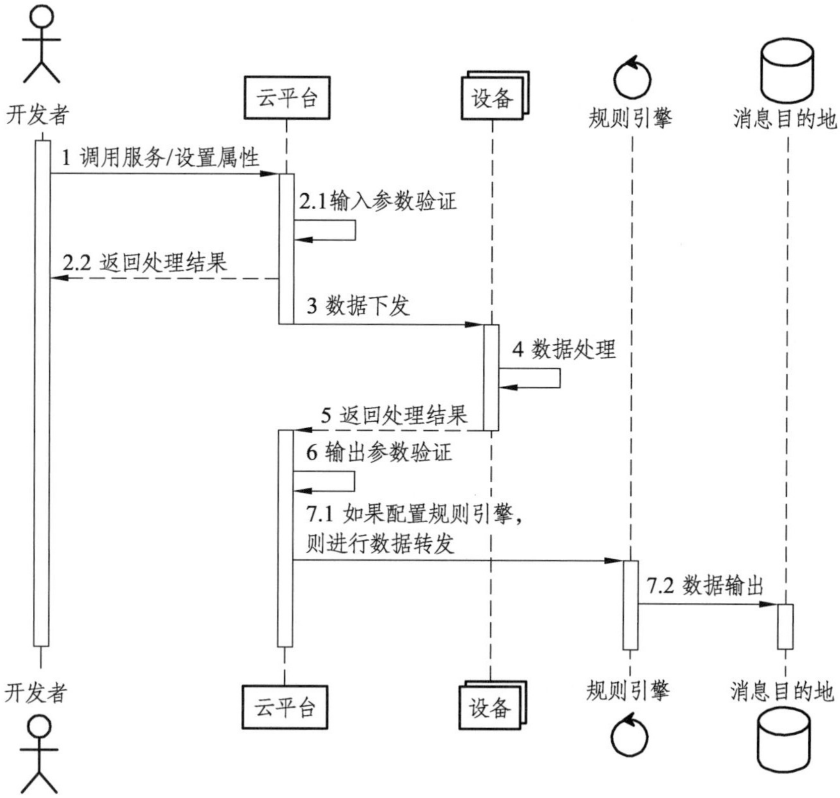

图 2.3.68　北向修改流程

南向修改流程为：

（1）网关侧发起关联或解绑子设备操作。

（2）平台处理完网关请求后，将处理结果返回给网关设备。

拓扑关系获取流程如图 2.3.69 所示。

（1）网关可主动向平台获取拓扑关系。

（2）平台下发拓扑关系到网关。

（3）网关本地同步云平台存储的拓扑关系到本地。

（4）网关回复本地同步结果。

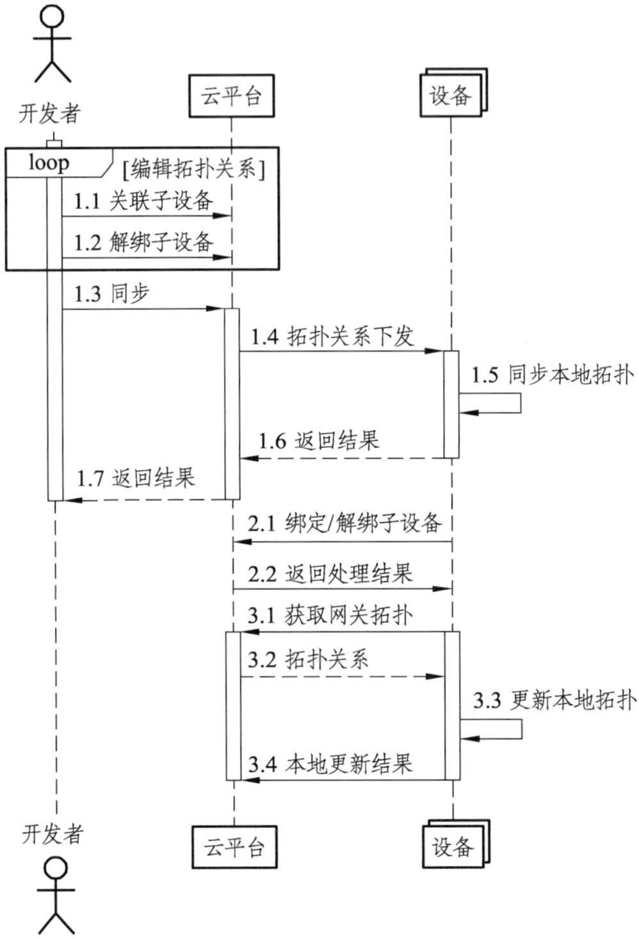

图 2.3.69 拓扑关系获取流程

2. 设备属性/事件

1）设备属性上报代码

上行（OneJSON）请求 Topic：

```
$sys/{pid}/{device-name}/thing/property/post
```

OneJSON 数据格式：

```
{
  "id":"123",
  "version":"1.0",
  "params":{
    "Power":{
      "value":"on",
      "time":1524448722123
    },
```

```
      "WF":{
        "value":23.6,
        "time":1524448722123
      }
    }
}
```

请求参数描述，如表 2.3.5 所示。

表 2.3.5　请求参数

参数	类型	描述
id	String	消息 ID 号，用户自定义，String 类型的数字，长度限制不超过 13 位
version	String	物模型版本号，可选字段，不填默认为 1.0
params	JsonObject	请求参数，用户自定义，标准 JSON 格式，如以上示例中，设备上报了的两个属性 Power 和 WF。具体属性信息，包含属性上报时间（time）和上报的属性值（value）
time	Long	属性值生成时间，该参数为可选字段，到毫秒级；根据业务场景决定消息中是否带时间戳。如果消息频繁，需根据时间戳判断消息顺序，建议消息中带有时间戳
value	Object	上报的属性值

响应 Topic：

```
$sys/{pid}/{device-name}/thing/property/post/reply
```

OneJSON 数据格式：

```
{
  "id"： "123",
  "code"： 200,
  "msg"： "xxxx"
}
```

响应参数描述如表 2.3.6 所示。

表 2.3.6　响应参数

参数	类型	描述
id	String	消息 ID 号，用户自定义，String 类型的数字，长度限制不超过 13 位
code	Integer	结果状态码
msg	String	错误信息

2）设备属性设置代码

下行（OneJSON）：

请求 Topic：

```
$sys/{pid}/{device-name}/thing/property/set
```

OneJSON 数据格式：

```
{
  "id":"123",
  "version":"1.0",
  "params":{
    "temperature":"30.5"
  }
}
```

请求参数描述如表 2.3.7 所示。

表 2.3.7　请求参数

参数	类型	描述
id	String	消息 ID 号，用户自定义，String 类型的数字，长度限制不超过 13 位
version	String	物模型版本号，可选字段，不填默认为 1.0
params	JsonObject	属性设置参数。如以上示例中，设置属性：{"temperature"："30.5"}

响应 Topic：

```
$sys/{pid}/{device-name}/thing/property/set_reply
```

OneJSON 数据格式：

```
{
    "id":"123",
    "code":200,
    "msg":"xxxx"
}
```

响应参数描述如表 2.3.8 所示。

表 2.3.8　响应参数

参数	类型	描述
id	String	消息 ID 号，用户自定义，String 类型的数字，长度限制不超过 13 位
code	Integer	结果状态码
msg	String	错误信息

3）设备属性获取

下行（OneJSON）：

请求 Topic：

```
$sys/{pid}/{device-name}/thing/property/get
```

OneJSON 数据格式：

```
{
    "id":"123",
    "version":"1.0",
    "params":[
        "temperature",
        "humidity"
    ]
}
```

请求参数描述，如表 2.3.9 所示。

表 2.3.9　请求参数

参数	类型	描述
id	String	消息 ID 号，用户自定义，String 类型的数字，长度限制不超过 13 位
version	String	物模型版本号，可选字段，不填默认为 1.0
params	Array	获取属性最新值的标识符列表

响应 Topic：

```
$sys/{pid}/{device-name}/thing/property/get_reply
```

OneJSON 数据格式：

```
{
    "id":"123",
    "code":200,
    "msg":"xxx",
    "data":{
        "temperature":39.5,
        "humidity":20
    }
}
```

响应参数描述，如表 2.3.10 所示。

表 2.3.10　响应参数

参数	类型	描述
id	String	消息 id 号，用户自定义，String 类型的数字，长度限制不超过 13 位
code	Integer	结果状态码，用户自定义
msg	String	错误信息
data	String	获取属性最新值列表息

4）设备事件上报

上行（OneJSON）

请求 Topic：

```
$sys/{pid}/{device-name}/thing/event/post
```

OneJSON 数据格式：

```
{
    "id":"123",
    "version":"1.0",
    "params":{
        "identifier1":{
            "value":{
                "Power":"on",
                "WF":"2"
            },
            "time":1524448722123
        },
        "identifier2":{
            "value":{
                "Power":"on",
                "WF":"2"
            },
            "time":1524448722123
        }
    }
}
```

请求参数描述如表 2.3.11 所示。

表 2.3.11　请求参数

参数	类型	描述
id	String	消息 ID 号，用户自定义，String 类型的数字，长度限制不超过 13 位
version	String	物模型版本号，可选字段，不填默认为 1.0
params	JsonObject	上报事件的参数
time	Long	属性值生成时间，该参数为可选字段，到 ms 级。根据业务场景决定消息中是否带时间戳；如果消息频繁，需根据时间戳判断消息顺序，建议消息中带有时间戳
value	Object	具体的事件信息，如以上示例中{ "Power"： "on"， "WF"： "2"}

响应 Topic：

```
$sys/{pid}/{device-name}/thing/event/post/reply
```

OneJSON 数据格式：

```
{
    "id":"123",
    "code":200,
    "msg":"xxxx"
}
```

响应参数描述，如表 2.3.12 所示。

表 2.3.12　响应参数

参数	类型	描述
id	String	消息 ID 号，用户自定义，String 类型的数字，长度限制不超过 13 位
code	Integer	结果状态码
msg	String	错误信息

5）批量数据上报

上行（OneJSON）

请求 Topic：

```
$sys/{pid}/{device-name}/thing/pack/post
```

说明：每次批量上送不超过 10 个子设备，每个设备上送数据点数量不超过 100 个。

OneJSON 数据格式详见代码 17。

代码 17

请求参数描述如表 2.3.13 所示。

表 2.3.13　请求参数

参数	类型	描述
id	String	消息 ID 号，用户自定义，String 类型的数字，长度限制不超过 13 位
version	String	物模型版本号，可选字段，不填默认为 1.0
params	JsonObject	请求参数
properties	Object	属性，包含属性标识符、属性值 value 和属性生成的时间 time；其中，time 参数为可选字段。根据业务场景决定消息中是否带时间戳；如果消息频繁，需根据时间戳判断消息顺序，建议消息中带有时间戳
events	Object	事件，包含事件标识符、事件输出参数 value 和事件生成的时间 time，其中，time 参数为可选字段；根据业务场景决定消息中是否带时间戳；如果消息频繁，需根据时间戳判断消息顺序，建议消息中带有时间戳
identity	Object	设备信息，可选字段，如果有此字段，内容为子设备信息
productID	String	子设备产品 Key
deviceName	String	子设备名称

响应 Topic：

```
$sys/{pid}/{device-name}/thing/pack/post/reply
```

OneJSON 数据格式：

```
{
    "id":"123",
    "code":200,
    "msg":"xxxx"
}
```

响应参数描述，如表 2.3.14 所示。

表 2.3.14　响应参数

参数	类型	描述
id	String	消息 ID 号，用户自定义，String 类型的数字，长度限制不超过 13 位
code	Integer	结果状态码
msg	String	错误信息

6）历史数据上报

上行（OneJSON）

请求 Topic：

```
$sys/{pid}/{device-name}/thing/history/post
```

说明：每次批量上送不超过 10 个子设备，每个设备上送数据点数量不超过 100 个，每个功能点历史数据不超过 100 个。

代码 18

OneJSON 数据格式详见代码 18。

请求参数描述，如表 2.3.15 所示。

表 2.3.15　请求参数

参数	类型	描述
id	String	消息 ID 号，用户自定义，String 类型的数字，长度限制不超过 13 位
version	String	物模型版本号，可选字段，不填默认为 1.0
params	JsonObject	请求参数
identity	Object	数据所属设备的身份证书信息，包含参数 productID 和 deviceName。**可选字段，**默认为 Topic 信息中对应的设备数据；直连设备仅能上报自己的物模型数据。网关设备可以上报其子设备的物模型数据；网关上报子设备历史数据时，identity 为子设备的信息
properties	Object	属性，包含属性标识符、属性值 value 和属性生成的时间 time
events	Object	事件，包含事件标识符、事件输出参数 value 和事件生成的时间 time
productID	String	子设备产品 Key
deviceName	String	子设备名称

响应 Topic：

```
$sys/{pid}/{device-name}/thing/history/post/reply
```

OneJSON 数据格式：

```
{
    "id":"123",
    "code":200,
    "msg":"xxxx"
}
```

响应参数描述如表 2.3.16 所示。

表 2.3.16　响应参数

参数	类型	描述
id	String	消息 ID 号，用户自定义，String 类型的数字，长度限制不超过 13 位
code	Integer	结果状态码
msg	String	错误信息

3. 设备服务调用

物联网平台支持同步调用和异步调用，同步调用超时时间 5 s，异步调用无超时时间。

下行（OneJSON）

请求 Topic：

```
$sys/{pid}/{device-name}/thing/service/{identifier}/invoke
```

OneJSON 数据格式：

```
{
    "id":"123",
    "version":"1.0",
    "params":{
        "Power1":"on",
        "WF1":"2"
    }
}
```

请求参数描述如表 2.3.17 所示。

表 2.3.17　请求参数

参数	类型	描述
identifier	String	功能点唯一标识符（产品下唯一）
id	String	消息 id 号，用户自定义，String 类型的数字，长度限制不超过 13 位。
version	String	物模型版本号，可选字段，不填默认为 1.0
params	Object	服务的请求参数，参数类型具体见物模型对应的“服务”定义（输入参数部分），如：{"Power1"："on"，"WF1"："2"}

响应 Topic：

```
$sys/{pid}/{device-name}/thing/service/{identifier}/invoke_reply
```

OneJSON 数据格式：

```
{
    "id":"123",
    "code":200,
    "msg":"xxxx",
    "data":{
        "result1":"on",
        "result2":"2"
    }
}
```

响应参数描述如表 2.3.18 所示。

表 2.3.18　响应参数

参数	类型	描述
id	String	消息 ID 号，用户自定义，String 类型的数字，长度限制不超过 13 位
code	Integer	结果状态码
msg	String	错误信息
data	Object	服务的响应参数，参数类型具体见物模型对应的“服务”定义（输出参数部分），如：{"result1"："on"，"result2"："2"}

说明：

同步调用时，返回以上结果。

异步调用时，平台收到服务调用请求后立即返回以上结果给应用，但是不包含 data 字段；平台收到设备响应后，按以上结果（含 data 字段）将数据通过规则引擎流转 MQ、推送或数据存储，用户通过 MQ、HTTP 推送等服务获取设备服务执行结果，也可通过“设备详情”→“服务记录”查看相关执行结果，还可通过 API 查询获取执行结果。

4. 设备属性期望值

1）属性期望值获取流程（见图 2.3.70）

在平台设置属性期望值后，平台更新属性期望值。若设备在线，将实时异步更新设备属性状态；若设备离线，属性期望值将缓存在平台，待设备上线后，设备可主动获取属性期望值。并在设备业务处理后，选择是否上报属性最新状态。

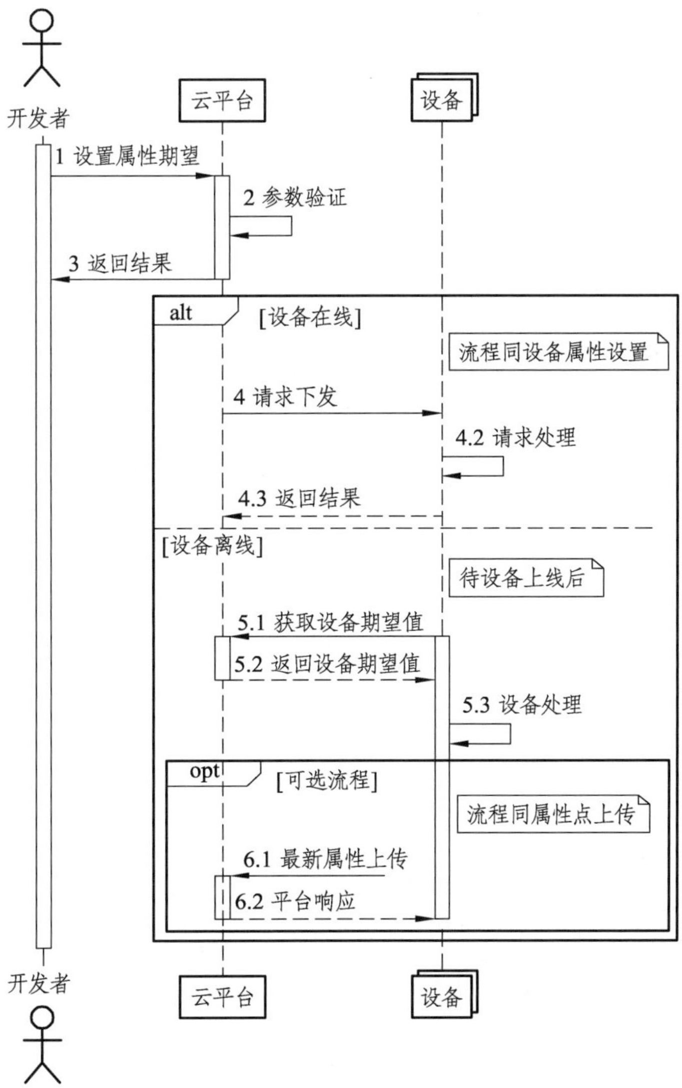

图 2.3.70　属性期望值获取流程

2）属性期望值获取代码

请求 Topic：

```
$sys/{pid}/{device-name}/thing/property/desired/get
```

OneJSON 数据格式：

```
{
    "id" :"123",
    "version":"1.0",
    "params" :[
        "power",
        "temperature"
    ]
}
```

请求参数描述如表 2.3.19 所示。

表 2.3.19　请求参数

参数	类型	描述
id	String	消息 ID 号，用户自定义，String 类型的数字，长度限制不超过 13 位
version	String	物模型版本号，可选字段，不填默认为 1.0
params	Array	获取属性期望的标识符列表

响应 Topic：

```
$sys/{pid}/{device-name}/thing/propcrty/desired/get/reply
```

OneJSON 数据格式：

```
{
    "id":"123",
    "code":200,
    "msg":"xxxx"
    "data":{
        "power":{
            "value":"on",
            "version":2
        }
    }
}
```

响应参数描述如表 2.3.20 所示。

表 2.3.20　响应参数

参数	类型	描述
id	String	消息 ID 号，用户自定义，String 类型的数字，长度限制不超过 13 位
code	Integer	结果状态码
msg	String	错误信息
data	Object	返回的期望值信息，若未在云端设置过该属性的期望值，或期望值属性被清空，返回对象中不包含该属性的标识符；key 为属性标识符，value 为期望值，version 为当前期望属性值的版本。首次设置属性期望值后，版本为 1；以后每次设置，版本号自增；清空期望值再设置期望值，版本号重新从 1 开始；如果状态未成功，msg 为携带的错误信息

5. OneJSON-LwM2M 拓展

1）设备上行数据

OneJSON 数据格式：

```
{
  "id":"123",
  "version":"1.0",
  "params":{
    "Power":{
      "value":"on",
      "time":1524448722123
    },
    "WF":{
      "value":23.6,
      "time":1524448722123
    }
  },
  "method":"thing.{功能类型}.{方法}"
}
```

请求参数描述如表 2.3.21 所示。

表 2.3.21　请求参数

参数	类型	描述
id	String	消息 ID 号，用户自定义，String 类型的数字，长度限制不超过 13 位
version	String	物模型版本号，可选字段，不填默认为 1.0
params	JsonObject	请求参数，标准 JSON 格式，内容同基础的 OneJSON 格式
method	String	上行数据业务类型，目前仅支持以下四种方法：thing.property.post、thing.event.post、thing.pack.post、thing.history.post

2）异步服务响应数据

OneJSON 数据格式：

```
{
    "id":"123",
    "code":200,
    "msg":"xxxx",
    "data":{
        "result1":"on",
        "result2":"2"
    },
    "method":"thing.{功能类型}.{identifier}.reply"
}
```

响应参数描述，如表 2.3.22 所示。

表 2.3.22　响应参数

参数	类型	描述
id	String	消息 ID 号，用户自定义，String 类型的数字，长度限制不超过 13 位
code	Integer	结果状态码
msg	String	错误消息
data	Object	请求参数，标准 JSON 格式，内容同基础的 OneJSON 格式
method	String	下行数据响应业务类型，目前仅支持服务异步响应：thing.service.{identifier}.reply

3）设备下行数据

OneJSON 数据格式：

```
{
  "id":"123",
  "version":"1.0",
  "params":{},
  "method":"thing.{功能类型}.{方法/服务标识符}"
}
```

请求参数描述如表 2.3.23 所示。

表 2.3.23　请求参数

参数	类型	描述
id	String	消息 ID 号，用户自定义，String 类型的数字，长度限制不超过 13 位
version	String	物模型版本号，可选字段，不填默认为 1.0
params	JsonObject	请求参数，标准 JSON 格式，内容同基础的 OneJSON 格式
method	String	上行数据业务类型，目前仅支持以下三种方法：thing.property.set、thing.property.get、thing.service.{identifier}

3.3.3.5 物模型设备接入

在设备的生产或开发需要将物联网设备接入平台时，可以按图 2.3.71 所示流程进行设备接入操作。

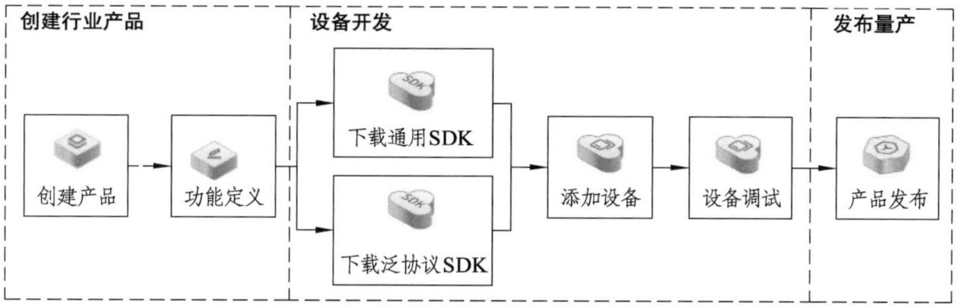

图 2.3.71 设备接入流程

1. 创建产品

在设备连接到平台前，首先要创建产品。产品为同种类型设备，如相同的某个型号；产品下的设备使用相同的物模型、数据格式、远程升级等信息；在产品创建阶段，填写的基本信息越完善，越便于后期对产品进行管理。

注册好账号之后单击左上角的“全部产品服务”，选择“物联网开放平台”，如图 2.3.72 所示。

图 2.3.72 选择“物联网开放平台”

单击“产品开发”，如图 2.3.73 所示。

图 2.3.73 单击“产品开发”

单击“创建产品”，如图 2.3.74 所示。

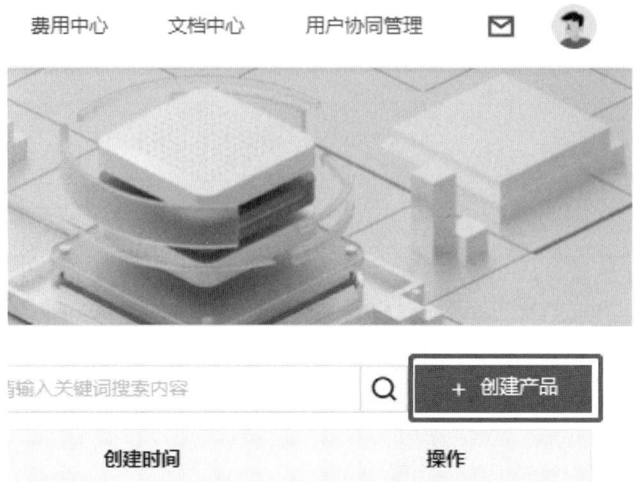

图 2.3.74 单击“创建产品”

产品种类和接入协议可自行写或选择，此处使用 MQTT 协议，数据协议选择“OneJson”便于使用物模型，联网方式选择“蜂窝”，开发方案为“标准方案”，最后单击“确定”创建成功，如图 2.3.75 所示。

图 2.3.75 产品售息

2. 物模型的设置

创建成功之后单击“产品开发”，如图 2.3.76 所示。

图 2.3.76　单击“产品开发”

单击“设置物模型”，如图 2.3.77 所示。

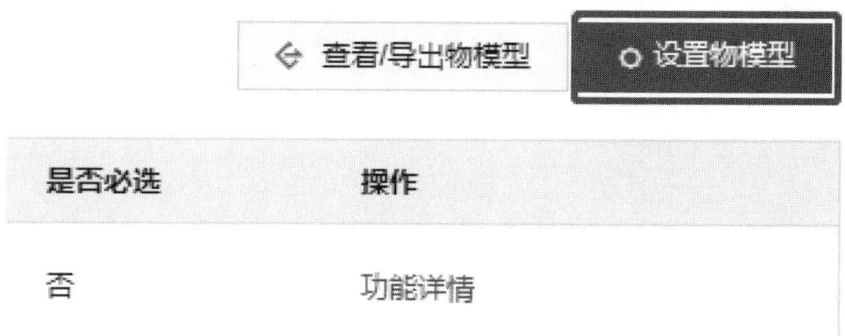

图 2.3.77　“设置物模型”

单击“添加自定义功能点”，如图 2.3.78 所示，

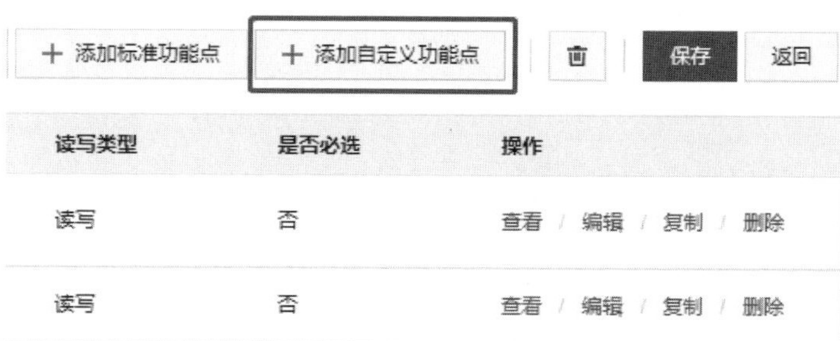

图 2.3.78　添加自定义功能点”

创建一个简单的物模型，添加输出参数，完成后单击“新增”，如图 2.3.79 所示。

图 2.3.79 添加输出参数

添加自定义功能点，完成后单击“新增”，如图 2.3.80 所示。

图 2.3.80 添加自定义功能点

可以看到图中新增的信息事件，单击“保存”，就可以将我们刚才设置的事件保存到我们的物模型中，如图 2.3.81 所示。

图 2.3.81　保存设置

3. 添加设备

设置完一个简单的物模型后我们先来测试一下它的可用性，但是此时我们的产品下还没有设备，所以先来添加一个设备。

单击“设备接入管理”→“设备管理”→“添加设备”，如图 2.3.82 所示。。

图 2.3.82　添加设备

产品选择刚刚创建的测试，设备名称可自填，如图 2.3.83 所示。

图 2.3.83　填写设备名称

此时可以在设备列表中看到刚才添加的设备，如图 2.3.84 所示。

图 2.3.84　添加的设备

3.3.3.6　测试物模型

1. 设备详情

单击“设备详情”，如图 2.3.85 所示。

图 2.3.85　进入设备详情

在设备详情中能看到设备的密钥、产品的 ID 值等，如图 2.3.86 所示。在属性下面能看到添加的物模型（也就是数据流）如图 2.3.87 所示。。

图 2.3.86　设备信息

图 2.3.87　设备属性

2. MQTT 协议接入

1）查看官方文档

OneNET MQTT 接入说明网址为 https://open.iot.10086.cn/doc/v5/develop/detail/638。

设备接入支持标准 MQTTV3.1.1 版本，支持 TLS 加密，接入服务地址如图 2.3.88 所示。

连接协议	证书	地址	端口	说明
MQTT	证书下载	studio-mqtt.heclouds.com	1883	非加密端口接入
MQTTS	证书下载	studio-mqtts.heclouds.com	8883	加密端口接入

图 2.3.88　接入服务地址

2）MQTT 接入 Topic

物联网平台中，服务端和设备端通过通信主题 Topic 实现消息通信。设备可以通过发布消息到系统 Topic 调用服务接口，也可以订阅系统 Topic 用于接收服务消息通知；服务提供的系统 Topic 如图 2.3.89 所示。

物联网平台预定义物模型通信 Topic，各物模型功能 Topic 消息的数据格式，见 OneJSON 数据格式。

Topic 类以正斜线（/）进行分层，区分每个类目。其中，有两个类目为既定类目：${pid}表示产品的 id；${device-name}表示设备名称。而${identifier}则表示服务标识符。

功能	类别	行为	描述	Topic类	操作权限
物模型通信Topic	属性	设备属性上报	请求	$sys/{pid}/{device-name}/thing/property/post	发布
			响应	$sys/{pid}/{device-name}/thing/property/post/reply	订阅
		设备属性设置（同步）	请求	$sys/{pid}/{device-name}/thing/property/set	订阅
			响应	$sys/{pid}/{device-name}/thing/property/set_reply	发布
		设备获取属性期望值	请求	$sys/{pid}/{device-name}/thing/property/desired/get	发布
			响应	$sys/{pid}/{device-name}/thing/property/desired/get/reply	订阅
		清除属性期望值	请求	$sys/{pid}/{device-name}/thing/property/desired/delete	发布
			响应	$sys/{pid}/{device-name}/thing/property/desired/delete/reply	订阅
		设备属性获取	请求	$sys/{pid}/{device-name}/thing/property/get	订阅
			响应	$sys/{pid}/{device-name}/thing/property/get_reply	发布
	事件	设备事件上报	请求	$sys/{pid}/{device-name}/thing/event/post	发布
			响应	$sys/{pid}/{device-name}/thing/event/post/reply	订阅
	服务	设备服务调用	请求	$sys/{pid}/{device-name}/thing/service/{identifier}/invoke	订阅
			响应	$sys/{pid}/{device-name}/thing/service/{identifier}/invoke_reply	发布

（a）

功能	类别	行为	描述	Topic类	操作权限
网关与子设备通信Topic	上下线	子设备上线	请求	$sys/{pid}/{device-name}/thing/sub/login	发布
			响应	$sys/{pid}/{device-name}/thing/sub/login/reply	订阅
		子设备下线	请求	$sys/{pid}/{device-name}/thing/sub/logout	发布
			响应	$sys/{pid}/{device-name}/thing/sub/logout/reply	订阅
	属性和事件	批量上报属性和事件（网关上报或代理子设备上报）	请求	$sys/{pid}/{device-name}/thing/pack/post	发布
			响应	$sys/{pid}/{device-name}/thing/pack/post/reply	订阅
		子设备属性获取	请求	$sys/{pid}/{device-name}/thing/sub/property/get	订阅
			响应	$sys/{pid}/{device-name}/thing/sub/property/get_reply	发布
		子设备属性设置	请求	$sys/{pid}/{device-name}/thing/sub/property/set	订阅
			响应	$sys/{pid}/{device-name}/thing/sub/property/set_reply	发布
		历史属性和事件上报（网关上报或代理子设备上报）	请求	$sys/{pid}/{device-name}/thing/history/post	发布
			响应	$sys/{pid}/{device-name}/thing/history/post/reply	订阅

（b）

服务	子设备服务调用	请求	$sys/{pid}/{device-name}/thing/sub/service/invoke	订阅
		响应	$sys/{pid}/{device-name}/thing/sub/service/invoke_reply	发布
拓扑关系	添加子设备	请求	$sys/{pid}/{device-name}/thing/sub/topo/add	发布
		响应	$sys/{pid}/{device-name}/thing/sub/topo/add/reply	订阅
	删除子设备	请求	$sys/{pid}/{device-name}/thing/sub/topo/delete	发布
		响应	$sys/{pid}/{device-name}/thing/sub/topo/delete/reply	订阅
	获取拓扑关系	请求	$sys/{pid}/{device-name}/thing/sub/topo/get	发布
		响应	$sys/{pid}/{device-name}/thing/sub/topo/get/reply	订阅
		网关同步结果响应	$sys/{pid}/{device-name}/thing/sub/topo/get/result	发布
	通知网关拓扑关系变化	请求	$sys/{pid}/{device-name}/thing/sub/topo/change	订阅
		响应	$sys/{pid}/{device-name}/thing/sub/topo/change_reply	发布

（c）

图 2.3.89　系统 Topic 类

3）MQTT 接入鉴权

参考官方 Token 算法：https: //open.iot.10086.cn/doc/v5/fuse/detail/1486。

设备秘钥鉴权需包含产品 ID+设备名称+鉴权 Token，其中 Token 由多个参数构成，如图 2.3.90 所示。

名称	类型	是否必须	参数说明	参数示例
version	string	是	参数组版本号，日期格式，目前仅支持"2018-10-31"	2018-10-31
res	string	是	访问资源 resource 产品级格式为：products/{产品id} 设备级格式为：products/{产品id}/devices/{设备名字} 区别见res使用场景说明	products/123123 products/123123/devices/78329710
et	int	是	访问过期时间 expirationTime，unix时间 当一次访问参数中的et时间小于当前时间时，平台会认为访问参数过期从而拒绝该访问	1537255523 （代表北京时间：2018-09-18 15:25:23）
method	string	是	签名方法 signatureMethod 支持md5、sha1、sha256	sha256（代表使用hmacsha1算法）
sign	string	是	签名结果字符串 signature	rBYeJXTp2q4V3C2aj4DBzjaydcw%3D

图 2.3.90　Token 构成

Res 使用场景说明如图 2.3.91 所示。

场景	res参数格式	示例	说明
产品级鉴权（一型一密）	products/{产品ID}	products/123123	使用产品级密钥，同一产品下设备烧录相同产品证书
设备级别鉴权（一机一密）	products/{产品ID}/devices/{设备名称}	products/123123/devices/mydev	使用设备级密钥，每台设备烧录自己的设备证书

图 2.3.91　res 使用场景

本例中使用设备级别鉴权。

4）sign 签名算法

参数 sign 的生成算法为：

```
sign = base64(hmac_<method>(base64decode(key),utf-8(StringForSignature)))
```

其中：

① Key 是 OneNET 为资源分配的访问密钥（产品级、设备级均可），其作为签名算法参数之一参与签名计算，为保证访问安全，应妥善保管。

② Key 参与计算前应先进行 base64decode 操作。

③ 用于计算签名的字符串 StringForSignature 的组成顺序按照参数名称进行字符串排序，以'\n'作为参数分隔，当前版本中按照如下顺序进行排序：et、method、res、version。

StringForSignature 组成示例如下：

```
StringForSignature = et + '\n' + method + '\n' + res+ '\n' + version
```

注意：每个参数均由“key=value”格式组成，但是仅参数中的 value 参与计算签名的字符串 StringForSignature 的组成。

例：

若 Token 参数如下：

```
et = 1537255523
method = sha1
res = products/dafdfadfafdaf/devices/che1
version = 2018-10-31
```

则用于计算签名的字符串 StringForSignature 按照 et、method、res、version 的顺序为：

```
StringForSignature = "1537255523" + "\n" + "sha1"+ "\n" + "products/123123"+ "\n" + "2018-10-31"
```

计算出 sign 后，将每个参数均采用“key=value”的形式表示，并用“&”作为分隔符，示例如下：

```
version=2018-10-31&res=products/dafdfadfafdaf/devices/che1&et=1537255523&method=sha1
&sign=ZjA1NzZlMmMxYzIOTg3 MjBzNjYTI2 MjA4Yw=
```

Token 中“key=value”的形式的 value 部分需要经过 URL 编码，需要进行编码的特殊符号如表 2.3.24 所示。

表 2.3.24　URL 代码的特殊符号

序号	符号	编码
1	+	%2B
2	空格	%20
3	/	%2F
4	?	%3F
5	%	%25

续表

序号	符号	编码
6	#	%23
7	&	%26
8	=	%3D

编码后，上例中实际传输 Token 为：

version=2018-10-31&res=products%2F123123&et=1537255523&method=sha1&sign=ZjA1NzZlMmMxYzlOTg3 MjBzNjYTI2 MjA4Yw%3D

为便于开发者开发，OneNET 提供 Token 生成工具。下载地址：https: //open.iot.10086.cn/doc/iot_platform/images/tools/token.exe。

打开 Token 生成工具“token.exe”，如图 2.3.92 所示。

图 2.3.92 打开 Token 生成工具

填写对应参数，单击“generate”如图 2.3.93 所示。

图 2.3.93 填写对应参数

我们选择设备级鉴权，其中，res 部分为“products/产品 ID/devices/设备名称”，et 部分为“过期时间的时间戳”（从 1970 年 1 月 1 日 00：00：00 到过期时间的秒数），key 为“设备密钥”，method 选择“md5”，也可选择其他支持的两种算法

若选择产品级鉴权，则 res 部分为“products/产品 ID”，key 为该产品的 access_key。

图 2.3.94 生成的就是 Token 了。

图 2.3.94　生成的 Token

3. 使用 MQTT.fx 软件来测试物模型

打开 MQTT.fx 软件，首先配置接入参数，接入服务器地址选择无 TLS 加密的“mqtts.heclouds.com”，端口号为 1883，Client ID 为设备名称，选择“User Credentials”选项，填写用户名和密码，其中用户名为产品 ID，Password 为生成的 Token，如图 2.3.95 所示。

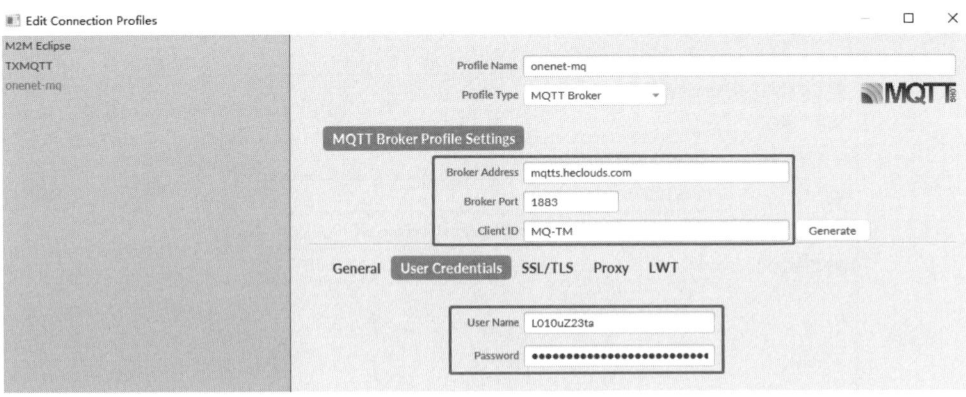

图 2.3.95　配置接入参数

单击“OK”，并单击“连接”，当右侧出现绿灯时表示已经连接上服务器，如图 2.3.96 所示。

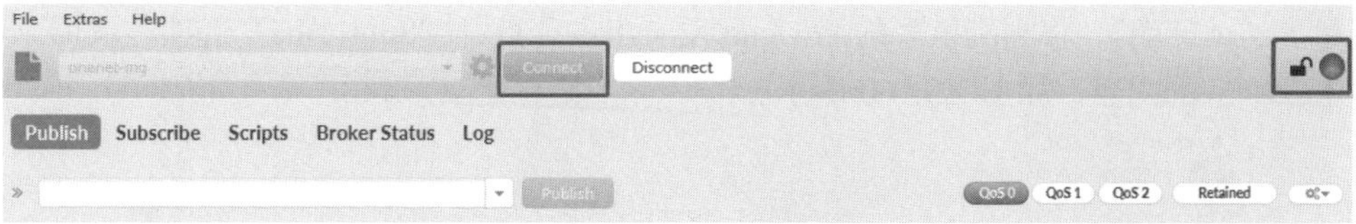

图 2.3.96　连接上服务器

此时，我们在 OneNET 上查看设备管理，可以发现该设备已经在线，如图 2.3.97 所示。

图 2.3.97　设备已经在线

打开 MQTT.fx 软件，在 Publish 选项中填写发布的 Topic，此处填写属性上报 Topic，即 $sys/{pid}/{device-name}/thing/property/post，并填写 Publish 的 Payload，按照物模型 OneJSON 格式填写。图 2.3.98 中表示上报 BloodOxygen 值为 90，PulseFrequency 的值为 80。

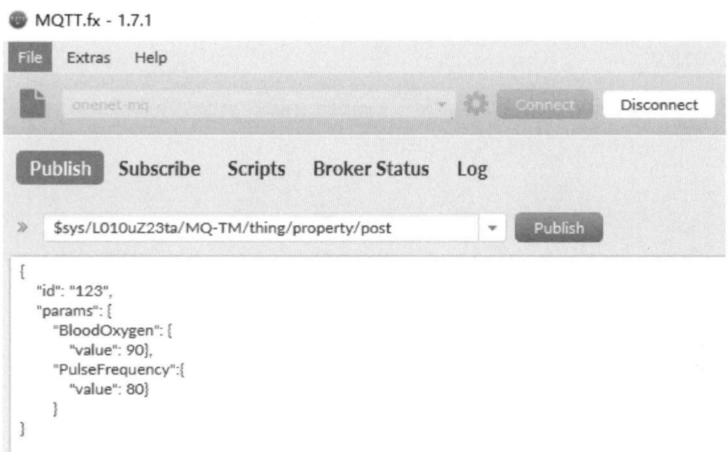

图 2.3.98　填写发布的 Topic

为了得到上报属性的响应，此处需要在 Subscribe 中订阅上报属性响应 Topic，即 $sys/{pid}/{device-name}/thing/property/post/reply，如图 2.3.99 所示。

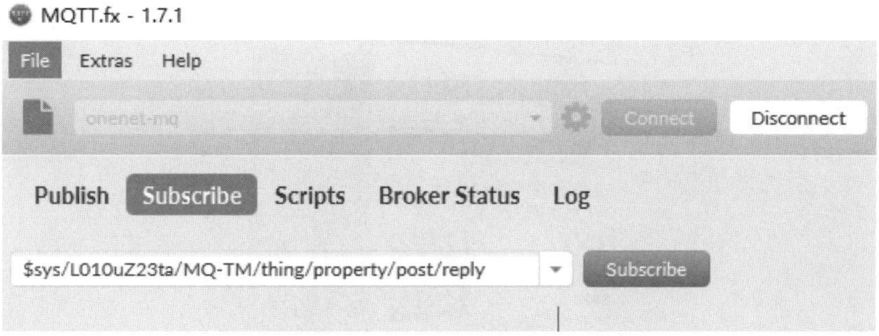

图 2.3.99　中订阅上报属性响应 Topic

单击“publish”，将刚刚填写的 Payload 发布出去。点开“Subscribe”选项，就可以看到属性上报响应的内容，如图 2.3.100 所示。

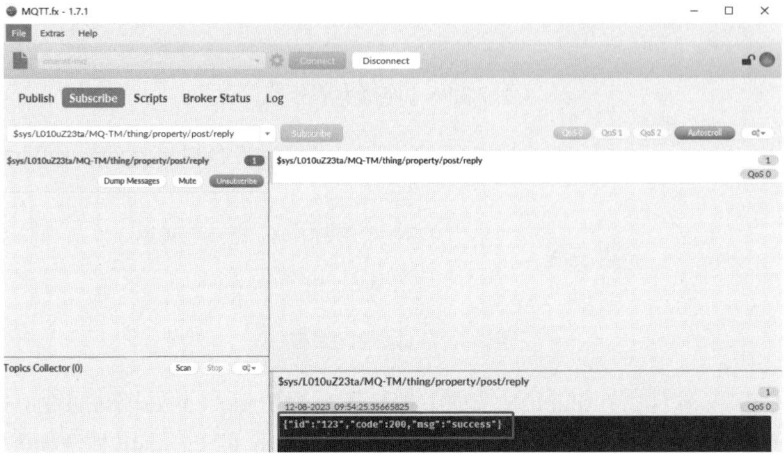

图 2.3.100　属性上报响应的内容

此时，在 OneNET 设备属性中也可看到上报的属性信息，如图 2.3.101 所示。

图 2.3.101　上报的属性信息

对于其他的 Topic，可参照上述步骤自行测试。

3.3.4　ML302 LTE 模组简介

ML302 是中国移动最新推出的 LTECat.1 模块。ML302 支持 TD-LTE/FDD-LTE 通信制式，采用 LCC+LGA 封装方式，如图 2.3.102 所示。

图 2.3.102　ML302

ML302 具有丰富的 Internet 协议、行业标准接口和功能，支持 Windows、Linux 和 Android 驱动，可广泛应用到 M2 M 多个领域中，如共享、金融支付、POC、工业控制等。

ML302 采用高度集成的设计方案，将射频、基带集成在一块 PCB 上，完成无线射频信号的接收、发射、基带信号处理功能，对外采用 LCC+LGA 接口，模组尺寸为 32.0 mm × 29.0 mm × 2.6 mm。

下面介绍 TCP/IP 应用 AT 指令流程。

1. 上电初始化

每个 AT 命令之间应该留有一定时间间隔，在收到响应后，再执行下一条 AT 命令。

ML302 有开机自动 PDP 激活和手动 PDP 激活两种方式，默认为手动 PDP 激活方式，可以通过表 2.3.25 所示指令进行查询和切换。

表 2.3.25 激活方式

指　令	说　明
AT+VERCTRL?	查询当前的 PDP 激活方式
AT+VERCTRL=0，0	关闭开机自动 PDP 激活，重启生效
AT+VERCTRL=0，1	开启自动 PDP 激活，CID 是 5，APN 是和卡 plmn 自动匹配，重启生效

手动激活相关指令如表 2.3.26 所示。

表 2.3.26 手动激活相关指令

指　令	说　明
AT OK	开机之后循环发送 AT 直到返回 OK，证明模块初始化正常
AT+CPIN? +CPIN：READY OK	查询 SIM 卡状态 返回 READY，表示 SIM 卡正常识别运行
AT+CFUN? +CFUN：1 OK	查询协议栈是否打开，返回 1 表示协议栈已经打开，若没有打开，则需要先打开协议栈后再执行以下命令
AT+CSQ +CSQ：31，99 OK	查询当前信号质量 信号质量小于 10，表示当前网络环境信号比较弱
AT+CGDCONT=1, “IP”, “CMIOT” OK	设置 APN（请配置为 SIM 卡签约对应的 APN，第一个参数表示 cid 是 1）
AT+CGACT=1，1 +CGACT：1，1 OK	激活 PDP（若不激活，MIPOPEN 指令会自动激活，第二个参数表示 cid 是 1）

自动激活相关指令如表 2.3.27 所示。

表 2.3.27　自动激活相关指令

指　令	说　明
AT OK	开机之后循环发送 AT 直到返回 OK，证明模块初始化正常
AT+CPIN? +CPIN：READY OK	查询 SIM 卡状态 返回 READY，表示 SIM 卡正常识别运行
AT+CFUN? +CFUN：1 OK	查询协议栈是否打开，返回 1 表示协议栈已经打开，若没有打开，则需要先打开协议栈后再执行以下命令
AT+CSQ +CSQ：31，99 OK	查询当前信号质量 信号质量小于 10，表示当前网络环境信号比较弱

2. 建立 TCP 连接（见表 2.3.28）

表 2.3.28　建立 TCP 连接

指　令	说　明
AT+MIPOPEN=1，"TCP"，"114.116.144.151"，2042，100，0，1，1，11002	“1”表示第一路连接； “TCP”表示连接使用的协议； “114.116.144.151”表示 TCP SERVER 的 IP； “2042”表示 TCP SERVER 监听的端口； “100”表示连接超时时间； “0”表示连接模式，正常模式；“1”表示使能长连接； “1”表示使用 context_id 1 建立连接； “11002”表示使用本段端口 11002 建立 TCP 连接
OK 1，CONNECT OK +MIPURC："recv"，1，38	代表已经连接上远程 TCP 服务器； 如果建立 UDP 连接，则修改相应参数为“UDP”
221.178.126.93：61118 CONNECTED OK	服务器自动反馈信息

3. 发送数据

发送数据包含非透传发送与透传发送两种模式；当透传模式连接建立后，串口输入的数据会自动转发到远程服务器，此时 AT 命令无效。

透传模式相关指令如表 2.3.29 所示。

表 2.3.29　透传模式相关指令

指　令	说　明
AT+MIPMODE=0，1 OK	使用透传模式，只能设置一路，并且第一个参数必须是 0，其他连接的数据会被丢弃
AT+MIPOPEN=0,"TCP","114.116.144.151",2042 OK	建立透传 TCP 连接

续表

指　令	说　明
CONNECT 223.104.254.85：54950 CONNECTED OK	已经成功连接远程服务器，进入数据模式； 服务器自动反馈信息（之后可以输入数据，自动发到远程服务器）
+++ OK	输入连续+++退出数据模式，此时连接依然保持
AT+MIPCLOSE=0 0，CLOSE OK	关闭连接，释放资源
AT+MIPMODE=0，0 OK	退出透传模式

非透传模式相关指令如表 2.3.30 所示。

表 2.3.30　非透传模式相关指令

指　令	说　明
AT+MIPOPEN=1, "TCP", "114.116.144.151", 2042 OK 1，CONNECT OK +MIPURC："recv"，1，38 117.132.191.150：35364 CONNECTED OK	建立非透传 TCP 连接
AT+MIPSEND=1，10	“1”表示第 1 路连接，“10”表示发送定长数据长度是 10 字节。
> 1234568501 1，SEND OK	出现‘>’后输入数据内容 第 1 路发送成功
AT+MIPCLOSE=1 1，CLOSE OK	释放资源，关闭第 1 路 TCP 连接

4. 接收数据

接收数据包含非缓存接收与缓存接收两种模式。当配置为缓存接收模式后，模块接收到 TCP/UDP 数据将缓存到对应缓冲区。

非缓存模式时，默认情况下，模块接收到 TCP/UDP 数据将直接通过串口输出，不带任何标记信息。例如上述命令都使能的条件下，相关指令如表 2.3.31 所示。

表 2.3.31　非缓存模式时相关指令

指　令	说　明
AT+MIPMODE=1，0 OK	设置非缓存模式
AT+MIPOPEN=1, "TCP", "114.116.144.151", 2042 OK 1，CONNECT OK +MIPURC："recv"，1，38	建立连接
221.178.125.199：48354 CONNECTED OK	接收到服务器自动反馈信息
AT+MIPSEND=1，10 > test send! 1，SEND OK	发送成功
AT+MIPCLOSE=1 1，CLOSE OK	关闭连接，清理资源

缓存模式时，通过 AT+MIPMODE 配置缓存模式和开启缓存 URC，模块接收到 TCP/UDP 数据将缓存到缓冲区，缓冲区最大为 8 KB。缓冲区数据使用 AT+MIPRD 指令读取，数据通过串口输出同，相关指令如表 2.3.32 所示。

表 2.3.32　缓存模式时相关指令

指　令	说　明
AT+MIPMODE=1，2 OK	开启缓存模式，接收到数据会提示+MIPURC："recv"，connect_id，length
AT+MIPOPEN=1,"TCP","114.116.144.151",2042 OK 1，CONNECT OK	连接远程测试服务器
+MIPURC："recv"，1，38	缓存数据提示
AT+MIPRD=1 +MIPRD：1，0，38 OK	“1”表示查询第 1 路连接
AT+ MIPRD=1，38 221.178.125.199：48354 CONNECTED OK OK	读取缓存区
AT+MIPCLOSE=1 1，CLOSE OK	关闭连接，清理资源
AT+MIPMODE=1，0 OK	退出缓存模式

5. 关闭 TCP 或 UDP 连接（见表 2.3.33）

表 2.3.33　关闭 TCP 或 UDP 连接

指　令	说　明
AT+MIPCLOSE=1 1，CLOSE OK	所有数据发送完毕，关闭连接

任务实施

3.3.5　硬件资源与硬件连接

本任务使用 4G 模块进行实验，因此需要将 4G 模块插接在底板上，并给 4G 模块连接上天线，将物联网卡插入到 4G 模块的 SIM 卡座中。本任务需要将采集到的健康数据上传到 OneNET 云平台，因此需要将脉搏传感器模块插接在底板上。

给主板连接上 DC 12 V 头子进行供电；使用 TypeC 数据线连接主板 MASTER 串口，以便串口打印输出和使用 Shell 工具；使用 TypeC 数据线连接主板 CMSIS 接口，用于给主板 STM32F407 主芯片下载程序。

关于脉搏传感器的硬件顶层图和硬件原理图在本项目前面小节中已有详细介绍，此处不作赘述。

4G 模块顶层图如图 2.3.103 所示。中间矩形 LGA 封装部分为 ML302 模块；S1 拨动开关为 4G 模块串口输出选择，可选择与主板 MCU 连接，也可选择与主板 SLAVE 外部串口连接。S2 拨动开关为模块数据输出完全脱开开关，处于 OFF 时，无论是 MCU 还是外部串口均与 4G 模块断开数据交互；S3 拨动开关为 ML302 模组开机引脚和复位引脚引出，对应关系为 PB6-PWR_KEY 和 PA4-RST；D1 为模块电源指示灯，D2 为网络状态指示灯，D3 为模组休眠指示灯（H：模组唤醒，L：模组休眠），D4 为系统状态指示灯。

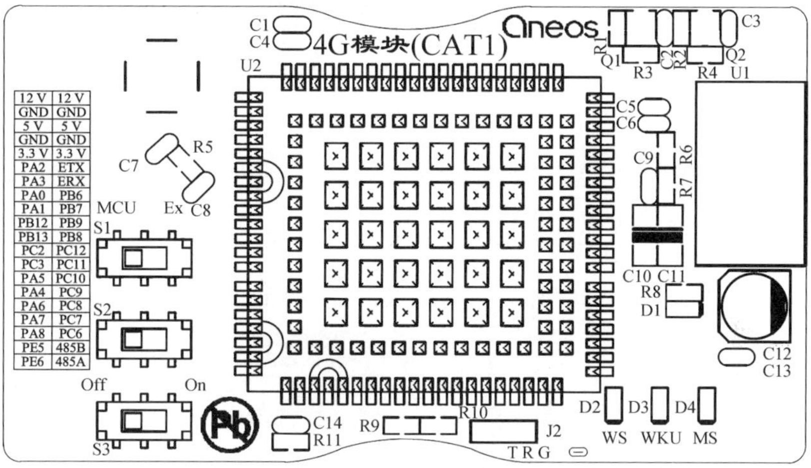

图 2.3.103　4G 模块顶层图

有关 ML302 模组的参考电路，可自行查阅 ML302 硬件设计手册。

图 2.3.104 所示为 4G 模块电路原理图，主要展示了三个拨动开关的电路。ML302 模组输出串口信号引脚为 MU0_TXD_3.3 V、MU0_RXD_3.3 V，与主板 MCU 串口连接的引脚为 PA3/U2_RX、PA2/U2_TX，与主板上 SLAVE 外接串口连接的引脚为 ETX、ERX；ML302 模组开机引脚为 PWR_KEY，可选择连接到主板 MCU PB6 引脚；ML302 模组复位引脚为 RST，可选择连接到主板 MCU PA4 引脚。

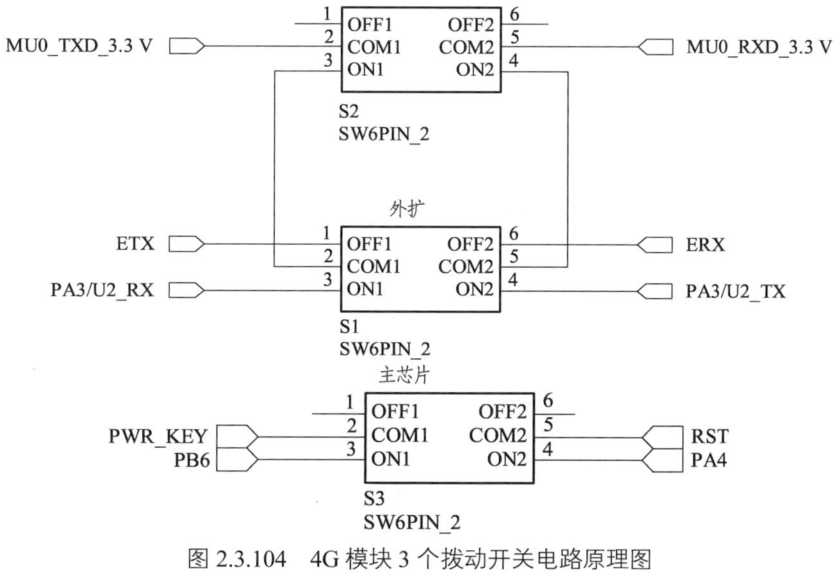

图 2.3.104　4G 模块 3 个拨动开关电路原理图

3.3.6 STM32CubeMX 配置

打开 OneOS-V3.0.1\projects\STM32F407ZG\board\CubeMX_Config 路径下的 CubeMX_Config.ioc，进入 STM32CubeMX 配置。

首先在右侧的引脚配置界面找到 PA3、PA2 引脚，将其配置为串口 2 的 TX 引脚和 RX 引脚，如图 2.3.105 所示。

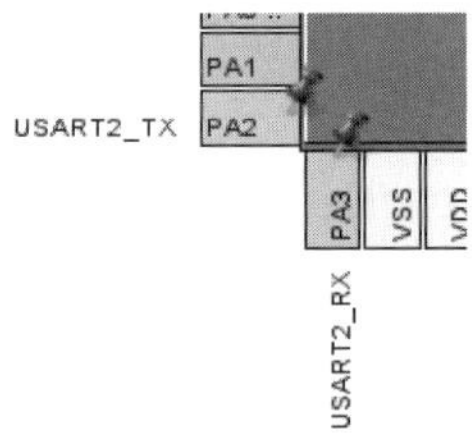

图 2.3.105　PA3、PA2 引脚

找到 PB6、PA4 引脚，将其配置为“输出模式”，如图 2.3.106 所示。

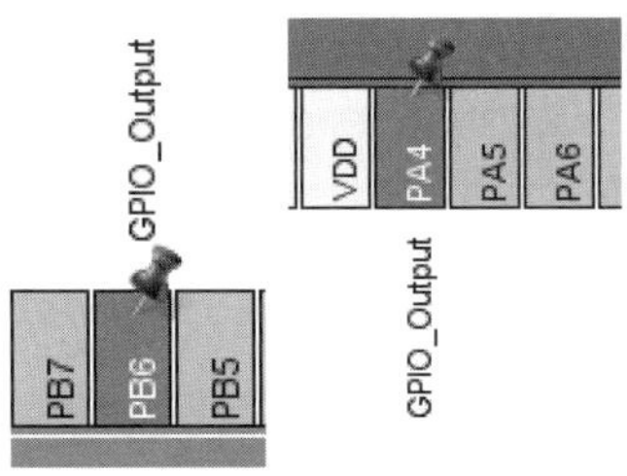

图 2.3.106　PB6、PA4 引脚配置

在左侧“Categories”选项卡中找到“Connectivity”下的“USART2”选项，配置串口 2 相关参数。

首先配置模式为“Asynchronous”，如图 2.3.107 所示。

图 2.3.107　配置模式

配置串口参数，波特率为 115 200 Bits/s，数据格式为 8N1，如图 2.3.108 所示。

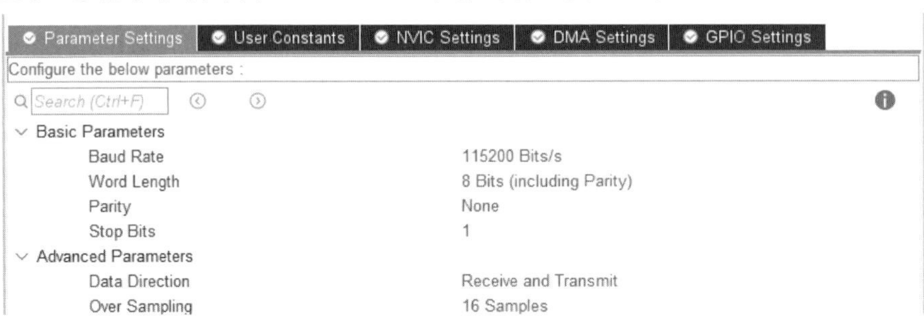

图 2.3.108　配置串口参数

配置使能串口中断，如图 2.3.109 所示。

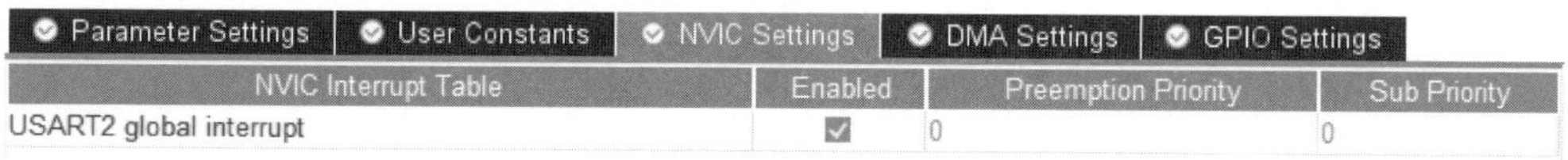

图 2.3.109　配置使能串口中断

配置串口 2 接收 DMA，在“DMA Settings”下添加，并将模式配置为“Circular”，以保证接收数据的完整性，如图 2.3.110 所示。

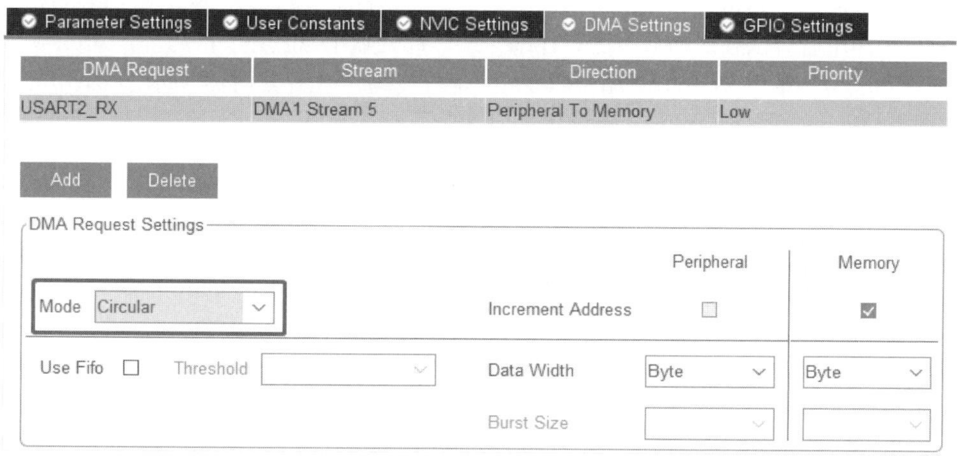

图 2.3.110　配置串口 2 接

在左侧的“Categories”选项卡中找到“System Core”下的“GPIO”选项，对 PA4 引脚参数进行配置。PA4 连接的引脚为 4G 模块的 RST 引脚，ML302 模组 RST 引脚低电平有效，通常情况下应配置为高电平，即 RST 失能模式，因此将其配置为上拉，如图 2.3.111 所示。

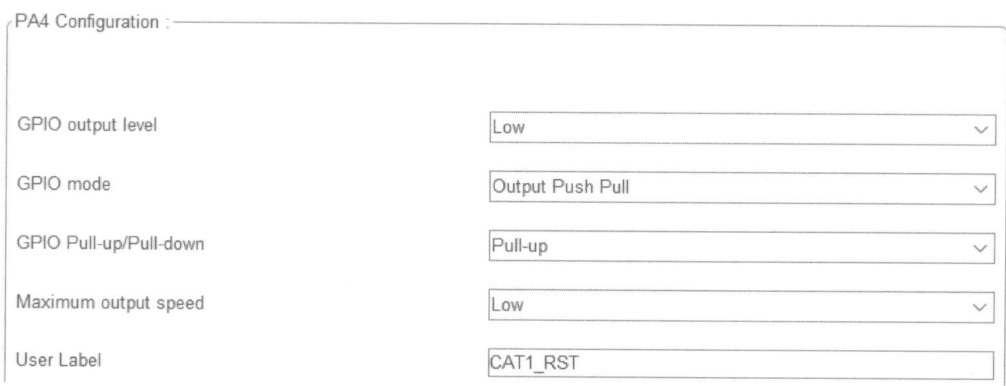

图 2.3.111　PA4 引脚配置

同时，配置开机引脚 PB6。PB6 连接的引脚为 4G 模块的 PWR 引脚，ML302 模组 PWR 引脚低电平有效，通常情况下应配置为高电平，即 PWR 失能模式，因此将其配置为上拉，如图 2.3.112 所示。

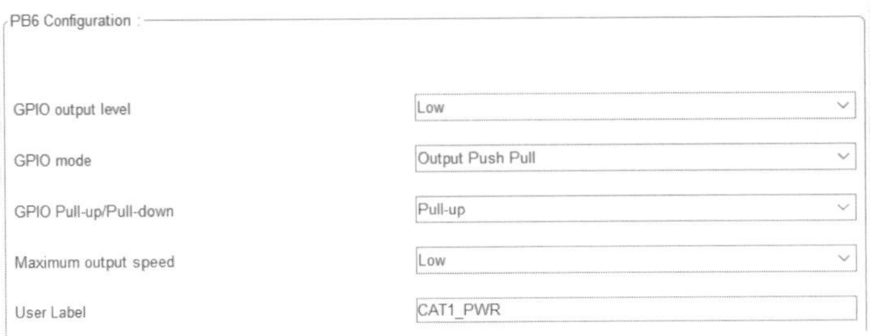

图 2.3.112　PB6 引脚配置

本任务还用到了脉搏传感器模块测量健康数据，因此需要配置脉搏传感器模块接入的相关引脚，具体配置方法在之前章节已有详细介绍，此处数不再赘述。

配置完成后，单击“GENARATE CODE”生成代码，如图 2.3.113 所示。

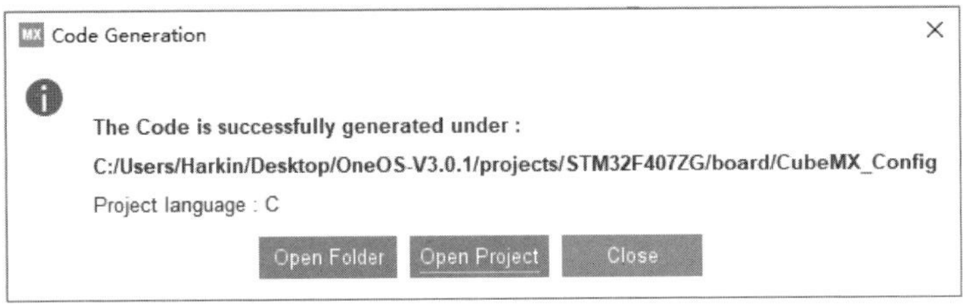

图 2.3.113　生成代码

3.3.7　OneOS-Cube 配置与工程构建

（1）在对应的 oneos\projects\xxxxx（project 文件夹）目录下打开 OneOS-Cube 工具，在命令行输入“oos config”打开可视化配置界面，如图 2.3.114 所示。

（2）通信模组通过串口发送给系统的数据将会首先缓存在串口数据缓冲区中，因此，如果串口缓冲区大小设置过小则会导致 Molink 无法正确地接收通信模组发送的数据，造成 AT 指令执行超时或数据接收不全等问题。在 OneOS 操作系统中串口缓存区的大小默认为 64 B，如果使用 Molink 组件则建议将串口缓冲区大小设置为略大于通信所需的数据的最大值，如设置为 1 024 B 或 2 048 B。在（Top）→Drivers→Serial 路径下配置串口发送和接收缓冲区大小。

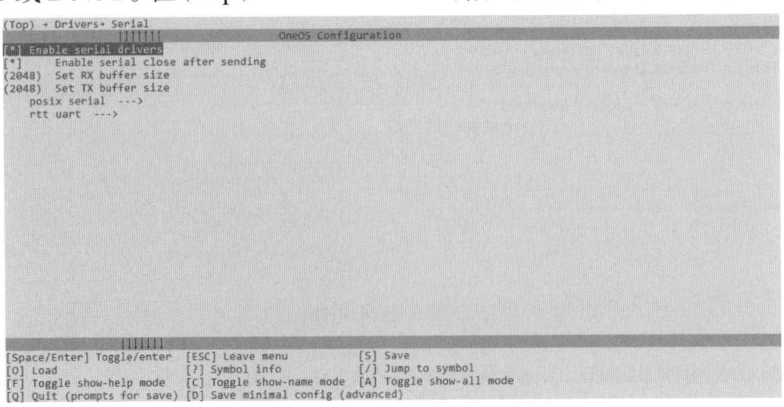

图 2.3.114　可视化配置界面

（3）打开路径（Top）→Components→Networ→Molink→Enable IoT modules support→

Module→4G CAT1 Modules Support，使能支持 4G CAT1 模组，如图 2.3.115 所示。

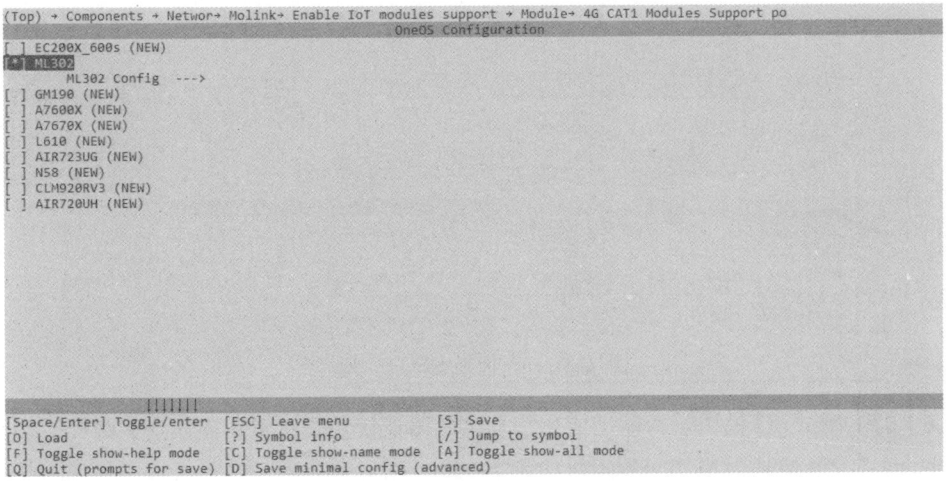

图 2.3.115　使能支持 4G CAT1 模组

（4）进入“ML302 Config”选项中，使能“Object 自动创建”，并根据实际情况修改通信参数，本任务中使用串口 2 进行通信，通信波特率为 115 200 Bits/s/s，如图 2.3.116 所示。

OneOS socket 组件为用户提供了一套兼容 BSD 的标准接口，用来实现网络连接及数据传输，下层涵盖了以太模块、蜂窝模组和 Wi-Fi 模组等不同制式的通信介质以及不同的通信协议栈。以太模块使用 Lwip 协议栈，蜂窝模组和 Wi-Fi 模组使用 AT 指令进行拨号连接和数据收发。

使用限制：标准 Socket 组件使用 Lwip 和 AT 时，只能二选一，在编译配置时决定。

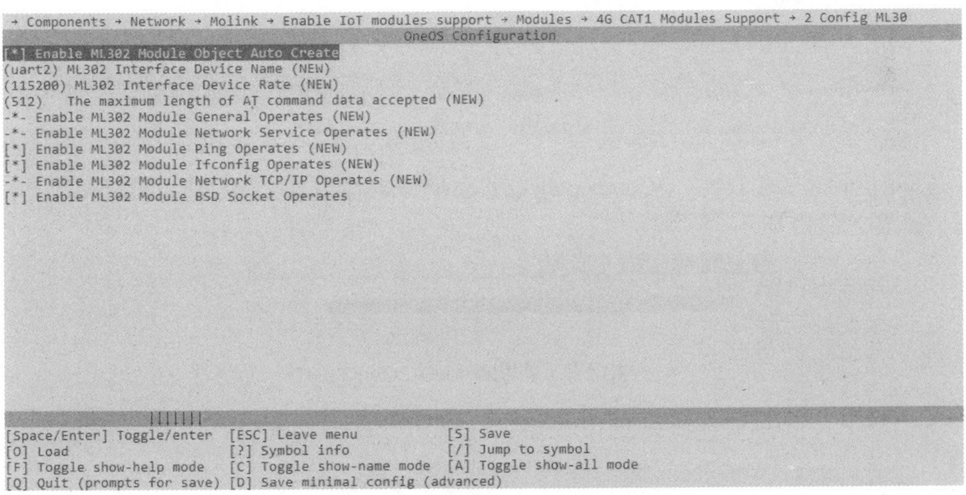

图 2.3.116　使能“Object 自动创建”

（5）再定位到（Top）→Components→Networ→Socket，使能“Enable ESP8266 Module BSD Socket Operates”，该选项为使能 BSD Socket，从而在工程中可以调用 Socket 相关函数如图 2.3.117 所示。

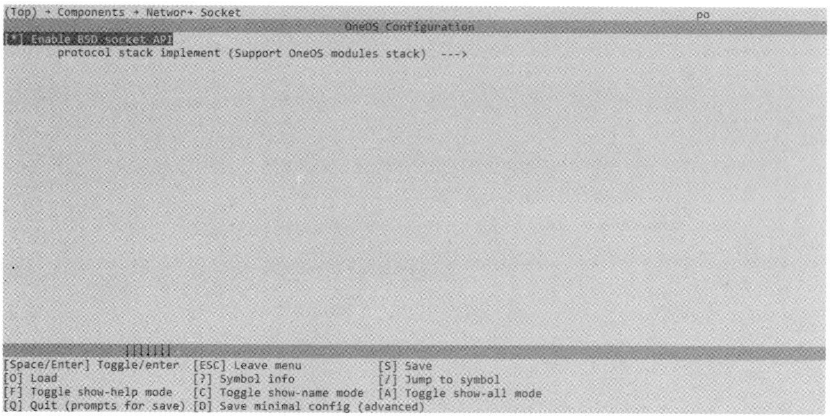

图 2.3.117　使能 BSD Socket

（6）为了测试 4G 模块是否驱动成功和测试网络连接是否正常，还需要在路径（Top）→Components→Network→Moli→Enable IoT modules support→Tool 下勾选测试工具，如图 2.3.118 所示。

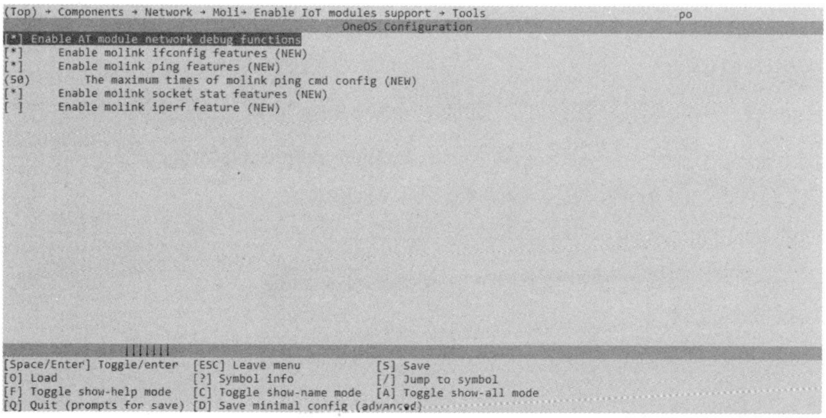

图 2.3.118　勾选测试工具

（7）定位到路径（Top）→Components→Network→Protocols→MQTT，选择使能 MQTT Stack，如图 2.3.119 所示。

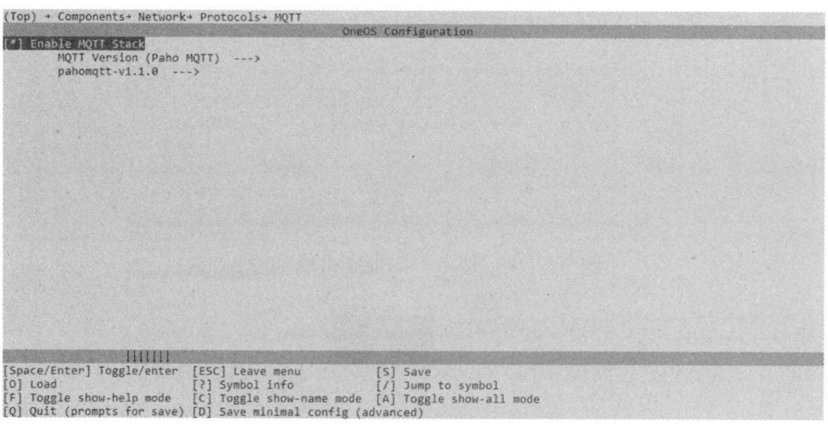

图 2.3.119　使能 MQTT Stack

（8）定位到（Top）→Components→Network→Protocols→MQTT→Enable MQTT Stack→pahomqtt-v1.1.，选择使能 MQTT 客户端，如图 2.3.120 所示。

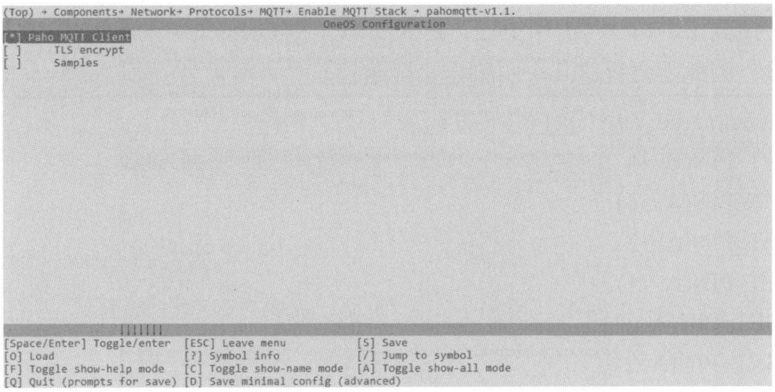

图 2.3.120　使能 MQTT 客户端

（9）输入“Q”和“Y”，保存配置并退出，如图 2.3.121 所示。

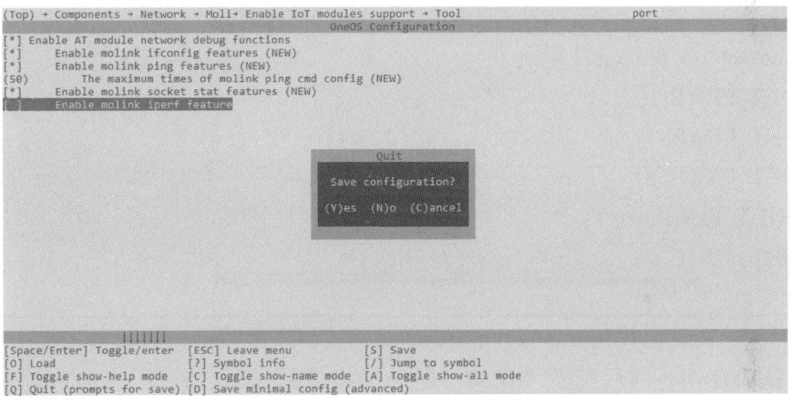

图 2.3.121　保存配置

（10）在 OneOS-Cube 界面中输入“oos init -i keil”，根据前面的设备配置工程，如图 2.3.122 所示。

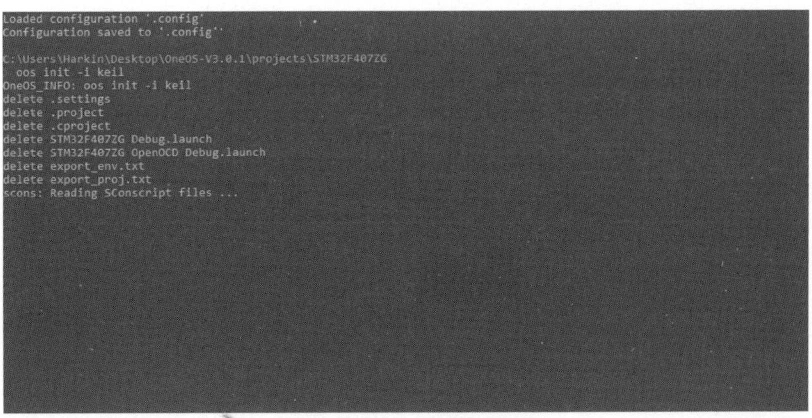

图 2.3.122　配置工程

3.3.8 Keil 工程构建与代码增删

在工程目录中，使用 MDK 软件打开工程 project.uvprojx。

本任务中用到了串口 2，占用 PA2、PA3 引脚，在 OneOS 中的 board.c 文件中定义了板载无引脚列表，因此需要将这几个引脚定义屏蔽掉。

```
const int board_no_pin_tab[] = {
        GET_PIN(B, 3),
        GET_PIN(A, 15),
        GET_PIN(A, 12),
        GET_PIN(A, 11),
//      GET_PIN(A, 3),
//      GET_PIN(A, 2),
        GET_PIN(A, 1),
//      GET_PIN(A, 0),
};
```

任务中用到了 PB6 引脚作为模块开机引脚，因此还需屏蔽掉 PB6 引脚。

```
const int slot_no_pin_tab[] = {
        GET_PIN(B, 0),
        GET_PIN(B, 1),
        GET_PIN(B, 5),
//      GET_PIN(B, 6),
        GET_PIN(B, 7),
};
```

打开 ml302.c 文件，找到 ml302_auto_create 函数，该函数首先查找 4G 模块 ML302 连接的串口设备是否存在，然后配置 ML302 通信的参数和设备名称等，并根据配置参数调用 module_ml302_create 函数自动创建 ML302 设备。最后将 ml302_auto_create 函数加入到自动初始化列表中。

```
int ml302_auto_create(void)
{
        os_device_t *device = os_device_find(ML302_DEVICE_NAME);
        if (OS_NULL == device)
        {
                ERROR("Auto create failed, Can not find  ML302 interface device %s!",
ML302_DEVICE_NAME);
                return OS_FAILURE;
        }

        uart_config.baud_rate = ML302_DEVICE_RATE;

        os_device_control(device, OS_DEVICE_CTRL_CONFIG, &uart_config);
```

```
        mo_parser_config_t parser_config = {.parser_name      = ML302_NAME,
                                            .parser_device = device,
                                            .recv_buff_len = ML302_RECV_BUFF_
LEN};

        mo_object_t *module = module_ml302_create(ML302_NAME, &parser_config);
        if (OS_NULL == module)
        {
            ERROR("Auto create failed, Can not create %s module object!", ML302_
NAME);
            return OS_FAILURE;
        }

        INFO("Auto create %s module object success!", ML302_NAME);
        return OS_SUCCESS;
    }
OS_INIT_CALL(ml302_auto_create, OS_INIT_LEVEL_COMPONENT, OS_INIT_SUBLEVEL_
MIDDLE);
```

在 module_ml302_create 函数中，首先为模组申请内存，然后调用 ML302_PWR_ON 函数给 ML302 模块上电开机，再调用 ML302_RST 函数复位 ML302 设备，注意，ML302_PWR_ON 和 ML302_RST 函数为用户自定义函数，这两个函数代码如下。

查看 ML302 硬件设计参考手册可知（见图 2.3.123 所示）开机需要将 PWR_KEY 引脚拉低至少 2 s。查看 4G 模块原理图（见图 2.3.124 所示）可知，若想将模组的 PWR_KEY（即原理图中的 MPWR_KEY）拉低，需要给原理图中的 PWR_KEY（即连接到主板 MCU 的 PB6 引脚）拉高。

同理，根据复位接口示意图（见图 2.3.125 所示）可知复位操作需要将 RESET 引脚拉低 50 ~ 100 ms，对应主板 MCU，则需要将 PA4 引脚拉高 50 ~ 100 ms。

功能	引脚状态	操作
开机	低电平（模组关机时）	将 PWR_KEY 引脚拉低至少 2s
关机	低电平（模组开机时）	将 PWR_KEY 引脚拉低至少 3.5s

图 2.3.123　开关机接口功能定义

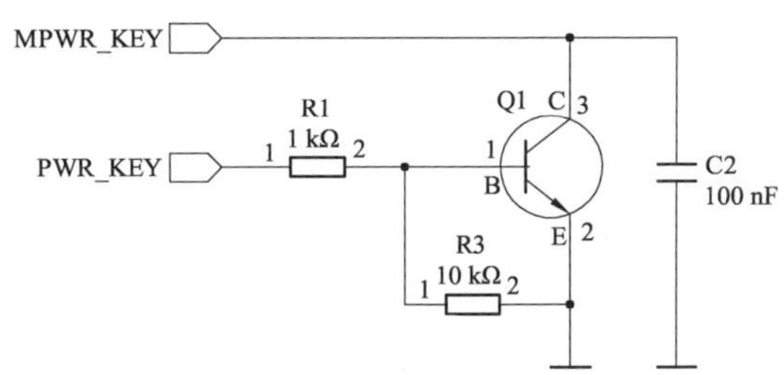

图 2.3.124　4G 模块原理图

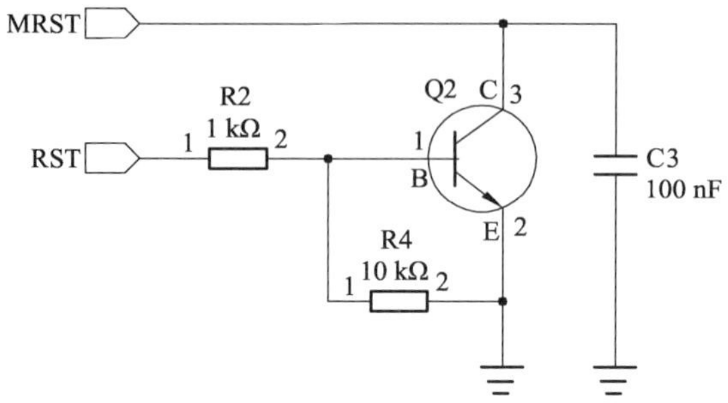

图 2.3.125　复位接口

```
#include <stm32f4xx.h>
#define PWR_GPIO_PORT GPIOB
#define PWR_GPIO_PIN    GPIO_PIN_6
#define RST_GPIO_PORT GPIOA
#define RST_GPIO_PIN    GPIO_PIN_4
static void ML302_PWR_ON（void）
{
        HAL_GPIO_WritePin( PWR_GPIO_PORT, PWR_GPIO_PIN, GPIO_PIN_SET ); //Pull down
PWR_ KEY at least 2 Seconds
        os_task_msleep（3000）;
        HAL_GPIO_WritePin（PWR_GPIO_PORT，PWR_GPIO_PIN，GPIO_PIN_RESET）;
        os_task_msleep（10）;
}
static void ML302_RST（void）
{
        HAL_GPIO_WritePin（RST_GPIO_PORT，RST_GPIO_PIN，GPIO_PIN_SET）; //Pull down
RST 50-100 ms
        os_task_msleep（100）;
        HAL_GPIO_WritePin（RST_GPIO_PORT，RST_GPIO_PIN，GPIO_PIN_RESET）;
        os_task_msleep（100）;
}
```

```
mo_object_t *module_ml302_create(const char *name, void *parser_config)
{
    mo_ml302_t *module = (mo_ml302_t *)os_malloc(sizeof(mo_ml302_t));
    if (OS_NULL == module)
    {
        ERROR("Create %s module instance failed, no enough memory.", name);
        return OS_NULL;
    }
```

```
        ML302_PWR_ON(); // m1302 power on
        ML302_RST();        // reset m1302
        os_task_msleep(5000);
        /* make sure ml302 power on and be ready */
        os_err_t result = mo_object_init(&(module->parent), name, parser_config);
        if (result != OS_SUCCESS)
        {
            os_free(module);

            return OS_NULL;
        }

        result = ml302_at_init(&(module->parent));
        if (result != OS_SUCCESS)
        {
            goto __exit;
        }

        ml302_ops_table_init(&module->parent);

    #ifdef ML302_USING_NETCONN_OPS
        ml302_netconn_init(module);

        module->netconn_evt_id = os_event_create(OS_NULL, name);
        OS_ASSERT(0 != module->netconn_evt_id);
        module->netconn_lock_id = os_mutex_create(&module->netconn_lock, name,
OS_TRUE);
        OS_ASSERT(0 != module->netconn_lock_id);
        module->curr_connect = -1;
    #endif /* ML302_USING_NETCONN_OPS */

    #ifdef ML302_USING_MQTTC_OPS
        ml302_mqttc_init(module);
    #endif /* ML302_USING_MQTTC_OPS */

    __exit:
        if (result != OS_SUCCESS)
        {

            if (mo_object_get_by_name(name) != OS_NULL)
```

```
        {
            mo_object_deinit(&module->parent);
        }

        os_free(module);

        return OS_NULL;
    }

    return &(module->parent);
}
```

当 ML302 模块开机并复位完成后，调用 mo_object_init 函数初始化模组设备，该函数主要初始化 AT 指令。

随后调用 ml302_at_init 函数进行测试 MCU 与 ML302 模块的连接状况，通过发送 AT 测试命令实现。

最后执行初始化 Ops 列表、网络连接初始化、事件创建、互斥量创建等操作。

新建一个.c 文件，命名为 ml302_thing_module.c，编写代码。

首先定义了 MQTT 服务器的 IP 地址和端口号，以及 MQTT 设备的产品 ID、设备名称、鉴权 Token 信息；并根据 OneNET 云平台 MQTT 接入的 Topic 及 postID，用于记录 Publish 消息的条数，最后定义了结构体 mqtt_context_t，用于存放网络信息和 MQTT 客户端信息。

```
const char *g_certificate = NULL;
WEAR_DATA wear_data = {0};
#define MQ_ML302_TAG      "MQ_ML302_TM"
#define TCP_SERVER_ADDR    "mqtts.heclouds.com"
#define TCP_SERVER_PORT    1883
#define mqtt_pubid "L010uZ23ta"        //产品 ID
#define mqtt_devid "MQ-TM" //设备名称
//token 有效时间,默认设置为 2030 年 12 月
#define TM_EXPIRE_TIME 1924833600
//鉴权信息
#define   mqtt_password   "version=2018-10-31&res=products%2FL010uZ23ta&et=1723361465
&method=md5&sign=v1HUfdAO8wUH73xZGeeAtw%3D%3D"
//设备上传数据的 post 主题
#define ONENET_TOPIC_PROP_POST "$sys/" mqtt_pubid "/" mqtt_devid "/thing/property/
post"
//接收下发属性上报成功的回复主题
```

```
#define ONENET_TOPIC_PROP_POST_REPLY "$sys/" mqtt_pubid "/" mqtt_devid "/thing/property/post/reply"
//接收下发属性设置主题
#define ONENET_TOPIC_PROP_SET "$sys/" mqtt_pubid "/" mqtt_devid "/thing/property/set"
//接收下发属性设置成功的回复主题
#define ONENET_TOPIC_PROP_SET_REPLY "$sys/" mqtt_pubid "/" mqtt_devid "/thing/property/set_reply"
//接收设备属性获取命令主题
#define ONENET_TOPIC_PROP_GET "$sys/" mqtt_pubid "/" mqtt_devid "/thing/property/get"
//接收设备属性获取命令成功的回复主题
#define ONENET_TOPIC_PROP_GET_REPLY "$sys/" mqtt_pubid "/" mqtt_devid "/thing/property/get/reply"
//这是 post 上传数据使用的模板
#define ONENET_POST_BODY_FORMAT "{\"id\":\"%u\",\"params\":%s}"
int postMsgId = 0;//记录已经 post 了多少条
typedef struct
{
    Network network;
    MQTTClient client;
} mqtt_context_t;
```

编写订阅消息 Subscribe 的消息回调函数 messageArrived，主要为打印接收到的订阅消息的 Topic 长度、Topic 数据、Payload 数据长度、Payload 数据。

```
void messageArrived(MessageData *data)
{
    os_kprintf("Message arrived on topic %.*s:%.*s\r\n",
               data->topicName->lenstring.len,
               data->topicName->lenstring.data,
               data->message->payloadlen,
               data->message->payload);
}
```

编写任务函数 mqtt_task_func，详见代码 19。该函数首先初始化连接参数以及初始化网络参数，随后初始化一个 MQTT 客户端，然后调用 MQTTNetworkConnect 函数进行网络连接。当网络连接成功时，调用 MQTTConnect 函数根据定义的 OneNET 接入信息（产品 ID、设备名称、服务器 IP、服务器端口号、鉴权信息等）连接 OneNET MQTT 服务器。

代码 19

当服务器连接成功时，调用 MQTTSubscribe 函数订阅上报设备属性响应的 Topic，即$sys/{pid}/{device-name}/thing/property/post/reply，当接收到 OneNET 下发的响应消息时，进入回调函数 messageArrived 打印相关信息。

随后进入 while()死循环，在循环中，首先根据 OneJSON 拼接出设备属性上报 Publish 的 Payload，并定义“qos”为“qos1”，即保障消息到达终点最少不低于 1 次，定义 Publish 的 Topic 为设备属性上报，即$sys/{pid}/{device-name}/thing/property/post，然后调用 MQTTPublish 函数发布消息。

当发布消息成功时，调用 MQTTYield 函数保持 MQTT 事务，该函数初始化了一个定时器，根据提供的参数定时对 MQTT 客户端进行事务保持，主要用于数据的循环接收和心跳保持，本任务中设置为 1 s（1 000 ms）。

当上述流程进行时若出现失败，会进行重试操作；当重试操作大于设定的次数后会跳转到“exit 部分”，该部分将关闭客户端连接，并将客户端去初始化以及断开服务器连接。

在主函数中创建并调用这个任务。注意各个任务的堆栈大小和任务优先级，否则接收的数据超过堆栈大小会造成堆栈溢出的错误。

```
int main(void)
{
    task = os_task_create(OS_NULL,OS_NULL,512,"user",user_task,OS_NULL,3);
    OS_ASSERT(task);
    os_task_startup(task);
    heart_rate_task =
os_task_create(OS_NULL,OS_NULL,4096,"Heart_rate_task",Heart_rate_task,OS_NULL,4);
    OS_ASSERT(heart_rate_task);
os_task_startup(heart_rate_task);
     mqtt_task =
os_task_create(NULL,NULL,4096,"mqtt_task",mqtt_task_func,OS_NULL,OS_TASK_PRIORIT
Y_MAX / 2);
        OS_ASSERT(mqtt_task);
    os_task_startup(mqtt_task);
    return 0;
}
```

3.3.9 编译下载验证

单击“编译”确保工程没有报错后，将程序下载到开发板中，重新上电，按下复位键，程序运行。

打开串口工具，此时在串口工具 Xshell 界面中打印出 4G 模块自动创建 Module 成功信息。

将手指轻按在脉搏传感器模块上，待数据稳定后，可见串口中打印出采集到的血氧和心跳数据，并成功上传到 OneNET 云平台上，如图 2.3.126 所示。

图 2.3.126　4G 模块自动创建 Module 成功信息

打开 OneNET 云平台，找到设备详情，查看数据流如图 2.3.127 所示。

图 2.3.127　数据流

可以看到，血氧和脉率数据已经成功上传到 OneNET 云平台中。

任务 4　GUI 驱动健康状态显示

任务目标

在 LCD 显示屏上实时显示脉搏数据，并绘制最近的数据折线图，同时将采集到的心率、血氧数据通过 4G 模块和 MQTT 协议上传到 OneNET 云平台，通过蓝牙模块将数据上传到手机 APP 中。

任务实施

3.4.1　硬件资源与硬件连接

在之前任务基础上，本任务使用 LCD 显示屏进行实验，因此需要连接主板与 LCD 显示屏。并给主板连接上 DC 12 V 头子进行供电；使用 TypeC 数据线连接主板 MASTER 串口，以便串口打印输出和使用 Shell 工具；使用 TypeC 数据线连接主板 CMSIS 接口，用于给主板 STM32F407 主芯片下载程序。

图 2.3.128 为主板的 LCD 接口硬件原理图。

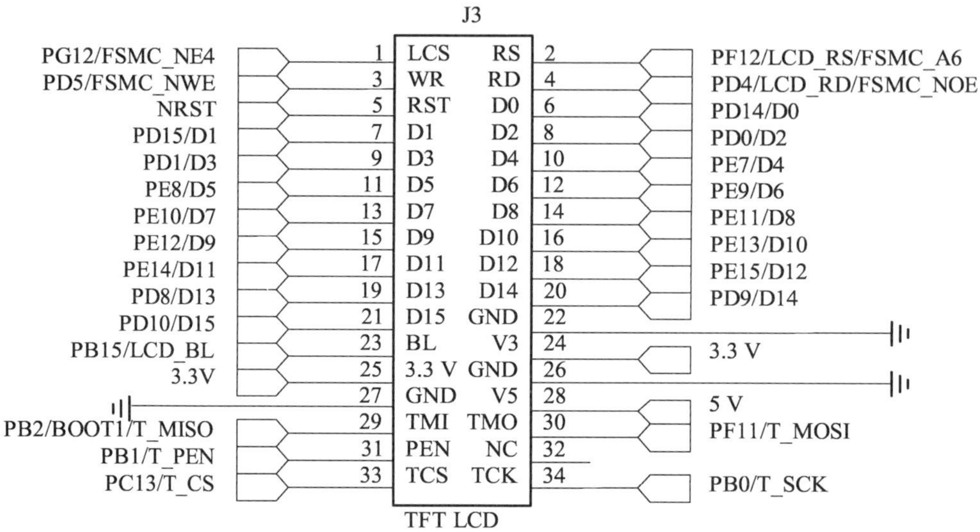

图 2.3.128　主板的 LCD 接口硬件原理

对应的 IO 分配表如下所示如表 2.3.34 所示。

表 2.3.34　IO 分配表

LCD 引脚	主芯片引脚	说明
PB15	LCD_BL	TFTLCD 接口背光控制脚
PD0	FSMC_D2	FSMC 总线数据线 D2（LCD/SRAM 共用）
PD1	FSMC_D3	FSMC 总线数据线 D3（LCD/SRAM 共用）
PD4	FSMC_NOE	FSMC 总线 NOE（RD）(LCD/SRAM 共用）
PD5	FSMC_NWE	FSMC 总线 NWE（WR）(LCD/SRAM 共用）
PD8	FSMC_D13	FSMC 总线数据线 D13（LCD/SRAM 共用）
PD9	FSMC_D14	FSMC 总线数据线 D14（LCD/SRAM 共用）
PD10	FSMC_D15	FSMC 总线数据线 D15（LCD/SRAM 共用）
PD14	FSMC_D0	FSMC 总线数据线 D0（LCD/SRAM 共用）
PD15	FSMC_D1	FSMC 总线数据线 D1（LCD/SRAM 共用）
PE7	FSMC_D4	FSMC 总线数据线 D4（LCD/SRAM 共用）
PE8	FSMC_D5	FSMC 总线数据线 D5（LCD/SRAM 共用）
PE9	FSMC_D6	FSMC 总线数据线 D6（LCD/SRAM 共用）
PE10	FSMC_D7	FSMC 总线数据线 D7（LCD/SRAM 共用）
PE11	FSMC_D8	FSMC 总线数据线 D8（LCD/SRAM 共用）
PE12	FSMC_D9	FSMC 总线数据线 D9（LCD/SRAM 共用）
PE13	FSMC_D10	FSMC 总线数据线 D10（LCD/SRAM 共用）

续表

LCD 引脚	主芯片引脚	说明
PE14	FSMC_D11	FSMC 总线数据线 D11（LCD/SRAM 共用）
PE15	FSMC_D12	FSMC 总线数据线 D12（LCD/SRAM 共用）
PF12	FSMC_A6	FSMC 总线地址线 A10（SRAM/LCD 共用）
PG12	FSMC_NE4	FSMC 总线的片选信号 4，为 LCD 片选信号
PB0	T_SCK	TFTLCD 接口触摸屏 SCK 信号
PB1	T_PEN	TFTLCD 接口触摸屏 PEN 信号
PF11	T_MOSI	TFTLCD 接口触摸屏 MOSI 信号
PB2	T_MISO	TFTLCD 接口触摸屏 MISO 信号
PC13	T_CS	TFTLCD 接口触摸屏 CS 信号

3.4.2 STM32CubeMX 配置

打开 OneOS-V3.0.1\projects\STM32F407ZG\board\CubeMX_Config 路径下的 CubeMX_Config.ioc，进入 STM32CubeMX 配置。

首先，配置 LCD 显示驱动引脚。

在“Connectivity”选项中选择“FSMC”进行配置，选择“NOR Flash/PSRAM/RSAM/ROM/LCD 1”，配置“Chip Select”为“NE4”，“Memory type”配置为“LCD Interface”，“LCD Register Select”配置为 A6，“Data”配置为 16 Bits/s，如图 2.3.129 所示。

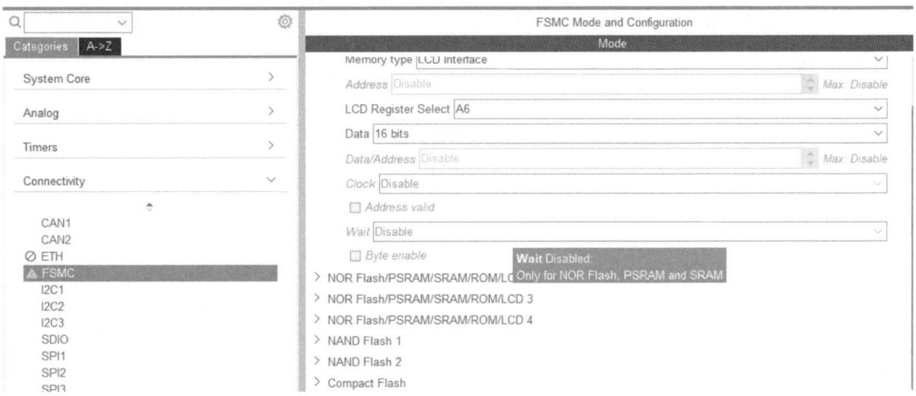

图 2.3.129　rsmc 引脚配置

如果 LCD 的驱动芯片支持读写不同的速度，那么可以选择“Extended mode”为“Enabled”，此处配置为“Disabled”。“NOR/PSRAM timing”是读速率有关参数，这几个参数的配置与该驱动芯片的电气特性和对 STM32F407 芯片时钟速率的配置有关，需要查看两个芯片的 Datasheet 来决定，此处配置为 1、10 和 1，如图 2.3.130 所示。

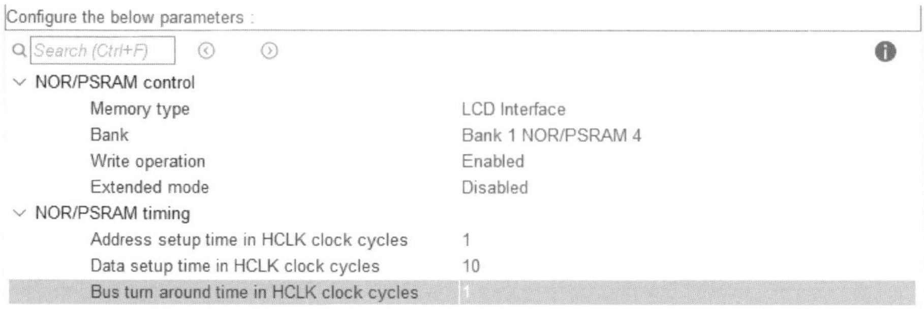

图 2.3.130　“Extended mode”配置

在右侧“Pinout view”中找到 PB15 引脚，将其配置为“GPIO_Output”模式。如图 2.3.131 所示，该引脚为 LCD 的背光控制引脚。

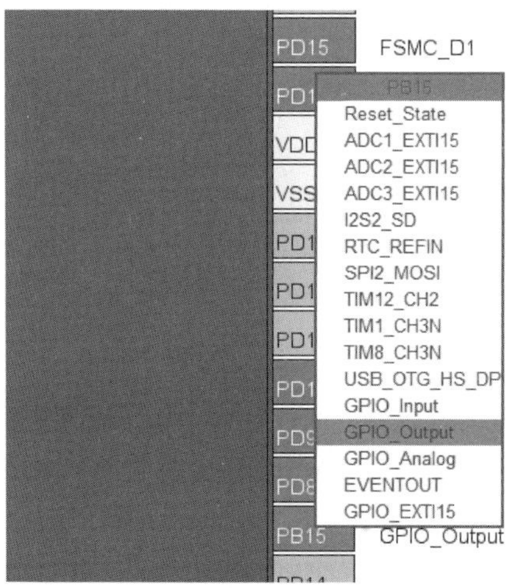

图 2.3.131　PB15 引脚配置

然后配置 LCD 触摸芯片驱动引脚。

查看硬件原理图，得知触摸屏的驱动引脚如表 2.3.35 所示，SCL、SDA 为触摸屏芯片的 IIC 通信引脚，INT 为中断，RST 为复位。

表 2.3.35　触摸屏的驱动引脚

引脚	功能
PB0	SCL
PB1	INT
PC13	RST
PF11	SDA

因此，我们需要在 STM32CubeMX 中配置这几个引脚，在工程目录\board\CubeMX_Config 下，打开 STM32CubeMx 工程 CubeMX_Config.ioc。

配置引脚如图 2.3.132 所示。

Pin Name	Signal on Pin	GPIO output...	GPIO mode	GPIO Pull-u...	Maximum o...	User Label	Modified
PB0	n/a	Low	Output Ope...	Pull-up	Medium	SCL	☑
PB1	n/a	n/a	Input mode	Pull-up	n/a	INT	☑
PB15	n/a	Low	Output Pus...	No pull-up a...	Low	BL	☑
PC13-ANTI_...	n/a	Low	Output Pus...	Pull-up	Low	RST	☑
PF11	n/a	Low	Output Ope...	Pull-up	Medium	SDA	☑

图 2.3.132　配置引脚

注意：SCL、RST、SDA 均为输出模式，INT 引脚为输入模式。

配置完成后，单击“GENARATE CODE”生成代码，如图 2.3.133 所示。

图 2.3.133　生成代码

3.4.3　OneOS-Cube 配置与工程构建

在 OneOS-V3.0.1\projects\STM32F407ZG 目录下右键打开 OneOS-Cube，输入“oos config”进入配置界面。

由于所用触摸芯片是使用 IIC 进行通信的，且 IIC 的引脚不在 STM32F407 芯片的硬件 IIC 引脚上，因此需要使用软件模拟的方式来对触摸芯片连接的 IIC 总线进行控制。

在配置界面中，选择进入（Top）→Drivers→I2C，如图 2.3.134 所示。

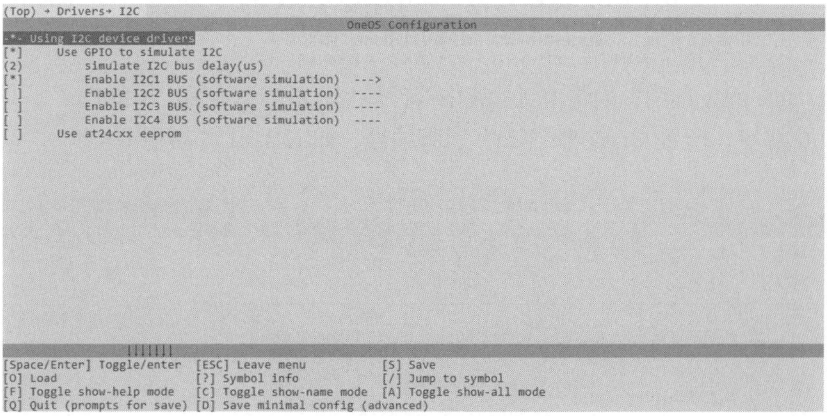

图 2.3.134　I2C 配置界面

选择“Use GPIO to simulate I2C”使用 GPIO 模拟 IIC，并配置“simulate I2C bus delay(us)”软 IIC 延时时间为“2 μs”，选择并配置“Enable I2C1 BUS（software simulation）”使能 I2C 总线（软件模拟方式），配置 SDA 和 SCL 引脚编号，如图 2.3.135 所示。

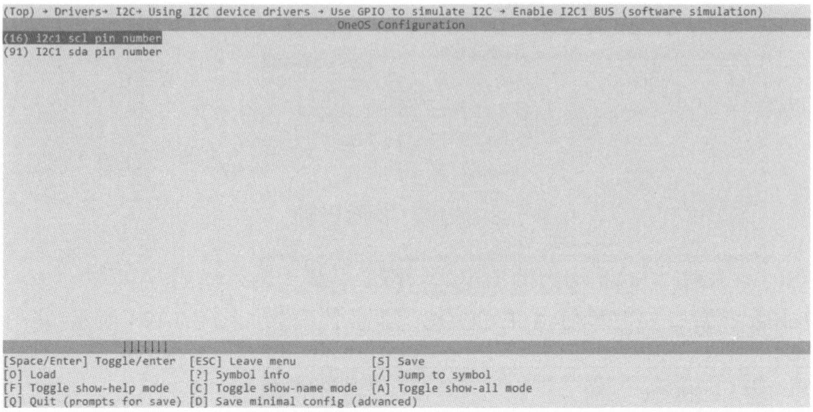

图 2.3.135　配置 SDA 和 SCL 引脚编号

选择（Top）→Drivers→Touch，配置触摸选项，使能“Using Touch device drivers”，本任务使用的触摸芯片为 GT911，因此勾选“Enable gt9x”选项，如图 2.3.136 所示。

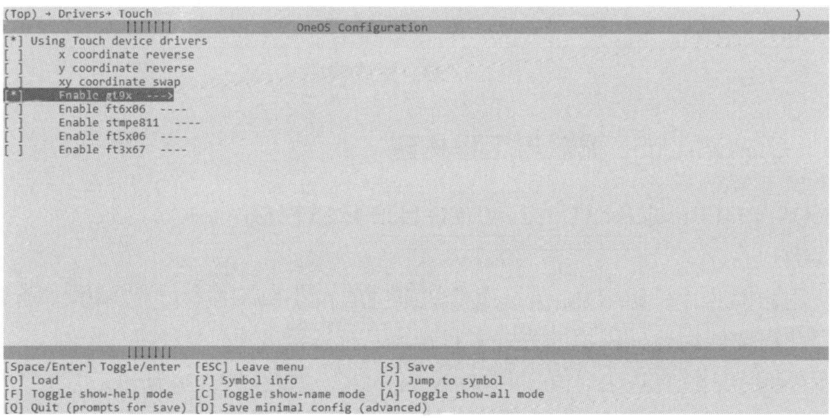

图 2.3.136　勾选“Enable gt9x”选项

进入 Enable gt9x 选项，配置 IIC 总线中器件地址，并选择使用“soft i2c1”，即前面配置好的软件 IIC 名字，配置“rst”和“irq”引脚编号，如图 2.3.137 所示。

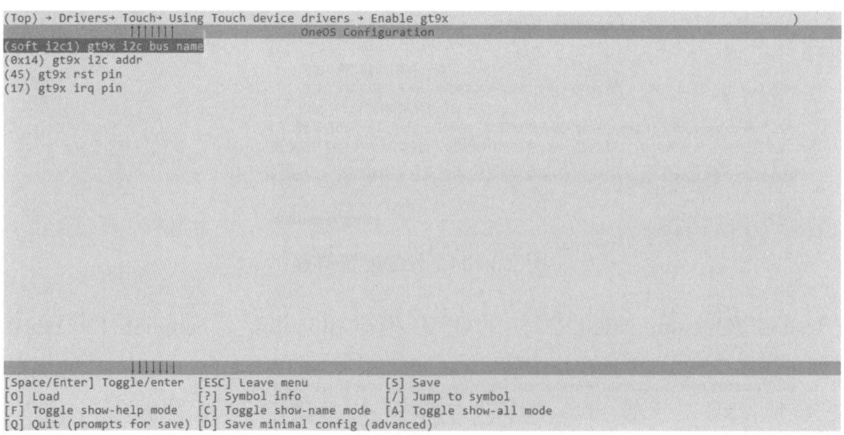

图 2.3.137　配置 IIC 总线中器件地址

进入（Top）→Drivers→ Graphic，配置 LCD，使能“Using graphic devices”选项，并配置分辨率为 480 × 800，使能“Enable draw functions”选项，选择 LCD 芯片为“Use otm8009a”，如图 2.3.138 所示。

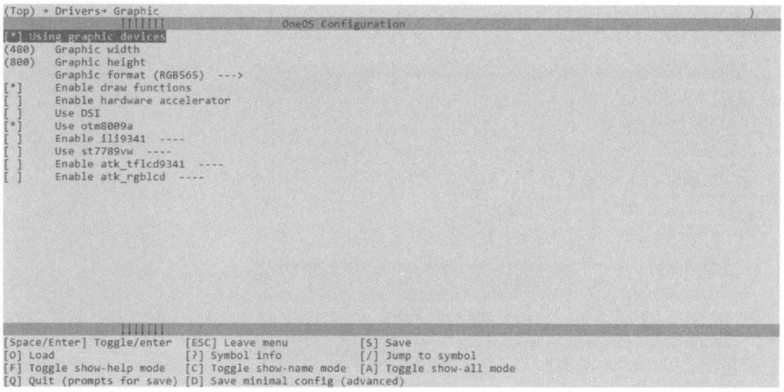

图 2.3.138　配置 LCD

进入（Top）→Components→GUI 选项，配置 GUI，注意此处的“GUI display dev name”和“GUI input dev name”应与 LCD 和触摸屏设备注册的名称一致。选择使能“LVGL”，如图 2.3.139 所示。“touch”和“lcd”是 GUI 的输入输出设备，选中“Enable LVGL”即可使能 LVGL，目前支持的版本为 LVGL7.9 和 LVGL8.2。

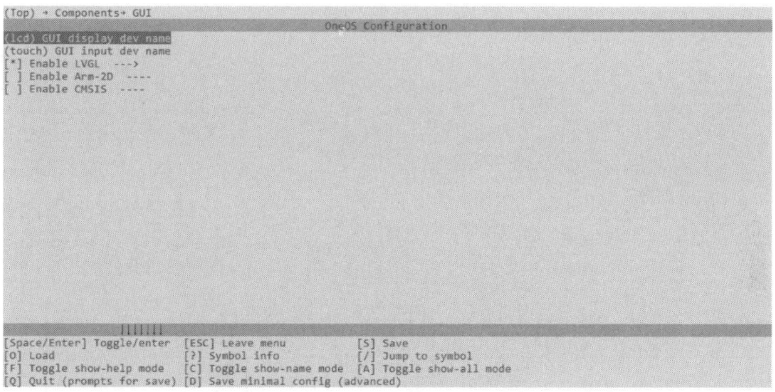

图 2.3.139　选择使能“LVGL”

选择 LVGL 的版本，如图 2.3.140 所示。

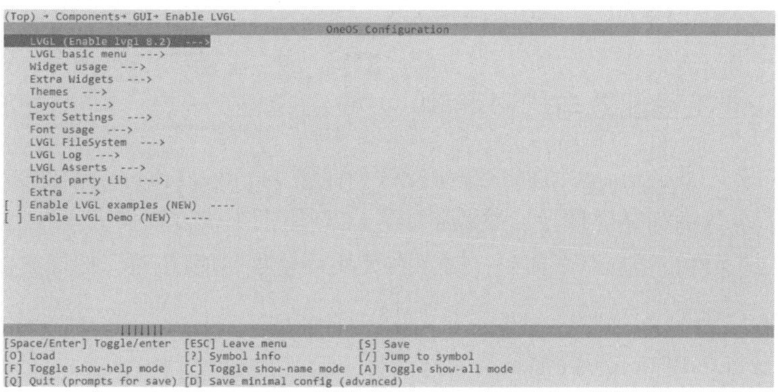

图 2.3.140　选择 LVGL 的版本

进入（Top）→ Components→ GUI→ Enable LVGL→ LVGL basic menu 选项卡，此处配置LVGL 的相关基础配置。按照实际芯片的处理能力修改此处的参数，建议参数如图 2.3.141 所示。

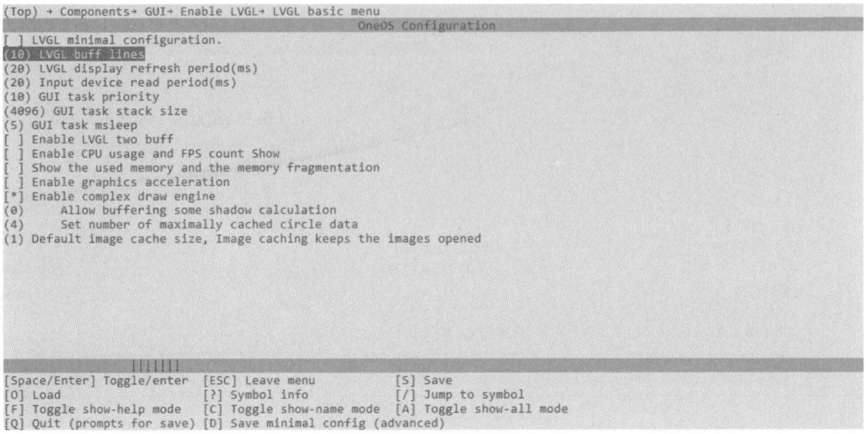

图 2.3.141　建议参数

配置完成后，输入“Q”和“Y”，保存配置并退出。

在 OneOS-V3.0.1\projects\STM32F407ZG 目录下右键打开 OneOS-Cube，输入“oos init -i keil”生成 Keil 工程代码，如图 2.3.142 所示。

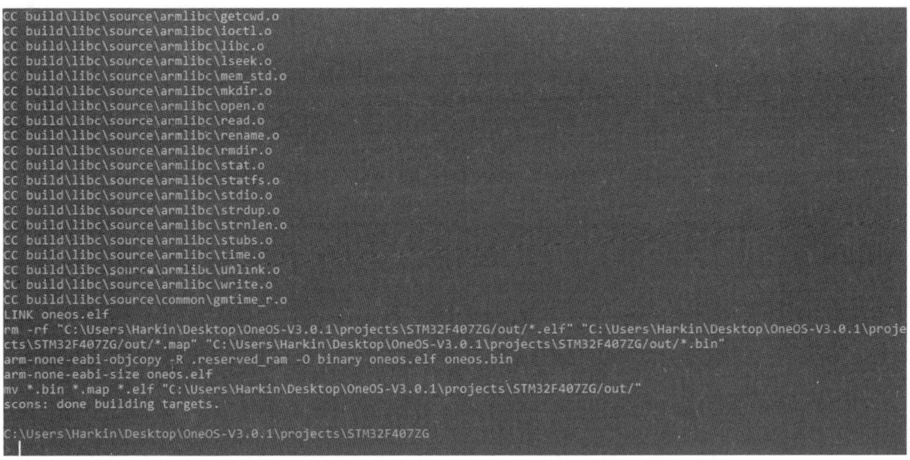

图 2.3.142　生成 Keil 工程代码

3.4.4　Keil 工程配置与代码增删

打开 OneOS-V3.0.1\projects\STM32F407ZG 目录下的 project.uvprojx 工程文件。

首先，我们的界面为横屏设计，因此需要在 LCD 驱动中设置扫描方向和 LCD 显示方向。找到 otm8009a.h 文件，添加以下代码，表示在使用环境项目 GUI 时，扫描方向为从右到左，从下到上。

```
#if defined (Envir_UI)|| defined (Wear_UI)
#define DFT_SCAN_DIR        R2L_D2U
```

```
#else
#define DFT_SCAN_DIR        L2R_U2D        /* 默认的扫描方向 */
#endif
```

并在 lv_port_init.c 文件的 gui_thread 函数中添加以下代码。表示使用横屏方式，并显示 OneOS logo 3s，随后调用环境项目 GUI 相关代码。

```
lcd_display_dir(1);// 横屏
lcd_clear(WHITE);//清屏
#if defined (Envir_UI)|| defined (Wear_UI)
        // 横屏 logo
        lcd_color_fill_ex((OS_GRAPHIC_LCD_WIDTH-LOGO_W)/2,(OS_GRAPHIC_LCD_
HEIGHT-LOGO_H)/2,LOGO_W+((OS_GRAPHIC_LCD_WIDTH-LOGO_W)/2)-1,LOGO_H+((
OS_GRAPHIC_LCD_HEIGHT-LOGO_H)/2)-1,(void*)oneoslogo);
#else
        // 竖屏 logo
        lcd_color_fill_ex((OS_GRAPHIC_LCD_HEIGHT-LOGO_W)/2,(OS_GRAPHIC_LCD
_WIDTH-LOGO_H)/2,LOGO_W+((OS_GRAPHIC_LCD_HEIGHT-LOGO_W)/2)-1,LOGO_H+
((OS_GRAPHIC_LCD_WIDTH-LOGO_H)/2)-1,(void*)oneoslogo);
#endif
        os_task_msleep(3000);
        lcd_clear(WHITE);//清屏
#ifdef Envir_UI
        lv_gui_custom();// 环境项目 GUI
#endif
```

然后在 OneOS-V3.0.1\projects\STM32F407ZG 目录下右键打开 OneOS-Cube，输入“oos config”进入配置界面。

在路径（Top）→Drivers→Graphic 下配置 LCD 的分辨率为 800 × 400 如图 2.3.143 所示。

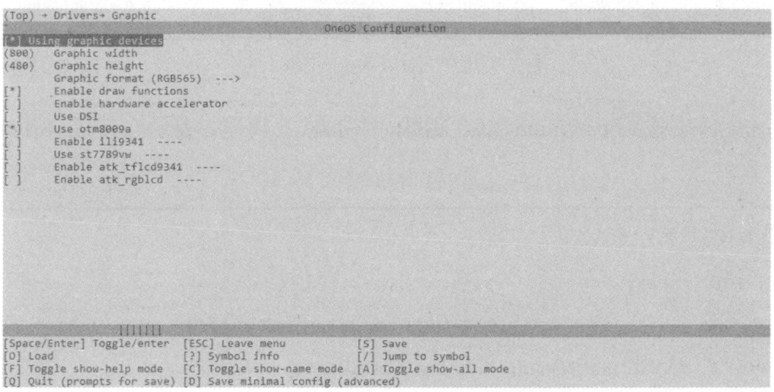

图 2.3.143　配置 LCD 的分辨率

另外，由于 OneOS 定义的触摸输入设备坐标与 GUI-Guider 软件定义的坐标不一致，因此我们还需要配置触摸输入相关的一些设置。在路径（Top）→Drivers→Touch 下使能“xy coordinate swap”，即 XY 轴交换如图 2.3.144 所示。

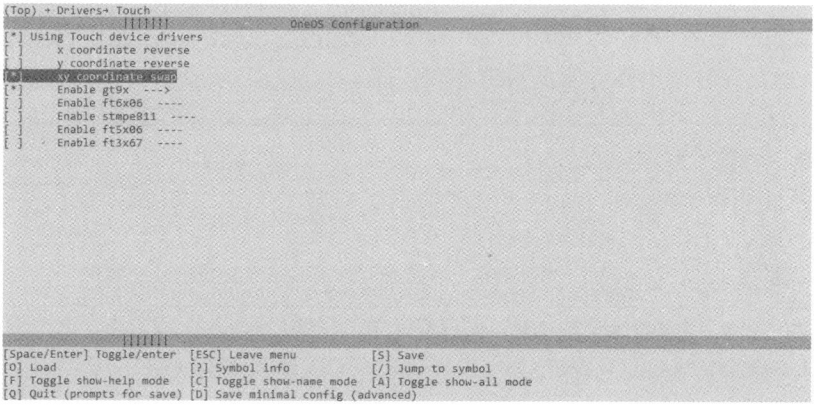

图 2.3.144　XY 轴交换

配置完成后，输入“Q”和“Y”，保存配置并退出。

在 OneOS-V3.0.1\projects\STM32F407ZG 目录下右键打开 OneOS-Cube，输入“oos init -i keil”生成 Keil 工程代码，如图 2.3.145 所示。

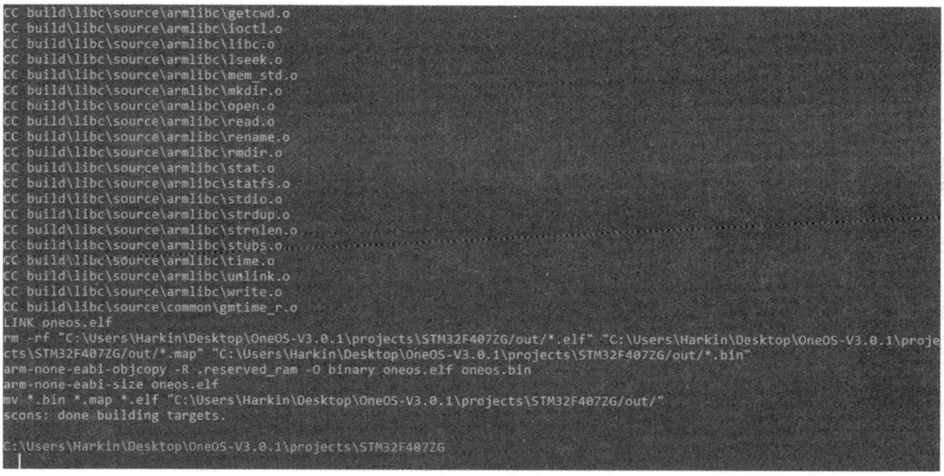

图 2.3.145　生成 Keil 工程代码

在 touch.c 文件中找到 os_touch_read 函数，添加以下代码，表示在使用环境项目 GUI 时，Y 轴颠倒。

```
#ifdef OS_TOUCH_XY_SWAP
    uint16_t tmp;
    tmp                          = read_data->x_coordinate;
    read_data->x_coordinate = read_data->y_coordinate;
    read_data->y_coordinate = tmp;
```

```
    range_x                    = touch->info.range_y;
    range_y                    = touch->info.range_x;
#endif
#if defined (Envir_UI)|| defined (Wear_UI)
    if (read_data->y_coordinate >= touch->info.range_y)
        read_data->y_coordinate = 0;
    else
        read_data->y_coordinate = touch->info.range_y - read_data->y_coordinate;
#endif
```

这样，完成了横屏 GUI 的相关设置。

3.4.4.1　GUI 界面设计与事件逻辑

1. GUI-Guider 设计环境项目 GUI 界面

首先，打开 Gui-Guider 软件，新建一个项目，如图 2.3.146 所示。

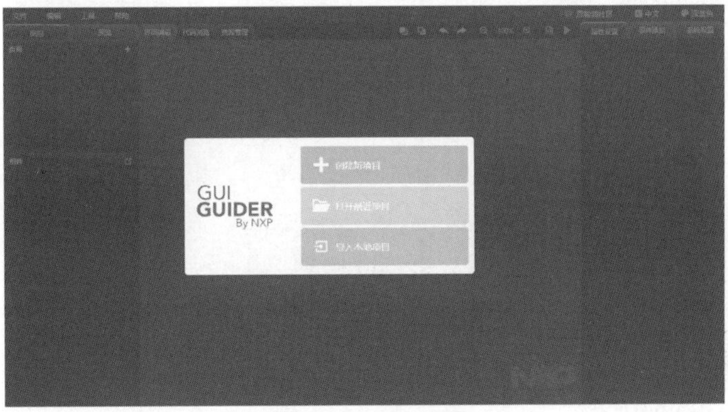

图 2.3.146　新建项目

我们在配置 OneOS 工程时选择的 LVGL 版本为 V8，因此此处选择 V8.3.2 版本，如图 2.3.147 所示。

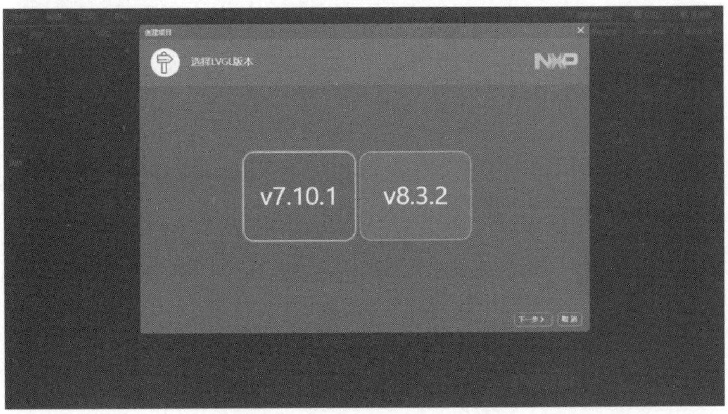

图 2.3.147　选择 V8.3.2 版本

选择仿真器，默认即可，如图 2.3.148 所示。

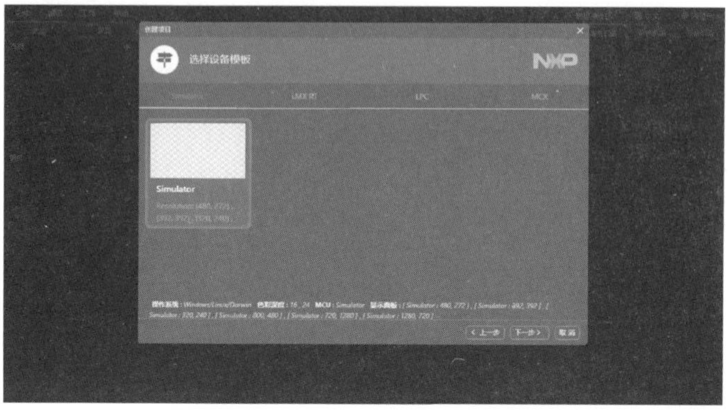

图 2.3.148　选择仿真器

选择一个模板，此处我们选择空白 UI 即可，如图 2.3.149 所示。

图 2.3.149　选择一个模板

填写工程信息，并选择工程存储路径，色彩深度选择 16 b，根据 LCD 显示器可知，分辨率我们选择 480 × 800 如图 2.3.150 所示。

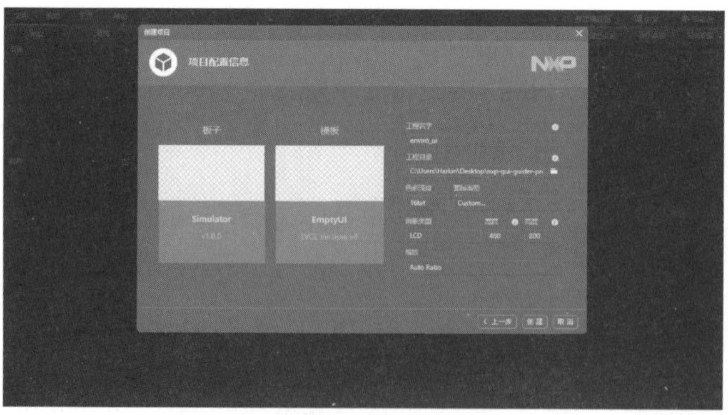

图 2.3.150　分辨率选择

新建的 UI 界面如图 2.3.151 所示。

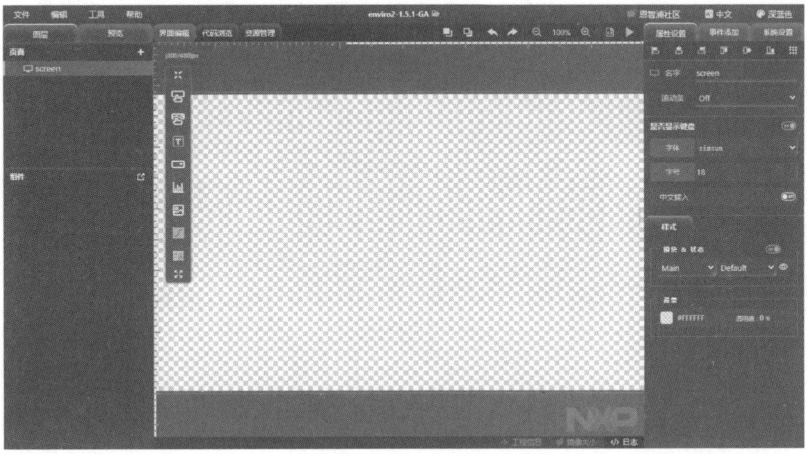

图 2.3.151　新建的 UI 界面

修改屏幕背景颜色，如图 2.3.152 所示。

图 2.3.152　修改屏幕背景颜色

以添加图片为例，讲解 GUI-Guider 环境项目 GUI 界面设计，在左侧的工具栏中选择图片，然后在右侧的属性栏中单击图片图标来添加图片，如图 2.3.153 所示。

图 2.3.153　添加图片

单击“+”号，并在文件管理器中选择合适的图片，如图 2.3.154 所示。

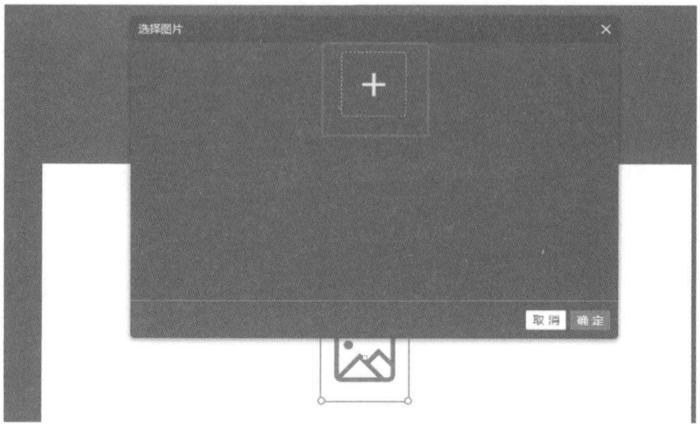

图 2.3.154　选择合适的图片

添加好图片到素材库中后，选择需要的图片，如图 2.3.155 所示。

图 2.3.155　选择需要的图片

调整图片到合适的位置，可以在右侧属性栏中进行微调，亦可编辑该控件的名称，如图 2.3.156 所示。

图 2.3.156　图片微调

其他控件的添加步骤大同小异，此处不再赘述，最终设计的环境项目 GUI 完整界面如图 2.3.157 所示。

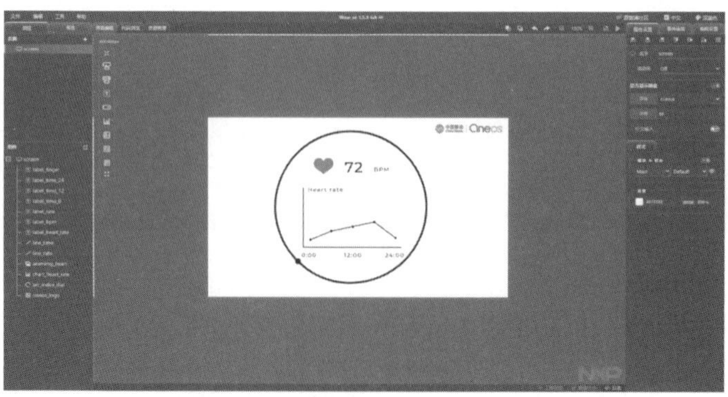

图 2.3.157　最终设计的环境项目 GUI 完整界面

界面设计完成后，单击右上角的“三角”按钮，并选择 C 模拟器来查看仿真效果，如图 2.3.158 所示。

图 2.3.158　选择 C 模拟器

PC 仿真演示效果如图 2.3.159 所示。

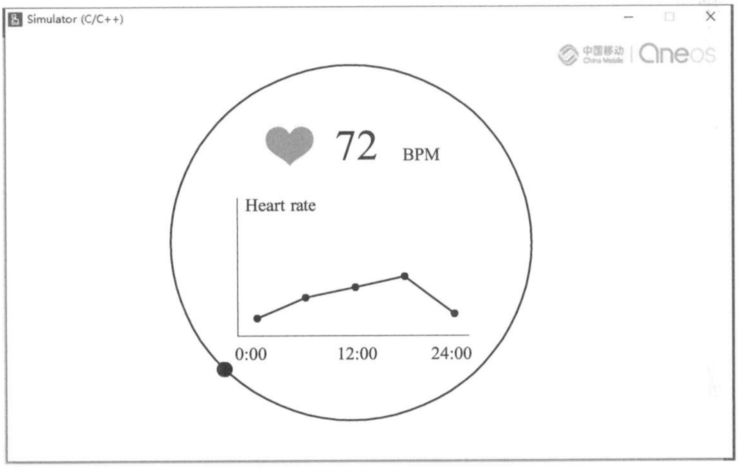

图 2.3.159　PC 仿真演示效果

仿真没有问题后，单击生成代码，如图 2.3.160 所示。

图 2.3.160　生成代码

2. GUI 界面代码移植与代码增删

GUI-Guider 生成的代码移植过程在环境项目实训中有详细介绍，此处不作赘述。

打开 OneOS-V3.0.1\projects\STM32F407ZG 目录下的 project.uvprojx 工程文件。

由于源码很长很多，此处仅截取部分代码，详见代码 20，各个控件的参数设置过程基本一致，且 GUI-Guider 有详细的注释，可以参照理解。

代码 20

3.4.4.2 GUI 相关函数调用和关联变量调用

新建一个.c 文件，命名为 wear_ui.c，添加以下代码。

首先设置界面上的圆弧，由于需要使用圆弧来画出边框的圆形，因此需要将其旋钮去除，并设置前景弧和背景弧的起始角度及终止角度。

```
//圆弧显示设置
static void arc_setup(lv_ui *ui)
{
    lv_obj_remove_style(ui->screen_arc_index_dial,NULL,LV_PART_KNOB);/* 移除旋钮 */
    lv_obj_clear_flag(ui->screen_arc_index_dial,LV_OBJ_FLAG_CLICKABLE);/* 清除可单击属性 */
    lv_arc_set_bg_angles(ui->screen_arc_index_dial,0,360);
/* 设置背景弧的起始角度和终止角度 */
    lv_arc_set_angles(ui->screen_arc_index_dial,0,360);
/* 设置前景弧的起始角度和终止角度 */
    lv_arc_set_value(ui->screen_arc_index_dial,150);
/* 设置当前值 */
}
```

然后，需要在界面上显示当前的心率值，因此，我们创建了一个定时器，定时周期为 250 ms，在其回调函数中进行数据的更新，数据来源为 wear_data.data_heart_rate。

```
//数据更新回调
void lable_update_task_cb(lv_timer_t *tmr)
{
        if(wear_data.MAX30102_init_OK)
        {
                lv_label_set_text_fmt(guider_ui.screen_label_finger,"Touch");
                /*更新显示数据*/

    lv_label_set_text_fmt(guider_ui.screen_label_heart_rate,"%4d",wear_data.data_heart_rate);
                                        /* 更新值 */
        }
}
//心跳数据更新
void lv_data_lable_update(void)
```

```
{
    /*lvgl 定时任务*/
    lv_timer_create(lable_update_task_cb,250,0);
}
```

接着完成针对图表显示。首先添加数据序列，即横坐标的三个位置，然后设置以循环的方式添加新数据，接着创建一个定时器，定时周期为 1 s，该定时器用于定时更新图表的数据，最后更新图表。

在图表数据更新回调函数中，使用数据源 wear_data.data_heart_rate 来更新添加的数据序列 screen_chart_heart_rate_0。

```
// 图表添加数据回调
static void lv_add_data(lv_timer_t* timer)
{
        LV_UNUSED(timer);
        // 更新显示曲线
        lv_chart_set_next_value(guider_ui.screen_chart_heart_rate,timer->user_data,wear_data.
data_heart_rate);
}
void lv_chart_data_update(void)
{
        /* 添加数据序列 */
        lv_chart_series_t * screen_chart_heart_rate_0 = lv_chart_add_series(guider_ui.screen_
chart_heart_rate,lv_color_make(0x00,0x00,0x00),LV_CHART_AXIS_PRIMARY_Y);
        /* 以循环的方式添加新数据 */
        lv_chart_set_update_mode(guider_ui.screen_chart_heart_rate,LV_CHART_UPDATE_
MODE_CIRCULAR);
        /* 创建定时器 */
        lv_timer_create(lv_add_data,1000,screen_chart_heart_rate_0);
        /* 更新图表 */
        lv_chart_refresh(guider_ui.screen_chart_heart_rate);
}
```

最后，编写一个函数，调用界面设计的 API 函数和上述编写的功能逻辑函数。

```
void lv_gui_wear(void)
{
    //设计小部件的 ui 布局
    setup_ui(&guider_ui);
    //设置小部件的事件
```

```
    events_init(&guider_ui);
    //运行自定义的程序(用到用户自定义的 API 才需要调用)
    custom_init(&guider_ui);
    //设置圆弧
    arc_setup(&guider_ui);
    //心跳数据更新
    lv_data_lable_update();
    // 图表设置
    lv_chart_data_update();
}
```

并在 lv_port_init.c 文件中的 GUI 任务函数 gui_thread 中调用。

```
static void gui_thread(void *parameter)
{
        lcd_display_dir(1);// 横屏
        lcd_clear(WHITE);//清屏
#if defined (Envir_UI)|| defined (Wear_UI)
        // 横屏 logo
        lcd_color_fill_ex((OS_GRAPHIC_LCD_WIDTH-LOGO_W)/2,(OS_GRAPHIC_LCD_HEIGHT-LOGO_H)/2,LOGO_W+((OS_GRAPHIC_LCD_WIDTH - LOGO_W)/2) - 1,LOGO_H+((OS_GRAPHIC_LCD_HEIGHT-LOGO_H)/2) - 1,(void*)oneoslogo);
#else
        // 竖屏 logo
        lcd_color_fill_ex((OS_GRAPHIC_LCD_HEIGHT -LOGO_W)/2,(OS_GRAPHIC_LCD_WIDTH _LOGO_H)/2,LOGO_W+((OS_GRAPHIC_LCD_HEIGHT -LOGO_W)/2) - 1,LOGO_H+((OS_GRAPHIC_LCD_WIDTH - LOGO_H)/2) - 1,(void*)oneoslogo);
#endif
        os_task_msleep(3000);
        lcd_clear(WHITE);//清屏
#if defined (Envir_UI)|| defined (Wear_UI)
#else
        lcd_display_dir(0);//竖屏
#endif
#ifdef TEST_UI
        lv_gui_test();
#endif
#ifdef MOTOR_UI
```

```
        lv_mainstart();// 工业项目 GUI
#endif
#ifdef Envir_UI
        lv_gui_custom();// 环境项目 GUI
#endif
#ifdef Wear_UI
        lv_gui_wear();// 穿戴项目 UI
#endif
```

至此，GUI 界面设计和事件逻辑编写完成。

3.4.5　蓝牙数据传输

3.4.5.1　硬件资源与硬件连接

将蓝牙模块插接在底板上，并给主板连接上 DC 12 V 头子进行供电；使用 TypeC 数据线连接主板 MASTER 串口，以便串口打印输出和使用 Shell 工具；使用 TypeC 数据线连接主板 CMSIS 接口，用于给主板 STM32F407 主芯片下载程序；使用 TypeC 数据线连接蓝牙模块 CMSIS 接口用于给蓝牙模块 STM32L431 芯片下载程序。

蓝牙模块顶层图及电路原理图在本项目任务 1 中已有详细介绍，此处不作介绍。

3.4.5.2　蓝牙模块工程代码修改

使用 MDK 软件打开蓝牙模块工程 SM32L431RCT6-BlueTooth。

在本项目任务 1 基础上修改主函数详见代码 21，首先对系统时钟、所使用的串口、GPIO 进行初始化，然后对蓝牙模块 E104-BT02 进行初始化，并将 RS485 接口初始化为接收模式。

代码 21

随后进入 while(1)死循环，在死循环中，第一步，向蓝牙模块 E104-BT02 发送读取蓝牙连接状态指令“<STATE>”，并等待接收，当接收到蓝牙返回信息时，判断为“<CONNECTED>”还是“<DISCONNECTED>”，并将蓝牙状态通过 RS485 总线发送给主板。当连接成功时，将蓝牙模块 E104-BT02 设置为透传模式，进入第二步。在第二步中，首先通过芯片引脚查询蓝牙连接状态，当连接断开时将蓝牙模块 E104-BT02 切换为配置模式并回到第一步，否则进行蓝牙模块 E104-BT02 与 RS485 总线进行数据透传。

编写代码后，编译并下载到蓝牙模块中。

3.4.5.3　主板工程代码增删

在本任务之前的工程基础上，在 main.c 文件中编写一个任务函数，详见代码 22。

该函数为蓝牙任务，首先通过设备名称查找串口，并打开该串口，然后根据默认的配置参数配置该串口，并配置波特率为 9 600 Bits/s，配置串口设备发送和接收超时参数。

代码 22

随后创建一个定时器，该定时器定时时间为 1 s，用于当蓝牙连接成功时，定时向蓝牙上报健康数据。其回调函数如下所示。

```
void timer_s1_callback(void *parameter)
{
        if(timer_s1_handle_flag == 1)// 定时器正在操作这个变量
        {
            Wear_BLE_task_handle_flag = 1;// 禁止任务操作该变量
            (*(uint8_t *)parameter)= 1;// 定时器标志置位
            Wear_BLE_task_handle_flag = 0;// 允许任务操作该变量
        }
}
```

在该回调函数中，timer_s1_handle_flag 和 Wear_BLE_task_handle_flag 分别表示定时器正在操作定时器标志位变量 timer_s1_flag 和蓝牙任务正在操作定时器标志位变量 timer_s1_flag，回调函数代码表示当定时器正在给 timer_s1_flag 变量赋值时，首先禁止蓝牙任务操作这个变量，当复制完成后才允许蓝牙任务操作。

在蓝牙任务死循环 while（1）中，首先判断当任务可以操作 timer_s1_flag 变量时，禁止定时器回调函数操作这个变量，并将定时器标志位 timer_s1_flag 赋值给临时变量 temp_flag 备后续使用，然后将 timer_s1_flag 变量清零，等待下一次定时器计时结束赋值，当任务操作完该变量后，才允许定时器回调操作这个变量。

随后判断蓝牙是否连接成功并判断定时是否到期，若是，则将 RS485 总线切换为发送模式，并组建发送帧，定义如图 2.3.161 所示。

帧头	心率数据 H	心率数据 L	血氧数据 H	血氧数据 L	CRC16H	CRC16L
0x55	1 B	1 B	1 B	1 B	1 B	1 B

图 2.3.161　帧结构

其中 CRC16 算法如下：

```
uint16_t get_crc16(unsigned char *ptr,int len)
{
    uint8_t i;
    uint16_t crc = 0xffff;
     if (len == 0){
          len = 1;
     }
     while (len--){
          crc ^= *ptr;
          for (i = 0;i<8;i++)
```

```
            {
                if (crc & 1){
                    crc >>= 1;
                    crc ^= 0xA001;
                }
                else {
                    crc >>= 1;
                }
            }
            ptr++;
        }
        return(crc);
}
```

当组帧完成后，调用 os_device_write_block 函数发送出去，并等待一段时间；若发送完成，则将发送的数据打印出来，同时将 RS485 总线切换回接收模式。

对于数据接收，首先申请一块内存，然后调用 os_device_read_nonblock 函数非阻塞读取 RS485 串口数据，若接收到数据，将接收到的数据打印出来，并判断是否为<CONNECTED>或<DISCONNECTED>。当接收数据为<CONNECTED>时，将蓝牙连接成功标志 wear_data.ble_conn_flag 置位；当接收到数据<DISCONNECTED>时，将蓝牙连接成功标志 wear_data.ble_conn_flag 清零，最后释放使用的接收缓冲区内存。

在主函数中创建并调用这个任务。

```
int main(void)
{
    task = os_task_create(OS_NULL,OS_NULL,512,"user",user_task,OS_NULL,3);
    OS_ASSERT(task);
    os_task_startup(task);

    heart_rate_task = os_task_create(OS_NULL,OS_NULL,4096,"Heart_rate_task",Heart_rate_task,
OS_NULL,9);
    OS_ASSERT(heart_rate_task);
    os_task_startup(heart_rate_task);

    ble_task = os_task_create(OS_NULL,OS_NULL,2048,"ble_task",BLE_task,OS_NULL,5);
    OS_ASSERT(ble_task);
    os_task_startup(ble_task);
    mqtt_task = os_task_create(NULL,NULL,4096,"mqtt_task",mqtt_task_func,OS_NULL,OS_
TASK_PRIORITY_MAX / 2);
```

```
        OS_ASSERT(mqtt_task);
    os_task_startup(mqtt_task);
    return 0;
}
```

3.4.6 编译下载验证

单击“编译”确保工程没有报错后，将程序下载到开发板中，按下复位键，程序运行。

当界面初始化完成后，将手指轻压在脉搏传感器上，等待一段时间后，界面上显示出当前的心率值及心率曲线，如图 2.3.162 所示。同时可以在 OneNET 云平台上查看通过 MQTT 上传的心率和血氧数据，如图 2.3.163 所示。

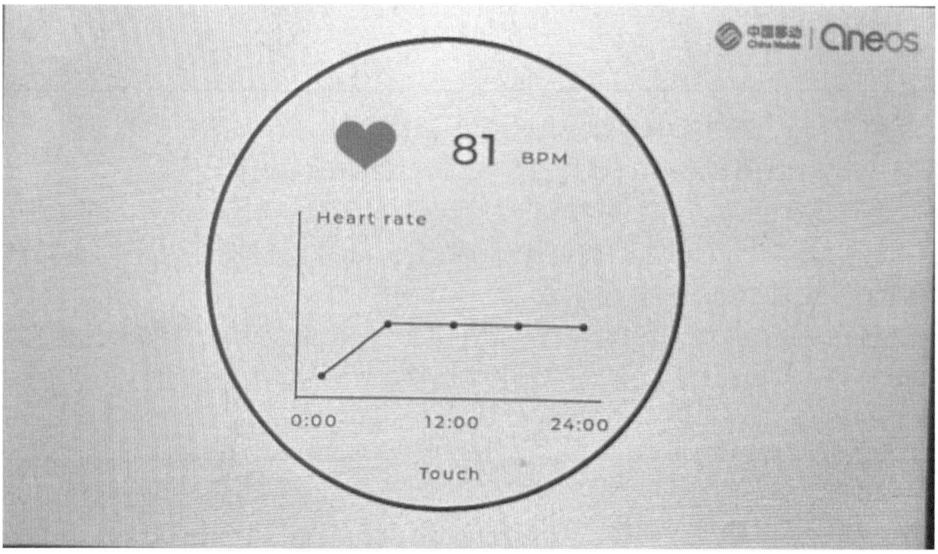

图 2.3.162　上传的心率和血氧数据

图 2.3.163　上传的心率和血氧数据

打开 Xshell 软件，可以看到当蓝牙未连接时，打印未连接信息，如图 2.3.164 所示。

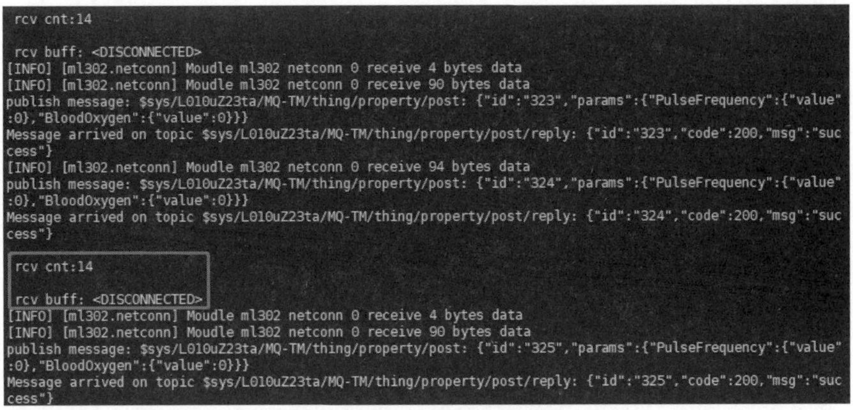

图 2.3.164　打印未连接信息

手机端使用蓝牙软件连接蓝牙模块，可以看到显示连接成功，并周期向蓝牙上报数据，如图 2.3.165 所示。

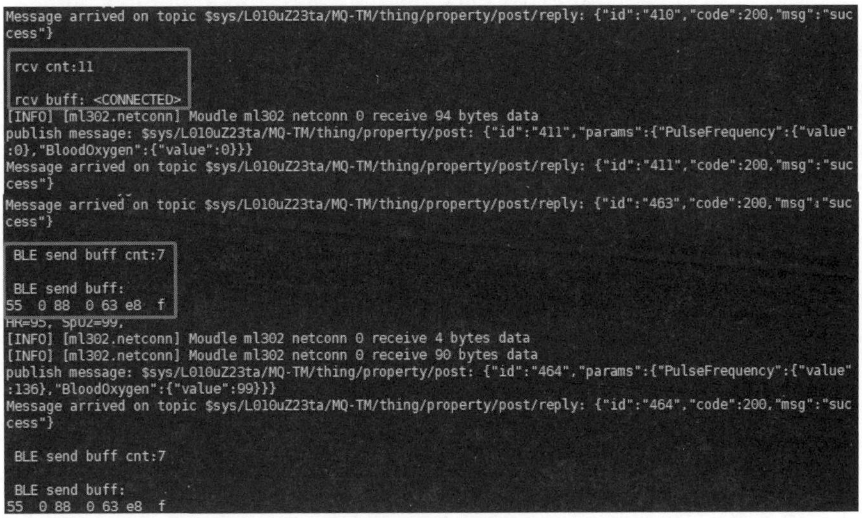

图 2.3.165　连接成功

同时在手机 APP 上可以看到上传的数据，如图 2.3.166 所示。

图 2.3.166　手机 APP 上可以看到上传的数据

参考文献

[1] 施部·基哈克·维拉哈. 嵌入式系统设计与开发实践[M]. 清华大学出版社，2017

[2] 马维华. 嵌入式系统原理及应用[M]. 北京邮电大学出版社，2017

[3] 张晓林. 嵌入式系统技术[M]. 高等教育出版社，2017

[4] 常本超，夏宁，但唐仁. 嵌入式系统开发技术[M]. 人民邮电出版社，2015

[5] 卢有亮，编著. 嵌入式实时操作系统 μC/OS 原理与实践[M]. 电子工业出版社，2014

[6] 廖建尚，郑建红，杜恒. 基于 STM32 嵌入式接口与传感器应用开发[M]. 电子工业出版社，2018

[7] 廖建尚. 面向物联网的 CC2530 与传感器应用开发[M]. 电子工业出版社，2018

[8] 王雷. TCP/IP 网络编程基础教程[M]. 北京理工大学出版社，2017

[9] 苗德行，冯建，刘洪涛，潘启勇. 从实践中学嵌入式 Linux 应用程序开发[M]. 华清远见嵌入式学院，电子工业出版社，2015

[10] 吕海涛，朱岩. μC/OS III 的中断响应时间分析测量与改善[J]. 单片机与嵌入式系统应用，2015，15(10).

[11] 邱相存，臧洌，杨丹，等. 实时系统调度算法综述[J]. 计算机与数字工程，2014，42(12): 2251 2258.

[12] 夏恒发，黄俊. 物联网终端操作系统中任务调度的研究与设计[J]. 信息通信，2018(2):168 170.

[13] 周棟淞，彭泓力，杨洁. 基于可变长信任链的实时操作系统软件可信度量技术[J]. 通信技术，2024，57(10):1088-1094.

[14] 何剑. 构建开源开放、实时安全的 OneOS 操作系统[J]. 软件和集成电路，2024(09): 46.DOI:10.19609/j.cnki.cn10-1339/tn.2024.09.015.

[15] 李蒙，贺鸿飞. OneOS 的任务调度系统设计与实现[J]. 单片机与嵌入式系统应用，2022，22(09): 13-17+21.